"十三五"国家重点图书出版规划项目

重有色金属冶金
生产技术与管理手册

铜 卷

中国有色金属学会重有色金属冶金学术委员会组织编写

唐谟堂 总主编　尉克俭 副总主编　吴 军 主编

Handbook for Metallurgical Production Technology
and Management of Heavy Nonferrous Metals
Copper Volume

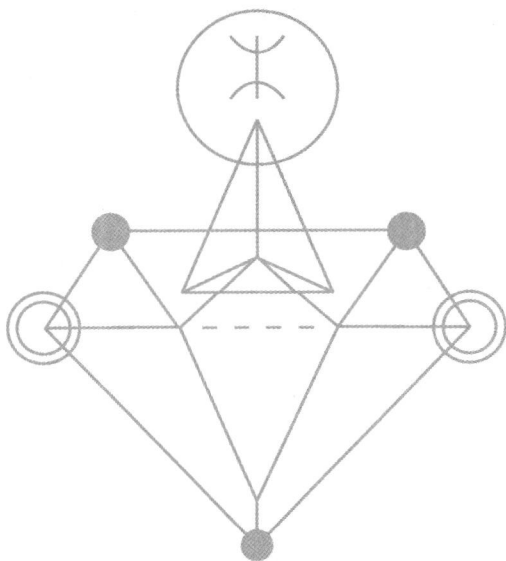

中南大学出版社
www.csupress.com.cn
·长沙·

图书在版编目（ＣＩＰ）数据

重有色金属冶金生产技术与管理手册　铜卷／唐谟堂
总主编. --长沙：中南大学出版社，2019.3
ISBN 978 - 7 - 5487 - 3549 - 6

Ⅰ.①重… Ⅱ.①唐… Ⅲ.①铜－重有色金属－有色
金属冶金－生产技术－手册 ②铜－重有色金属－有色金属
冶金－生产管理－手册 Ⅳ.①TF81 - 62

中国版本图书馆 CIP 数据核字（2019）第 018669 号

重有色金属冶金生产技术与管理手册
ZHONGYOUSEJINSHU YEJIN SHENGCHAN JISHU YU GUANLI SHOUCE
铜　卷
TONG JUAN

唐谟堂　总主编

□责任编辑	史海燕
□责任印制	易建国
□出版发行	中南大学出版社
	社址：长沙市麓山南路　　　邮编：410083
	发行科电话：0731 - 88876770　　传真：0731 - 88710482
□印　　装	湖南省众鑫印务有限公司

□开　　本	710 × 1000　1/16	□印张 20.25　□字数 394 千字
□版　　次	2019 年 3 月第 1 版	□2019 年 3 月第 1 次印刷
□书　　号	ISBN 978 - 7 - 5487 - 3549 - 6	
□定　　价	60.00 元	

重有色金属冶金生产技术与管理手册
铜 卷

编委会

主　　任	陆志方
副 主 任	唐谟堂　尉克俭　龙子平
	张　麟　崔志祥　史谊峰
委　　员	李维群　吴　军　刘传转
	李啸东　周松林　温建康
	都立珍　陈　莉　金哲男
秘 书 长	陈　莉
总 主 编	唐谟堂
副总主编	尉克俭
主　　编	吴　军

内容简介

《重有色金属冶金生产技术与管理手册》总结了我国60多年来,特别是近30多年来在重有色金属冶金技术、单元过程(工序)生产实践与管理方面的经验和进步,及大量技术数据和实例。全书共六卷,按铜卷、镍钴卷、铅卷、锌卷、锡锑铋卷和综合利用及通用技术卷先后出版。

本手册与以前出版的手册或相关书籍有显著区别,其主要特点和创新是突出设备运行及维护,突出生产实践与操作,突出计量、检测和自动控制,突出单元生产过程(工序)管理。

铜卷共6章。第1章绪言,简要介绍了铜的性质、资源、生产方法及基本原理和应用;第2章火法冶炼原生铜,包括造锍熔炼、铜锍吹炼、炉渣处理及渣铜回收、粗铜火法精炼和电解精炼5个部分;第3章介绍先进湿法炼铜工艺在我国大规模的应用;第4章再生铜冶炼,介绍的引进卡尔多炉和自建的竖炉以及我国研发的NGL炉冶炼再生铜;第5章介绍铜生产安全及劳动卫生;第6章介绍铜冶炼环境治理与保护。本手册是一部大型工具书,可供冶金、检测与自动控制、企业管理专业人员参考,亦可作为上述专业职业院校的教材,更可供冶炼厂基层单位(车间、工段)生产人员学习借鉴。

序言

Preface

　　20 世纪 80 年代以来，我国重有色金属冶金行业发生了翻天覆地的变化，技术进步在行业发展过程中发挥了主要的引领与推动作用。一方面，通过原始创新和集成创新，另一方面，通过引进、消化和再创新，行业取得了一大批重大成果，工艺技术和核心装备都已经从引进走向出口，实现了从跟进到引领的重大转变，推动我国重有色金属冶金领域的主体工艺和技术达到世界先进水平。

　　底吹和侧吹富氧熔池熔炼就是自主原始创新的典型范例：底吹富氧熔池熔炼从无到有，从半工业试验研究到产业化应用，从铅精矿的氧化熔炼到液态氧化铅渣的还原熔炼，再扩展到铜、金精矿的造锍熔炼，铜锍吹炼和阳极泥处理，为重有色金属冶金工艺技术的发展和进步开辟了新途径。侧吹富氧熔池熔炼从铜、镍精矿造锍熔炼和锍吹炼到铅的冶炼，其装备技术也不断发展，从白银炉到金峰炉乃至浸没燃烧侧吹炉等，使侧吹富氧熔池熔炼工艺的应用快速拓展，全面应用在老厂改造和新厂建设中，技术水平大为提升。

　　闪速熔炼和基夫赛特冶炼法等悬浮冶金工艺以及顶吹熔池熔炼工艺是引进、消化和再创新的典型范例：闪速熔炼产能大，广泛应用于铜、镍精矿的造锍熔炼和铜锍吹炼。基夫赛特冶炼法实现了铅精矿及铅物料的直接冶炼，原料适应性广，综合利用好。顶吹熔池熔炼工艺，无论是艾萨法还是澳斯麦特法，首先应用于铜精矿的造锍熔炼和锡精矿的还原熔炼，随后扩展到铅冶炼和镍精矿的造锍熔炼以及铜锍吹炼，实现了从引进、完善、拓展到创新突破的水平提升。

　　镍铁冶金工艺与技术，从无到有，从小高炉、小电炉冶炼低品位含镍生铁，发展到转底炉、回转窑等煤基直接还原生产高品位镍铁。从与国外的技术合作，发展到自主设计开发、深入开展 RKEF 工艺与技术研究，使之实现产业化应用，在节能、环保、大型化等方面均取得长足的进步。此外，在羰化冶金以及原料干燥等预处理技术等方面，也都取得可喜的进步。

　　湿法冶金的电解工艺与技术，从小板到大板，从人工作业到自动化生产线，从始极片到永久阴极，从低电流密度到高电流密度，技术水平不断提升。湿法冶金的堆浸和槽浸工艺也有较大技术进步；硫化锌精矿、硫化铜钴矿、复杂金矿、高镍锍和红土矿的中高压浸出均实现规模化生产，使伴生资源得到综合回收和利用。从控制手段到工艺作业条件，无论是应用的广度还是技术的整体水平，均实现了质的飞跃。此外，在溶剂萃取、电解液净化等方面，也都取得骄人的成绩。

在二次资源处理工艺与技术方面，从倾动炉、顶吹旋转转炉的技术引进到侧吹浸没燃烧技术的自主创新，从高品位紫杂铜的处理到低品位复杂物料的综合回收、再到硫酸铅泥膏的高效回收，从与硫化矿搭配处理到原料细分、短流程利用，二次资源利用的整体技术水平得到显著提升。

在装备技术方面，技术进步的成果更是令人赞叹：到目前为止，我国几乎已经占有了世界上重有色金属冶金领域所有主要工艺技术的规模之最，各种工艺最大的主体装备多数集中在我国，并且是由我们自己设计制造的。

技术进步推动了全行业的健康发展，科技创新支撑了行业技术的不断进步。创新是我们进步与发展的源动力。我国重有色金属冶炼行业的技术进步充分证明了这一点。为总结我国重有色金属冶炼行业的技术进步成果，反映冶金生产单元过程生产实践和管理方面的技术进步和经验，中国有色金属学会重有色金属冶金学术委员会集聚了行业一线的专家、教授编写了《重有色金属冶金生产技术与管理手册》。与此前出版的同领域各种技术手册、专著不同，本手册侧重于生产实践与操作，包括各单元过程工艺技术指标、设备运行及维护、操作步骤及规程、常见事故及其处理，以及过程物流、能源、质量、成本测控与管理。作为一种新的探索和尝试，希望能够给读者提供更多的资讯和帮助。

此书面世，有赖于全国各重有色金属冶炼企业给予的极大支持，得益于参编人员付出的艰辛努力，我代表手册组织单位向以总主编及各卷主编为代表的所有为此付出心血、提供支持的各位专家、教授、领导、同仁致以衷心的感谢！相信手册的出版发行，必将为推动行业技术与管理水平的持续提升、促进我国重有色金属冶金行业的创新发展发挥重要作用。

中国有色金属学会重有色金属冶金学术委员会主任委员
中国有色工程有限公司党委书记、执行董事、总经理
中国恩菲工程技术有限公司董事长

陆志方

前言

Foreword

近 30 多年来，我国重有色金属冶金技术取得长足进步，20 世纪 80 年代初，引进的闪速熔炼先进炼铜工艺获得成功和推广，之后我国自行研发的底吹、侧吹富氧熔池熔炼工艺和引进的顶吹工艺成功应用，并在铜、铅、锡、镍冶金中快速推广。针对这种情况，出版了一些介绍重有色金属冶金技术的书籍，但尚未介绍冶金生产单元过程(工序)的技术参数执行、过程控制和管理方面的进步和经验，而这些对冶金生产是非常重要的，各冶炼厂把它作为内部资料保密，从不公开发表，很少彼此交流。

在上述背景下，中国有色金属学会重有色金属冶金学术委员会(简称重冶学委会或学委会)决定组织编写《重有色金属冶金生产技术与管理手册》，于 2010 年 3 月在昆明召开的"低碳经济条件下重有色金属冶金技术发展研讨会"期间召集重有色金属冶金行业的参会人员对该手册的编写事宜进行专门讨论，确定了中南大学唐谟堂教授任总主编，受学委会委托，尉克俭秘书长号召各单位积极参编，提出可撰稿的内容范围，推荐编写人员和编委。2011 年 11 月在深圳召开的"全国重有色金属冶炼资源综合回收利用与清洁生产技术经验交流会"期间，学委会又组织参会人员进行了第二次专门讨论，确定了入编原则，研讨了总主编提出的编写提纲，认定突出单元生产过程(工序)的生产实践与管理是手册的特色；根据各单位的推荐和对撰稿范围的要求，初步确定了铜、镍钴及铅、锌各卷的主编和编写分工。

在重冶学委会的组织下，各卷分别召开两次以上的编写工作会议，确定编写细纲和部分撰稿任务调整。初稿完成后交各卷主编汇总和审改，审改稿纸质版交总主编进行审核修改，然后由各卷主编派出合适人员在总主编指导下按纸质版审改稿要求修改电子版，并进行统稿，最后由总主编和副总主编对电子版修改稿进行审校。

重冶学委会副秘书长陈莉女士为手册编写作了大量的组织联络工作，中南大学出版社给予大力支持，手册已入选"十三五国家重点图书出版规划项目"。

《重有色金属冶金生产技术与管理手册》总结了我国 60 多年来，特别是近 30

多年来在重有色金属冶金技术、单元过程(工序)生产实践与管理方面的经验和进步。本手册突出设备运行及维护,突出生产实践与操作,强调计量、检测和自动控制,突出单元生产过程(工序)管理,是一部大型工具书,可供冶金、检测与自动控制、企业管理专业人员参考,亦可作为上述专业职业院校的教材,更可供冶炼厂基层单位(车间、工段)生产人员学习借鉴。。

参与和完成铜卷编写工作的单位有:江西铜业有限公司、中南大学、中国恩菲工程技术有限公司、大冶有色金属有限公司、云南铜业有限公司、东北大学、东营方圆有色金属有限公司、阳谷祥光铜业有限公司、烟台鹏晖铜业有限公司、北京有色金属研究总院、紫金矿业集团股份有限公司、北京矿冶研究总院、中国瑞林工程技术有限公司。

铜卷各章节的撰稿者如下:第1章:金哲男。第2章2.1节及2.2.1小节:吴军、余齐汉、徐东祥、夏中冶、桂云辉、刘飞;2.2.2小节:李啸东、范巍、刘文灿、尤开云;2.2.3小节:龙春河、李杰、卢德珍、孙健康、张东琳、陈俊华、郑军涛、杜武钊、魏传兵,初审人为李维群、申殿邦、王智、边瑞民;2.2.4小节:都立珍、尤廷晏、邵振华;2.3.1小节及2.3.2小节:吴长林、刘光锁、吕重安、王成国、胡广生;2.3.3小节:周松林、葛哲令、李增来;2.4.1小节及2.4.2小节:骆祎、王成国,姜志雄,袁双喜,赵祥林,李立;2.4.3小节:廖广东,苏晓亮,张亨峰、李儒仁、张建国、袁欢;2.5节:吴长林、刘光锁;2.6节:吴晓光、曹文、贾春江、谢晓春、侯娟奇。第3章:温建康、陈勃伟、邹来昌、伍赠玲、余斌、蒋训雄。第4章4.1节及4.2节:吴军、余齐汉、李庆枞、章茂福;4.3节:鲁落成、侯健、袁辅平;4.4节:刘庆华。第5章:李清源。第6章:田凯、贺武、杨月。另外,刘飞完成铜卷电子版的修改。

铜卷于2013年12月定稿,后因其他稿件在组织过程中出现了一些问题,致使编纂工作中途停顿,所幸在各方不懈努力下2017年年初全面重启。为此,学委会特向总主编和撰稿单位和个人致歉。由于编者学识水平有限,手册中错误在所难免,敬请各位同行和读者批评指正,以便在本手册再版时修正。

目录

Contents

第 1 章 绪 言

　　铜是人类最早发现和应用的金属之一，至目前为止，在伊朗西部发现的九千多年前的小铜针和小铜锥是人类最早使用铜的见证。在土耳其南部发现的八千多年前的含铜铁硅酸盐炉渣和在以色列发现的六千多年前的碗式炉及其周围的属于铁橄榄石型的炉渣，均说明氧化铜矿还原法炼铜的久远历史。夏、商和周朝时期出土的文物说明，我国当时的炼铜技术处于青铜器时代世界最高水平，比如在甘肃马家窑文化遗址发现的五千多年前的青铜刀，在湖北大冶铜绿山古矿遗址发现的大群炼铜竖炉距今也有 2500 ~ 2700 年。胆铜法炼铜最早记载于我国西汉时期的《淮南万毕术》中，于唐朝末年开始应用。北宋时期张潜著的《浸铜要略》是世界上最早的湿法炼铜专著。反射炉炼铜、电解精炼和转炉吹炼分别于 1698 年、1865 年和 1880 年在欧洲应用，这不仅大大缩短了炼铜周期，还得到了高品质的金属铜，也是近代炼铜工艺的重大转折点。19 世纪末到 20 世纪 40 年代，鼓风炉炼铜和反射炉炼铜成为主要的传统工艺，而从 20 世纪 50 年代开始，相继出现了闪速熔炼等强化炼铜工艺，并逐步取代了传统工艺。从 20 世纪末至今，在熔炼、吹炼和精炼工艺上又有新的改进，特别是在节能减排、设备大型化、设备智能化等方面，取得了很大的进步。同时在湿法炼铜工艺技术的改进和复杂铜资源处理及铜二次资源综合利用等方面，也有了重大进展。

　　我国 2006 年开始成为了世界第一大铜消费国，2007 年成为世界第一大铜生产国。然而，我国铜资源严重不足，目前 65% 以上的铜精矿依赖进口，而且铜矿资源大多为难处理的复杂矿和低品位矿资源。因此，为了我国铜冶金工业的健康发展，不仅要注重节能、环保、低成本和高生产效率，还要下大力气进行难处理的复杂矿和低品位矿处理工艺的开发和再生铜生产等资源二次利用方面的研究和产业化，以实现铜工业的可持续发展。

1.1　铜及其化合物的性质

1.1.1　铜的物理性质

铜是一种具有金属光泽的棕红色金属，具有高的导电性、导热性和良好的延展性。其导电性和导热性都仅次于银。表 1-1 为铜的主要物理性质。

表 1-1　铜的主要物理性质

熔点 $t/℃$		1083.6
熔化热 $Q/(kJ \cdot mol^{-1})$		13.0
沸点 $t/℃$		2567
铜液蒸气压/Pa	1414 ~ 1415 K	1.3×10^{-1}
	1545 ~ 1546 K	1.3
	2480 K	1.3×10^{4}
汽化热 $Q/(kJ \cdot mol^{-1})$		306.7
比热容/$(J \cdot g^{-1} \cdot ℃^{-1})$		$C_p = 0.3895 + 9100 \times 10^{-5}t\,(t = 100 \sim 600℃)$
铜液密度/$(g \cdot cm^{-3})$		$9.351 - 0.996 \times 10^{-3}T\,(T = 1523 \sim 1923\ K)$
线膨胀系数 α_t/K^{-1}		$16.5 \times 10^{-6}(293K)$
电阻率 $\mu/(\Omega \cdot m)$		$1.673 \times 10^{-8}(293K)$
热导率 $\lambda/(W \cdot m^{-1} \cdot K^{-1})$		401(300K)
莫氏硬度/$(kg \cdot mm^{-2})$		42 ~ 50

铜在元素周期表中属于第四周期、第一副族元素，原子序数为 29，相对原子质量为 63.57，原子半径为 1.275 Å。铜的最外电子层只有一个电子，而且在 4s 亚层上。由于 3d 和 4s 的能级相近，也很容易失去 3d 上的一个电子，因此铜的氧化态有 +1 价和 +2 价两种价态。

如表 1-1 所示，1545K 时铜液的蒸气压仅为 1.3 Pa，因此在冶炼温度下，铜几乎不挥发。铜液能溶解一些气体，如 H_2、O_2、SO_2、CO_2、CO 和水蒸气等。这些气体的溶解不仅包括物理溶解，还包括部分与铜及杂质金属的化学反应。当铜液凝固时，部分气体还会从铜中逸出，造成铜铸件产生多孔结构，还会给铜的机械性能和电气性能带来影响。

1.1.2　铜的化学性质

铜在常温下的干燥空气中比较稳定，但加热时易生成黑色氧化铜(CuO)，在含有

CO_2 的潮湿空气中,铜的表面会逐渐形成有毒的碱式碳酸铜薄膜[$CuCO_3 \cdot Cu(OH)_2$),俗称铜绿。

铜的电位比氢的电位正,属于正电性元素,故不能溶解于不含有氧化剂的盐酸和硫酸,但能溶于硝酸或含有氧化剂的硫酸或盐酸中。铜在高温下不与氢、氮和碳反应,但常温下就能和卤素反应。铜与 H_2S 接触时,表面会生成黑色的铜硫化物薄膜。铜能与氧、硫和卤素直接化合,易溶于 $Fe_2(SO_4)_3$ 溶液和 $FeCl_3$ 溶液中。

1.1.3 铜的合金

铜能与多种元素形成合金,从而改善了铜的性质,使之易于进行冷、热加工,并增加了抗磨损、抗疲劳强度。目前能够制备出 1600 多种铜合金,主要有黄铜系列、青铜系列以及白铜、锰铜、铍铜和磁性合金系列等。

1.1.4 铜的主要化合物及其性质

1. 硫化铜(CuS)

CuS 呈墨绿色或棕色,在自然界中以铜蓝矿物形态存在。固体纯 CuS 的密度为 4.68 g/cm^3,熔点为 1110℃。CuS 为不稳定化合物,在中性或还原性气氛中加热时容易分解:

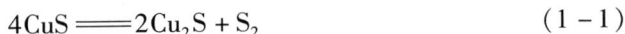

$$4CuS \!=\!=\! 2Cu_2S + S_2 \tag{1-1}$$

在铜熔炼过程中,炉料中的 CuS 在高温下可完全分解,生成的 Cu_2S 进入铜锍中,生成的 S_2 最终被氧化成 SO_2 进入炉气。

2. 硫化亚铜(Cu_2S)

Cu_2S 呈蓝黑色,在自然界中以辉铜矿形态存在,固体纯 Cu_2S 的密度为 5.785 g/cm^3,熔点为 1130℃。Cu_2S 在常温下稳定,但加热到 200~300℃ 时,可氧化成 CuO 和 $CuSO_4$;加热到 330℃ 以上时,氧化成 Cu_2O;在 1150℃ 高温下,吹入空气,Cu_2S 强烈氧化,并会生成金属铜,放出 SO_2,其反应式如下:

$$2Cu_2S + 3O_2 \!=\!=\! 2Cu_2O + 2SO_2 \tag{1-2}$$

$$2Cu_2O + Cu_2S \!=\!=\! 6Cu + SO_2 \tag{1-3}$$

在高温及 CaO 存在的条件下,H_2、CO 和 C 都可使 Cu_2S 还原成金属铜。

常温下 Cu_2S 可溶于稀硝酸,有氧化剂如硫酸铁(Ⅲ)存在时,可溶于无机酸,也可溶于 $Fe_2(SO_4)_3$ 和 $FeCl_3$ 溶液。在空气中,Cu_2S 部分溶于氨水生成氨配合物。Cu_2S 还溶于氰化钾或氰化钠溶液中。Cu_2S 与浓盐酸反应时,逐渐放出 H_2S。

3. 氧化铜(CuO)

CuO 呈黑色无光泽,在自然界中以黑铜矿的形态存在,固体 CuO 的密度为 6.30~6.48 g/cm^3,熔点为 1447℃。CuO 为不稳定化合物,加热时按下式分解:

$$4CuO \Longrightarrow 2Cu_2O + O_2 \tag{1-4}$$

CuO 在高温下易被 H_2、C、CO 及 C_xH_y 等还原成氧化亚铜或金属铜。CuO 不溶于水，但能溶于硫酸、盐酸中，还能溶于 $Fe_2(SO_4)_3$、$FeCl_3$、NH_4OH 和 $(NH_4)_2CO_3$ 等溶液中。

4. 氧化亚铜(Cu_2O)

Cu_2O 在自然界中以赤铜矿的形态存在，组织致密的 Cu_2O 具有金属光泽，呈樱红色，粉状为洋红色。人工合成的 Cu_2O，根据制备方法不同，可能为黄色、橙色、红色或暗褐色。

固体 Cu_2O 的密度为 $5.71 \sim 6.10$ g/cm^3，熔点为 $1230℃$。Cu_2O 在高温下稳定。

Cu_2O 易被 C、CO、H_2 及 C_xH_y 等还原成金属，亦可被 Zn、Fe 等比铜电极电位更低的金属还原。Cu_2O 不溶于水，可溶于 $Fe_2(SO_4)_3$ 和 $FeCl_3$ 等含高价铁离子的溶液中，这一性质是氧化铜矿湿法冶金的基础。Cu_2O 还可与浓氨水反应生成无色的二氨合铜（Ⅰ）配离子 $[Cu(NH_3)_2]^+$，遇空气即氧化成深蓝色的四氨合铜（Ⅱ）配离子 $[Cu(NH_3)_4]^{2+}$。Cu_2O 溶于稀盐酸或稀硫酸时发生歧化反应，一半量以 Cu^{2+} 进入溶液，剩余量成为不溶解的单质铜。

高温下，Cu_2O 易与 FeS 反应，其反应式如下：

$$Cu_2O + FeS \Longrightarrow Cu_2S + FeO \tag{1-5}$$

Cu_2O 在高温下还可与 Cu_2S 反应：

$$2Cu_2O + Cu_2S \Longrightarrow 6Cu + SO_2 \tag{1-6}$$

这一反应是铜锍吹炼成粗铜的基本反应。

5. 氯化铜($CuCl_2$)和氯化亚铜（CuCl 或 Cu_2Cl_2）

$CuCl_2$ 无天然矿物，人造无水 $CuCl_2$ 为棕黄色粉末，熔点为 $498℃$，易溶于水。$CuCl_2$ 很不稳定，真空加热至 $340℃$ 即分解，生成白色的氯化亚铜粉末：

$$2CuCl_2 \Longrightarrow Cu_2Cl_2 + Cl_2 \tag{1-7}$$

Cu_2Cl_2 是易挥发的化合物，$390℃$ 时就开始显著挥发，这一特点在氯化冶金中得到应用。Cu_2Cl_2 几乎不溶于水，但溶于盐酸和金属氯化物溶液中。Cu_2Cl_2 的食盐溶液可使 Pb、Zn、Cd、Fe、Co、Bi 和 Sn 等金属硫化物分解，形成相应的金属氯化物和 Cu_2S。

6. 硫酸铜($CuSO_4$)

$CuSO_4$ 在自然界中以胆矾（$CuSO_4 \cdot 5H_2O$）的形态存在，纯胆矾为天蓝色结晶，失去结晶水后为白色粉末，$CuSO_4$ 加热时按下式分解：

$$2CuSO_4 \Longrightarrow CuO \cdot CuSO_4 + SO_3（或 SO_2 + 0.5O_2） \tag{1-8}$$

$$CuO \cdot CuSO_4 = 2CuO + SO_3 (\text{或 } SO_2 + 0.5O_2)) \tag{1-9}$$

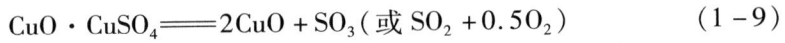

硫酸铜易溶于水,用 Fe、Zn 等比铜电位更负的金属可从硫酸铜溶液中置换出金属铜。

1.2 铜资源

1.2.1 铜矿物资源

铜在地壳中的含量较低,其相对丰度仅为 $7.0 \times 10^{-3}\%$,远低于铝、铁和镁,甚至低于钛。自然界中发现的含铜矿物有 200 多种,常见的有 30~40 种,而具有工业开采价值的只有十余种。自然铜矿在自然界中很少,主要是原生硫化铜矿物和次生氧化铜矿物。表 1-2 列出了铜的主要矿物。

表 1-2 铜的主要矿物

矿石类别	矿物名称	组成	铜含量/%	密度/(g·cm⁻³)	颜色
自然铜矿	自然铜	Cu	100	8.9	棕红色
硫化铜矿	辉铜矿	Cu_2S	79.9	5.5~5.8	铅灰至灰色
	铜蓝	CuS	66.5	4.6~4.7	靛蓝至灰黑色
	黄铜矿	$CuFeS_2$	34.6	4.1~4.3	黄铜色
	斑铜矿	Cu_5FeS_4	63.3	5.06~5.08	暗铜红色
	硫砷铜矿	Cu_3AsS_4	48.4	4.45	灰黑色或黄黑色
	黝铜矿	$Cu_{12}Sb_4S_{13}$	45.8	4.6~5.1	灰色至黑色
氧化铜矿	赤铜矿	Cu_2O	88.8	6.14	红色
	黑铜矿	CuO	79.5	5.8~6.4	灰黑色
	孔雀石	$CuCO_3 \cdot Cu(OH)_2$	57.5	3.9~4.03	亮绿色
	蓝铜矿	$2CuCO_3 \cdot Cu(OH)_2$	68.2	3.7~3.9	亮蓝色
	硅孔雀石	$CuSiO_3 \cdot 2H_2O$	36.2	2.0~2.4	绿蓝色
	胆矾	$CuSO_4 \cdot 5H_2O$	25.5	2.1~2.3	蓝色

世界陆地铜资源量估计可达到 30 多亿 t,深海结核中的资源量估计可达到 7 亿 t。世界上有 150 多个国家有铜资源,有的国家可开采年限超过 100 年。铜储量丰富的国家依次为智利、秘鲁、澳大利亚、墨西哥、美国、中国、俄罗斯、印度尼西亚、波兰、赞比亚、哈萨克斯坦和加拿大,以上国家的铜储量总和占世界总储量的 90% 左右。

据 2009 年的统计数据,1949 年至 2008 年底,全国查明铜矿区 1483 处(不包括共伴生),累计查明铜资源储量为 9950 万 t。我国已查明铜矿资源储量最多的三个省（区）为：江西 1306.43 万 t（基础储量 729 万 t）、云南 1053.16 万 t（基础储量 244.09 万 t）、西藏 1544.78 万 t（基础储量 220.49 万 t），三省（区）查明资源储量合计占全国的 50.6%，基础储量占全国的 41.3%。在查明资源储量中，以斑岩型矿床为主，占查明资源储量的 42.2%。余下依次为：矽卡岩型矿床占 22.4%、海相火山岩型矿床占 14.6%，砂页岩型矿床占 11.7%，铜镍硫化物型矿床占 6.2%，其他类型矿床占 2.9%。据 2018 年公布的数据，2017 年我国可开采的铜资源储量为 28.8 Mt。

目前工业可开采的铜矿中铜的最低含量为 0.4%。一般原矿中含铜较低，不能直接用于冶炼，需要选矿，使铜富集到精矿中。表 1-3 为我国某些铜矿山所产硫化铜精矿的主要化学成分。

表 1-3　我国某些铜矿山所产硫化铜精矿的主要化学成分/%

铜矿山	Cu	Fe	S	SiO$_2$	CaO	Al$_2$O$_3$	MgO
永平铜矿	16.27	34.10	41.20	2.40	0.53	1.63	0.33
铜陵凤矿	20.14	20.83	30.28	3.88	1.82	0.85	0.48
白银公司	16.29	28.64	30.79	7.82	2.08	1.20	0.64
胡家峪	24.92	28.26	24.90	1.58	0.72	1.38	7.76
云南狮子矿	29.10	20.70	23.50	3.86	2.32	2.74	11.98
东乡矿	17.46	39.38	34.89	0.15	0.15	1~2	3~5
德兴矿	25.00	28.00	30.00	7.00	—	—	—
铁山矿	13.21	38.76	38.06	1.98	0.67	—	—

铜精矿的组成决定冶炼工艺的选择，硫化铜矿可选性好，易于富集，选矿后的铜精矿几乎全部采用火法冶炼工艺处理。铜精矿中除了表 1-3 的成分之外，还常含有 Au、Ag 和铂族金属等贵金属。

我国铜资源中，氧化铜矿约占 25%。除大多数硫化铜矿床上部有氧化带外，还有藏量巨大的独立氧化铜矿床。随着铜矿资源的不断开采，相对易选矿逐年减少，资源短缺加剧，因而对低品位氧化铜矿的应用研究与开发已引起高度重视。

氧化铜矿石可分为如下七种类型。①孔雀石型：矿物以孔雀石为主，其他含量较少，属易选矿石；②硅孔雀石型：矿物以硅孔雀石为主，脉石为硅酸盐类，矿石属难选型；③赤铜矿型：以赤铜矿和孔雀石为主，原矿铜品位高；④水胆矾型：以铜的矾类矿物为主；⑤自然铜型：这种为共生矿物，粒度较粗，品位较高，属易选矿石；⑥结合型：氧化铜矿物以极细粒状被褐铁矿或泥状物包裹，铜品位较低，若脉石为硅酸盐类，则属难选型矿石；若脉石为碳酸盐类，则属复杂型矿石；⑦混合型：矿石中有氧化物，也有硫化物，成分复杂，粒度稍粗大。

这些氧化铜矿石大都具有氧化率高、含泥量大、细粒不均匀嵌布、氧硫混杂、粗细混合等特点，加上有的氧化铜矿含铜量很低，后续的选矿难度较大，用常规选冶技术难于取得较好的技术经济指标。国内外有关科技工作者对此进行了大量的研究，取得了一些成果。

1.2.2 再生铜资源

除了铜的矿物资源外，炼铜原料还包括再生铜及其他金属矿的选矿和冶炼过程中产生的含铜中间物料等二次铜资源。据不完全统计，世界再生铜占铜消费总量的40%左右，再生铜中废杂铜占绝大多数。

我国再生铜占世界再生铜总量的30%。目前，国内具有一定规模的废杂铜回收市场，主要集中在以广东为代表的珠江三角洲、以浙江为代表的长江三角洲和以天津为代表的环渤海地区。

再生铜物料来自社会的生产、流通和消费的各个领域，其种类繁多，成分复杂。再生铜物料来源可归纳为以下几种：

（1）有色金属加工企业产生的含铜废料。这部分废料包括纯铜废料和铜合金废料。这部分废料一般由企业自己回收利用。

（2）消费产生的含铜废料。这部分废料数量庞大，是主要的再生铜资源。包括废次品、废机械零件、废电气设备、废仪器以及废家用电器等。

（3）进口废杂铜。可分为两种，一种是废铜和铜合金等；另一种是废电机、废电线和废五金等。这部分数量在逐年增加。

（4）军工行业产生的铜废料。主要包括退役的舰艇、汽车和弹壳，还有各种废旧的仪器、仪表、电子设备等。

随着经济的发展，我国铜资源的需求量日益增多，而我国铜矿资源品质较差，铜精矿产量严重不足，很难满足铜冶炼发展的需要，铜精矿、废杂铜、粗铜等原料的进口不断增加，精炼铜的原料自给率不足40%，铜资源一直以来是我国铜工业发展的"瓶颈"因素。因此我们要在以下几个方面入手，尽可能地为我国的铜资源找出路：①加大地质勘查力度，不断扩大资源储量；②加速开发中低品位铜矿的处理技术；③加大二次铜资源的回收。

1.3 铜的生产工艺及基本原理

1.3.1 铜的生产方法简介

1. 原生铜冶炼
从矿物中提取铜的方法很多，概括起来可分为火法和湿法两大类。

其中火法炼铜是生产铜的主要方法，目前全世界80%以上的原生铜是用火法炼铜工艺生产出来的。火法炼铜包括原料预处理、造锍熔炼、铜锍吹炼、粗铜火法精炼和电解精炼等过程。图1-1为火法炼铜工艺流程。火法炼铜方法以造锍熔炼方法而得名，如传统炼铜方法中的反射炉熔炼、鼓风炉熔炼和电炉熔炼等。传统熔炼方法对近代人类文明的发展做出了不可磨灭的贡献，但随着强化熔炼方法的不断涌现，传统熔炼方法就凸显了能耗高、污染大、SO_2浓度低、自动化程度低等致命的弱点，近年来陆续退出了历史舞台，逐渐被高效、节能、低污染的强化熔炼方法所取代。已成功应用到工业生产的强化熔炼工艺可分为两大类：一类是漂浮熔炼方法，如奥托昆普闪速熔炼、因科闪速熔炼、漩涡顶吹熔炼和氧气喷撒熔炼等；另一类是熔池熔炼方法，包括顶吹浸没熔炼（如澳斯麦特/艾萨熔炼法）、顶吹非浸没熔炼（如三菱法、卡尔多炉熔炼法）、侧吹熔炼（如瓦纽柯夫法、特尼恩特法、诺兰达法和白银法）和底吹熔炼（水口山法）四大类。这些强化熔炼法的共同特点是运用富氧熔炼技术来强化熔炼过程，从而大大提高了生产效率；充分利用硫化矿氧化过程的反应热，实现自热或近自热熔炼，从而大幅降低了能源消耗；产出高浓度SO_2烟气，实现了硫的高效回收，从而减少了环境污染。

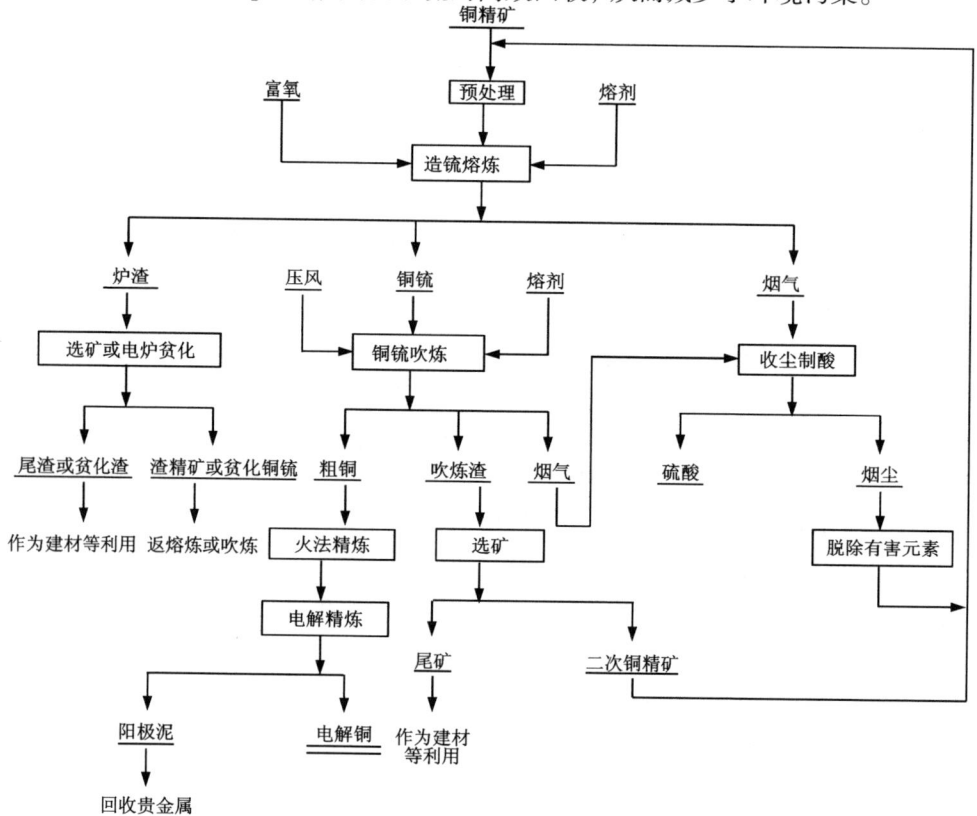

图1-1 火法炼铜工艺流程

铜锍吹炼包括 PS 转炉吹炼、闪速吹炼、连续侧吹吹炼、顶吹非浸没吹炼(如三菱法)以及近年来开发的底吹吹炼、顶吹浸没吹炼等方法。

湿法炼铜方法首先用溶剂将铜矿石、精矿或焙砂中的铜溶解出来,然后将铜浸出液净化以除去杂质元素,最后电解沉积提取铜。图 1-2 为湿法炼铜的工艺流程。

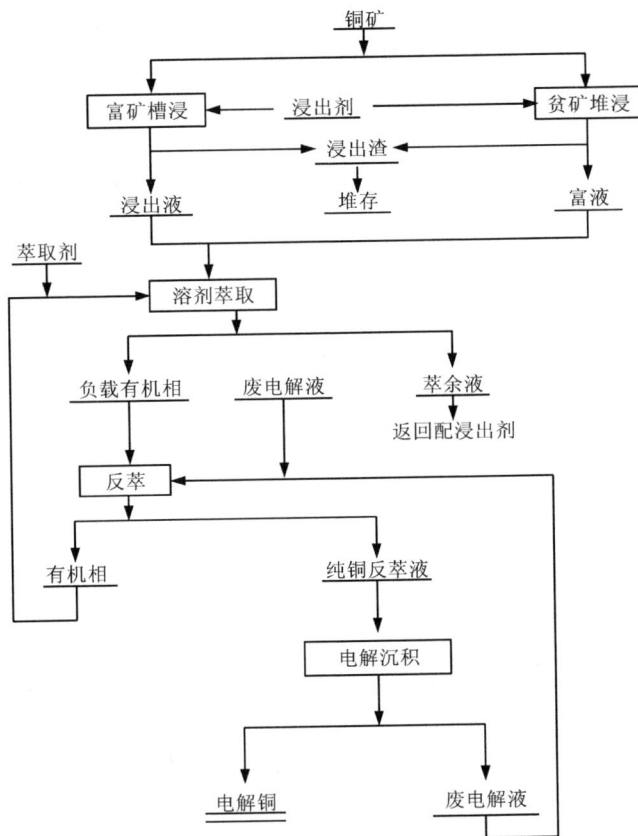

图 1-2　湿法炼铜原则工艺流程

目前虽然湿法炼铜在生产规模和效率等方面远不及火法炼铜,但在氧化铜矿、低品位矿、采铜废石和一些含铜复合矿的处理上表现出它的优势。20 世纪 60 年代之前,由于湿法炼铜的回收率低、经济效益差等原因,未能得到重视,但自 1968 年浸出—萃取—电积技术问世以来,得到了飞速发展。1998 年,全世界湿法炼铜的产量超过 2×10^{12} t,占总产量的 20% 左右。我国自 1983 年在海南建立第一座采用萃取—电积工艺的湿法炼铜厂以来,全国已建立此类炼铜厂 200 多家,但发展规模尚小,其产量不到铜总产量的 3%。

2.再生铜冶炼

再生铜的利用越来越得到人们的重视。由于废杂铜来源各异,化学成分与物理规格各不相同,因而处理的工艺也不同。根据铜废料的品质,再生铜分为可直接利用部分和进一步冶炼以后的间接利用部分。其中前者再生铜无须进行冶炼,直接成为生产各种产品的原材料,而后者不能直接利用,必须进行冶炼提纯后才能利用。

2010年约有38%废杂铜进入铜加工行业直接做成铜制品,约12%进入熔炼铜精矿的转炉或阳极炉处理,剩余50%左右的废杂铜进入专门冶炼废杂铜的工厂或生产系统处理,这部分废杂铜原料来源非常复杂,必须经过火法熔炼和精炼,才能进行电解精炼。根据废杂铜品质不同,火法冶炼一般分为一段法、二段法和三段法工艺。

1)一段法 此法是将经过选分的黄杂铜与紫杂铜直接加入火法精炼炉,一步产出阳极铜。其优点是流程短、投资少,缺点是原料要求含铜量高于90%,而且操作炉时长、生产率低、铜直收率低、环境差。

2)二段法 此法适用于含铜量为60%~90%的废杂铜,如含铜高的黄杂铜、白杂铜、青铜等。其原则工艺流程图见图1-3。

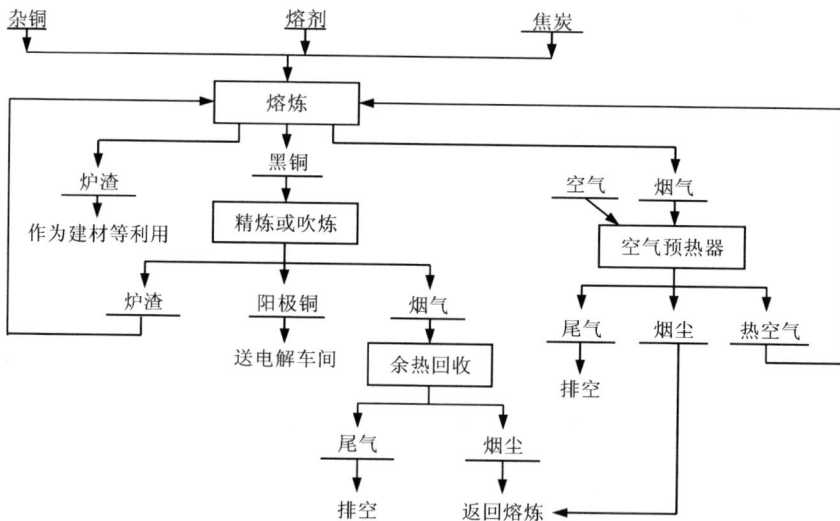

图1-3 二段法冶炼废杂铜原则流程

3)三段法 此法适用于以上两种方法难以处理的紫杂铜、黑铜、生产次粗铜产生的精炼渣、高铅锡料转炉吹炼渣及低品位黑铜吹炼渣等。其原则工艺流程图见图1-4。三段法存在流程长、设备多、投资大、工序繁多等缺点,但此法可处理各种成分复杂的废杂铜,可以综合回收其中的有价金属,而且技术经济指标比较好,因此被大型再生铜厂广泛采用。

含铜垃圾　废铜　铜屑　合金料　返渣　熔剂　焦炭

筛分

<5 mm料　≥5 mm料

烧结

团块

熔炼

石英　黑铜　炉渣（废弃）　烟气

吹炼

收尘

尾气（排空）

炉渣（返熔炼炉）　粗铜　烟气

精炼

收尘

尾气（排空）　铅锡锌氧化物

炉渣　阳极板（送电解）　烟气

收尘

尾气（排空）

还原

氧化锌　铅锡合金

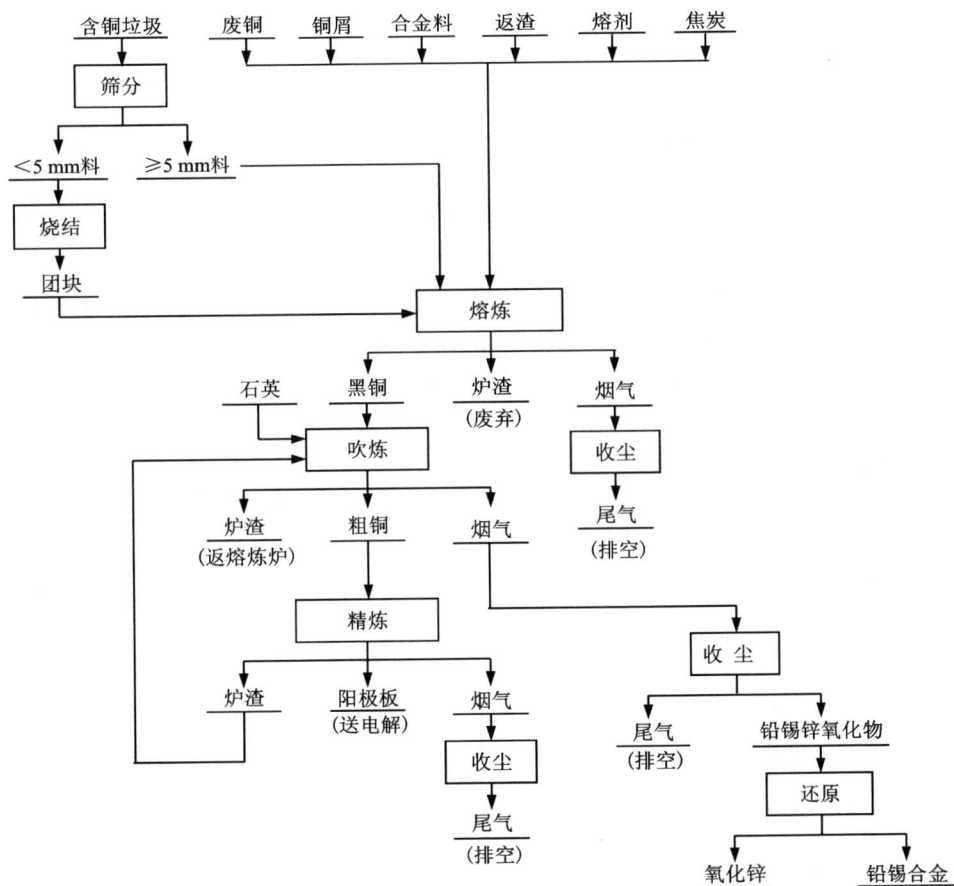

图 1-4　三段法冶炼废杂铜原则流程

废杂铜经过火法冶炼后可以得到含铜98%以上的粗铜，为了能够满足电气工业等行业的品质需求，粗铜必须经过电解精炼。电解精炼工艺与矿产铜电解精炼工艺相同，可参见后面的2.6节。

按照国家有关部门联合印发的《再生有色金属产业发展推进计划》要求，2015年再生铜熔炼（杂铜—阴极铜）能耗须低于290 kgce/t，金属回收率为96%以上。同时目前铜精矿原料紧缺，国内大型铜业公司和铜冶炼项目的投资者对废杂铜原料越来越重视，促进了先进的冶炼技术研发、引进和投入，中国废杂铜冶炼技术正进入全新的升级改造阶段。贵溪冶炼厂2003年1台处理高品位废杂铜倾动炉投产，2009年又投产1台处理低品位杂铜的卡尔多炉。特别是近年来，国内加大了对再生铜熔炼技术装备的研发力度，相继研发制造出具有我国自主知识产权的顶吹炉、NGL炉、精炼摇炉、竖平炉、双式顶吹炉等，有些技术装备甚至已超过国外水平，并在一些大型再生铜项目中得到推广应用。

1.3.2 基本原理

1.造锍熔炼原理

造锍熔炼是火法炼铜工艺中的第一步,熔炼过程中投入的炉料包括硫化铜精矿、熔剂和各种返料。这些炉料在熔炼过程发生一系列物理化学反应,最终生成铜锍、炉渣和烟尘。铜锍是在 1150～1250℃ 的高温和弱氧化气氛下,由炉料中的金属硫化物形成的,以 FeS、Cu_2S 为主要成分,并溶有 Au、Ag 等贵金属及少量其他金属硫化物的共熔体。熔炼过程还产生以 $2FeO \cdot SiO_2$(铁橄榄石)为主并含有 CaO、Al_2O_3、MgO 等其他金属氧化物的多元系炉渣。铜锍和炉渣互不相溶,可利用它们的密度差异来实现分离。熔炼过程炉料的部分 S 氧化为 SO_2 进入炉气,同时易挥发的金属及化合物一同进入烟气。烟气通过收尘系统和制酸系统回收,最后炉气制酸脱硫达到国家排放标准后排放。

造锍熔炼过程中为了得到性质优良(与铜锍的分离性能良好)的渣型,需要添加一些熔剂,熔剂的加入量根据炉料成分而定,熔剂主要采用石英石(SiO_2)和石灰石($CaCO_3$)。

1)造锍熔炼的主要物理化学反应 造锍熔炼过程将发生水分蒸发、高价硫化物及碳酸盐的分解、硫化物氧化及造锍和造渣反应。

(1)水分蒸发 目前除了闪速熔炼、三菱法等处理干精矿的工艺方法外,其他工艺方法对精矿中水分的要求不太严格,一般都在 6%～14%。精矿入炉后,矿中的水分迅速挥发,进入烟气。

(2)高价硫化物及碳酸盐的分解 铜精矿中高价硫化物主要有黄铁矿(FeS_2)和黄铜矿($CuFeS_2$)。FeS_2 于 300℃ 以上开始分解,$CuFeS_2$ 在 550℃ 以上开始分解。分解出的部分 FeS 和 Cu_2S 形成铜锍,分解产生的 S_2 继续氧化成 SO_2 进入烟气。炉料和熔剂中的碳酸盐也发生离解反应。其反应方程式如下:

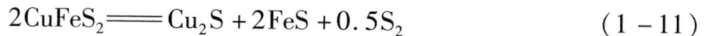

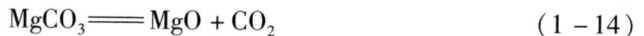

$$FeS_2 \Longrightarrow FeS + 0.5S_2 \tag{1-10}$$

$$2CuFeS_2 \Longrightarrow Cu_2S + 2FeS + 0.5S_2 \tag{1-11}$$

$$S_2 + 2O_2 \Longrightarrow 2SO_2 \tag{1-12}$$

$$CaCO_3 \Longrightarrow CaO + CO_2 \tag{1-13}$$

$$MgCO_3 \Longrightarrow MgO + CO_2 \tag{1-14}$$

(3)硫化物的氧化及造锍反应 在现代强化熔炼过程中,炉料很快就能进入高温强氧化区域,所以高价硫化物还能被直接氧化。

$$2CuFeS_2 + 2.5O_2 \Longrightarrow Cu_2S \cdot FeS + FeO + 2SO_2 \tag{1-15}$$

$$2FeS_2 + 5.5O_2 \Longrightarrow Fe_2O_3 + 4SO_2 \tag{1-16}$$

$$3FeS_2 + 8O_2 \Longrightarrow Fe_3O_4 + 6SO_2 \tag{1-17}$$

$$2CuS + O_2 \Longrightarrow Cu_2S + SO_2 \tag{1-18}$$

$$2Cu_2S + 3O_2 \Longrightarrow 2Cu_2O + 2SO_2 \tag{1-19}$$

$$2FeS + 3O_2 \Longrightarrow 2FeO + 2SO_2 \tag{1-20}$$

$$3FeO + 0.5O_2 \Longrightarrow Fe_3O_4 \tag{1-21}$$

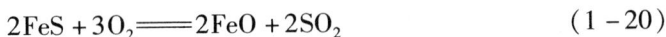

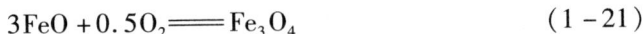

在 FeS 存在的情况下，Fe_2O_3 会转变成 Fe_3O_4，Fe_3O_4 还能进一步还原为 FeO。

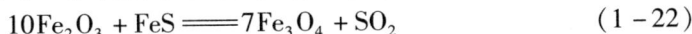

$$10Fe_2O_3 + FeS \Longrightarrow 7Fe_3O_4 + SO_2 \tag{1-22}$$

$$3Fe_3O_4 + FeS \Longrightarrow 10FeO + SO_2 \tag{1-23}$$

熔炼过程中，只要有 FeS 存在，体系中的 Cu_2O 就会变成 Cu_2S。

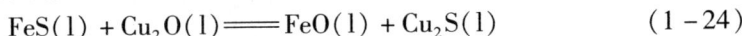

$$FeS(1) + Cu_2O(1) \Longrightarrow FeO(1) + Cu_2S(1) \tag{1-24}$$

$$\Delta G^{\ominus} = -144750 + 13.05T(J)$$

在熔炼温度下，此反应的标准自由能变化为负、且值很大，反应很容易向右进行。由于此反应的存在，能够保证熔炼过程中铜不会氧化损失，也能够形成铜锍（FeS - Cu_2S）。因此，常常把此反应视为造锍反应。

（4）造渣反应　氧化产生的 FeO 和 Fe_3O_4，在 SiO_2 存在下，反应生成铁橄榄石型炉渣：

$$2FeO + SiO_2 \Longrightarrow 2FeO \cdot SiO_2 \tag{1-25}$$

$$3Fe_3O_4 + FeS + 5SiO_2 \Longrightarrow 5(2FeO \cdot SiO_2) + SO_2 \tag{1-26}$$

此外，炉料中还有一些其他成分，在熔炼过程中根据各自的性质分别进入铜锍、炉渣和烟尘，具体内容可参阅相关著作，这里就不详细介绍。

2）造锍熔炼的热力学分析　热力学上，造锍熔炼过程存在气 - 固、气 - 液、液 - 固以及液（锍）- 液（炉渣）等相平衡。下面通过硫位 - 氧位图分析这些平衡过程。

由于造锍熔炼所用原料中除了铜、铁和硫之外，还有一些其他金属如 Pb、Zn、Ni、Co 等的化合物（主要为硫化物），因此在研究造锍熔炼的化学位图时，涉及 Me - S - O 系硫位 - 氧位图（图 1 - 5）和 Cu - Fe - S - O - SiO_2 系硫位 - 氧位图。

图 1 - 5 为炼铜原料中常见的一些金属化合物在一定硫位和氧位条件下的相平衡关系，图中的每个区域表示该体系中各种物相的热力学稳定区，同时从图中也可以看出这些金属化合物氧化和还原的难易程度。

图 1 - 6 为 A. Yazawa 提出的 Cu - Fe - S - O - SiO_2 系硫位 - 氧位图。图中 $pqrstp$ 区为铜锍、炉渣和炉气的平衡共存区，当空气熔炼时，炉气中的 p_{SO_2} 约为 104 Pa，硫化铜精矿的氧化过程可视为沿 $ABCD$ 线进行，即炉气中 p_{O_2} 逐渐升高，p_{S_2} 逐渐降低，p_{SO_2} 恒定。A 点是造锍熔炼的起点，锍的含量为零，当炉气中氧势升高，硫势降低，锍的含量升高，当反应进行到 B 点时，锍的含量升高到 70%，可见 AB 段为造锍阶段。B 点开始锍的品位升高缓慢，到 C 点开始产出金属铜，这时粗铜、锍、炉渣和炉气四相共存，最终锍全部变为粗铜，这个过程就是锍吹炼第二周期造铜期，C 点过后就是粗铜火法精炼的氧化期。由此可见，$ABCD$ 线可表示从铜精矿到吹炼铜的全过程。图中 st 线为反应 $3Fe_3O_4(s) + FeS(1) + 5SiO_2(s) \Longrightarrow 5(2FeO \cdot SiO_2)_{(1)} +$

$SO_{2(g)}$ 的平衡线。此时渣中 $\alpha_{FeO}=0.31$，SiO_2 和 Fe_3O_4 为饱和状态，即 $\alpha_{SiO_2}=1$、$\alpha_{Fe_3O_4}=1$。从图中可以看出，当 α_{FeO} 增大时，st 线下移，也就是说明铜锍、炉渣和炉气的三相平衡区缩小，析出 Fe_3O_4 的可能性增大。因此，在 C 点的吹炼过程一定要在 SiO_2 接近饱和的条件下进行。

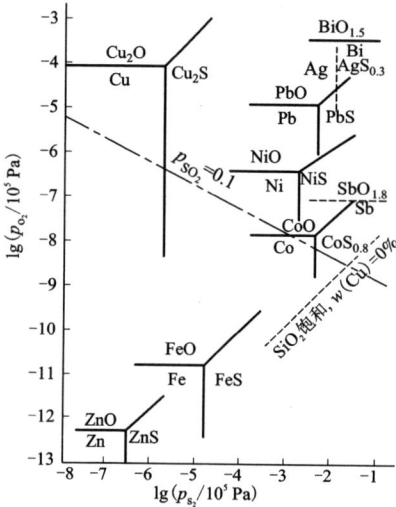

图 1-5 Me-S-O 系硫位-氧位图

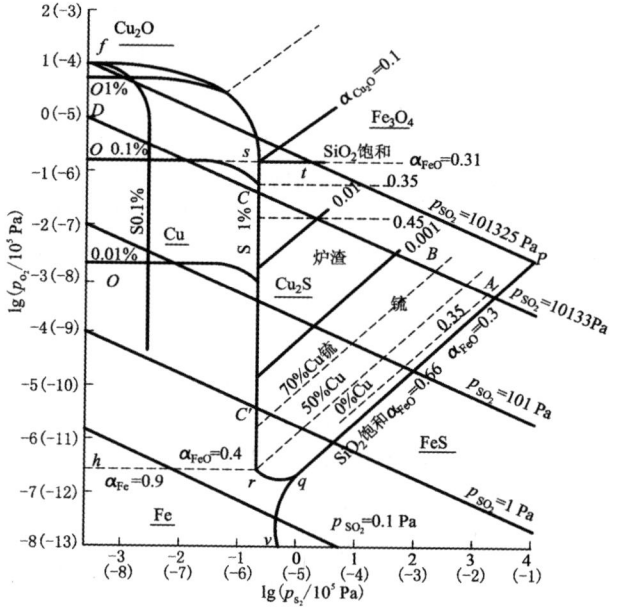

图 1-6 Cu-Fe-S-O-SiO₂ 系硫位-氧位图

利用图 1-6 虽然可以简单地进行铜熔炼过程热力学分析，但与实际生产相结合时遇到了一些问题。比如图中在比较大的硫分压范围内，均可产出相同品位的锍，而实际上不同工艺产出相近品位的锍时，含硫量变化不大。鉴于这些问题，R. Sridhart 等人将世界上 42 家炼铜厂的实际生产数据和热力学数据、实验室测定数据进行分析和整理，最后提出了一种比较实用的硫势-氧势图（图 1-7）——STS（Sridhar-Toguri-Simenonov）图。

从图 1-7 可以看出，硫势的变化

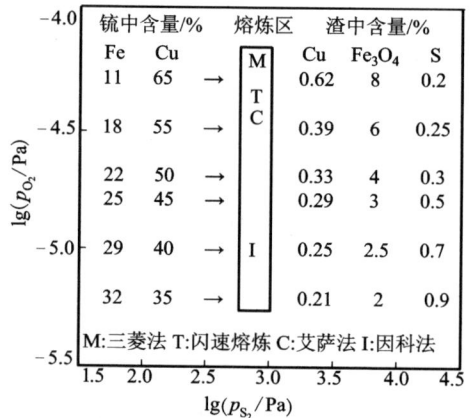

图 1-7 铜熔炼的氧势-硫势图（STS 图）

范围很窄，$lg p_{S_2}$ 为 2.5~3.0，而氧势的变化范围很大，$lg p_{O_2}$ 为 -5.2~-4.2。图中熔炼区的符号标出了几种典型熔炼方法所操作的位置。利用此图可以方便而准确地预测和评价造锍熔炼过程。

3)熔炼产物相图及性质 下面重点介绍铜锍及炉渣的相图和性质。

(1)铜锍相图和性质 铜锍是重金属硫化物的共熔体,除了主要成分 Cu、Fe 和 S 之外,还含有少量的 Ni、Co、Pb、Zn、As、Sb、Bi、Au、Ag、Se 等杂质元素。现代强化熔炼法生产出来的铜锍品位一般为 35% ~ 70%。图 1 - 8 为 Cu_2S - FeS 二元系相图。从图中可以看出,在实际熔炼温度下(1473K 左右),Cu_2S 和 FeS 均为液相,可完全互溶为稳定的均质溶液。图 1 - 9 为 FeS - MS(含 FeO)二元系液相线图。在熔炼温度下,FeS 与重金属硫化物形成共熔体的液相线具有一定的重叠性,并且都能形成均质熔体。这一特性就是重金属矿物原料进行造锍熔炼的重要依据。

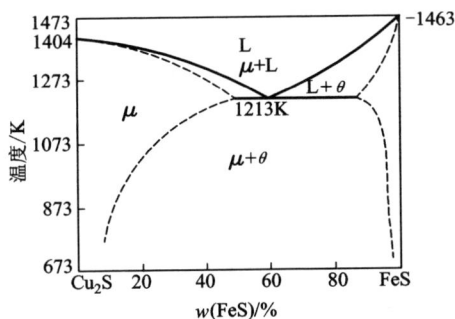

图 1 - 8 Cu_2S - FeS 二元系相图

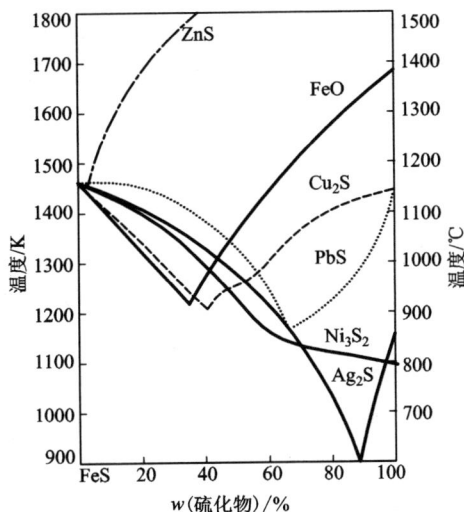

图 1 - 9 FeS - MS(含 FeO)二元系液相线图

铜锍的一些物理性质可参见其他参考资料,它的两个特殊的性质需要重点了解:一是铜锍对贵金属具有良好的捕集作用,一般地,铜锍品位只要 10% 左右,就可完全捕集金和银;二是液态铜锍遇水爆炸。

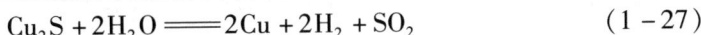

$$Cu_2S + 2H_2O =\!=\!= 2Cu + 2H_2 + SO_2 \qquad (1-27)$$
$$FeS + H_2O =\!=\!= FeO + H_2S \qquad (1-28)$$
$$3FeS + 4H_2O =\!=\!= Fe_3O_4 + 3H_2S + H_2 \qquad (1-29)$$

反应产生的 H_2 和 H_2S 与 O_2 作用,引起爆炸,因此在实际生产中要特别注意。

(2)炉渣的相图和性质 炉渣的主要成分为 FeO 和 SiO_2,此外还有 CaO、Al_2O_3 和 MgO 等。

铜熔炼过程中,炉渣起着非常重要的作用。因为渣型的选择,将决定炉渣的物理化学性质,也就会影响炉渣与铜锍的分离效果。炉渣的重要物理化学性质是碱度、黏度、相对密度和流动性等，具体展示方法有相图、性质图及计算公式等。下面分别叙述。

①炉渣的碱度　用式（1-30）计算：

$$炉渣碱度\ k_v = \frac{w(FeO) + b_1 w(CaO) + b_2 w(MgO) + \cdots}{w(SiO_2) + a_1 w(Al_2O_3) + \cdots} \qquad (1-30)$$

式中：$w(FeO)$、$w(SiO_2)$等是渣中各氧化物的含量，%；a_i 和 b_i 是各氧化物的系数。在实际生产中常把 CaO、MgO、Al_2O_3 等氧化物分别简化为 FeO 和 SiO_2，从而把碱度简化为 $w(Fe)/w(SiO_2)$［或 $w(FeO)/w(SiO_2)$］。$k_v < 1$ 的渣称为酸性渣，$k_v > 1$ 的渣称为碱性渣，$k_v = 1$ 的渣称为中性渣。现代炼铜方法的炉渣大多采用碱性渣。

②炉渣相图　铜造锍熔炼炉渣体系主要有 $FeO-SiO_2$ 系、$FeO-Fe_2O_3-SiO_2$ 系、$FeO-CaO-SiO_2$ 系、$CaO-Fe_2O_3$ 系和 $FeO-Fe_2O_3-CaO$ 系等。其中最有代表性的是 $FeO-CaO-SiO_2$ 系，其相图见图 1-10。

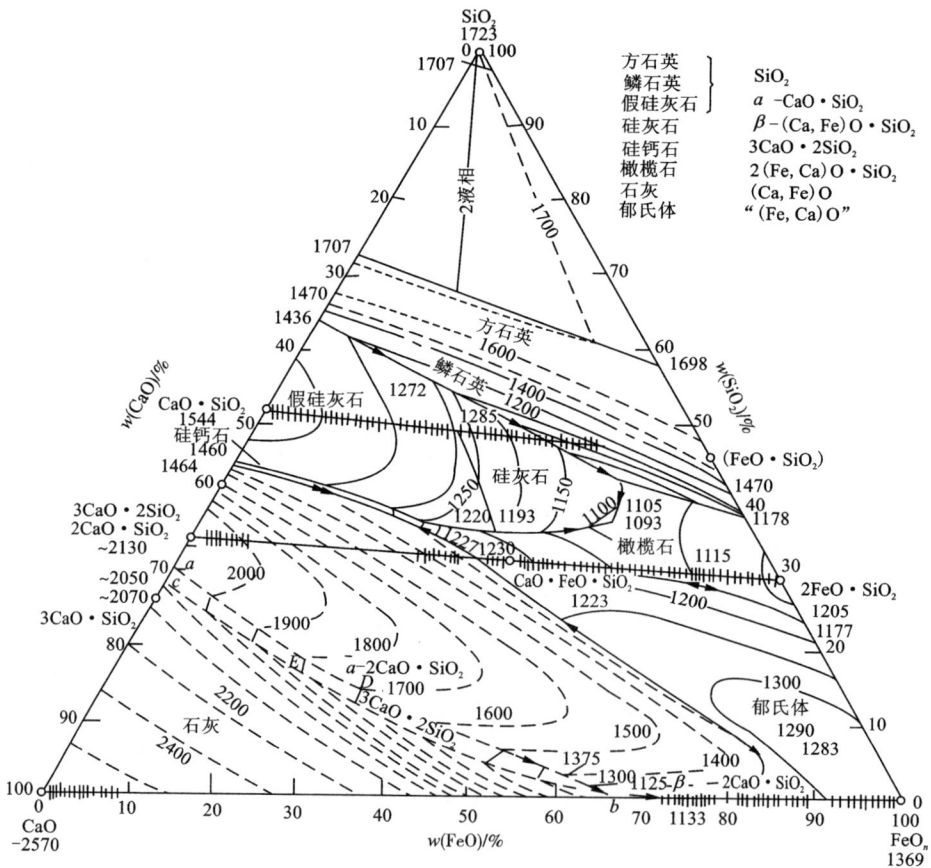

图 1-10　铁饱和的 $FeO-CaO-SiO_2$ 系相图

从图中可以确定各种炉渣组成下的熔化温度，在实际生产中可以选择不同的共晶组成，以得到熔点较低的适合生产的炉渣组成。比如往 $2FeO \cdot SiO_2$ 中添加一定量的 CaO，可将熔点从 1482K 降到 1373K 左右。

③ 炉渣的黏度 选择黏度较小的渣型可实现铜锍与炉渣的良好分离。炉渣成分对黏度的影响比较复杂，图 1 - 11 为 1573K 下的 $FeO - CaO - SiO_2$ 系等黏度线图。渣中 SiO_2 含量增加，黏度增加，CaO 和 FeO 等碱性氧化物含量适量增加，黏度降低。一般铜冶炼炉渣的黏度小于 0.5 Pa·s 比较合适，超过 1 Pa·s 其流动性会变差。

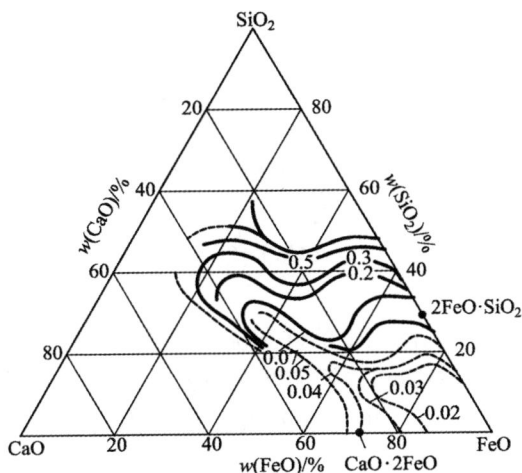

图 1 - 11 1573K 下的 $FeO - CaO - SiO_2$ 系等黏度线图

④ 渣含铜控制 铜在炉渣中的损失是造锍熔炼过程中铜损失的主要原因。图 1 - 12 为铜的溶解量与铜锍品位的关系图。从图中可以看出，在低锍品位区，硫化物形态的溶解损失多，而氧化物形态的溶解损失很少，在高锍品位区则正好相反。

日本科学家 Nagamori 在大量研究的基础上得出了铜以氧化物形态损失的计算公式和硫化物形态损失的三种模型：

$$(Cu)_{ox}\% = 27(\alpha_{CuO_{0.5}})_{sl} \text{（炉渣铁硅比 1.5）} \qquad (1-31)$$

$$(Cu)_{ox}\% = 35(\alpha_{CuO_{0.5}})_{sl} \text{（炉渣铁硅比 2.0）} \qquad (1-32)$$

$$(Cu)_{sur1}\% = 0.39\%(S\%)_{sl}(\alpha_{CuS_{0.5}})_{mt} \qquad (1-33)$$

$$(Cu)_{sur2}\% = 0.69\%(S\%)_{sl}(\alpha_{Cu_2S})_{mt} \qquad (1-34)$$

$$(Cu)_{sur3}\% = 2.7\%(S\%)_{sl}(\alpha_{Cu})_{mt} \qquad (1-35)$$

式中：下标 sl 表示渣相；下标 mt 表示铜锍相；下标 ox 表示氧化态；下标 sur 表示硫化态。而实际生产中也可用下式计算：

$$(Cu)_{sur}\% = 0.00495\%(S\%)_{sl}(Cu\%)_{mt} \qquad (1-36)$$

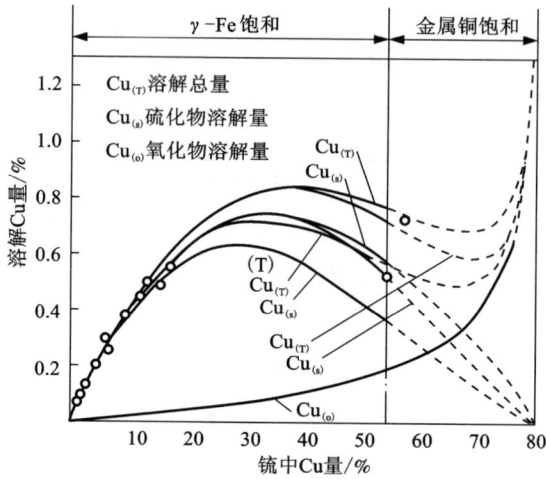

图1-12 炉渣中铜的溶解量与铜锍品位的关系

则渣中以溶解形式损失的总铜为：

$$(Cu)_{all}\% = (Cu)_{ox}\% + (Cu)_{sur}\% \qquad (1-37)$$

2. 铜锍吹炼原理

铜锍吹炼的目的是要把铜锍中的铁和硫全部脱除，得到粗铜。传统的吹炼过程是周期性作业，分为造渣期和造铜期两个阶段。下面分阶段介绍其基本原理。

1) 造渣期 铜锍吹炼在1150℃至1300℃范围内进行，其过程是向炉内鼓入空气或富氧空气，使铜锍中的硫化物被氧化成氧化物。图1-13是硫化物氧化反应的 $\Delta G^{\ominus} - T$ 图，从中可以看出，FeS 的氧化 $\Delta G^{\ominus}$ 比 Cu_2S 更负，因此 FeS 首先被氧化成 FeO，并马上与加入的适应熔剂反应造渣。

从图1-14可以看出，FeS 与 FeO 反应生成 Fe 的反应不可能发生，而 Cu_2S 氧化产生的 Cu_2O，很容易被 FeS 硫化为 Cu_2S，也就是说在造渣期，只要有 FeS 存在，Cu_2O 就不能稳定存在，只有 FeS 完全氧化除去后，才能产生 Cu_2O。这就是吹炼过程分两个阶段进行的热力学依据。造渣期发生的主要化学反应如下：

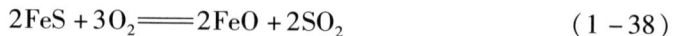

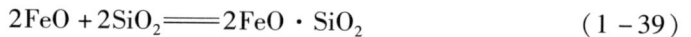

$$2FeS + 3O_2 \Longrightarrow 2FeO + 2SO_2 \qquad (1-38)$$

$$2FeO + 2SiO_2 \Longrightarrow 2FeO \cdot SiO_2 \qquad (1-39)$$

2) 造铜期 随着吹炼的进行，当铜锍中的铁含量低于1%时，Cu_2S 开始氧化为 Cu_2O，并与 Cu_2S 交互反应生成粗铜：

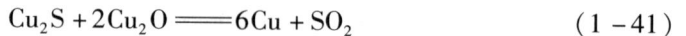

$$2Cu_2S + 3O_2 \Longrightarrow 2Cu_2O + 2SO_2 \qquad (1-40)$$

$$Cu_2S + 2Cu_2O \Longrightarrow 6Cu + SO_2 \qquad (1-41)$$

造铜期末期一定要准确控制，否则金属铜氧化成氧化亚铜，会造成铜过吹事故。如果已过吹，可缓慢加入少许热铜锍，使氧化亚铜还原为金属铜。这个过程必须缓慢进行，否则因 Cu_2S 和 Cu_2O 的激烈反应，易引起喷炉乃至爆炸事故。

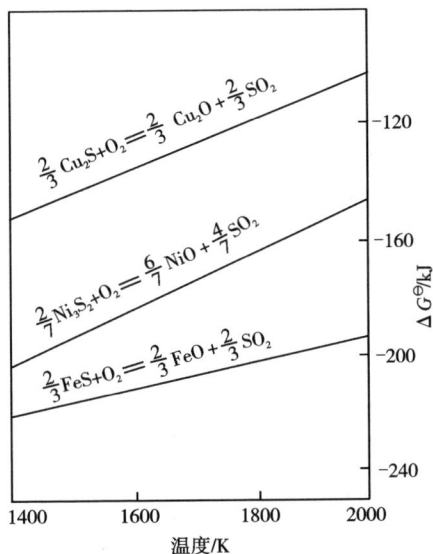

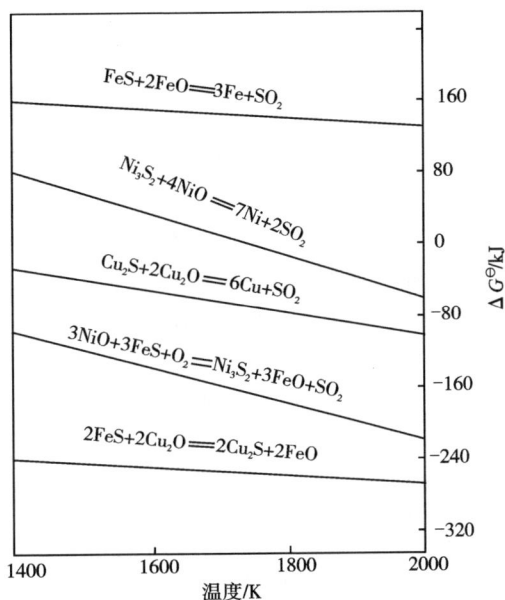

图 1-13 硫化物氧化反应的 $\Delta G^{\ominus} - T$ 图　图 1-14 硫化物和氧化物交互反应的 $\Delta G^{\ominus} - T$ 图

3. 再生铜冶炼原理

如前所述，再生铜冶炼主要包括熔炼和吹炼两个过程。

1) 熔炼原理　熔炼主要是金属铜的熔化和氧化铜、杂质金属氧化物和四氧化三铁的还原，最大限度地将废杂铜中的铜和锡炼成黑铜，并尽可能地把挥发的锌以烟尘形式回收。还原剂有多种选择，视熔炼设备不同可选择煤、天然气（煤气）和生铁，主要反应如下：

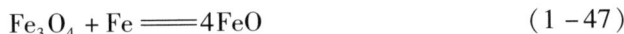

$$Cu_2O + CO \Longrightarrow 2Cu + CO_2 \tag{1-42}$$

$$Cu_2O + Fe \Longrightarrow 2Cu + FeO \tag{1-43}$$

$$MeO + CO \Longrightarrow Me + CO_2 \tag{1-44}$$

$$MeO + Fe \Longrightarrow Me + FeO \tag{1-45}$$

$$Fe_3O_4 + CO \Longrightarrow 3FeO + CO_2 \tag{1-46}$$

$$Fe_3O_4 + Fe \Longrightarrow 4FeO \tag{1-47}$$

另外，还有造渣反应：

$$2FeO + SiO_2 \Longrightarrow 2FeO \cdot SiO_2 \tag{1-48}$$

$$xCaO + ySiO_2 \Longrightarrow xCaO \cdot ySiO_2 \tag{1-49}$$

2) 吹炼原理　吹炼是一个氧化精炼过程，即将黑铜中的杂质元素氧化除去。黑铜吹炼与铜锍吹炼有所不同。黑铜中含铜量一般为 55% ~ 85%，浓度最大。吹炼过程中在电位较铜更负的杂质金属上直接氧化的同时，还有部分铜也会被氧化成 Cu_2O，而铜与杂质金属（铅、锡、锌等）相比，电位更正，对氧的亲和力最小，

因此产生的 Cu_2O 很快又被杂质金属还原，从而实现氧化杂质金属造渣除去的目标。

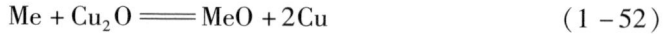

$$Me + 1/2O_2 \Longrightarrow MeO \tag{1-50}$$

$$2Cu + 1/2O_2 \Longrightarrow Cu_2O \tag{1-51}$$

$$Me + Cu_2O \Longrightarrow MeO + 2Cu \tag{1-52}$$

$$MeO + SiO_2 \Longrightarrow MeO \cdot SiO_2 \tag{1-53}$$

黑铜吹炼过程中铁最易被氧化，铁含量从2%~3%降到0.01%~0.03%；锌一部分进入渣相，大部分（60%左右）挥发后进入烟尘，粗铜中锌含量控制在0.01%以下；铅在吹炼初期以PbO形态挥发进入气相，这部分占30%左右，60%的铅进入渣相，10%左右留在粗铜中；锡70%左右以氧化物形态进入渣相，只有30%左右以SnO的形式进入烟气中；镍和锑是在上述杂质基本都脱除后的吹炼末期，才开始氧化除去，锑含量可降至0.2%~0.3%，镍含量可降至0.3%~0.5%。

4. 火法精炼原理

粗铜的火法精炼过程主要包括装料、熔化、氧化、还原和浇铸五个阶段。下面围绕氧化和还原，介绍粗铜火法精炼的基本原理。

1）氧化 氧化是基于粗铜中大多数杂质对氧的亲和力大于铜对氧的亲和力，同时杂质氧化物不溶于铜水的特点而进行的。由于铜水中杂质含量低，主体金属为铜，因此在1150~1200℃温度下，利用空气进行氧化时，铜首先被氧化成Cu_2O，而Cu_2O在铜水中有一定的溶解度（图1-15），在1150℃下的溶解度可达到8.3%。于是铜水中的杂质与铜水中的Cu_2O进行反应，生成杂质氧化物和铜。

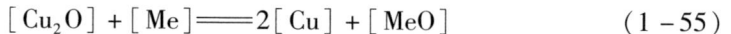

$$4[Cu] + O_2 \Longrightarrow 2[Cu_2O] \tag{1-54}$$

$$[Cu_2O] + [Me] \Longrightarrow 2[Cu] + [MeO] \tag{1-55}$$

生成的杂质氧化物MeO漂浮到铜水表面，与加入的石英、苏打等熔剂反应造渣，最后通过扒渣或倒渣作业除去。

杂质氧化过程的平衡常数为；

$$K = \frac{\alpha_{MeO} \cdot \alpha_{Cu}}{\alpha_{Cu_2O} \cdot \alpha_{Me}} \tag{1-56}$$

式中：可认为α_{Cu}等于1。则

$$K = \frac{\alpha_{MeO}}{\alpha_{Cu_2O} \cdot \alpha_{Me}} = \frac{\alpha_{MeO}}{\alpha_{Cu_2O} \cdot \gamma_{Me} \cdot N_{Me}} \tag{1-57}$$

从而可以计算出铜水中杂质的极限浓度为：

$$N_{Me} = \frac{\alpha_{MeO}}{K \cdot \alpha_{Cu_2O} \cdot \gamma_{Me}} \tag{1-58}$$

因杂质氧化为放热反应，其平衡常数K随温度的升高而减小，所以氧化温度

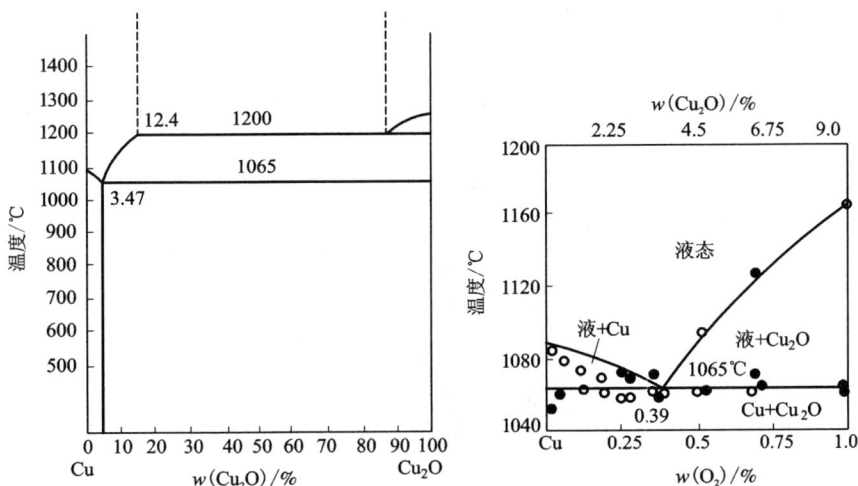

图 1-15 Cu-Cu$_2$O 二元系相图

一般控制在 1423~1443 K。而 Cu$_2$O 基本处于饱和状态,所以影响杂质极限浓度的主要因素为杂质氧化物的活度 α_{MeO} 及活度系数 γ_{Me}。为了降低 α_{MeO},在氧化精炼过程中要及时除去浮在铜水表面的氧化渣。

实际生产中 As、Sb、Bi 和 Ni 是最难除去的杂质,其中 As 和 Sb 会与 Ni 生成镍云母(6Cu$_2$O·8NiO·2As$_2$O$_5$ 和 6Cu$_2$O·8NiO·2Sb$_2$O$_5$)溶于铜水中,难以除去。生产中可加入苏打(Na$_2$CO$_3$)破坏镍云母。而精炼得到的阳极铜中 Ni 含量低于 0.6% 时,不影响电解铜的质量。

硫在粗铜中主要以 Cu$_2$S 的形式存在。在氧化过程末期,Cu$_2$S 与 Cu$_2$O 进行激烈反应,放出的 SO$_2$ 使铜水沸腾,实际生产中就能看到"铜雨"现象。

2)还原 氧化精炼结束后,铜水中有 0.6% 左右的氧以 Cu$_2$O 的形式存在。为了防止浇铸过程中 Cu$_2$O 的析出,要对铜水进行还原作业。常用的还原剂有木炭、焦粉、重油、天然气和液化石油气等。重油还原的还原效果好,比较便宜,但污染较大,气体还原剂成本较高,但简单易行无污染。还原过程可能发生的反应如下:

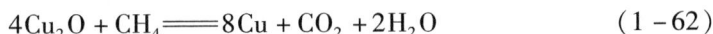

$$Cu_2O + H_2 = 2Cu + H_2O \qquad (1-59)$$

$$Cu_2O + C = 2Cu + CO \qquad (1-60)$$

$$Cu_2O + CO = 2Cu + CO_2 \qquad (1-61)$$

$$4Cu_2O + CH_4 = 8Cu + CO_2 + 2H_2O \qquad (1-62)$$

铜水中基本上不溶解 CO 和 H$_2$O,但 H$_2$ 容易溶解进去。如果出现"过还原",会残留过多的 H$_2$ 在铜水中,在铸造铜阳极板时产生大量的气孔,降低阳极板的平整度,影响电解过程。实际生产中在保证不出现"过还原"现象的同时,适当降低浇注时的铜水温度，可减少铜水中氢的溶解。

5. 电解精炼原理

图 1-16 为铜电解精炼过程示意图，精炼过程发生阳极溶解反应和阴极铜沉积反应，与此同时，杂质元素亦表现出不同的行为。

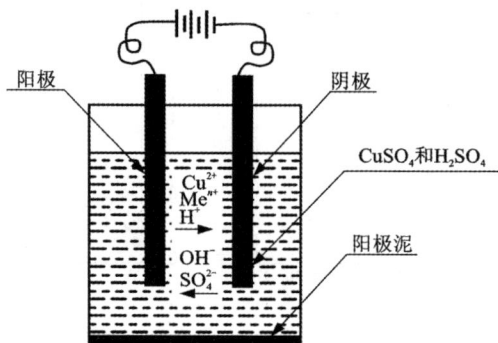

图 1-16 铜电解精炼过程示意图

1）阳极反应　电解过程中阳极上可能发生的阳极反应如下：

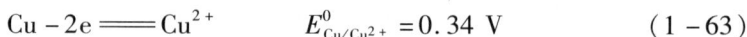

$$Cu - 2e = Cu^{2+} \qquad E^0_{Cu/Cu^{2+}} = 0.34 \text{ V} \qquad (1-63)$$

$$Me - ne = Me^{n+} \qquad E^0_{Me/Me^{n+}} < 0.34 \text{ V} \qquad (1-64)$$

$$H_2O - 2e = 2H^+ + 0.5O_2 \qquad E^0_{H_2O/O_2} = 1.229 \text{ V} \qquad (1-65)$$

$$SO_4^{2-} - 2e = SO_3 + 0.5O_2 \qquad E^0_{SO_4^{2-}/O_2} = 2.42 \text{ V} \qquad (1-66)$$

阳极反应主要是阳极铜以及比铜的电极电位更负的元素（如 Fe、Ni、Pb、As 和 Sb 等）的溶解过程，由于 OH^- 和 SO_4^{2-} 的电极电位比铜正得多，故不会在阳极上发生析氧反应，而 Au、Ag 等贵金属的电位更正，电解过程中以阳极泥的形式落入到电解槽底部，然后定期放出阳极泥单独进行处理，回收其中的贵金属等有价金属。

2）阴极反应　电解过程中阴极上可能发生的阴极反应如下：

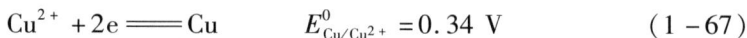

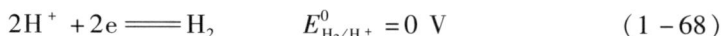

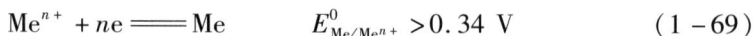

$$Cu^{2+} + 2e = Cu \qquad E^0_{Cu/Cu^{2+}} = 0.34 \text{ V} \qquad (1-67)$$

$$2H^+ + 2e = H_2 \qquad E^0_{H_2/H^+} = 0 \text{ V} \qquad (1-68)$$

$$Me^{n+} + ne = Me \qquad E^0_{Me/Me^{n+}} > 0.34 \text{ V} \qquad (1-69)$$

由于铜的析出电位比氢的析出电位正，而且氢在铜阴极上的超电位使得氢的析出电位更负，所以在正常电解条件下不会析出氢气。而溶液中其他比铜更正电性的金属离子几乎没有，所以阴极过程只有铜的析出过程。只有当阴极附近的铜离子浓度很低，同时电流密度较高的情况下，可能发生析氢反应。

总的来说，铜的电解精炼过程巧妙地运用了"比铜负电性的金属在阳极溶解，但在阴极不析出，而可在阴极析出的比铜正电性的金属在阳极又不溶解"的电解原理，从而达到精炼铜的目的。

3）杂质元素在电解过程中的行为　铜电解精炼过程中阳极中的各种杂质元素，根据自身的特点，去向不同。通常阳极铜中的杂质主要可以分为以下 4 类：

（1）比铜显著负电性的元素　这类元素包括锌、铁、锡、铅、钴、镍。其中锌、铁和钴在阳极中的含量很低，锌和钴对电解过程影响甚微，而铁溶解进入电解液后，Fe^{3+} 和 Fe^{2+} 在阴阳极之间氧化还原，消耗部分电能，降低电流效率，因此要控制电解液中的铁含量，一般在 1 g/L 以下。电解过程中铅也优先从阳极溶解，生成的 Pb^{2+} 与硫酸反应生成 $PbSO_4$ 粉末，此粉末有时脱落进入阳极泥，而有时附着在阳极上继续氧化成棕色的 PbO_2 覆盖于阳极表面，引起槽电压升高。锡在电解过程中首先以 Sn^{2+} 形式进入电解液，后继续氧化成 Sn^{4+}，Sn^{4+} 很容易水解生成溶解度较小的碱式盐，而胶状的碱式盐在沉淀过程中可以吸附砷和锑共沉，但如果黏附到阴极上会使阴极质量变差。电解液中锡的含量尽量控制在 0.4 g/L 以下。镍在电解过程中的溶解与阳极含氧量有很大关系。含氧低时绝大部分以硫酸镍的形式进入溶液，含氧高时大部分以 NiO 的形式进入阳极泥。实际生产中更希望其进入溶液，因为 NiO 有时会引起阳极钝化现象，脱落的 NiO 不仅降低阳极泥中贵金属的品位，而且在沉降过程中极易黏附到阴极铜表面，影响阴极铜的质量。

（2）比铜显著正电性的元素　金、银和铂族金属都具有显著的正电性，几乎全部进入阳极泥。只有 0.5% 左右被机械夹杂到阴极上，造成贵金属的损失。电解液的温度升高，会增加银的溶解速度，也会增加阴极铜中的银含量。实际生产中通过加入添加剂，加速阳极泥的沉降，减少阴极上的黏附，此外扩大极距、增加电解槽深度和加强电解质过滤等措施也能减少贵金属的损失。

（3）电位与铜接近但比铜较负的元素　这类元素包括 As、Sb 和 Bi。这三种杂质不仅可能在阴极析出，而且还容易产生 $SbAsO_4$ 和 $BiAsO_4$ 等"漂浮阳极泥"，黏附在阴极上，影响阴极质量，特别是在高纯铜的制备过程中更为突出。为了减少这三种元素的影响，生产中可采取以下几种措施：保持一定的酸度和铜离子浓度；采用适当的循环方式和循环速度；电流密度不要过高；加强电解液的过滤净化；通过加入添加剂使阴极表面光滑、致密。

（4）其他元素　这类杂质包括 O、S、Se 和 Te 等。氧和硫主要以 Cu_2O 和 Cu_2S 的形态存在，电解过程中主要进入阳极泥。阳极铜中的 Se 和 Te 主要与铜结合成复杂的夹杂物相 $Cu_2Se - Cu_2Te$，在阳极上形成松散外壳或脱落后进入阳极泥中。

6. 湿法炼铜原理

1）含铜矿物的浸出原理　目前湿法炼铜技术在工业应用上所处理的含铜矿物主要以氧化铜矿（氧化铜和孔雀石）和次生硫化铜矿（辉铜矿、蓝辉铜矿和铜蓝矿）为主，集中于这些铜矿废石堆和表外矿的回收上，浸出过程的主要化学反应如下(以硫酸浸出为例)。

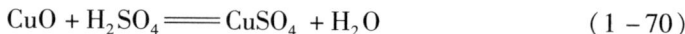

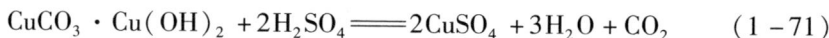

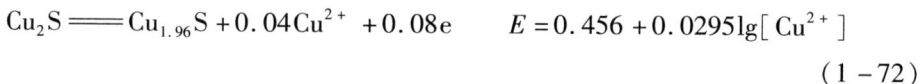

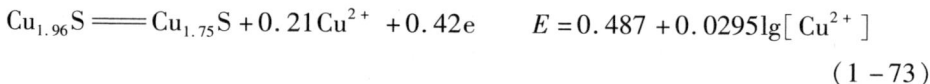

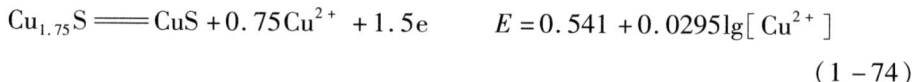

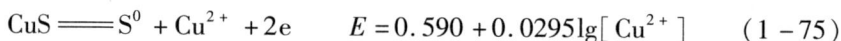

$$CuO + H_2SO_4 \rightleftharpoons CuSO_4 + H_2O \qquad (1-70)$$

$$CuCO_3 \cdot Cu(OH)_2 + 2H_2SO_4 \rightleftharpoons 2CuSO_4 + 3H_2O + CO_2 \qquad (1-71)$$

$$Cu_2S \rightleftharpoons Cu_{1.96}S + 0.04Cu^{2+} + 0.08e \qquad E = 0.456 + 0.0295\lg[Cu^{2+}] \qquad (1-72)$$

$$Cu_{1.96}S \rightleftharpoons Cu_{1.75}S + 0.21Cu^{2+} + 0.42e \qquad E = 0.487 + 0.0295\lg[Cu^{2+}] \qquad (1-73)$$

$$Cu_{1.75}S \rightleftharpoons CuS + 0.75Cu^{2+} + 1.5e \qquad E = 0.541 + 0.0295\lg[Cu^{2+}] \qquad (1-74)$$

$$CuS \rightleftharpoons S^0 + Cu^{2+} + 2e \qquad E = 0.590 + 0.0295\lg[Cu^{2+}] \qquad (1-75)$$

由以上反应可知,氧化铜矿物的浸出是一个简单的酸碱中和反应,只要维持一定的酸度,就可以将铜浸出。对于以辉铜矿和蓝辉铜矿为主体的次生硫化铜矿的浸出来说,铜的浸出需要在一定的氧化还原电位下进行,需要有氧化剂的介入。即需要不断地加入氧化剂,比如采取细菌辅助氧化的方式进行浸出。细菌氧化浸铜机理大体分为直接浸出机理和间接浸出机理。但大多数研究倾向于间接浸出机理,即细菌的作用主要是将浸出液中的 Fe^{2+} 氧化成 Fe^{3+},而真正起氧化浸出硫化铜矿物作用的是 Fe^{3+},细菌的作用在于不断将还原生成的 Fe^{2+} 重新氧化成 Fe^{3+},从而维持一个较高的氧化还原电位,有利于硫化铜矿物的持续氧化浸出。其化学反应如下。

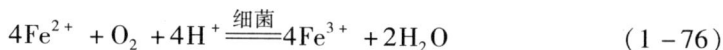

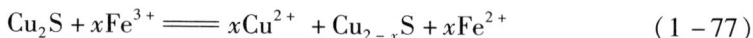

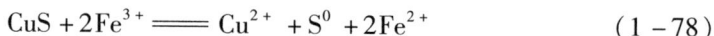

$$4Fe^{2+} + O_2 + 4H^+ \xrightarrow{\text{细菌}} 4Fe^{3+} + 2H_2O \qquad (1-76)$$

$$Cu_2S + xFe^{3+} \rightleftharpoons xCu^{2+} + Cu_{2-x}S + xFe^{2+} \qquad (1-77)$$

$$CuS + 2Fe^{3+} \rightleftharpoons Cu^{2+} + S^0 + 2Fe^{2+} \qquad (1-78)$$

2)从含铜溶液中富集铜的原理 浸出得到的含铜液,一般含铜量较低,杂质含量较高,特别是铁含量远高于铜。目前大多采用溶剂萃取法,从含铜溶液中萃取净化富集铜,反萃得纯净的铜溶液,供下一步电解沉积使用。高效铜萃取剂的有效活性成分主要有酮肟和醛肟类两种。目前工业上常用的萃取剂有 LIX 系列等多种产品。

铜的溶剂萃取和反萃是一个可逆的化学过程。在萃取过程中,萃取剂分子中的 H^+ 与溶液中的金属离子 Cu^{2+},通过有机相/水相界面进行交换,其交换速度、方向和数量取决于萃取剂的浓度、溶液中 Cu^{2+} 的浓度以及溶液中的硫酸浓度。当溶液中酸度较低(如 pH ≥ 1.5)时,萃取剂释放出 H^+,并将 Cu^{2+} 从溶液中萃取出来;反之,当溶液中酸度较高(如 H_2SO_4 180 g/L)时,萃取剂释放出 Cu^{2+},并将 H^+ 从溶液中提取,这种交换称为反萃,萃取和反萃的化学反应如下:

$$(2R-H)_{org}+(Cu^{2+}+SO_4^{2-})_{aq}\xrightleftharpoons[\text{反萃}]{\text{萃取}}(R_2Cu)_{org}+(2H^++SO_4^{2-})_{aq}$$

$$(1-79)$$

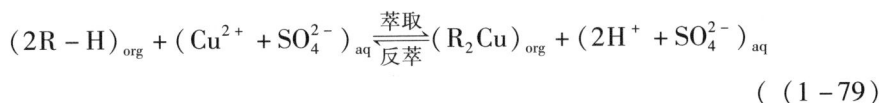

3）铜的电解沉积原理　反萃液中铜含量可达到 40~50 g/L，由于萃取过程不仅把铜离子浓度提高了，而且还使杂质含量控制到很低，因此可以直接进行电解沉积。电解沉积为不溶阳极电解，是从含铜溶液中沉积出金属铜的过程，其总的化学反应可用下式表示。

$$CuSO_4+H_2O\xrightarrow{\text{直流电}}Cu+H_2SO_4+1/2O_2 \qquad (1-80)$$

主要阴极反应为：

$$Cu^{2+}+2e\mathrm{=\!=\!=}Cu \qquad (1-81)$$

$$Fe^{3+}+e\mathrm{=\!=\!=}Fe^{2+} \qquad (1-82)$$

$$2H^++2e+1/2O_2\mathrm{=\!=\!=}H_2O \qquad (1-83)$$

主要阳极反应是：

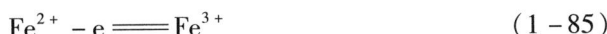

$$H_2O-2e\mathrm{=\!=\!=}2H^++1/2O_2 \qquad (1-84)$$

$$Fe^{2+}-e\mathrm{=\!=\!=}Fe^{3+} \qquad (1-85)$$

另外，在电积液中溶解的氧也会氧化二价铁离子：

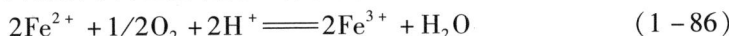

$$2Fe^{2+}+1/2O_2+2H^+\mathrm{=\!=\!=}2Fe^{3+}+H_2O \qquad (1-86)$$

Fe^{3+} 的还原和 Fe^{2+} 的氧化反应在一定条件下可看成是循环反应，因此当外部电源供给电能时，主体反应的净效应是释放出氧气、减少电积液中含铜量和提高电积液硫酸浓度。

电解沉积过程中除了阴极上析出铜、阳极上析出氧气外，硫酸得以再生，再生后的硫酸可循环返回溶剂萃取回路作反萃剂，或者返回前面的浸出工序。与铁置换工艺中对硫酸的破坏相比，电解沉积可以再生酸的这一特点对"浸出—萃取—电积"工艺是至关重要的。

1.4　铜的应用

铜和铜合金广泛应用于电气、交通运输、机械制造、轻工业、电子通信、国防工业等领域，在我国有色金属材料的消费量中仅次于铝。铜是应用最广泛、用量最大的功能材料，它的导电性能好，因此在电气、电子技术和电机制造等领域广泛应用，铜的导热性能好，可制造加热器、冷凝器和热交换器等。铜的延展性好，易于成型和加工，可用于生产汽车、船舶和飞机的各种零部件。铜的耐蚀性能好，可用于化学工业、制糖和酿酒等领域的各种反应器、阀门和管道的制作。铜化合物是电池、农药、染料和催化剂等的重要原料。

图 1-17 为 2016 年国外与中国的精铜消费结构比较。从图中可以看出，中

国与国外在消费结构上有很大差异。我国在电子电力行业中的精铜消费量为46%，而国外仅21%。国外在建筑行业的精铜消费居第一位，达到48%，而我国精铜在建筑行业的消费量增长也较快，已达到18%，可以预料，我国精铜在建筑上的应用具有巨大的潜在市场。

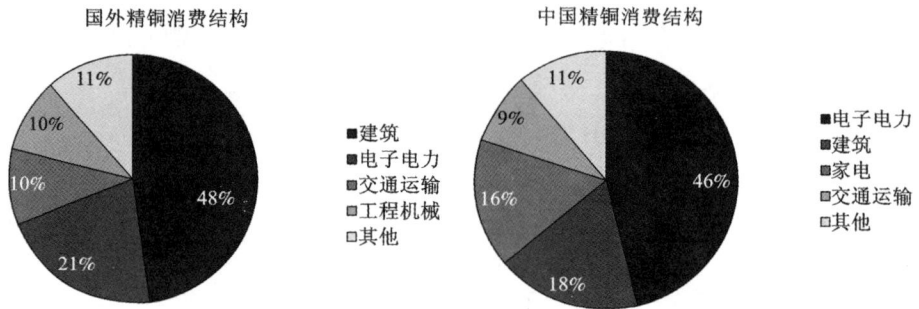

图1-17　2016年国外和中国的精铜消费结构比较

参考文献

[1]任鸿九，王立川. 有色金属提取冶金手册铜镍卷[M]. 北京：冶金工业出版社，2000

[2]朱祖泽，贺家齐. 现代铜冶金学[M]. 北京：科学出版社，2003

[3]邱竹贤. 冶金学(下卷，有色金属冶金)[M]. 沈阳：东北大学出版社，2001

[4]陈国发. 重金属冶金学[M]. 北京：冶金工业出版社，2007

[5]彭容秋. 铜冶金[M]. 长沙：中南大学出版社，2004

[6]彭容秋. 重金属冶金工厂原料的综合利用[M]. 长沙：中南大学出版社，2006

[7]梅炽，王临江，周子民，等. 有色冶金炉设计手册[M]. 北京：冶金工业出版社，2000

[8]李振宸. 元素性质数据手册[M]. 石家庄：河北人民出版社，1985

[9]赵国权，贺家齐，王碧文，等. 铜回收、再生与加工技术[M]. 北京：化学工业出版社，2007

[10]潘从云，施维一，蒋继穆，等. 重有色金属冶炼设计手册铜镍卷[M]. 北京：冶金工业出版社，1996

[11]《环保工作者实用手册》编写组. 环保工作者实用手册[M]. 北京：冶金工业出版社，1984

[12]彭容秋. 重金属冶金工厂环境保护[M]. 长沙：中南大学出版社，2006

[13]达文波特，等. 铜冶炼技术[M]. 杨吉春，董方译. 北京：化学工业出版社，2007

[14]陈等. 铜的火法冶金——1995年铜国际会议论文集[M]. 邓文基，等译. 北京：冶金工业出版社，1998

[15]德国钢铁工程师协会. 渣图集[M]. 王俭，等译. 北京：冶金工业出版社，1989

第 2 章　火法冶炼原生铜

2.1　概述

　　火法冶金是生产铜的主要方法，目前世界上 80% 的铜是火法冶金生产的，特别是硫化铜精矿，全用火法处理。火法处理硫化铜精矿的主要优点是适应性强，冶炼速度快，能充分利用硫化矿中硫的燃烧热，能耗低。火法炼铜的原则工艺流程如图 2 - 1 所示。

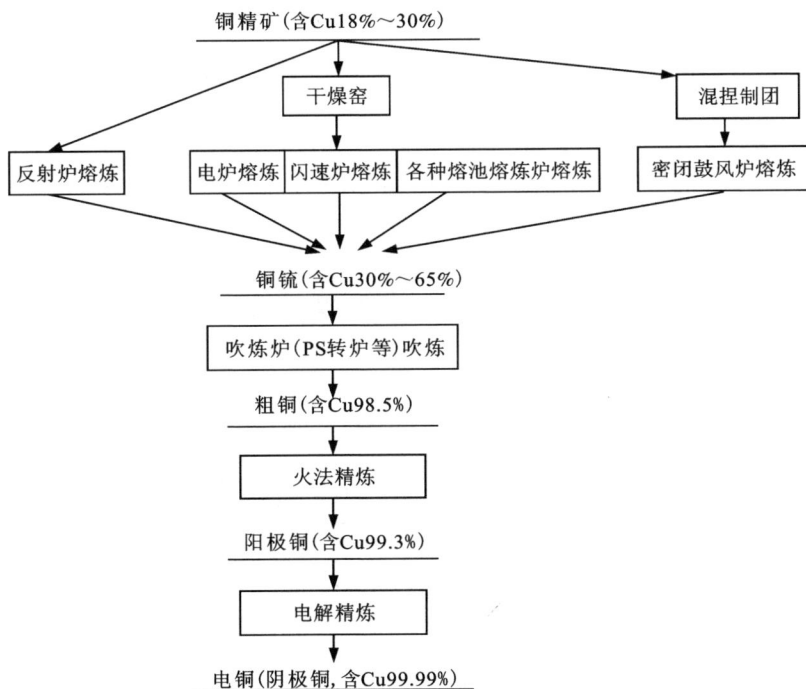

```
          铜精矿(含Cu18%～30%)

                  干燥窑                      混捏制团

反射炉熔炼   电炉熔炼 闪速炉熔炼 各种熔池熔炼炉熔炼   密闭鼓风炉熔炼

          铜锍(含Cu30%～65%)

          吹炼炉(PS转炉等)吹炼

          粗铜(含Cu98.5%)

              火法精炼

          阳极铜(含Cu99.3%)

              电解精炼

      电铜(阴极铜,含Cu99.99%)
```

图 2 - 1　火法炼铜原则工艺流程

　　火法炼铜主要包括干燥、熔炼、吹炼、精炼等过程。造锍熔炼的目的是使铜精矿中的部分铁和硫氧化，铁与脉石、熔剂等造渣除去，产出含铜较高的铜锍和二氧化硫含量较高的烟气。铜锍吹炼获得粗铜并回收精矿中的大部分硫。铜锍中铜、铁、硫的总量占80%~90%，炉料中的贵金属几乎全部进入铜锍。铜锍含铜量取决于精矿品位和熔炼过程的脱硫率，铜锍品位一般为40%~60%。生产高品位铜锍，可更多地利用硫化物反应热，还可缩短吹炼时间。熔炼炉渣含铜与铜锍品位有关，弃渣含铜一般为0.4%~0.5%。造锍熔炼过程主要反应为：

$$2CuFeS_2 = Cu_2S + 2FeS + S \qquad (2-1)$$
$$Cu_2O + FeS = Cu_2S + FeO \qquad (2-2)$$
$$2FeS + 3O_2 + SiO_2 = 2FeO \cdot SiO_2 + 2SO_2 \qquad (2-3)$$
$$2FeO + SiO_2 = 2FeO \cdot SiO_2 \qquad (2-4)$$

铜锍吹炼的目的是要把铜锍中的铁和硫全部脱除，得到粗铜。传统的吹炼过程是周期性作业，分为造渣期和造铜期两个阶段；铜锍吹炼包括PS转炉吹炼、闪速吹炼、连续侧吹吹炼、顶吹非浸没吹炼（如三菱法）以及近年来开发的底吹吹炼、顶吹浸没吹炼等方法。

火法精炼是利用某些杂质对氧的亲和力大于铜，而其氧化物又不溶于铜液等性质，氧化造渣或挥发除去。电解精炼是通入直流电使阳极铜溶解，在阴极析出纯铜，杂质进入阳极泥或电解液。

2.1.1 传统火法炼铜方法

传统火法炼铜方法的造锍熔炼分别在鼓风炉、反射炉和电炉内进行。这种工艺的主要缺点是：①不能充分利用炉料中硫化物氧化的化学反应热作为能量，辅助燃料量或电能消耗大；②产出低浓度SO_2烟气，不能经济地生产硫酸，对环境造成严重污染。因此，传统熔炼工艺逐渐被高效、节能和低污染的富氧强化熔炼工艺取代。

1. 鼓风炉熔炼

鼓风炉熔炼包括烧结块鼓风炉熔炼和铜精矿密闭鼓风炉熔炼两种类型。烧结块鼓风炉熔炼烟气含SO_2低，不易经济地回收硫。为消除烟害，回收精矿中的硫，20世纪50年代，发展了精矿密闭鼓风炉熔炼法，即将硫化铜精矿混捏成膏状，再配以部分块料、熔剂、焦炭等分批从炉顶中心加料口加入炉内，形成料封，减少漏气，提高SO_2浓度。混捏料在炉内经热烟气干燥、焙烧形成烧结料柱，块状物料也呈柱状环绕在烧结料柱的周围，以保持透气性，使熔炼作业正常进行。中国沈阳冶炼厂、杭州富春江冶炼厂等曾采用此法。

2. 反射炉熔炼

反射炉适于处理浮选的粉状精矿，按其作业性质可分为周期性作业和连续性作业反射炉；按冶炼性质可分为造锍熔炼、吹炼、精炼、熔化和焙烧反射炉。反射炉造锍熔炼脱硫率低，仅20%~30%，适于处理含铜品位较高的精矿。其优点是生产规模可大型化，对原料、燃料的适应性强，长期以来一直是炼铜的主要设备，至 20 世纪 80 年代初，全世界保有的反射炉能力仍居炼铜设备的首位。但反射炉烟气量大，且含 SO_2 仅 1% 左右，回收困难、污染严重。反射炉的热效率仅为 25% ~ 30%，反应热利用少，能耗高。20 世纪 70 年代以来，一些国家还在研究如何改进反射炉熔炼，有的采用氧气喷洒装置将精矿喷入炉内，加强密封，以提高 SO_2 浓度。白银有色金属集团股份有限公司第一冶炼厂将铜精矿加入反射炉熔体，鼓风熔炼，提高了熔炼强度，烟气可用于制取硫酸。

3. 电炉熔炼

电炉熔炼系采用电阻电弧炉即矿热电炉炼铜，电炉熔炼对物料的适应性非常强，一般多用于电价低廉的地区和处理含难熔脉石较多的精矿。电炉熔炼的烟气量较少，若控制适当，烟气中 SO_2 浓度可达 5%，有利于硫的回收。

2.1.2　富氧强化造锍熔炼

近 50 年来，富氧强化造锍熔炼工艺已在工业上广泛应用，该工艺归纳为两大类：一类是漂浮熔炼方法，如奥托昆普闪速熔炼、因科氧气闪速熔炼、旋涡顶吹熔炼、氧气喷洒熔炼等；另一类是熔池熔炼方法，如果把熔池熔炼炉分为转动式和固定式炉型，水口山炉、诺兰达炉属于转动式炉型，而艾萨炉、白银炉、瓦纽科夫炉则属于固定式炉型。基于鼓入富氧空气的部位和方式各不相同，熔池熔炼炉又可分为顶吹浸没式、顶吹非浸没式、侧吹式、底吹式四种。澳斯麦特炉、艾萨炉属于顶吹浸没式，三菱炉、卡尔多炉属于顶吹非浸没式，诺兰达炉、白银炉、金峰炉属于侧吹式，水口山炉属于底吹式。这些方法的共同点是运用富氧技术，强化熔炼过程，充分利用精矿氧化反应热量，在自热或接近自热的条件下进行熔炼，产出高浓度 SO_2 烟气以便有效地回收硫，制造硫酸或其他硫产品，减少污染，保护环境，节约能源，获取良好的经济效益。表 2 - 1 列出了 2009 年世界部分火法炼铜工厂的生产能力和工艺方法。

表 2 - 1　2009 年世界部分火法炼铜工厂的生产能力和工艺方法

国家	企业名称	年产量/ ($kt \cdot a^{-1}$)	工艺方法及炉体规格
加拿大	铜崖冶炼厂	135	因科氧气闪速熔炼， 炉规格 宽×长×高为 5.5 m×22 m×5 m
	霍恩冶炼厂	200	诺兰达炼铜法，炉规格 ϕ5.2 m×21.3 m
美国	圣曼纽尔冶炼厂	340	奥托昆普闪速熔炼技术，反应塔内径 5.97 m

续表 2 – 1

国家	企业名称	年产量/(kt·a⁻¹)	工艺方法及炉体规格
澳大利亚	芒特艾萨冶炼厂	250	艾萨熔炼法,艾萨炉内径 3.66 m,高 14.54 m
俄罗斯	诺里尔斯克冶炼厂	400	瓦纽科夫炼铜法,瓦纽科夫炉,床能率 60 $t/(m^2 \cdot d)$
中国	江铜集团贵溪冶炼厂	900	奥托昆普闪速熔炼法,1# 闪速炉反应塔尺寸 $\phi 6.8\ m \times 7.05\ m$,2# 闪速炉反应塔尺寸 $\phi 6\ m \times 7\ m$
	云南铜业股份有限公司(云南冶炼厂)	250	艾萨熔炼法,内径 4.4 m,高 14.7 m
	白银有色金属集团股份有限公司铜冶炼厂	80	白银炼铜法,白银炉床能率 33 $t/(m^2 \cdot d)$
	阳谷祥光铜业有限公司	400	双闪技术,闪速熔炼炉反应塔尺寸 $\phi 6.3\ m \times 7\ m$,闪速吹炼炉反应塔尺寸 $\phi 4.3\ m \times 6\ m$
	大冶冶炼厂	150	诺兰达炉熔炼,反应炉 $\phi 4.7\ m \times 18\ m$

表 2 – 1 说明,目前世界上炼铜工厂使用的主要火法炼铜工艺为闪速熔炼和熔池熔炼。闪速熔炼工艺是将干燥后的原料($w(H_2O) \leq 0.3\%$)经精矿喷嘴与富氧空气充分混合后喷入闪速炉,在高温反应塔内进行热离解和氧化反应,生成的铜锍和炉渣在沉淀池内分离。优点是熔炼强度高,可较充分地利用硫化物氧化反应热,降低熔炼过程的能耗,烟气中 SO_2 浓度可达 10% 以上,利于制酸,可产出高品位铜锍,适用于大规模生产。缺点是炉渣含铜较高,需进一步处理,对炉料要求高,备料系统复杂,通常要求炉料粒度在 1 mm 以下,含水 0.3% 以下,烟尘率较高。

熔池熔炼工艺是将精矿抛到熔体的表面或者喷入熔体内,通常向熔池内喷入氧气、空气使熔池剧烈搅拌,精矿颗粒被液体包围迅速熔化。广义的熔池熔炼是指化学反应主要发生在熔池内的熔炼过程。但常指的熔池熔炼除上述特征外,还具有向熔体鼓入空气或氧气的特点。由于向熔体中鼓入空气或富氧,强化了气液反应,使得炉子的生产率、铜锍品位和烟气中 SO_2 含量都得到极大的提高。同时,由于强化了熔炼过程,使之能够自热进行,节能效果也非常显著。但缺点是喷枪寿命短,耐火材料消耗大。

澳斯麦特和艾萨熔炼工艺属于浸没式喷枪顶吹工艺,20 世纪 80 年代初由澳大利亚联邦科学与工业研究组织(CSIRO)开发成功,将其应用于硫化矿的熔炼,回收铜、镍、铅、银、锡、锑等金属,脱除砷、锑、铋等次要元素。优点是对原料适应性强，可处理多种物料，如铅、镍、铜、锡、银、金、锌、铝、钽和铁等多种金属的冶炼；顶吹浸没喷枪能够使用任何一种工业燃料，现有的各类炉子系统已经分别成功使用了煤、天然气、液化石油气、重油和轻柴油；环境保护及控制方面处于世界先进水平，炉体密闭，漏风较少，减少了烟气量，提高了烟气中 SO_2 浓度，将各种炉渣或工厂残渣进行消害并回收有价金属（锌浸出残渣烟化处理），等等；对入炉料的粒度、水分等要求不严，备料过程简单；风从炉顶插入的喷枪送入溶池，熔炼强度及热利用率高，节能；竖式圆筒形炉体占地面积小，但厂房高，在场地受限的老厂改造中，配置比较容易；冶炼工艺的自动化水平大大提高，劳动生产率提高。缺点是烟气出口因烟道内壁容易溅渣引起堵塞；浸入溶池的氧枪喷头使用寿命短；耐火材料消耗大；与闪速熔炼比较，规模较小。

底吹熔池熔炼是我国自主研究开发的先进工艺，其机理是氧气通过多支氧枪分散成许多细小的气流喷入熔融的铜锍中，又被熔体分割成许多微小的气泡，在气 - 液相之间形成巨大的反应界面，反应迅速进行。顶吹、侧吹都是吹渣层或者是混有铜锍的渣层，而底吹则是吹铜锍层，由于铜锍的流动性约为炉渣的 100 倍，因此，这种良好的反应动力学条件是其他熔池熔炼过程所不及的。底吹熔池熔炼最适合复杂矿和含贵金属的低品位硫化矿的处理。

富氧侧吹熔池熔炼是将富氧空气通过均匀排布在炉体两侧的几十个风口呈一定角度带压吹入熔池内渣和铜锍的交界面，使其剧烈搅动，通过不同的射流曲线将熔体搅拌成气 - 液 - 固三相，并形成巨大的接触面积，强化传热和传质。该工艺具有原料适应性强、熔炼强度高、烟尘率低、渣含铜低、炉子构造简单、建设投资省、安全可靠、炉龄长及作业率高等特点。

2.1.3 吹炼和火法精炼

吹炼工艺目前仍以 PS 转炉为主。近 20 年，吹炼取得了实质性的进步，闪速吹炼和熔池连续吹炼的方法已经应用于工业生产。其中，闪速吹炼技术发明于 1979 年，在 20 世纪 80 年代中期与奥托昆普技术相结合得到进一步发展。1995年闪速吹炼技术成功应用于美国肯尼科特冶炼厂，硫的回收率由 99% 提高到 99.5% 以上。闪速吹炼技术是将熔炼炉产出的熔融的铜锍进行水碎粒化，磨细干燥后在闪速炉中用工业氧气或富氧空气进行吹炼，可以连续自热地生产粗铜。同传统的 PS 转炉相比，闪速吹炼炉可以连续作业，同时将熔炼和吹炼生产在时间上和空间上分开，具有生产能力大、工艺技术先进、环境保护好、自动化程度高、烟气二氧化硫浓度高且稳定等优点，具有良好的推广应用价值，尤其适于新建大型铜冶炼厂和对环保要求非常严格的炼铜工厂改造。20 世纪初，中国阳谷祥光铜业采用了该技术。

粗铜火法精炼以回转炉精炼为主，回转炉是 20 世纪 50 年代后期开发的火法精炼设备。它是一个圆筒形的炉体,在炉体上配置有 2~4 个风管,1 个炉口和 1 个出铜口,可做 360°回转。转动炉体将风口埋入液面下,进行氧化、还原作业,回转炉体,可进行加料、放渣、出铜,操作简便、灵活。用于粗铜火法精炼的炉型还有反射炉、倾动炉等。

2.1.4 电解精炼

传统电解精炼法在我国已有多年生产历史,工艺成熟可靠。但传统电解精炼法的局限性也较多:始极片制作工艺复杂,平直度较难保证,导致易短路,影响阴极铜的质量,尤其是难以采用较高电流密度进行生产。

20 世纪 70 年代末,一种新的革命性的铜电解工艺——永久性不锈钢阴极电解法在全世界范围内广泛应用。不锈钢阴极法最早由澳大利亚 PTY 铜精炼有限公司的汤士维尔冶炼厂在 1978 年研制并投入大规模生产,简称艾萨法。随后在 1986 年加拿大鹰桥公司的奇得克里克冶炼厂开发了另一种不锈钢阴极电解技术,并称之为 KIDD 法。此外芬兰奥托昆普公司开发的 OK 不锈钢阴极法在 2004 年也投入了工业化生产。这三种工艺开发的背景都是为了寻求平直的、垂直度好的阴极,其工艺原理和技术指标基本相同,主要在包边形式、导电棒的结构及底部结构上有些区别。

近几十年来,永久性不锈钢阴极电解法在我国得到突飞猛进的发展:大型自动化设备替代人工操作,大极板替代小极板,并且在过滤系统和极板导电系统的改进以及控制短路系统的优化等方面均取得巨大的进步。

永久阴极电解技术比传统法工艺指标先进,产品质量好,劳动生产率高,综合能耗低,生产成本低,充分显示出它的优越性。从国内外铜电解行业发展形势看,新建、扩建的大中型电解工厂均采用永久阴极电解技术,还有很多老厂正拟采用永久阴极电解技术进行技术改造。在提高产品质量、降低生产成本等方面,永久阴极法电解工艺更能满足这种形势的需要,而且优势将会越来越明显。永久阴极电解技术在我国铜电解行业有着更为广阔的发展空间。

2.2 造锍熔炼

2.2.1 闪速熔炼

1. 概述

闪速熔炼是近代发展起来的一种先进的冶炼技术,它使焙烧、熔炼和部分吹炼过程在一个设备内结合进行。闪速熔炼工艺是将干燥后的粉状混合料(铜精矿加熔剂)经中央精矿喷嘴与工艺风充分混合后喷入闪速炉,在高温反应塔内进行热离解和氧化反应的熔炼过程。得到的铜锍和炉渣在沉淀池内分离，烟气经余热回收热能及静电收尘后送硫酸系统制酸。

　　闪速炉是处理粉状硫化物的一种强化冶炼设备。它是 20 世纪 40 年代末由芬兰奥托昆普公司首先应用于工业生产的。由于它具有诸多的优点而迅速应用于硫化铜、镍精矿造锍熔炼的工业生产实践中，目前世界上已有近五十台闪速炉在生产，其产铜量占铜总产量的 30% 以上，闪速炉熔炼具有以下优点：

　　①充分利用原料中硫化物的反应热，热效率高，燃料消耗少；

　　②充分利用精矿的反应表面积，强化熔炼过程，生产效率高；

　　③可一步脱硫到任意程度，硫的回收率高，烟气质量好，对环境污染少；

　　④可产出高品位铜锍，减少吹炼时间，提高转炉生产率和寿命；

　　⑤生产规模大。

　　但也存在如下不足：

　　①渣含铜较高，需电炉贫化或渣缓冷选矿处理；

　　②烟尘率较高，为 7% ~ 10%。

　　2. 闪速熔炼系统运行与维护

　　1）闪速炉　闪速炉本体由反应塔、沉淀池、上升烟道和精矿喷嘴四部分组成。在此以贵溪冶炼厂 2# 闪速炉为例进行介绍。闪速炉本体结构如图 2 - 2 所示。

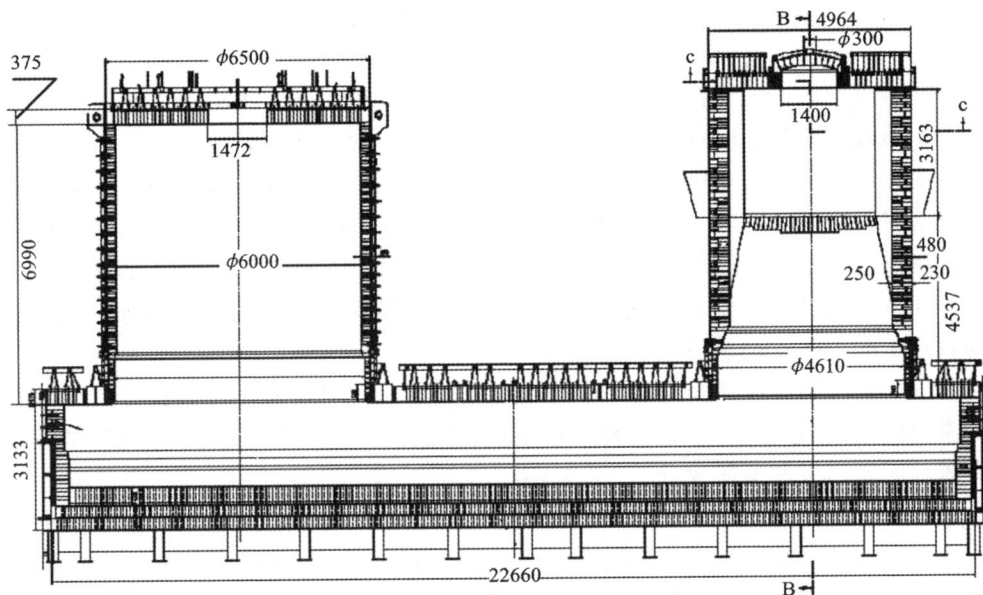

图 2 - 2　闪速炉本体结构

　　（1）反应塔　反应塔是铜冶炼发生化学反应的主要部位，由塔顶、塔壁和连接部组成。反应塔为竖式圆筒形，由砖砌体、铜板水套、外壳及支架构成。整个反应塔筒体悬挂在横梁钢结构上,可向下自由膨胀。

反应塔顶为平顶结构,整个塔顶耐火砖使用镁铬直形吊挂砖。吊挂砖与反应塔壳体之间贴有一圈用于保温的 2 mm × 10 mm 厚的硅酸铝纤维棉(高铝型),吊挂砖和保温棉之间的缝隙用捣打料填充。中央喷射型精矿喷嘴安装在反应塔正中心,精矿喷嘴架在一方型水套上,方型水套四周有 4 个清理孔,主要用于清理精矿喷嘴黏结。

由于反应塔不同部位的热负荷不一样,塔壁上部及中下部内衬选用不同的耐火砖,耐火砖的厚度为 250 mm。沿高度方向设有 16 层环形铜板水平水套。相比塔的底部,塔上部的热负荷比较小,因此反应塔上部采用较大的水平水套间隔。

反应塔与沉淀池连接部因受高温熔体及含尘气流的强烈冲刷和侵蚀,是闪速炉容易损坏的部位,所以此部位采用一圈 E 形铜水套冷却。

反应塔内是熔炼反应的最主要区域。高温烟气和物料的冲刷腐蚀剧烈地损耗着塔壁的耐火材料。而反应塔壁耐火材料的更换不像沉淀池壁那样可以在炉子保温状态下进行,必须进行冷炉修理。可以说,反应塔耐火材料的寿命也就是闪速炉冷修的炉期。因此尽力保护好反应塔壁耐火材料变得至为重要。

给塔壁上挂上一层反应产生的主要成分为四氧化三铁的物质对保护塔壁甚为有效。为此,应采取以下措施:

①稳定作业状况。包括稳定下料量、炉料成分、铜锍品位、渣成分、烟气温度等。

②当反应塔内壁已出现某一区域挂渣很薄或无挂渣时,可适当调整不同区域的下矿量和烟灰量,调整风动流槽水平角度使其尽快再次挂上渣。

③年度大修前要对闪速炉进行计划洗炉,使反应塔塔壁挂渣变薄,不至于冷却脱落时带下耐火材料。其内容包括:适当提高目标铜锍温度 5 ~ 10℃;降低目标铜锍品位[$w(Cu) \geqslant 45\%$],提高目标渣中铁硅比,使之在 1.25 至 1.30 范围内。

④加强对反应塔精矿喷嘴的清理工作,保持精矿喷嘴空气室无结瘤,以免影响装入矿的分散及运动方向。

⑤加强对风动流槽下料口稻草的清理,每班至少要清理 4 次,且炉内点检时必需要用杂用风对风动流槽底板进行清理,中央仪表室 DCS(分布式控制系统)上将风动流槽风量调节阀全开。

(2)沉淀池 沉淀池为矩形熔池结构。在熔体层侧墙耐火砖内嵌入一圈铜质垂直水套,气流层侧墙耐火砖嵌入三圈铜质水平水套,反应塔裙部有一圈立面水套,沉淀池顶部有 15 块铜质吊挂水套。整个沉淀池顶部采用了吊挂砖平顶结构,同时在沉淀池侧墙四周设置了弹簧压紧装置,用弹簧自动吸收耐火砖的热膨胀,以保持沉淀池平顶较好的密封性。

沉淀池设有 7 个铜锍口,2 个放渣口,5 个点检孔,7 根重油喷嘴。

沉淀池顶部与上升烟道连接部配置了 5 根二次燃烧氧枪，鼓入纯氧，用于燃烧烟气中未完全反应的铜精矿，以降低烟尘率，同时在余热锅炉入口两侧配置了 3 根硫酸盐化喷枪，鼓入压缩空气，使烟尘硫酸盐化，以改良烟尘的性质，使烟尘易于通过振打清除。

沉淀池炉底共砌筑了三层耐火材料，最下一层为保温层（永久层），为厚300 mm耐火砖。

第二层为安全层（永久层和工作层之间），厚300 mm，按第一层砖弧度用楔形砖和直形砖砌成。这层砖纵向向两侧砌筑，紧靠炉壳收口。耐火砖和炉壳之间的间隙用耐火浇注料填充，以保证砖面的形状。

在工作层和安全层之间有约10 mm 厚的中间层，该层由氧化镁粉和钢板构成。氧化镁粉层厚约9.25 mm，用于补平砖层下面的不平整。钢板（0.75 mm 厚）盖在氧化镁粉层上面，可使其上工作层耐火砖在炉子升温膨胀时有良好的移动性。

工作层厚为 450 mm，使用特殊形状的砖（RADEX DB5FM - KA）砌成。特殊形状的砖相互锁紧，提高了整个炉底工作层的抗熔体渗透性能。整个炉底工作层纵向向两侧砌筑。紧靠沉淀池炉墙的铜冷却元件砌两列直排的拱脚砖（两种专用砖，一列靠着一列砌），以保证炉底的稳定和弧形形状。炉底砌砖如图 2 - 3 所示。

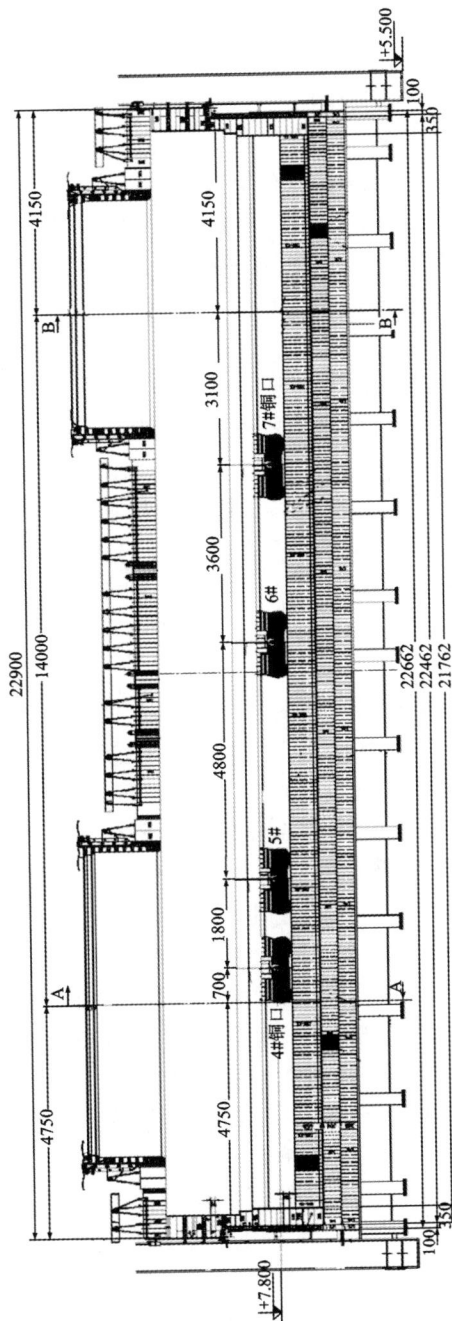

图2-3　沉淀池炉底砌砖

沉淀池炉墙耐火砖厚为 450 mm，沉淀池侧墙用的都是矩形砖，这些砖尽可能垂直砌，以保证沉淀池炉墙耐火砖厚为 450 mm，保证砖缝交错，其耐火砖根据工作情况进行选择：渣线区和铜锍区浸蚀严重，选用抗渣性、抗冲刷性强的 ANKROM – S55 – R1 耐火砖，气流区选用抗冲刷、耐剥落性强的耐火砖，渣口、铜口选用 READEX BCF – F15 – R1 耐火砖。为保护炉衬，延长耐火砖的使用寿命，沿渣线一周设有 102 块垂直铜板水套，因熔体冲刷、侵蚀激烈，炉墙易损坏，在渣线上方设有 106 块水平铜板水套，并在反应塔裙部与沉淀池连接处，设有一圈 24 块立面水套以加强炉墙易损区的保护。

在渣线熔池区（炉底工作层表面至第一层水平水套以下），炉衬厚度依次为 350 mm、300 mm、230 mm（第一层水平水套以下）。

在此炉墙区，整个长度方向全用矩形砖砌，紧贴垂直铜板水套（水套紧贴垂直的炉壳），以保证良好的导热性。

炉墙的上半部分（渣线以上）用三层水平铜板水套冷却。耐火砖厚度为 450 mm，用 300 mm、450 mm 和 150 mm 的矩形砖砌筑。

沉淀池顶为平顶，用直型吊挂砖砌成，这些砖吊挂在钢结构中特制的钢栅格上，砖上有销孔，穿过销孔将砖挂在吊挂装置上，这种吊挂系统称为 PINTYPE – SYSTEM（销型系统）。采用这种系统，将砖用钢销、钢筋板和钢钩成双地吊挂。这些吊挂工具全为耐热不锈钢件。使用单个钢钩将两块砖成对地吊挂在框架钢结构的格栅上。

沉淀池顶水平吊挂砌筑 READEX – DB5FM D 耐火砖，为防止平顶耐火砖轴向变形、脱落，以延长其使用寿命，设 15 根吊挂铜水套以固定顶砖。吊挂砖厚度为 375 mm（在反应塔裙部与立面水套之间，以及上升烟道下部外侧均有两圈厚度为 425 mm 的楔形 ANKROM – S55 – R1 吊挂砖）。

高的铜锍品位，必然造成更多的四氧化三铁在沉淀池底的堆积，从而使其有效容积减少。传统的处理方法是沉淀池加入生铁。贵溪冶炼厂多年前采用在混合矿中配入焦粉的办法，有效地控制了沉淀池底磁性氧化铁的堆积，并能代替反应塔的部分燃油，对于降低渣含铜也很有利。日本东予冶炼厂采用向沉淀池喷入粉煤和烟灰的办法，使炉底过热而将炉结熔化，也有效地控制沉淀池高度的增加。芬兰奥托昆普公司则用提高目标铜锍温度的方法，使熔体过热，防止炉底高度增加。

（3）上升烟道　上升烟道为闪速炉排烟通道，其顶部为平顶吊挂砖结构。上升烟道顶部设有事故烟道，生产过程中，事故烟道开口用一锅盖形结构密封。

上升烟道与余热锅炉连接部为一中空 L3200 mm × H3200 mm 的矩形箱体，该箱体由 10 块不同形状的水套拼成，其中东西两侧的水套上各有一清理孔，用于清理余热锅炉入口部的黏结。在上升烟道开口部，配有水冷闸板插槽。当余热锅炉需要检修时，放下水冷闸板，烟气走事故烟道路线（即 C 路线）。

沉淀池与上升烟道连接部，由于烟气流速快，成了最易被冲刷的区域，因此采用一圈 E 形水套和一层水平水套进行强制冷却，这些铜冷却元件的砌法和反应塔连接部一样。上升烟道结构如图 2 – 4 所示。

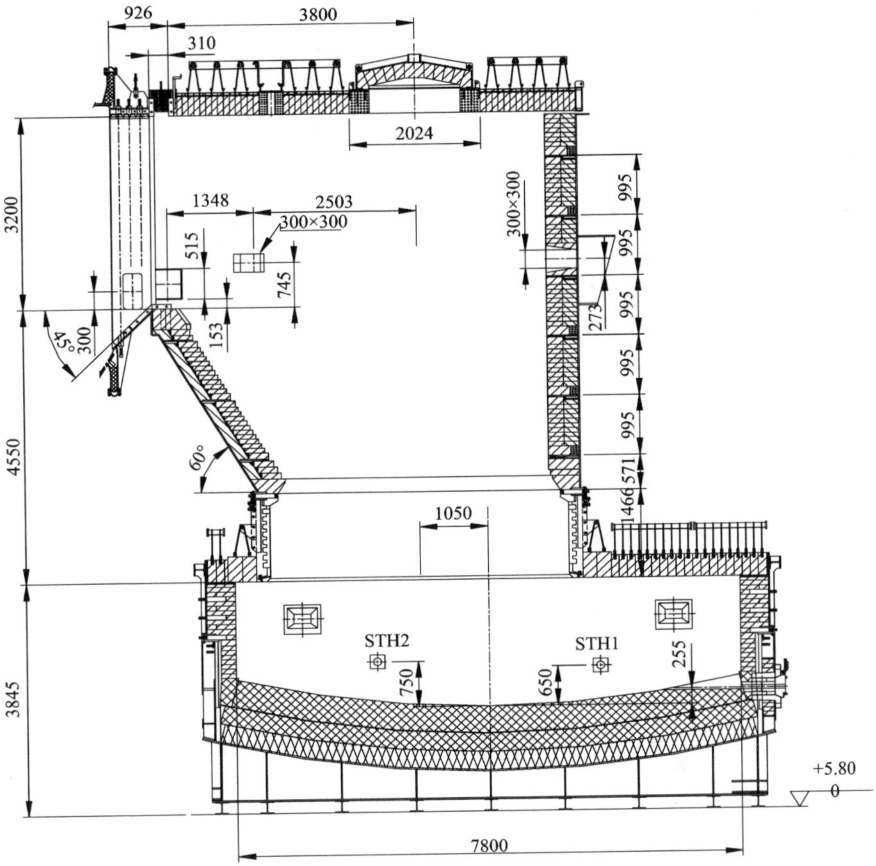

图 2-4　上升烟道结构

上升烟道是容易被熔融或半熔融的矿尘颗粒黏附的,其后果是上升烟道逐渐变狭窄,甚至堵死出口部而停炉。传统办法是在上升烟道燃烧重油烧嘴,将黏结物烧化流入沉淀池。这种办法容易造成渣口堵塞以及余热锅炉壁上大块坚硬物的生成。为了解决这个问题,日本佐贺关冶炼厂设计了一种装置,从上升烟道顶孔插入一可旋转升降和调节焦粉量的氮气喷枪,将焦粉在背离出口部的 240°范围内旋转喷洒在结瘤上使其还原熔化,而焦粉不会喷入余热锅炉。通过控制焦粉用量和喷枪的使用频率,可使结瘤控制在一定厚度,既不增大排烟阻力,也不会损伤耐火材料。这种方法甚为有效且合理。

2)干燥系统　在闪速熔炼过程中,如果进入反应塔的铜精矿含水偏高,在高温作用下,水分会在精矿颗粒表面形成汽膜,既影响热量传递,又会阻碍氧气与精矿粒的接触,使精矿颗粒尚未反应完全就落入沉淀池内,形成生料堆积,导致炉况恶化,因此一般要求入炉干矿含水小于 0.3%。浮选铜精矿一般含水为7% ~15%,在熔炼之前须干燥铜精矿,使之达到以上要求。

目前，国际上闪速熔炼用铜精矿一般采用回转窑干燥、气流干燥和蒸汽干燥等深度干燥技术。二段回转窑干燥工艺在 20 世纪 60—70 年代曾广泛应用，但该方法设备较多、占地面积大。目前一般采用三段气流干燥或蒸汽干燥技术，特别是以饱和蒸汽作为热介质，在多盘管蒸汽干燥器中进行间接干燥的蒸汽干燥工艺得到了越来越广泛的应用。

（1）气流干燥 从配料仓来的混合铜精矿，经电磁铁除去精矿中的铁质杂物，振动筛去块状物料及稻草等杂物后，通过皮带输送到"回转窑 – 鼠笼破碎机 – 气流干燥管"进行三段气流干燥。其脱水率分别为 20% ~ 30%、50% ~ 60% 和 20% ~ 30%。通过调节热风炉的重油燃烧量控制沉尘室的烟气温度，以控制干燥系统的干燥强度，精矿含水可由 8% ~ 10% 降至 0.3% 以下。干燥后的精矿由沉尘室、二段旋风收尘器捕集后贮存在闪速炉炉顶的干矿仓内，烟气由排风机送到干燥电收尘器，经收尘后，含尘小于 0.1 g/m^3 的烟气经烟囱直接排空。

气流干燥的日常维护主要在于检查并更换鼠笼破碎机的转子，一般 40 ~ 45 d 需要更换一次鼠笼破碎机转子，耗时 30 ~ 60 min。此外，回转窑内衬的固定螺栓会因切剪力作用而剪断，更换这些固定螺栓要求气流干燥停运时间在 6 h 以上，检修工作较大。在实际生产过程中，要保证干燥速度及干燥后的精矿含水满足闪速炉熔炼的要求，要控制好三个参数，即沉尘室的温度、系统负压和风矿比，以避免精矿着火燃烧和精矿在鼠笼内堆积，压死鼠笼破碎机。

2010 年 9 月 27 日发布的国家铜、镍、钴工业污染物排放标准，要求废气排放 $\rho(SO_2) \leq 400$ mg/m^3，含尘浓度不大于 80 mg/m^3。气流干燥若按目前的生产模式无法达到国家大气污染物排放标准，且气流干燥系统还存在能耗高、精矿流失等弊端，故气流干燥工艺也将被逐步淘汰，而蒸汽干燥工艺，与传统的干燥工艺相比，在节能与环保方面有着明显的优越性，越来越广泛地得到应用。

（2）蒸汽干燥 回转式蒸汽干燥机热能来自干燥机盘管内的蒸汽。干燥机由一台大功率马达驱动干燥机壳体和蒸汽盘管同速转动。干燥机的一端是进料口，湿的混合矿通过皮带加入干燥机内；另一端是出料斗和蒸汽进、出口的连接器，蒸汽从转子的中心管进入，穿过辐射状联箱，分配给盘管所有的环路，加热盘管后，再通过盘管将热量传给不断在转子盘管间隙中运动的铜精矿，使精矿升温后逐渐蒸发脱除所含的水分。蒸汽中的冷凝水在转子离心力的作用下，汇集进入中心管，在蒸汽压力的作用下，冷凝水从中心管通过虹吸管排出干燥机，返回动力纯水箱，回收纯水。

在蒸汽干燥过程中，精矿干燥分为升温、蒸发、再升温三个阶段，在升温阶段，常温的湿精矿进干燥机后与加热了的盘管接触，随着精矿向前推进，精矿温度迅速上升，当精矿温度升至 90℃ 后，精矿中水分开始大量蒸发，在精矿水分大量蒸发阶段，精矿温度无明显变化。当精矿中水分已蒸发完毕，随着精矿的进一步加热，精矿温度随之上升，因此控制出料口干矿的温度，就可以控制干矿中的水分，从而为闪速炉提供合格的原料。

在实际生产过程中，蒸汽干燥机在带料干燥之前，有一个暖机过程，即蒸汽干燥机在冷机状态下，要慢慢地通入蒸汽，一步一步地提高蒸汽压力，系统暖机应以产生的热膨胀可控制的方式来进行。一旦加热元件和筒体完成暖机，冷凝水从疏水阀中排出，就可以开始往蒸汽干燥机中加入精矿。为保障蒸汽干燥机处于最佳干燥状态，要重点控制以下参数：

①蒸汽压力：要达到原料排出的温度，精心控制排气温度非常重要，排气温度过高，可能会烧毁布袋收尘器的布袋。此外，由于排出的气体中含水量特别高，要防止烟尘在布袋收尘器内部，特别是灰斗部的黏结，必须控制好布袋收尘器的温度，同时要加强对布袋收尘器的日常管理，避免烟尘在灰斗内堆积、自燃而烧毁布袋。

②旋转速度：满足铜精矿的混合、流动和在筒体的停留时间；

③布袋收尘器排风机转速：满足湿气排出和排气温度的控制。

3）中央喷嘴及输送系统　该系统包括精矿喷嘴和精矿输送两个系统。

（1）精矿喷嘴系统　精矿喷嘴由带空气室的中央喷射型分配器、无级调风速装置以及调风锥配套水套组成（如图 2-5、图 2-6 所示），调风锥配套水套处于反应塔顶部精矿喷嘴的开口部。精矿喷嘴的能力为 80~200 t/h。

图 2-5　精矿喷嘴结构图　　　　图 2-6　精矿喷嘴组装图

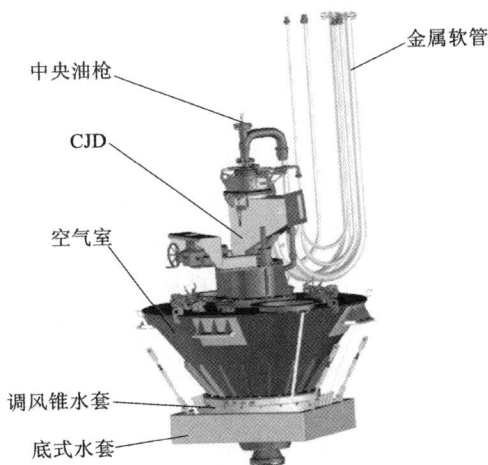

工艺风可以通过调节入炉口截面积进行无级调速，干矿与富氧空气在工艺风入口处开始混合，在精矿喷嘴的出口以下着火。

中央喷射型分配器的作用是分散铜精矿，让铜精矿在反应塔内悬浮均匀。分配风量与投料量、工艺风量有关，铜精矿的悬浮状况可以通过调节分配风量进行控制。精矿分配器配置有中央油枪，处于中央氧管内部。

配好的炉料经干燥后先储存于干矿仓中，然后通过四个设有流态化喷气装置的锥形料斗，沿下料管间断地加入两个失重计量仓内进行失重计量，计量仓下部设有搅拌器，底部设有变频调速的给料螺旋，炉料由给料螺旋按设定的投料量排出，经两根下料溜管与烟灰汇合后进入中央精矿喷嘴，被分散锥及分散空气分散成"伞"状悬浮体，在工艺风(含中央氧)的作用下发生氧化反应和热分解反应。

中央喷嘴设有内外环气室，根据工艺风量自动切换使用，以保证喷口处风速稳定在一定范围，安装在喷嘴中部的中央氧枪起到了加速反应的作用。

闪速熔炼反应90%以上在反应塔内完成，而精矿喷嘴担负着将工艺风、工艺氧和炉料送入反应塔内并充分混合的任务。反应塔内固相物料和气相成分充分混合对物料的反应至关重要，炉料和气流均匀混合就可以充分利用反应塔的整个空间，要达到这样的目标，要求对精矿喷嘴的工艺风速、分配风量、中央氧量等参数进行精确的控制。

(2)精矿输送系统 混合铜精矿经蒸汽干燥机干燥后进入采用浓相气流输送技术的气动输送系统，如空气提升机系统和仓泵式正压输送系统。输送气体由送风机提供，气体进入仓式泵，把干矿输送到楼面，楼面的收尘系统包括沉降室、旋风收尘器和布袋收尘器，收集干矿于干矿仓中，气流由排气风机放空。

干矿仓中的干矿通过加料阀进入失重给料系统。失重给料螺旋最大的问题是失重仓在加料后，给料量会大幅波动，出现峰值。1995年至2005年，单螺旋给料器配套的都是相对较小的失重仓，最新的失重给料器采用1台失重仓配置2台螺旋给料器，双螺旋给料器的干矿输送能力更大，达到160 t/h。配套的失重仓容积相应加大，失重仓排料时间更长，这对提高失重给料的精确性有着重要意义。

废热锅炉和电收尘器的烟尘采用气流输送系统，烟灰由布袋收尘器收集后进入烟灰仓，废气则由排风机放空，烟灰仓中的烟灰由埋刮板运输机带入风动流槽，与干矿混合后流入精矿喷嘴。

干矿与烟灰通过风动流槽进入精矿喷嘴。风动流槽向精矿喷嘴倾斜，重力使物料向下流动，风动流槽底部有气流分布板，吹入少量的气体流态化混矿，使混矿均匀且稳定地送到精矿喷嘴，随后进入反应塔内。

3. 生产实践与操作

1)工艺技术条件与指标 闪速熔炼要控制的关键工艺技术条件是干矿水分、铜锍品位、温度、炉渣的铁硅比以及渣含铜。

(1)干矿水分 在生产中常把干矿的水分控制在0.3%以下。但是，干矿水分太低时(<0.1%)，精矿中的硫会在干燥过程中与氧反应燃烧着火。

(2)铜锍品位 一般冶炼厂闪速炉铜锍品位控制在50%和65%之间。某一特定熔炼作业条件下的铜锍品位，可根据以下要求来确定：①最大限度地利用Fe和S在闪速炉内氧化所放出的热量；②冶炼厂要最大限度地回收SO_2；③下道工序转炉作业要求铜锍保留足够的"燃料"——Fe 和 S；④避免生成过多的 Cu_2O 和高熔点 Fe_3O_4 炉渣。

(3)铜锍温度 铜锍温度一般控制在 1220～1240℃，温度太高会造成燃料的浪费，影响炉周期寿命；温度太低，熔体黏度大，一方面排铜排渣不畅，渣含铜高，另一方面会造成沉淀池炉结位置上升。

(4)铁硅比和渣含铜 闪速炉炉渣是金属氧化物和硅酸盐的熔体，含有少部分硫化物。主要成分有 Fe 和 SiO_2，铁硅比一般为 1.15～1.25，渣中含 Cu 0.8%～1.5%。

2)操作步骤及规程 闪速熔炼现场操作包括放铜锍、放炉渣、升温、保温以及维修等。

(1)闪速炉排铜排渣安全 操作操作规程有：①进入生产现场工作时，必须穿戴好劳动保护用品。夏季要穿隔热服。烧放铜口、渣口时必须佩戴有机面罩。②加强标准点检，按要求检测两炉的液面、铜锍和炉渣温度。③加强炉体冷却水和循环水泵的点检，冷却水报警及时处理，冷却水断流要及时清通。发现漏水点要及时打压确认，并作相应处理。④加强各处重油烧嘴的清理工作，避免回火。⑤加强对铜锍包子的摆放位置及铜锍落点的确认工作，避免烧损包子。⑥对本岗位的事故隐患要及时处理，处理不了的立即报告给班组长。⑦禁止使用带水和潮湿的工具取样。⑧铜口放铜流量偏小时，应用专用的实心钢钎疏通。严禁用空心管和氧气管去清理铜口。⑨熟悉和了解生产现场情况，交叉作业时应防止落物伤人，点检时，严禁用手或其他物体接触轴承、电机等传动设备。⑩做好生产现场的"3S"工作，工、器具按规定放在指定的位置。

(2)排铜操作 放铜锍操作包括以下步骤：①将选择的排铜锍口周围清理干净。②稍开氧气阀($p≤0.2$ MPa)，将接好转管的烧氧管用木炭火点燃。③对准铜锍口，将点燃的烧氧管慢慢水平推进，氧气压力先小后大(最大可达1.0 MPa)，一边摇动烧氧管，一边推进，适当扩口。当铜锍流出后，迅速关闭氧气阀，拔出剩余烧氧管，收拾好软管和残氧气管。④监视排放铜锍，经常清理铜口及流槽尾部的冷铜锍，保持熔体流动畅通。若发现铜锍带渣，立即堵口(炉况不好时，稍微带渣例外)。⑤按规定的时间及方法取铜锍样及测温。⑥根据需要排放铜锍。当需要放满包时，待熔体离包子上沿 200 mm 时开始堵铜口。堵口前疏通铜口内通道，清理铜口周围凝固物。⑦在靠近铜口的流槽上架一根角铁。选适当位置使其站稳，把黏有泥球的梅花枪放在角铁上，从铜口上方慢慢下移，对准铜口堵流。持续 10 s 左右，旋转取下梅花枪。确认堵口成功。⑧若一次堵口不成功，清理好铜锍口周围黏结物，重复上述操作再次堵口。⑨关闭集烟阀门，打开包箱门，拉出包子，通知行车工吊包。若暂时不能进料，应在包子口处加几袋保温稻壳。

(3)放渣操作 放渣操作包括以下步骤：①接班后立即检查水套本体状态及

是否漏水，进出水量是否正常，渣口水套黏结物是否清理干净并检查水套、管线是否漏水，用镁泥认真修补铜水套流槽接缝处，并用 LPG 烧嘴烘烤（若为新换铜水套流槽，要涂抹废重油烘烤并用木炭预热几小时）。②渣流很小或断流时，清理好渣口，用泥团堵住渣口。泥团要尽量堵在渣口内侧，要求堵进深度大于50 mm。按规定清理流槽。③立即清除堵在备用渣口内的泥巴，用钢钎将 U 形水套内黏结物清除干净并检查 U 形水套无漏水现象后确认渣口畅通，然后用 LPG烧嘴预热渣口。用四分铁管烧放或拖渣时，操作人员不得正对管口，以防渣顺管内流出而烧伤。④靠检尺作业确认渣面已达出渣高度后，立即导出渣流。要有专人监视、防止漏渣或溢出槽外。禁止憋渣操作。⑤要经常清理渣口内侧，疏通堵塞物，清除渣面上的结壳，确保渣口畅通（渣口内渣面上方还有较大空间）及渣槽内渣流顺畅。

（4）闪速炉升温　闪速炉在其筑炉作业完成后，进入操作之前进行干燥、升温，除去耐火材料及灰浆含有的水分，适应耐火材料的热膨胀，保持适当的升温速度，慢慢加热至操作温度。干燥速度过快，黏结砖的灰浆就易龟裂，减小结合强度。若升温速度过快，炉子材质中的温度偏差就大，易产生崩落现象，缩短炉子寿命。相反，过慢的加热速度热耗大、劳力及资材浪费大，所以必须采用适当的干燥速度和升温速度。

①升温期间炉体的管理　（A）在整个烘炉过程中要密切监视炉体各部位的膨胀情况，反应塔铜水套的紧固螺栓会因膨胀而变松弛，要及时紧固。反应塔顶，因膨胀而上升变松弛的固定螺栓，可暂不作处理，因一旦冷却又会下降。沉淀池四侧墙的水平铜水套会因膨胀发生进出水管与炉体钢壳碰撞的现象，一经发现，要割除碰撞部位的钢壳。每天检查两次并记录。（B）反应塔侧壁水平水套、E 形水套的紧固螺栓因升温变形而移位，甚至与其他构件相碰撞，一般不作处理。特别严重时要立即汇报并及时处理。（C）沉淀池四周、上升烟道顶拉杆上的涡卷式弹簧因升温而压缩，要及时判断并采取相应措施调整。防止钢结构、水冷元件局部不均匀变形损坏或炉衬砖胀裂、胀碎留下事故隐患。（D）各炉体膨胀测点、炉体表面温度测点每天检查记录一次，并固定 2 人在白天检查记录。

②升温烘炉中应注意的事项　（A）注意反应塔顶精矿喷嘴的下部密封铁板处是否往上冒出烟气，要密封保护好精矿喷嘴。确认冷却水套的水温、水流量正常。（B）反应塔下部、沉淀池与反应塔和沉淀池与上升烟道连接部的动态检查。监视检查沉淀池顶部吊砖和水套的情况。（C）若由于停电等原因而使升温暂时中断，要调节炉内压力，防止外部空气流入炉内造成温度急剧下降，使耐火材料因骤冷而碎裂及异常膨胀。（D）由于暂时中断升温而造成大幅度偏离预定升温曲线时，需要修正升温曲线，炉内温度降到 600℃以下时，要以 10℃/h 的升温速度回复到预定温度。温度降低为 600℃以上时，以 15℃/h 的升温速度回复到预定温

度。(E)炉内负压对升温的温度变化影响很大，所以要经常监视，不要有大的变动。(F)重油烧嘴的火焰要调成长焰，防止短焰造成局部加热。(G)要经常检查炉体冷却装置的给排水，不要漏水，检查排水量，给水不可有异常，调节给水量，使每个冷却装置的排水温度低于 50℃。(H)开始升温前，各班长对班上人员要进行培训，并进行突然停电等事故的操作演习，确定事故时每个人的任务。停电等异常情况时，要赶快开动冷却水循环泵，不要使闪速炉冷却水断水。(I)上升烟道温度达 400℃ 时，烟气路线由 C 路线切换至 A 路线。1000℃ 时，烟气路线由 A 路线切换至 D 路线。上升烟道温度达 800℃，中央油烧嘴开始点火。油量小于 300 L/h 时，燃烧风由冷却风机供给。当油量大于300 L/h 时，燃烧风由反应塔送风机供给。(J)升温结束，投料前，调节各部分的冷却水量达到计划值的水量，R/S 油烧嘴熄火。

(5)闪速炉停炉操作　根据闪速炉检修的类型不同，停炉操作可分为临时停炉和长时间计划性停炉两类。事故抢修时需临时停炉，炉体大修、中修，需要洗炉和排放炉内熔体时要长时间计划性停炉。

①闪速炉临时性或短时间计划停炉操作步骤是：(A)反应塔减料，停料；(B)贫化区停止加料。随后，闪速炉转入保温作业。

②闪速炉长时间计划性停炉操作步骤是：(A)闪速炉洗炉。该过程通过调整铜锍品位、渣型及炉温和上升铜锍面来进行，消除炉内的侧墙和端墙的炉结及炉底炉结，为炉体检修工作创造必要条件。洗炉过程控制铜锍品位为 45% ~ 50%，炉渣的铁硅比为 1.10 ~ 1.15，渣温 1300℃，铜锍温度 1240℃。(B)停料。其操作包括反应塔减料、停料；熔体排放，先放渣，放至流不出为止，然后放铜锍至见渣为止；最后由沉淀池东侧安全口排放熔体，直至放不出为止。随后，闪速炉转入保温作业。

(6)闪速炉保温操作　闪速炉的保温工作分为较长时间保温和较短时间保温两类。较长时间保温作业一般持续 15 ~ 30 d，较短时间的保温作业一般持续 1 ~ 3 d。

为防止闪速炉渣在检修期间的大幅度波动，避免炉内壁挂渣对砌砖及炉体损伤，保温期间需要对炉温进行有目标的稳定控制。综合考虑保温操作控制所具备的条件及经济核算等方面的因素，较长时间保温的目标控制温度要比短时间保温的目标控制温度低些。前者一般控制在 600 ~ 700℃，保温时间越长，则目标控制温度越低。后者一般控制在 800 ~ 900℃，保温时间越短，则目标控制温度越高。

一般地，保温应按以下原则进行：①以闪速炉上升烟道临时热电偶温度为目标控制温度，综合考虑其他位置的炉墙温度及炉内挂渣情况来进行控制；②稳定炉膛负压，多油枪、小油量控制炉温，保证日记温度的均衡、稳定；③合理的油枪选择及燃烧控制原则。

(7)闪速炉的检修　闪速炉系统的检修可分为子系统检修和炉体检修。子系统检修包括对二次风系统、排烟系统等部分的检修。子系统检修对运行过程中出现的情况和制约闪速炉正常生产的故障和问题进行检修处理。这种类型的检修一般安排每月进行一次，对突发性的故障或事故安排临时性事故检修。

炉体检修主要是对长时间在高温、高氧化强度下运行的炉体耐火材料及炉体骨架进行检修。这种类型的检修一般分为大、中、小三种情况：

小修是对炉体侵蚀严重的侧墙、端墙及各放出口进行修补或更换，对变形严重的炉体骨架进行检修或更换。

中修需要进行洗炉和熔体排放，一般1~2年进行一次，同时可安排其他系统的重大技术改造工作。

大修是对炉体全部砌体进行更换，对部分骨架、紧固弹簧进行更换，需要进行洗炉和熔体排放。一般8~9年或更长时间进行一次。同时可安排其他系统的重大技术改造工作。

3）常见故障及处理　常见故障及处理详情见表2-2。

表2-2　闪速熔炼常见故障及处理

故障	可能的原因	解决方法
1. 反应塔内温度分布不均匀（热损失）	精矿反应不完全	通过观察孔，检查黏结，在停炉期间尽可能地清理黏结
	分配风量设定错误	检查流量计算公式中的参数
	分散锥出风孔堵塞	临时提高分配风流量，若不能改善分配效果，则停炉期间，提起分配器，清理出风孔
	分配器喷嘴法兰密封圈泄漏	停炉期间提起分配器，更换密封
	分配风流量太大	通过观察孔，检查炉内悬浮物是否被吹散到反应塔内壁上，如果是，减少流量计算公式中的常数项
	中央油枪堵塞	更换中央油枪
	中央油枪油量设定错误	纠正错误值
2. 反应塔内下生料或渣型不佳，渣成分不好	分配风量设定错误	按给定的参数进行设定
	分散锥出风孔堵塞	临时提高分配风流量，若不能改善分配效果，则停炉期间，提起分配器，清理出风孔

续表 2 - 2

故障	可能的原因	解决方法
2. 反应塔内下生料或渣型不佳, 渣成分不好	分配器喷嘴法兰密封圈泄漏	停炉期间提起分配器, 更换密封
	工艺风流量小, 产生波动	调节富氧率 调节送风机入口导流叶片或使用工艺风的放空阀
	氧气系数设定错误	检查氧气系数, 与给料相适应
	反应塔内热量不够	检查给料成分(物理规格和化学成分, 粒度分布)
		提高富氧率
		提高反应塔燃油量
		减少低热值的物料量
3. 调风锥执行机械不断地来回移动	工艺风实际流量信号衰减量太小, 导致计算出来的调风锥位置出现小的变化	提高工艺风实际流量信号的衰减量
4. 调风锥不能移到正确的位置	位置变换没有调好	重新调整调风锥的位置, 以便最下部位置信号为 4 mA, 最上部位置信号为 20 mA
5. 工艺风反压(压力损失)上升, 或不能达到设定值	工艺风出口处黏结	通过观察孔, 检查黏结, 停炉期间清理黏结, 确认调风锥水套水流量充足
6. 中央氧反压(压力损失)上升	中央氧管在水冷底板处有黏结	停炉期间提起分配器, 清理黏结, 确认分配器水冷底板水量充足
7. 分配风反压(压力损失)上升	分散锥出口孔堵塞	临时提高分配风流量, 若不能改善分配效果, 则停炉期间, 提起分配器, 清理出风孔
8. 分配风反压(压力损失)降低	分配器喷嘴法兰密封圈泄漏	停炉期间提起分配器, 更换密封
9. 分配风流量波动	分配风流量太小	检查分配风流量设定值
		检查分配风入口压力
	计算出来的风量直接作为设定值, 衰减量太小	分配风公式计算值作为设定值固定下来, 或增加衰减量

续表 2-2

故障	可能的原因	解决方法
10. 冷却水压力(压差)上升	水过滤器堵塞或弄脏	清理或更换过滤器
11. 冷却水温度(温差)上升	水流量太小	增加冷却水流量
12. 冷却水 V(流量)偏差上升	漏水	找到可能的漏水点,并在停炉期间处理。若水漏入炉内,用压缩空气作为紧急冷却介质

4. 计量、检测与自动控制

1)计量 失重计量给料装置由失重仓、负载传感器、搅拌器及给料螺旋组成(见图2-7)。

失重给料装置的工作原理为:连续称量失重仓物料的质量,计算实际给料量,通过控制螺旋给料机的速度来控制精矿喷嘴给料速度。螺旋给料机在失重仓加料期间,仍保持以前的运行速度。失重仓配有流态化设备,使给料量稳定。

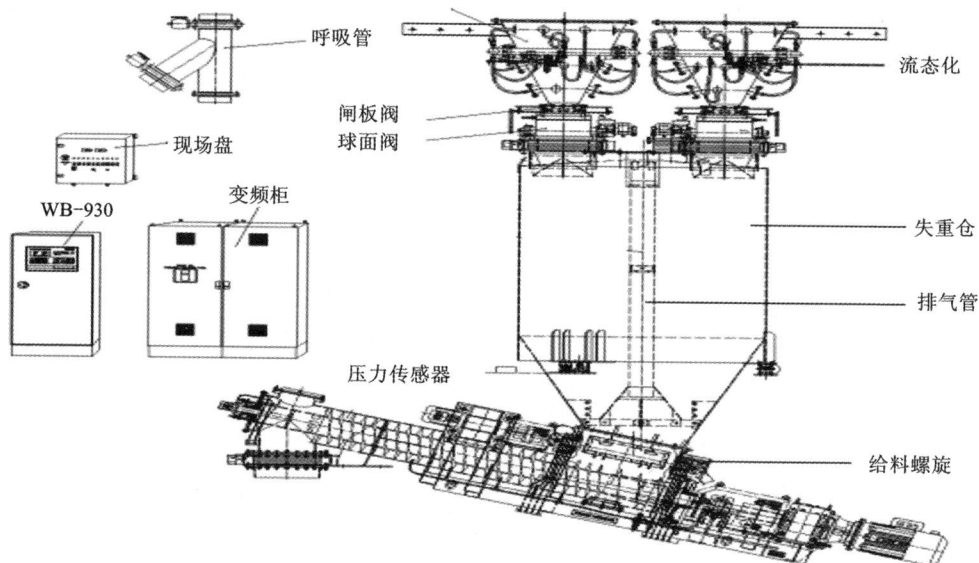

图 2-7 失重计量给料装置图

给料螺旋和搅拌器与称量仓安装在一起,形成料仓总成。该总成放置在三个负荷传感器上组成一个单独的秤,通过柔性连接,该料仓总成与结构分离。料仓的质量接受连续监视和控制。

失重仓配备2个阀门的排气烟道,在失重仓卸料期间,打开一个阀门让空气流入，使物料称量准确。在加料期间，则打开另一个阀门让气体流向气流输送系统的布袋收尘器，以防止含尘气体外泄，污染环境。

2）检测 失重给料控制系统根据料仓总成质量的减少，连续计算投料量，并根据该投料量与设定点进行比较，控制给料螺旋的速度，从而使投料量与设定值相符。投料控制器连续工作，直到称量仓总成的质量达到预设定的下限值。达到下限设定值时，称量仓上面的球面阀将自动打开，开始向称量仓加料。球面阀保持打开状态，直到称量仓的质量达到预设定的上限设定值。这时，球面阀再次关闭，开始新的失重控制周期。

在加料期间，无法测量从称量仓中排出的料量，只能通过历史数据进行体积流量测量，失重控制器通过控制输出信号调节给料螺旋的速度，以确保投料量相对准确。但加料时间不能过长，否则会导致投料偏差增大而影响炉况。

失重给料控制器 WB – 930（在现场控制盘内）控制失重仓的排料量，通过调节给料螺旋的转速，达到所要求的给料量。

失重给料控制器 WB – 930 检查系统操作，通过反馈，能对操作故障进行探测和报警，如螺旋给料机不运行等。WB – 930 不但控制一些设备，还要控制这些设备工作状态的反馈。正常情况下不报警，故障条件下必须经过设定的时间才能报警，这样，可以区分设备故障与设备启动（因为启动时，反馈通常丢失）。

失重给料控制器 WB – 930 也可检查自己的操作，包括传感器激励电压检查、存储器和参数表检查、显示器检查和测量链检查等。所有报警均通过通信连接传送到 DCS，操作报警以可读故障信息在 LED 屏幕显示（如同时产生一个以上报警，则使用报警键，读出报警）。失重给料控制器的"内部"报警以故障代码在 LED 屏幕显示，一次一条。

3）自动控制 闪速熔炼是连续化的生产过程，且闪速炉内的冶金化学反应迅速、激烈，影响其产出物和温度等重要输出变量的因素很多，而这些因素之间又互相影响，变化频繁。使用计算机对闪速炉炼铜生产过程进行在线控制，可以实时检测生产过程的工艺参数，并利用所收集的工艺参数作为输入条件，按照事先引入的数学模型自动进行精确计算，迅速而准确地改变控制变量。这样就可减少人的影响因素，使被控变量波动减小，闪速炉作业状况稳定，同时也为后续工序创造了良好的作业条件。

生产实践表明：当闪速炉处理料量不变时，闪速炉产出的铜锍品位、铜锍温度、渣中铁硅比这三大参数是闪速炉熔炼过程的综合判断指标，只要稳定这三大参数就可以基本实现熔炼、吹炼乃至硫酸生产的稳定。因此计算机对闪速炉熔炼过程进行控制的关键就在于对这三大参数（铜锍品位、铜锍温度、渣中铁硅比）进行在线控制，其控制模型是基于金属平衡和热平衡方程而建立的静态数学模型。金属平衡是指投入闪速炉的物料量、物料中的成分量与闪速炉产出物的量及产出物的成分量是平衡的；热平衡指构成闪速炉的各个部分(反应塔、沉淀池和上升烟道)的热量收支平衡。

计算机在线控制采用前馈—反馈的控制方式：以静态前馈控制为主，通过静态数学模型预估求出使控制变量稳定在目标值上的操作变量的基本值，进而再根据控制变量的实测值和目标值的偏差，通过反馈数学模型求出操作变量的修正值，将操作变量的基本值和修正值综合输出，以SCC(设定控制)方式作用于仪表控制系统，自动调节操作变量，达到稳定控制变量的目的。即通过前馈与反馈控制回路使操作变量产生变化，最终使控制变量稳定在目标值。计算机在线控制的具体过程由用户软件的控制系统实现，它共有3个控制变量和3个操作变量，其对应关系见表2-3。控制概念如图2-8所示。

表2-3 在线控制变量的对应关系

工序	控制变量	操作变量
配料	渣中铁硅比	硅酸矿比率 R_f
熔炼	铜锍温度	反应塔重油量
	铜锍品位	反应塔工艺氧
		反应塔工艺风

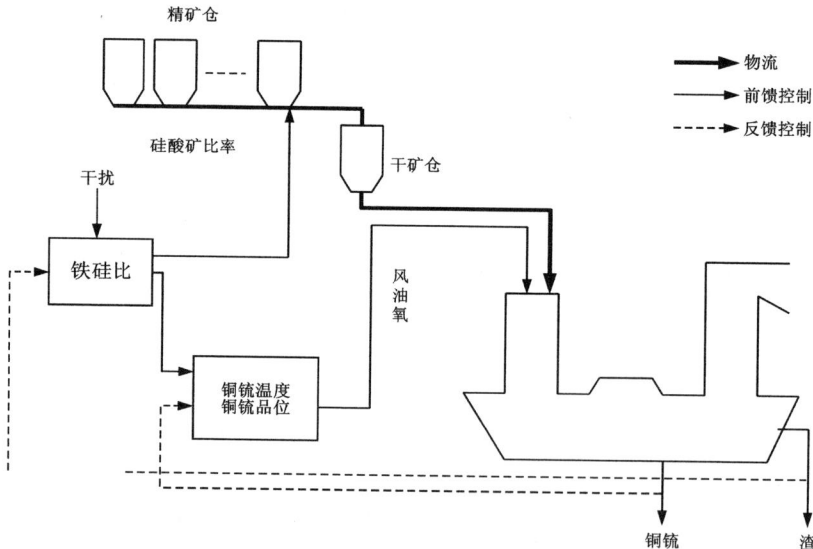

图2-8 计算机在线控制示意图

从图2-8可以看出，每个控制变量的控制均由前馈和反馈两个控制环节实现，因此系统中共有6个控制回路，即熔炼渣中铁硅比前馈与反馈控制回路、铜锍温度前馈与反馈控制回路、铜锍品位前馈与反馈控制回路。

5. 技术经济指标控制与生产管理

闪速熔炼生产的正常运行和良好技术经济指标依赖于设备完好状态和各种条件的精确控制，而生产技术管理则是这两个关键的保障基础。与传统工艺相比，闪速熔炼要复杂和严格得多。由于各闪速炉熔炼厂家的炉型、原料成分、生产规模、技术指标要求、能源种类、富氧浓度、设备性能、生产经验以及其上下游工艺与设备各方面的差异，管理中的侧重点各有不同，而基本原则是相同的。本节主要结合贵溪冶炼厂铜闪速熔炼生产实践经验叙述。

1) 原辅助材料控制与管理　闪速熔炼原辅助材料主要有铜精矿、金(银)精矿、石英砂、含金(银)石英砂、重柴油等，表 2 - 4、表 2 - 5、表 2 - 6、表 2 - 7 中所列化学成分为贵溪冶炼厂对原辅助材料的技术要求。

表 2 - 4　铜精矿化学成分/%

品级	Cu, ≥	杂质含量, ≤			
		As	Pb + Zn	MgO	Bi + Sb
一级品	32	0.10	2	1	0.10
二级品	25	0.20	5	2	0.30
三级品	20	0.20	8	3	0.40
四级品	16	0.30	10	4	0.50
五级品	13	0.40	12	5	0.60

注：混合铜精矿含水小于 10%，粒度 - 200 目占 80%。

表 2 - 5　金精矿化学成分(以干矿品位计算)

品级	$\rho(Au)/(g \cdot t^{-1})$, ≥	$w(As)/\%$, ≤
一级品	180	0.30
二级品	160	0.30
三级品	140	0.30
四级品	120	0.35
五级品	100	0.35
六级品	90	0.35
七级品	80	0.35
八级品	70	0.40
九级品	60	0.40
十级品	50	0.40
十一级品	40	0.40

注：金精矿水分含量(干基)0.1% ~ 0.3%，粒度 - 200 目占 80%。

表 2-6　石英砂化学成分/%

Fe	SiO$_2$	As	F	粒度/mm
<2.0	>85	<0.1	<0.1	<5(其中<1 占80%)

表 2-7　含金(银)石英砂化学成分/%

元素	$\rho(Au)/(g \cdot t^{-1})$	$\rho(Ag)/(g \cdot t^{-1})$	SiO$_2$	As	Fe	F
含金石英砂	≥5	—	≥75	≤0.15	≤3.0	<0.03
含银石英砂	—	≥250	≥75	≤0.15	≤3.0	<0.03

目前铜精矿供应已成为非常突出的问题,为了满足生产的需要,在批量采购精矿时,不得不采购一些杂质含量较高的铜精矿。但这些精矿使闪速炉的生产受到极大的影响乃至停炉。因此,在摸索出闪速炉处理这种精矿的方法的同时,对闪速熔炼原料的合理、准确的配料显得尤为重要,生产实践中,主要根据进厂精矿的种类、数量、成分、供应情况、矿仓占用情况、生产中供风供氧能力、炉况及后续工艺设备能力等统筹考虑,具体考虑因素主要有:

(1)储料仓能力不足时,可把量少的矿种先配入与之成分相近、量大的矿种中。

(2)硫铜比是配料需考虑的重要参数之一,过低的硫铜比在闪速熔炼时需补充较多的热量,不利于节能;过高的硫铜比会使反应热过剩,无法进行温度控制,且硫高铜低在装入量不变的情况下会影响铜的产量。同时,含硫多会给制酸系统产生压力。在富氧熔炼的情况下选择适宜的硫铜比,可实现闪速炉自热熔炼,有利于节能和稳定闪速炉及硫酸的生产。

(3)根据杂质含量进行合理搭配,避免杂质特别是挥发性杂质对生产过程和产品产量产生较大影响。

(4)根据精矿中的SiO$_2$含量,在满足生产需要的前提下,合理配料,减少配入的石英砂量。因为配入的石英砂量大,相应会减少入炉精矿品位,在相同装入量下会减少产铜量。另外储存、运输及熔化石英砂都将消耗较多能源。

(5)根据生产任务、精矿品位、数量、品种等,确定各矿种比率,控制成分,稳定炉况,以确保完成生产计划。

2)能量消耗控制与管理　当前,节能已成为世界瞩目的重大课题,各国都在广泛研究节能理论及节能方法。在铜的冶炼过程中,特别是闪速熔炼工序,其能耗最大,要在造硫熔炼过程中节约能源,自热熔炼技术效果明显。

闪速熔炼能充分利用原料中低价态 S、Fe 等氧化时所产生的化学反应热,使能量消耗较少,这是它的主要优点之一。但在其生产过程中,能量消耗在产品加工成本的构成中仍占有相当大的比例。无论是新工厂的设计或旧工厂的管理，对能源方案的选择和调整对于降低能耗都有着很大影响。可供闪速熔炼使用的能源包括重油、煤、焦粉、天然气等。能量消耗不仅和工厂所选用的能源种类有关，而且和工艺过程有相当大的关系。

闪速熔炼过去多以重油为主要燃料。1978 年以来，由于世界能源危机，燃油紧缺，油价不断上涨，严重地影响着工厂的生产，因而许多闪速熔炼工厂纷纷采取相应措施减少油耗，或以其他低价的燃料代替重油。还有的通过提高铜锍品位，采用富氧，调整闪速炉热风温度，改进精矿喷嘴等措施，以达到节省重油、降低能耗的目的。

在闪速炉的节能工作中，采用高富氧率、高装入量、高热负荷和高品位锍的熔炼技术有十分明显的效果。贵溪冶炼厂于 1997 年进行了改造，使用一个中央扩散型精矿喷嘴代替传统的 4 个喷嘴，将铜锍品位提升到 60% ~ 70%，反应塔工艺风由温度为 490℃ 的预热空气改为常温下含氧为 60% ~ 85% 的富氧空气，并在精矿中配入一定量的焦粉，闪速炉基本上实现自热，能耗大幅下降。

闪速熔炼的热平衡是指闪速炉整体及反应塔、沉淀池、上升烟道各部分热量收支平衡，某炼铜厂闪速熔炼的热平衡情况见表 2 - 8。

表 2 - 8　闪速熔炼热平衡

热收入				热支出			
序号	项目	热量/(GJ·h⁻¹)	比例/%	序号	项目	热量/(GJ·h⁻¹)	比例/%
1	铜精矿反应热	95643	95.21	1	铜锍显热	14510	14.45
2	炉料显热	2026	2.02	2	炉渣显热	28177	28.05
3	造渣热	2664	2.65	3	烟气带出热	16678	16.60
4	鼓风带入热	92	0.09	4	炉子散热	9195	9.15
5	漏风带入热	27	0.03	5	精矿分解热	26525	26.41
				6	烟尘熔化热	5367	5.34
	合计	100452	100		合计	100452	100.00

根据不同的应用，热平衡共有 2 种表示方式，热平衡 1（HB1）以金属平衡计算结果为基础，将各部分的排气温度作为已知条件，求取各部分应供给的重油量；热平衡 2（HB2）则以实测的重油量为已知条件，求取各部分的烟气温度。

热平衡表分为反应塔、沉淀池、上升烟道及总平衡 4 种，在实际计算中只计算各部分的平衡，由各部分的计算结果构成总平衡表。

日本东予冶炼厂于 1981 年开始使用粉煤进行高富氧熔炼，使粗铜加工费降低了 5%。炉渣电炉贫化时加入块煤作还原剂，不再加入高炉渣及黄铁矿，在保持弃渣含铜不增加的情况下，使电耗降低了 30%。日本东予冶炼厂等采用废轮胎作为闪速炉燃料，其发热值为 33.44 MJ/kg。

菲律宾 Pasar 冶炼厂在 1985 年 9 月进行沉淀池装入块煤代替部分重油的试验，取得了令人鼓舞的结果：渣的流动性改善，铜和贵金属在炉渣中的损失降低，上升烟道的炉结故障减少，取消了在沉淀池顶部的油烧嘴，电极糊、电极壳和电力消耗几乎减少了一半。

其他使用燃煤的闪速熔炼工厂还有美国 Dodge 公司 Hidalgo 冶炼厂。该厂 1984 年大修后，粉煤用量提高到大修前的 2.33 倍，1986 年使用富氧熔炼技术，以后又建成一个煤气供应系统。因此它可以根据煤、油和煤气的价格，调整和使用最经济的燃料配比。

闪速熔炼的能耗成本是工厂总加工费中的重要组成部分。无论是新建工厂设计或是生产过程的管理，能源方案的最优化都是提高生产能力和降低生产费用的有效途径。影响能耗成本的因素是多方面的，除生产组织管理之外，一些重要的操作参数的影响是很显著的。

闪速炉使用的富氧浓度，总的趋势是不断地提高，如奥托昆普冶炼厂现在的富氧浓度已提高到 70%~95%。使用富氧空气与使用常氧空气相比，大大减少反应塔所需鼓风量，即减少了闪速炉的排烟量，显著降低了烟气带走的热损失，提高了闪速炉精矿的处理能力，降低了热能消耗。

但是鼓风氧浓度提高后，随之产生反应塔高温区上移，热负荷增大，以及因送风量减小、原喷嘴混合不充分、下生料以及 Fe_3O_4 生成量增加而产生熔池容积减小及渣含铜升高等问题。

针对富氧引发的问题，贵溪冶炼厂改变精矿喷嘴的构型，用从芬兰奥托昆普公司引进的单一中央喷嘴代替原来的 4 个喷嘴，这样有利于精矿与富氧空气的充分混合，同时改进了反应塔的冷却条件。为提高内衬砖的耐高温性能，反应塔侧壁上段由原来的高温烧制铬镁砖改为电铸铬镁砖。玉野冶炼厂的氧浓度提高后，反应塔的焦率也相应提高，并调节焦粉和块焦的比例(各占 50%)，以控制反应塔热平衡、沉淀池热平衡和提高 Fe_3O_4 的还原效果，结果使渣含铜损失减少约 0.1%。

针对烟灰黏结的问题，Pasar 冶炼厂一方面改进余热锅炉内部结构和锤打装置，加强检查孔和孔门的密封，防止自由空气的漏入，用氮气代替压缩空气吹灰。另一方面，在沉淀池使用块煤，除渣的流动性得到改善外，上升烟道的状况也随之改善。佐贺关冶炼厂将对流部宽方向从 3 m 扩大到 6 m，使之与辐射部的宽方向相衔接，并且将蒸发管组减为 15 组，以增大其间的间隙。停烧沉淀池烧嘴，将水冷元件插入沉淀池顶烟气流中，以及采用水冷式上升烟道，使余热锅炉入口烟气温度降低 200℃ 左右，避免了锅炉中烟灰的黏结问题。

3）金属回收率控制与管理　金属回收率是综合反映闪速熔炼生产技术管理水平的重要指标之一，是考核、管理各项技术经济指标的主要依据，同时也是技术检测工作质量的综合反映。一个冶炼过程的金属回收率，往往有三个衡量指标：直接回收率、总回收率和回收率。

$$直接回收率 = \frac{一次产出的成品或半成品中金属量}{使用原料中金属量} \times 100\%$$

$$总回收率 = \frac{一次产出的成品或半成品中金属量 + 返回品、回收品中金属量}{使用原料中金属量} \times 100\%$$

$$回收率 = \frac{产出的成品或半成品中金属量 + 返回品、回收品可产出的成品或半成品中金属量}{使用原料中金属量} \times 100\%$$

我国大多数冶炼企业都在采用金属平衡表来考核及评价生产和管理情况，通过编制金属平衡表来反映金属物料在工艺过程中的分布情况，掌握金属物料的结存形态，有利于合理组织生产，通过计算金属回收率来反映金属元素的回收利用情况的损失去向流程，分析损失的原因，以便采取有效措施，减少金属流失，提高金属回收率。

闪速熔炼中，金属平衡是指投入闪速炉的物料量及物料中的成分量与闪速炉产出物的量及产出物中的成分量是平衡的，即装入量等于产出量。为此而构造的金属平衡表由三部分组成：第一部分为投入物料的物料量，物料中 Cu、S、Fe、SiO_2、CaO、MgO 及其他各种金属成分的含量及金属量；第二部分为产出物的量，各种相应金属成分的含量和金属量；第三部分为烟灰系统的烟灰，这部分不参与平衡，只作为各种烟灰进行分摊计算的依据和对烟灰的管理。

金属平衡表通常分为理论金属平衡和实际金属平衡两类。理论金属平衡即不考虑生产过程中的各种金属流失，直接利用质检部门提供的理论数据通过计算编制的金属平衡，也称工艺平衡；而实际金属平衡是考虑了工艺过程中的各种人为或机械因素造成的金属流失，根据实际处理量和得到的实际产品通过计算编制的金属平衡。一般，在企业的实际管理中，常常用理论金属平衡作指导，用实际金属平衡来检验，两者差值一般不超过全年总金属量的 +2%（一般不允许出现负误差）。

实际上，在生产过程中，由于闪速熔炼是一个连续性的开放式生产过程，其中可变因素很多，理想的投入等于产出状态纯粹只能作为生产指导。造成误差的原因有很多，如计量系统的准确性、取样分析样品的代表性、检测方法的合理性、操作误差、物料运输过程中的损失、工艺过程中跑冒滴漏损失、收尘装置效率低下流失有价金属、闪速炉渣含铜高等。因此，日常工作中，加强对整个流程的精细化管理和操作就显得尤为必要和重要。

金属平衡是分析、控制和管理金属回收率的重要手段，闪速造锍熔炼的金属平衡见表 2 – 9。

表 2 – 9　闪速熔炼金属平衡实例/t

项目	物料名称	质量	Cu	S	Fe	SiO₂	As	Sb	Bi	Pb	Zn
投入	炉料	75714.76	16799.38	20767.64	20796.14	12105.80	226.23	67.30	44.57	488.26	1623.07
	固锍皮	1252.50	611.71	224.16	224.48	54.21	2.69	1.08	1.61	12.72	12.34
	转炉烟尘	1142.86	611.15	149.67	58.79	140.11	6.25	0.70	8.29	41.50	16.69
	转炉球烟尘	68.30	29.01	7.70	3.35	16.25	0.46	0.04	0.57	2.67	1.07
	期初在制品	409.25	196.90	85.26	71.04	6.54	2.13	0.21	0.85	5.14	5.89
	合计		18248.15	21234.43	21153.8	12322.91	237.76	69.33	55.89	550.29	1659.06
产出	铜锍	31363.50	16208.81	7034.26	6282.77	98.32	76.85	26.13	40.99	336.04	447.85
	铜锍包壳	2052.50	1002.42	367.34	367.85	88.83	4.40	1.78	2.64	20.85	20.22
	炉渣	45035.00	633.89	414.09	14127.18	10193.61	118.08	35.27	7.01	178.62	943.81
	振动筛大块	336.66	75.30	76.44	73.81	38.94	1.04	0.31	0.23	1.65	3.16
	硫酸尘量	102.84	17.17	10.47	12.12	4.12	24.05	0.12	0.98	3.62	3.89
	烟气			12610.00							
	期末在制品	387.69	195.12	78.98	69.22	5.85	1.69	0.36	0.82	5.70	6.13
	其他		115.44	642.85	220.85	1893.24	11.65	5.36	3.22	3.81	233.98
	合计		18248.15	21234.43	21153.8	12322.91	237.76	69.33	55.89	550.29	1659.06

要避免金属平衡出现较大的差值，关键在于及时发现问题并解决，尽量将问题消灭在萌芽状态，以免造成更大更严重的损失。要对金属平衡管理有一个理性的认识和分析，既理解它的重要性也要了解其主客观因素。重视节约资源，合理利用资源；强化管理，精细操作，尽量减少或降低那些客观存在的资源流失，杜绝或减少不必要的人为损失，最终实现降本增效、优化管理。要做好回收工作，加强对泼洒、遗漏等金属的回收，培养节约、创新意识，只有主动节约资源才会创造性地开展工作，进而提高闪速熔炼铜有价金属回收率。

4）产品质量控制与管理　产品质量控制包括铜锍品位和渣含铜两个方面。

（1）铜锍品位　一般冶炼厂闪速炉铜锍品位控制在 50% ~ 70%。某一特定熔炼作业条件下的铜锍品位，可根据以下要求确定：①最大限度地利用 Fe 和 S 在闪速炉内氧化所放出的热量；②冶炼厂要最大限度地回收 SO₂；③下道工序转炉作业要求铜锍保留足够的"燃料" – 2 价 S 和 + 2 价 Fe；④避免生成过多的 Cu₂O 和高熔点 Fe₃O₄ 炉渣。– 2 价 S 和 + 2 价 Fe 在闪速炉大量氧化有利于满足①、②两项要求（稳定的闪速炉烟气流与间断的转炉烟气流相比，SO₂ 的回收率要高些）。在闪速炉铜锍中保留适量的 FeS，有利于满足③、④两项要求。铜锍中的 FeS 即是转炉吹炼的"燃料"，也能抑制 Cu_2O 的形成。

（2）炉渣含铜　闪速炉炉渣是金属氧化物和硅酸盐的熔体，含有少部分硫化物、硫酸盐。主要成分有 FeO 和 SiO_2，铁硅比一般为 1.15～1.30，渣中含 Cu 0.8%～1.8%，须将熔渣贫化处理或干渣送选矿浮洗后方可废弃。

5）生产成本控制与管理　企业经营的目的是通过产品的生产和销售，在保证产品质量的前提下，实现目标利润的最大化和经济效益的最大化，而提高经济效益的关键，是降低产品成本费用。闪速炉（处理 1 t 铜精矿）生产成本构成实例见表 2 - 10。

表 2 - 10　闪速炉生产成本构成实例

项目	单位成本/元	构成比例/%
1. 材料费用	18.53	16.04
其中：燃料	3.96	3.43
熔剂	4.45	3.85
其他辅材	10.12	8.76
2. 备件费用	4.95	4.28
其中：机加工件	1.23	1.06
电气备件	1.69	1.46
其他备件	2.03	1.76
3. 动力费用	79.89	69.14
其中：水	0.13	0.11
蒸汽	6.21	5.37
电	14.51	12.56
仪表风	2.53	2.19
杂用风	3.77	3.26
氧气	52.74	45.65
4. 人工费	5.45	4.72
5. 修理费用	6.72	5.82
合计	115.54	100.00

（1）成本费用计划编制原则　编制原则有：①坚持刚性考核原则；②从紧下达考核计划原则；③消除考核盲区原则；④鼓励节能降耗原则。

（2）成本费用控制措施　控制措施有：①加强总成本费用控制意识，明确总成本费用控制目标。产品成本低，期间费用少，则企业利润就增加，否则，效益就会下降，甚至亏损，因此必须加强成本意识，严格控制产品成本及各项费用。②建立健全的内部成本费用监督、控制机制。在成本的形成过程中，应根据成本费用控制的范围、标准，要求各单位严格控制材料消耗、能源消耗、设备维修、外协人工等各项成本费用；要从紧地将责任成本费用或利润计划逐级分解，层层落实；要以设备、能源、成本等定额指标为依据，建立班组成本费用考核体系，消除考核盲区。同时要将本单位的经济活动分析工作重心下移，覆盖到工段，全面开展班组降本增效的"三比"活动，找差距、寻对策，进一步拓展降本增效的空间。经济活动分析在企业管理中发挥着越来越重要的作用，为了加强企业的经济活动分析，提高经营管理水平，促进增收节支，真实地反映企业成本状况，确保工厂成本费用全面受控，可成立工厂成本分析推进小组，以达到以下工作目标。（A）建立"法定"二级单位月度成本分析制度，变"要我算"（厂部）为"我要算"（二级单位）。（B）厂财务下派专业人员到二级单位指导开展成本分析，重点控制吨铜加工成本、储备金占用、期间费用等可控成本，做到事中有效控制。（C）加强产品成本中重点项目控制。由于直接材料费在产品中所占比重较大，故应该加强对原材料采购、存储、领用各环节的控制，避免大批采购质次价高的原材料；（D）加强目标成本考核制度，提高成本管理人员素质。定期将实际成本与目标成本进行比较，找出差距、分析原因，实行工效挂钩，奖罚兑现，并对成本管理岗位的人员，尤其是财务人员，采取各种方式进行职业道德和业务水平培训；（E）重视技术创新与技术引进。先进的生产技术可带来低成本、高质量的竞争优势。

2.2.2　顶吹熔池熔炼

1. 概述

富氧顶吹浸没熔炼技术是熔池熔炼方法之一。艾萨熔炼法和澳斯麦特熔炼法是 20 世纪 70 年代由澳大利亚联邦科学工业研究组织矿业工程部 J. M. FLOYD 博士领导的研究小组发明的，起初以"赛洛（CSIRO，该组织的缩写）命名。最早的赛洛熔炼小型试验是进行炉渣和锡的还原。随后与澳大利亚的锡冶炼厂、电解精炼和冶炼有限公司、铜精矿有限公司和芒特艾萨矿业有限公司合作建立了较大规模试验厂。1980 年，规模为 4 t/h 的赛洛喷枪锡烟化半工业试验炉投产。同年，FLOYD 离开赛洛并建立了澳斯麦特公司。赛洛喷枪锡烟化半工业试验完毕后试验厂出售给了芒特艾萨矿业公司，重组后成为铅冶炼试验厂。以后，芒特艾萨公司又向本国和外国出售了赛洛熔炼技术，即现在所称的艾萨熔炼法。艾萨熔炼法和澳斯麦特法的基础都是赛洛喷枪浸没熔炼工艺，两者具有共同的起源。拥有喷枪技术的这两家公司，按各自的优势和方向，延伸拓展并改进了该技术，形成了各具特点的艾萨熔炼法和澳斯麦特法。

近二十年来富氧顶吹浸没熔炼技术在中国发展、普及很快，在铜、铅、锡、镍熔炼以及锌浸出渣、铅渣处理等方面得到推广和应用。到目前为止，国内采用该工艺处理铜精矿的有中条山有色金属集团有限公司(中条山集团)、云南铜业集团有限公司(云铜)、铜陵有色金属集团股份有限公司、葫芦岛东方铜业有限公司、新疆有色集团、大冶有色金属集团(大冶公司)；处理锡精矿的有云锡集团，广西华锡集团来宾冶炼厂；处理铅精矿的有云南冶金集团；处理镍精矿的有金川集团有限公司(金川公司)、吉林吉恩镍业股份有限公司。国外的澳大利亚芒特艾萨冶炼厂，铜精矿处理能力已经超过 160 万 t/a。

顶吹浸没熔池熔炼技术，由顶吹浸没喷枪及圆筒形固定式炉体组成，熔炼可以采用空气或富氧空气，是一种成熟的富氧强化熔池熔炼法。通过喷枪把富氧空气强制鼓入熔池，使熔池(产生强烈搅动)加快了化学反应的速度，充分利用了精矿中的硫、铁氧化放出的热量进行熔炼，同时产出高品位铜锍。熔炼过程中不足的热量由燃煤和燃油提供。

该技术具有炉子占地面积小、结构简单、投资相对较低、熔炼强度高、炉体密封性好、金属直收率高、自动控制水平高、操作管理较易、原料适应性强、处理能力调节幅度很大等诸多优点。炉体耐火材料寿命，操作熟练后可达三年左右。

2. 顶吹熔池熔炼系统运行及维护

1) 工艺配置　澳斯麦特熔炼法和艾萨熔炼法为该技术的代表，其工艺配置如图 2-9 所示。

富氧顶吹浸没喷枪熔池熔炼的炉料在进入炉子之前无须加热干燥，直接配料制粒，然后由加料机加入炉内，进行富氧顶吹熔池熔炼。熔炼需要的富氧空气通过喷枪鼓入熔池，为了便于生产期间的温度控制，还可从喷枪加入燃油对炉温进行微调。两种炉型都采用炉顶加料、炉顶辅助燃烧嘴补热的方式。产生的烟气由炉顶扩大炉体一侧排烟，采用传统的烟气处理系统，即余热锅炉和电收尘器回收余热和净化除尘后进入硫酸厂制酸。余热锅炉收集的烟尘返回备料系统，电收尘器收集的烟尘进入烟尘处理工序进行综合回收。

艾萨熔炼产生的铜锍和炉渣混合熔体由排放口放出(澳斯麦特为溢流堰)，通过溜槽进入贫化电炉澄清分离，铜锍送吹炼工序，炉渣水碎粒化外卖或进一步缓冷后进入炉渣浮选工序。

2) 艾萨(澳斯麦特)炉结构　艾萨炉包括固定式炉体、炉顶和炉底，如图 2-10 所示。

(1) 艾萨炉和澳斯麦特炉本体结构　两种炉型都是采用钢制外壳、内衬耐火材料的固定式炉体，炉子本体由圆柱段和变径段构成(见图 2-10)。某艾萨炉的本体主要尺寸见表 2-11。

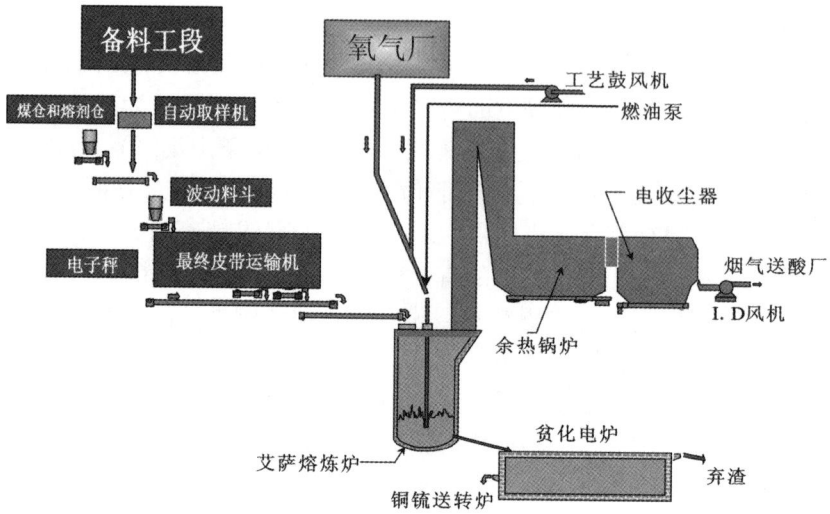

图 2-9　艾萨炉工艺配置

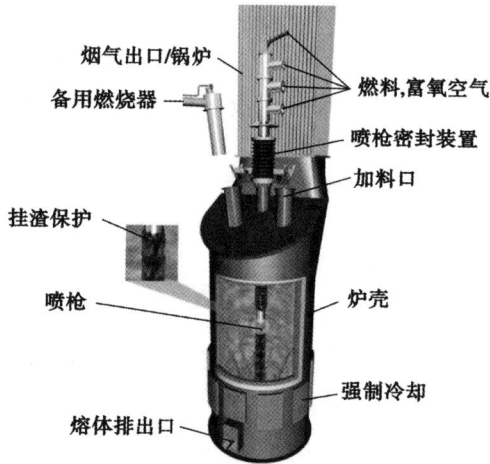

图 2-10　艾萨炉示意图

表 2-11　国内某厂艾萨炉本体主要尺寸/mm

名称	规格
炉内径	$\phi 3660$
外径(不包括炉壳)	$\phi 4760$
炉子高度(不包括底部炉壳)	14718

续表 2 - 11

名称	规格
炉膛高度	13600
炉子下部圆柱体炉膛高度	7524
炉子上部斜锥体炉膛高度	6076
炉底厚度(不包括炉壳)	1118
炉床面积/m²	10.52
圆柱体下部炉壳厚度	40
圆柱体上部炉壳厚度	32
锥体部分炉壳厚度	25

(2)艾萨炉与澳斯麦特炉的主要差异 两种炉子在结构和工艺技术上形成了各自的特点。

①炉体冷却方式 从国内应用情况看,中条山集团澳斯麦特炉采用喷淋冷却,相对铜水套冷却投资省,简单易行,但冬季厂房内蒸汽大,厂房结露、腐蚀加快。铜陵金昌冶炼厂澳斯麦特炉在钢外壳与耐火砖之间加铜水套冷却,一次性投资较大,相对能耗较高,且日常的维护保养要格外精心,否则会给炉体寿命带来负面影响。云南铜业的艾萨熔炼炉为自然冷却,仅外加水冷屏以确保排放层环境温度。文献报道炉子寿命最长的是自然冷却方式,目前艾萨炉寿命最长已达到48个月。从国内情况看,澳斯麦特炉寿命相对短一些。

②炉顶、炉底结构 艾萨炉顶为平顶,炉顶被设计为余热锅炉的一部分。炉子上部为敞口设计,直通上升烟道,便于烟气在出炉前突然降低流速,以降低烟尘率。澳斯麦特炉为倾斜型渐变炉顶,炉顶采用一般水冷却,其面积超出炉体面积一半以上,倾斜炉顶渐变段与烟道相接。

澳斯麦特炉炉底为平板钢壳结构,采用混凝土基础上垫两层型钢支撑炉体,结构简单,制造及筑炉方便。但炉底钢板在升温后会翘起变形成锅底状,导致炉子随喷枪的搅动而晃动,严重时有厂房晃动和停产的风险。

艾萨炉炉底为反拱椭球形钢壳,钢壳焊于钢板圆形支座上,支座底板置于混凝土圈梁基础上,并设有地脚螺栓固定。艾萨熔炼炉炉底结构符合热膨胀原理,烤炉升温,炉底不会变形。

③熔体排放方式 澳斯麦特熔炼炉采用虹吸口连续排放熔体。其优点是:熔池液面高度恒定。喷枪插入深度不需经常调整,不需定期打开和堵塞排液口,排液量恒定,操作安全简单,熔炼稳定,易于管理控制。其缺点是虹吸口内隔墙需设水套。排液时流量小,对熔体过热温度较为敏感,熔池温度相对较高,虹吸溢

流口需设油烧嘴补热提温。另外渣线波动范围小，对炉衬磨损和腐蚀比较集中，渣线区炉衬寿命较短。

艾萨炉间断排放熔体。其优点是：排放瞬时流量大，排液流槽不易冻结，对熔体过热温度要求较低，因而熔池操作温度相对较低。渣线上下波动范围大，炉衬腐蚀和磨损相对比较分散，渣线区炉衬寿命相对较长。其缺点是需要设置泥炮开孔/打眼机，定期打孔、放液、堵孔，清理溜槽，操作较繁琐；喷枪需要随时根据熔池高度升降。

3）辅助设施　辅助设施包括顶吹喷嘴和炉料配制及输送系统等。

（1）配料及输送系统　配料及输送系统包括精矿仓、抓斗桥式起重机、皮带输送机、气力输送机、圆盘给料机、定量给料机及多种料仓。

①购买与贮存　按标准要求定期购入相应数量的原料、燃料及辅助材料。铜精矿通过火车或汽车运输到冶炼厂精矿仓储存。考虑到炉子大修，铜精矿的贮存时间按大于 30 d 计算；破碎后的返料储存在精矿仓内；为满足上料需要，石英石、石灰石等熔剂和块煤、粉煤等燃料也从露天堆场用抓斗桥式起重机运至精矿仓内，短期储存。

②配料、制粒及加料　富氧顶吹浸没喷枪熔池熔炼的备料比较简单，各种铜精矿及熔剂、燃料和返料分别用抓斗桥式起重机抓到上料仓，然后用带式运输机送到配料厂房的各自料仓。熔炼尘和吹炼尘用气力输送到配料厂房的烟尘仓内。根据熔炼工艺配比的要求，将铜精矿、石英石、石灰石、细煤、返料和烟尘进行配料，精矿用圆盘给料机和定量给料机配料，圆盘给料机变频调速，与定量给料机实现信号反馈连锁，完成定量配料；各辅料用定量给料机配料。

配好的混合料经带式运输机送到制粒厂房内，再经圆盘制粒机混合和制粒后，用带式运输机送到中间料仓，按照设定给料速率配入块煤后，输送到熔炼炉顶的加料机上，由加料机直接加入炉内。

（2）顶吹喷枪系统　喷枪系统由喷枪、喷枪运行设备（喷枪小车及提升机）、喷枪导向装置三部分组成。

澳斯麦特喷枪由四层套筒组成，最内层是空气和燃料，第二层为氧气，第三层为空气，第四层为套筒风。澳斯麦特喷枪由套筒喷枪引入了二次燃烧机制，其优点是熔炼产出的单体硫及燃烧不完全的物质如一氧化碳及有机物等由套筒风进行二次燃烧，其送入点接近熔体，二次燃烧产生的热量容易被喷溅飞扬起来的熔体吸收，提高热效率，同时二次风量可按炉况准确调控。炉子上部不设二次风口，炉子密封性好，烟气不会外泄产生低空污染，炉内热量分布较均匀。

艾萨法喷枪为两层套筒，中心管供燃料，外套管供富氧空气。氧气与空气在入枪前混合，没有套筒风。艾萨法喷枪结构相对简单，二次燃烧风分别由喷枪渣箱和保温烧嘴供入。艾萨喷枪工艺风压低，喷枪升降采用端压自动控制，在空气流量低时也会产生一定变形。

目前两种喷枪寿命均可达到 10 d 以上，艾萨炉喷枪有记录的最高使用寿命达到 40 d。这里所指的喷枪使用寿命，是指喷枪端部 500 ~ 800 mm 的端头部分的使用时间。喷枪端头在使用一段时间后由于烧损需要从炉内提出，切割并重新焊接一段新的端头。一次喷枪更换的操作时间为 40 ~ 120 min，随操作工熟练程度变化。

3. 生产实践与操作

1）工艺技术条件与指标　工艺技术条件与指标包括原辅材料标准、生产指标控制标准和工艺参数。

(1) 原辅材料技术标准　该标准指要购进的原料、燃料、熔剂的标准。

①原料标准　铜精矿的物理要求：水分 10% ~ 12%，粒度 100 ~ 200 目；化学成分要求：Cu 15% ~ 50%，Fe 15% ~ 30%，S 15% ~ 30%，SiO_2 5% ~ 15%。

②燃料标准　燃煤的物理要求：发热值大于 25000 kJ/kg，湿煤的堆密度 0.5 ~ 1 t/m³，湿煤的粒度 5 ~ 15 mm。燃煤的化学成分要求：固定碳 55% ~ 75%，挥发分 < 35%，灰分 < 15%，H_2O 5% ~ 10%。燃油按 0# 轻柴油标准要求购入。

③熔剂标准　石英砂熔剂要求：粒度 < 5 mm，堆密度 0.8 ~ 1.5 t/m³，$w(SiO_2)$ > 90%；石灰石熔剂要求：粒度 < 10 mm，堆密度 1 ~ 1.8 t/m³，$w(CaO)$ > 50%。

(2) 艾萨炉熔炼生产指标控制标准　该指标主要有：①矿产粗铜生产能力 10 万 ~ 25 万 t/a；②作业率 > 85%；③铜锍品位 50% ~ 75%；④熔池温度一般控制在 1170℃ 和 1200℃ 之间；⑤熔池高度一般控制在 0.8 m 和 2 m 之间；⑥负压控制：保持炉子微负压操作，负压控制在 -50 Pa 和 0 Pa 之间；⑦喷枪端压控制在 10 kPa 和 20 kPa 之间；⑧喷枪流量控制：熔炼过程中，要求喷枪富氧空气流量，≥4 m³/s；⑨渣型控制：硅铁比为 0.78 ~ 0.92，硅钙比为 4 ~ 8；⑩炉渣中 $w(Fe_3O_4)$ < 10%；⑪喷枪油量控制：加油量最大范围为 50 ~ 1500 L/h；日常操作范围为 50 ~ 800 L/h；⑫加煤量，< 6 t/h；⑬冷却水温控制：给水口温度，< 30℃，回水温度，< 40℃；⑭烟气温度控制：锅炉上升烟道入口温度，< 1240℃，余热锅炉出口烟气温度为，290 ~ 380℃；⑮二次燃烧风控制：保证进入电收尘器的烟气中基本不含 CO 气体；⑯氧气排空率，< 5%；⑰电收尘器出口烟气二氧化硫浓度为 6% ~ 18%。

(3) 艾萨炉熔炼工艺参数　该参数包括氧料比、氧燃料比、熔剂精矿比及工艺温度等。

①氧料比、氧料比系数　为了获得目标品位的铜锍，必须控制氧料比。氧气太多，会提高铜锍品位和炉渣中四氧化三铁的含量，反之，会降低铜锍的品位。精矿中铜、铁和硫的量越多，所需的氧气量也就越多。氧料比是熔炼目标品位的铜锍时，单位质量已知品位的铜精矿所需要的氧气量。氧料比用于调整和减缓因

精矿成分波动引起的铜锍品位波动，其调整范围为 0.5～1.5，可在控制系统的控制页面设置。

②氧煤比、氧油比　用于燃烧燃煤和燃油的氧气量也需要进行精确的计算。控制氧煤比和氧油比可避免炉子内的燃烧氧气过多或过少。氧煤比是完全燃烧单位质量已知成分的燃煤所需要的氧气量。除非煤种发生改变，氧煤比一般不改动，且氧煤比在工程师站内才能修改。氧油比是完全燃烧单位质量已知成分的燃油所需要的氧气量，氧油比也要在工程师站内才能修改完成。

③石英石精矿比　加入正确数量的石英石对于渣铜分离以及四氧化三铁含量和炉渣熔点的控制有重要意义。石英石精矿比为单位质量的铜精矿所需的石英石量，根据入炉料中铁硅比为 2 左右来确定其控制范围。

④石灰石精矿比　加入石灰石的目的是破坏二氧化硅和氧化亚铁熔体的黏结性，从而进一步降低炉渣的熔点。石灰石精矿比为单位质量铜精矿所需的石灰石量，根据形成 $FeO - SiO_2 - CaO$ 系炉渣的要求确定其控制范围。

⑤工艺温度　工艺温度包括熔池温度和烟气温度。艾萨炉熔池温度最高波动值应控制在 1200℃ 以下，最高烟气温度应控制在 1240℃ 以下。

2）操作步骤及规程　工艺操作包括鼓风机启动、熔炼炉启动、加热和升温等。

（1）鼓风机启动　鼓风机向艾萨炉喷枪和保温烧嘴提供工艺空气，在开始熔炼作业之前，必须由相关工作人员在现场启动鼓风机。当风机启动成功后，艾萨炉主控室操作工根据工艺需要在相应的操作界面加载或卸载风机。鼓风机在运行过程中的日常维护直接由艾萨炉巡检工负责。

（2）熔炼炉启动　如果由于操作原因停炉，主控室操作工在问题解决后可以立即启动熔炼炉，但必须满足下列条件和程序：①前后工序允许进行生产；②操作环境允许进行生产。

启动前须检查是否有影响炉子启动的设备与辅助设备以及炉子情况：①查看影响炉子停产的原因；②按照喷枪检查的有关操作规程对喷枪进行检查；③检查熔池熔体的流动性是否达到要求，否则要进一步加热；④检查油泵、鼓风机，并同氧气站进行联系以确保有足够的氧气用于生产；⑤检查运料系统和电子皮带秤；⑥检查控制系统有关停机的原因是否解决；⑦确认运料系统按启动要求进行设置；⑧检查 ID 风机运转良好；⑨二次燃烧风机运行正常；⑩检查放料层和贫化电炉及转炉的生产情况以确保没有任何问题影响启动；⑪联系生产调度核对所要求的料量；⑫在控制系统上进行启动检查，以确定任何可能影响设备启动和操作的区域都正常。通过肉眼检查喷枪是否正常，如有必要，进行复零操作；⑬在控制系统页面上进行故障检查；⑭检查是否已经选择了正确的物料仓、制粒机系统和运料系统；⑮检查所有相关系统是否已经处于打开位置并处于自动状态；

⑯通知备料巡检工、烟气处理工、熔炼巡检工、放溜工检查是否有异常情况。在启动检查中如果发现异常，对故障进行处理并通知班长；⑰与氧气站、贫化电炉、备料系统、酸厂联系以确保没有阻碍启动的因素；⑱下降喷枪之前主控室操作工必须进行一系列的选择：（A）配料单选择；（B）给料仓选择及每个料仓的给料量；（C）根据化验结果，调整物料的化学成分；（D）在启动后可以按生产指令对料量进行优化。

（3）加热和升温　加热和升温作业包括以下步骤：①通知烟气处理工检查喷枪的挡渣门是否已经打开；②在下降喷枪的过程中关闭和调整保温烧嘴位置；③要求烟气处理工查看喷枪的点火情况，给出反馈信号；④根据喷枪的声音、振动和端部压力（10～13 kPa）及熔池温度，正确确定枪位；⑤将炉子加热至小于1180℃；⑥当温度为1170～1180℃时，开始加料进行生产；⑦按如图2-11及图2-12所示的升温曲线进行升温。

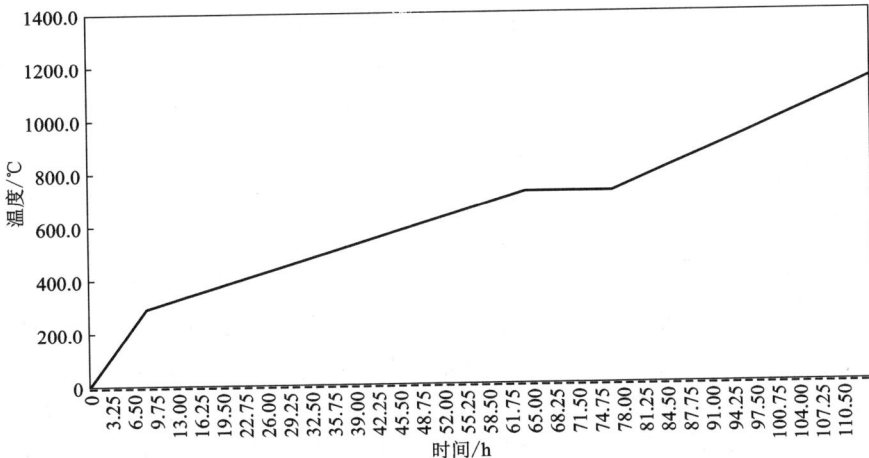

图 2-11　艾萨炉升温目标曲线图

（4）加料量的调整和优化　只有在车间管理人员、生产调度同意或要求下，及贫化电炉、备料系统、氧气站或酸厂满足生产要求的情况下，才能改变加料量。此时上述人员会尽可能在实施之前30 min电话通知主控室操作工和控制系统控制料量的改变。通过调整加料量，从而达到所期望的目标比率。加料量调整前，必须通过以下检查程序：①检查制氧站提供的氧气是否足够；②检查炉子的操作环境，当ID风机速度大于90%时，环保设备将限制料量不能增加；③询问排放人员排放是否顺利。如果是熔炼炉关闭后的首次排放，那么必须等到熔池排放完毕，并且排放口堵眼以后，才能增加料量；④检查温度是否能在料量增加后调整到规定值。如果四氧化三铁含量偏高，在四氧化三铁的含量降低之前不要增加料量；⑤检查加料是否潮湿，因为在料量增加后，湿料可能会堵塞料槽；⑥如果所

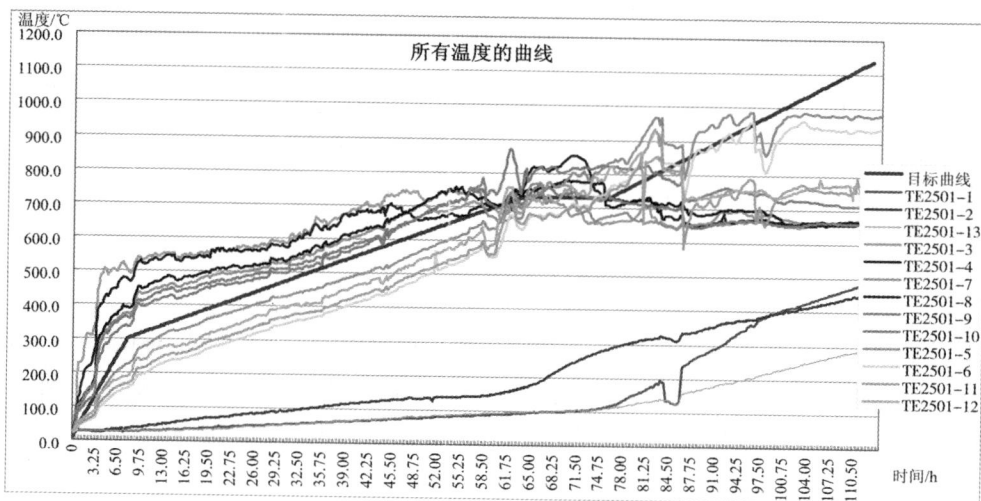

图 2 – 12　某厂艾萨炉实际升温曲线图

有系统都正常，按要求增加料量。联系生产调度、排放和贫化电炉操作人员，告知加料率发生了变化；⑦当排放发生困难或运料系统有问题时，料量的降低有助于短时间内排除故障或为故障排除赢得时间。

3）常见事故及处理　　常见事故包括产生泡沫渣、料口堵塞、温度异常波动、铜锍品位波动、喷枪故障及紧急停电等。

（1）泡沫渣的预防和处理　　按以下方法预防泡沫渣的产生：①如果艾萨炉不处于加料状态，则必须处于加热状态；②含有未熔化物料且未进行冶炼的炉子是相当危险的。在把喷枪放入四氧化三铁含量高的熔池时，不要把喷枪插入炉渣中。把喷枪保持在熔池之上。这样可以减缓反应的速度并降低形成泡沫渣的危险；③在加热状态下，不准不检查炉渣中的四氧化三铁含量就长时间操作熔炼炉；④在炉渣或条形样品四氧化三铁的含量超过 15% 时不准操作熔炼炉；⑤在接班前检查各参数值；⑥必须定期检查传送带和加料槽以防止漏料；⑦四氧化三铁的产生伴随着大量热量的释放。一旦炉温突然上升，必须立即调查。

按以下方法处理泡沫渣：①缓慢的泡沫渣现象——停产，让烟气处理工检查炉内的熔池情况，取样，并把样品送给控制室操作工。根据样品检测结果，控制室操作工开始煤/二氧化硅还原造渣操作，减缓熔池的过氧化气氛。②四氧化三铁含量偏高事故按表 2 – 12 所示步骤和方法处理；③产生喷发性泡沫渣立即按下熔炼紧急停止按钮，迅速疏散其他工作人员，离开现场。

表 2 – 12　四氧化三铁含量偏高事故处理方法和步骤

步骤	问题	答案	措施
1	熔池温度是否高于 1220℃ ?	是	由于联锁原因,喷枪从炉子中抽出
		否	跳到步骤 2
2	熔池温度是否表现出迅速升高的趋势?	是	进行还原/造渣。跳到步骤 3
		否	跳到步骤 3
3	从喷枪上采集炉渣样品,测得样品中的四氧化三铁含量		跳到步骤 4
4	炉渣中的四氧化三铁含量是否低于 15% ?	是	跳到步骤 5
		否	进行还原/造渣
5	检查艾萨炉物料参数计算显示屏上的输入数据		在艾萨炉计算显示屏上调整运行参数 跳到步骤 6
6	检查机械(加料、喷枪、空气输送和燃油)系统		跳到步骤 7
7	机械系统中是否存在问题?	是	在重新开始向艾萨炉加料前,修复存在的问题
		否	跳到步骤 8
8	检查入炉料中的四氧化三铁含量		跳到步骤 9
9	入炉物料中的四氧化三铁含量是否高于 15% ?	是	联系生产控制人员,在其指导下对四氧化三铁含量过高的入炉料进行处理
		否	重新采集炉渣样品。跳到步骤 10
10	炉渣中的四氧化三铁含量是否低于 11% ?	是	重新启动艾萨炉加料系统
		否	跳到步骤 11
11	进行另一次还原/造渣		跳到步骤 12
12	检查炉渣的四氧化三铁含量		跳到步骤 13
13	炉渣中的四氧化三铁含量是否低于 11% ?	是	重新启动艾萨炉加料系统并降低熔炼空气量
		否	联系生产控制人员寻求帮助

（2）料口堵塞或结瘤　①当发现加料口堵塞时,立即停产处理故障：（A）立即按下熔炼紧急停止按钮；（B）如果需要,要求排放层进行排放；（C）进行炉子保温操作；（D）处理加料口堵塞；（E）检查并找出堵塞原因（块度大、水分高、加料口结瘤严重等）,从源头杜绝问题再次发生。②当发现加料口结瘤时,判断是否会短期内导致加料口堵塞,若会则执行堵塞故障操作；若短期内不会导致加料口堵塞,则在下次安排停产时进行清理。

（3）温度异常波动　温度异常波动故障按表 2 – 13 所述的方法和步骤处理。

表 2 – 13　温度异常波动故障处理方法和步骤

步骤	问题	答案	措施
1	熔池温度是否正在下降？	是	跳到步骤2
		否	跳到步骤8
2	其他的热电偶的测量数据是否也显示了同样的温度偏差？	是	跳到步骤3
		否	判断哪个热电偶的测量数据是正确的，并根据正确的测量数据采取措施
3	最近两次排放的铜锍品位是否呈下降趋势？	是	增大熔炼氧料比系数。继续监视熔池温度
		否	增大燃煤量或燃油量。跳到步骤4
4	熔池温度是否正在持续下降？	是	停止加料并加热熔池。跳到步骤5
		否	继续监视熔池温度
5	以前是否停止加料来加热熔池？	是	抽出喷枪并进行喷枪检查。如有必要，更换喷枪。重新加热熔池。跳到步骤7
		否	继续监视熔池温度。跳到步骤6
6	喷枪加热是否已经超过25 min？	是	抽出喷枪，检查喷枪枪尖，并检查炉渣中四氧化三铁的含量
		否	注意熔池高度和喷枪和热电偶的相对位置。继续加热。跳到步骤7
7	一旦熔池温度处于运行范围以内，就重新开始加料		跳到步骤8
8	熔池温度是否大于1220℃？	是	由于联锁原因，喷枪被抽出。跳到步骤9
		否	跳到步骤9
9	采集炉渣样品，检测四氧化三铁含量		跳到步骤10
10	炉渣中四氧化三铁的含量是否大于15%？	是	关闭熔炼空气。进行还原程序，炉渣四氧化三铁含量偏差检测
		否	跳到步骤11
11	铜锍品位是否正在上升？	是	如有必要，打开熔炼空气。降低氧料比系数。短时增大回炉料的加料率冷却熔池。继续监视熔池温度
		否	增大燃煤量及燃油流量。继续监视熔池温度

（4）铜锍品位波动　铜锍品位波动故障按表 2 – 14 所述的方法和步骤处理。

表 2 - 14　铜锍品位波动故障处理方法及步骤

步骤	问题	答案	措施
		返炉料检测	
1	是否改变了烟尘的加料率?	是	在艾萨炉物料参数计算输入屏上输入新的数据并重新计算运行参数。调整运行参数,检查铜锍品位的偏差量是否已经减少
		否	检查艾萨炉参数计算显示屏上的输入数据是否正确。跳到步骤 2
2	是加料系统造成的问题吗?	是	解决问题。观察铜锍品位的变化并检查偏差量是否正在减少
		否	跳到步骤 3
		当前配料单检测	
3	是否仍采用当前配料单生产?	是	跳到步骤 6
		否	跳到步骤 4
4	新配料单中的 3 个偏差值是否超过配料要求?	是	在艾萨炉计算显示屏上对熔炼空气进行细微的调节,控制熔池温度,继续运行。跳到步骤 5
		否	跳到步骤 8
5	在最近的两次排放中是否对氧料比系数作过改动;或将氧气"串接"切换到"自动"	是	将氧气"自动"切换回"串接"。跳到步骤 8
		否	改变氧料比系数。按铜锍品位偏差量相反的方向进行改动。例如:如果铜锍品位低于目标范围值,则增大氧料比系数。跳到步骤 6
6	在氧料比系数改变后,从第二次排放时采集的铜锍品位样品的偏差量是否已经缩小	是	继续监视铜锍品位的偏差量
		否	改变氧料比系数。按铜锍品位偏差量相反的方向进行改动。例如:如果铜锍品位低于目标范围值,则增大氧料比系数。检查喷枪、空气和加料系统
		检查煤仓给料率	
7	煤仓设定给料率和实际给料率是否存在偏差	是	清理煤仓下料口和调整定量给料机速率,消除偏差
		否	跳到步骤 8

续表 2 – 14

步骤	问题	答案	措施
新料单检测			
8	与工艺工程师联系，重新确定新的熔炼参数，并在控制系统计算屏上输入新的配料堆分析数据		跳到步骤9
9	双重检查熔炼参数计算屏上输入的数据值		跳到步骤10
10	每次排放时都进行采样		跳到步骤11
11	每次排放的采样样品分析数据是否具有稳定的铜锍品位？	是	跳到步骤12
		否	通过对氧料比系数进行微小的调整，控制艾萨炉的熔池温度。继续监视铜锍品位。跳到步骤12
12	最近两次的采样样品分析数据和目标铜锍品位是否存在偏差？	是	改变氧料比系数。按铜锍品位偏差量相反的方向进行改动。例如：如果铜锍品位低于目标范围值，则增大氧料比系数。检查喷枪和加料系统的机械部分
		否	继续监视铜锍品位值

(5)喷枪结瘤、弯曲、烧损的处理　喷枪的使用寿命一般为 7 ~ 21 d，影响喷枪寿命的最主要原因是喷枪的烧损，同时也会由于喷枪过度弯曲而更换喷枪。

①喷枪的烧损　烧损原因：(A)补加燃油提升熔池温度时，燃油在喷枪端部内燃烧使喷枪端部管壁变薄或由于燃油喷嘴堵塞后使部分燃油靠近喷枪管壁燃烧，烧穿喷枪端部管壁；(B)喷枪插入熔池过深，进入铜锍层，可能使铜锍喷溅到喷枪枪壁而发生烧损；(C)熔池温度过高，导致喷枪烧损；(D)喷枪风量不足，冷却效果差导致喷枪烧损；(E)熔池结壳，喷枪头距结壳 500 ~ 600 mm 会提高熔池温度而使喷枪烧损；(F)喷枪头形成"足球"，在作业过程中突然脱落使枪头挂渣被带走引起喷枪烧损。

喷枪发生烧损时出现以下现象：熔池温度有下降的趋势，喷溅渣粒细小，炉子上部温度高，熔池面发亮，由于喷枪不在正确的操作位置，熔池搅拌的声音发生变化。

喷枪烧损故障用以下方法处理：如喷枪烧损不多，可以增加喷枪端部压力的设定值，或者提出喷枪进行检查复零操作，如果喷枪烧损严重，对喷枪进行更换。

②喷枪结瘤　形成的原因是：(A)渣型不好，且温度低，枪位不当引起；(B)在某些情况下，喷枪端部形成"足球"，一般是喷枪风湿度过大或物料过湿且炉子温度过低引起(如雨季，空气湿度大)。可采用喷枪上下移动的方法消除喷枪

结瘤。控制好炉膛温度、枪位和渣型可预防喷枪结瘤。

③喷枪弯曲 喷枪弯曲部位在距喷枪头部 2~3 m 处。处理方法是把喷枪送到喷枪修理间进行修理。

(6)排放困难 有几种方法对渣、锍排放困难的问题进行处理：①检查引起熔体排放困难的原因，以便进一步调整；②增加喷枪的操作端部压力，使喷枪进一步插入熔池，强化熔池的搅拌，使熔池下部的温度上升；③根据生产的情况，降低入炉料量，以利于熔池高度的下降，当排放结束后，再把给料量恢复；④在允许的温度范围内提高操作温度，以利于熔体的排放。

(7)紧急停电 当全厂突然停电时，柴油发电机组应在 15 s 内自动启动，在确认柴油发电机自动启动正常后，采取以下措施。

①确保艾萨炉、电炉冷却水的正常供给 即确认提供熔炼循环水的柴油机冷水泵和热水泵已自动启动、冷水泵后出口电动阀已打开(人工)、出口水压达到要求。检查排放口内、外水套、三通水套和溜槽水套的冷却水流量和回水温度，若流量小或回水温度高，则立即堵口停止排放；若流量、回水温度正常，继续排放(如未排放则要打开排放口)直至熔池面 1 m 高；柴油发电机提供应急电源后，立即将喷枪提出炉外，并启动仪表螺杆压缩机、燃油泵、罗茨鼓风机和炉顶加料机(正转并退到后行程位置)；下放保温烧嘴，进行正常的艾萨炉保温作业。

②确保余热锅炉工作正常 柴油发电机提供应急电源后，立即启动给水泵和循环泵；严密监视汽包压力；锅炉保温保压，任何蒸汽管线均不向后送汽。

③紧急停炉措施 若柴油发电机不能正常供电，而正常电源短时不能恢复，则必须采取紧急停炉措施，插入水冷挡板，打开所有人孔门和检查门，使锅炉冷却；在这期间，余热锅炉不向后送汽，关闭所有排污阀，保汽包水位；停给水汽泵，保持循环气泵运行，在短时间内避免受热面出现干烧，使锅炉大面积受损。注意：在这种情况下，即使柴油泵不能正常启动(紧急冷却水有可能供不上)，但为了整台锅炉的安全，仍将水冷挡板插入以隔断烟气。

④供电故障解除后恢复生产 措施有：(A)恢复冷却水系统正常运行和供应；(B)启动工艺送风系统；(C)检查氧气站和制酸厂的恢复情况；(D)按生产调度指令下枪加热熔池，恢复生产。

4.计量、检测与自动控制

1)计量 澳斯麦特(艾萨)炉系统的计量内容主要包括配料系统计量、混合料入炉量计量、入炉冷料计量、喷枪燃油计量、入炉氧量以及空气量计量。配料系统中的精矿计量是在 DCS 设定给料量，与电子皮带秤的实际称量值进行比较，其差值通过 DCS 的 PID 控制器输出给圆盘给料机和电子皮带秤的变频器，从而实现配料量的精确控制，保证给料量稳定。

(1)入炉混合料和入炉冷料均采用变频调速的拖料皮带秤称重计量，铜锍采用电子天车秤计量，电子天车秤由秤体和仪表两部分组成。当载荷作用于传感器时，传感器信号送入 WSC‐2F 型电子秤数据无线发射机并经放大、滤波后进 A/D 转换，然后由 CPU 控制显示。也可通过无线数传电台发送给 WSC‐1S 或 WSC‐2S 型电子秤数据无线接收机，它们在接收到 WSC‐2F 传来的质量信号后，可按各自的功能对总重信号和皮重信号进行处理、打印、送大屏幕显示器和 RS‐232 串行接口等处理。

（2）氧气和空气的计量采用差压的方式测量，喷枪氧气量、空气量和保温烧嘴空气量均采用 Probar 流量计计量，流量计安装时一定要注意上、下游直管段的长度要求。

（3）喷枪和保温烧嘴的燃油采用科氏质量流量计计量　科氏质量流量计是质量流量直接式测量方法的一种流量测量装置，它能够直接测量管道内流体的质量流量，而且稳定度高，可靠性好，量程比大，同时适合应用于高黏度流体。质量流量计传感器安装位置的选择方法如下：①安装位置应远离机械振动干扰源，如工艺管线上的泵等。如果传感器在同一管线上串联使用，应特别注意防止共振产生的相互影响，传感器之间的距离至少大于传感器宽度的 3 倍；②传感器的安装位置应考虑到工艺管线因温度变化引起的伸缩和变形，特别不能安装在工艺管线的膨胀节附近，否则传感器零点漂移，影响测量准确度；③传感器的安装位置应远离工业电磁干扰源，如大功率电动机、变压器等，否则传感器中测量管的自谐振动会受到干扰，因传感器检测出的微弱信号将被淹没在电磁干扰的噪声中。传感器和变压器、电动机的距离至少 5 m；④传感器应在管道的低端，应使管道内流体始终保证充满传感器测量管，且有一定憋压。

2）检测　澳斯麦特（艾萨）炉的检测系统主要包括：混合精矿仓、煤仓料位检测回路；混合精矿、块煤的给料检测回路；喷枪氧气、工艺风、燃油的流量、压力和温度检测回路；保温烧嘴工艺风、燃油的流量、压力和温度检测回路；熔炼炉排烟压力和温度检测回路；熔炼炉炉体冷却水流量、压力、温度检测回路及断水报警回路；熔炼炉炉膛压力、温度及铜锍和炉渣排放温度检测回路；高位水箱液位检测回路。

用 4 支金属陶瓷热电偶测量熔体温度，2 支安装在距排放口 0.75 m 处，另 2 支则安装在距排放口 1.25 m 处。在炉底砖上缘平面之上 3.95 m 处安装 2 支金属陶瓷热电偶监测烟气温度。用于耐火砖温度测量的热电偶有 24 支，其中 17 支在开炉升温时使用，另 7 支在正常生产时使用。铜锍与炉渣等熔体温度用便携式红外测温仪或一次性热电偶测定。

3）自动控制　澳斯麦特（艾萨）炉的控制系统具备 DCS 常规的工艺流程监测，工艺参数检测、显示、报警，设备状态显示，设备联锁控制，回路自动调节、控制等功能。各系统的自动控制功能如下。

（1）上料系统　实现上料流程设备的顺序启动、停车联锁控制，铜精矿、煤和熔剂的自动称量控制和原料配方控制，输送皮带的跑偏、撕裂等报警，料仓振打器自动控制等。

（2）喷枪卷扬系统　实现喷枪手动、自动的快速、慢速和蠕动提升/下放控制，喷枪联锁控制，喷枪准确定位控制，喷枪质量监测。

（3）喷枪端部压力控制系统　自动显示、调节喷枪在熔池内的深度。

（4）燃烧控制系统　实现熔炼氧气、煤燃烧用氧气、油燃烧用氧气、工艺用风、二次燃烧空气的自动/串级控制。

（5）炉子冷却水控制系统　根据总冷却水的流量、压力，实现顺序启动、停止冷却水泵、热水泵，执行联锁控制，实时监测冷却水各回水支管的流量、温度。

（6）风机控制系统　对风机进行远程加载、卸载，压力设定，并实时监测风机的主要运行参数。

（7）保温烧嘴系统　实现保温烧嘴的燃烧控制和烧嘴卷扬机的自动控制。

（8）燃油控制系统　根据生产的实际需要，自动控制燃油压力和流量，保证供油系统安全、稳定运行。

（9）炉子抽力控制系统　根据炉膛负压可以用 DCS 手动/自动控制收尘风机的转速，从而及时改善加料层的工作环境。

（10）外围设备状态监控系统　对艾萨炉余热锅炉、贫化电炉、氧气站、硫酸风机、收尘风机等保持信号联系，使操作员能实时了解前后工序及相关配套系统的运行情况，以安全、有效地组织生产。

（11）分析数据接收系统　与配料 DCS 进行数据通信，能同时得到荧光分析仪传给配料 DCS 分析数据，使操作员能及时掌握原料成分、铜锍品位等相关在线数据，正确指导生产。

（12）现场设备状态监测　Delta V DCS 具有 HART 通信功能，对 I/O 卡件、通道都可以进行 HART 通信。安装 AMS 设备管理软件后，从 DCS 能直接采集到现场 HART 智能仪表输出的 4～20 mA 信号、仪表量程、上下限值、仪表运行状态等符合 HART 通信协议的多种数据。同时，还能直接从 DCS 对现场 HART 智能仪表进行校验，不需到现场校验仪表。

（13）温度控制系统　实现熔池、耐火砖和烟气温度的自动检测、报警。温度的控制是澳斯麦特（艾萨）炉工艺控制的核心。因为熔池温度是反映炉内工艺状况的主要标志，并且温度的大幅波动将会大幅缩短炉子内衬耐火材料的寿命，从而严重影响生产成本。但目前熔池温度由操作人员手动控制，温度波动范围大，为 10～20℃。所以，开发一种适宜于澳斯麦特（艾萨）炉最优化的温度控制系统是十分必要的。分两步开发最优化温度控制系统：

①开发温度单回路控制器　基于简单模拟人工的调温过程实现微调，串级跟

踪富氧浓度、油量和二次补煤量，使熔池温度控制更平稳。

②开发温度控制专家系统　根据工艺计算模型，抽象和提炼出非线形、多变量耦合、时变的温度控制数学模型，将模型程序化；或者根据操作员长期积累的操作经验，建立模糊控制逻辑、知识库进而开发温度控制专家系统。这样，可进一步优化配料工作，使入炉精矿主要成分的实时波动不大于1.5%，入炉料量的实时波动控制在±5%。

5. 技术经济指标控制与生产管理

目前，顶吹熔池熔炼炼铜工艺国内外大多采用顶吹造锍熔炼—炉渣电炉贫化—PS转炉吹炼流程。从生产的经济性和炉子的正常操作考虑，需对顶吹熔池熔炼工艺的一些重要技术经济指标进行控制。表2-15列出了该工艺的主要技术经济指标标准和国内外采用此工艺的生产厂家的主要技术经济指标。

1) 原辅材料控制与管理　顶吹熔池熔炼工艺对处理的原料有较强的适应性，不仅能处理标准铜精矿，也能处理粒度较小的块状原矿或冷铜锍，以及铜冶炼过程中产生的返料。入炉原料制备也比较简单，无需对原料进行干燥，原料经过制粒后即可入炉，甚至有的工厂不经制粒就入炉。作为熔剂使用的石英是顶吹熔池熔炼工艺使用的主要辅助材料，其添加量一般为原料量的5%左右。某些厂家为了进一步降低炉渣熔点，加入钙质熔剂。顶吹熔池熔炼工艺的燃料包括粉煤、炭粉、油和天然气等；粉煤或小块煤可直接混入原料后入炉。因此，燃料的调节比较灵活。重有色冶炼厂需要的原辅材料一般很难均衡稳定地供应。为了维持炉子的正常操作和获得良好的经济效益，很有必要对原辅助材料进行适当的控制与管理。

(1) 原料控制与管理　原料包括铜精矿、冷铜锍及冷料。

①炉料水分及粒度控制　顶吹熔池熔炼一般采用含水分较高的粒状原料入炉，不需进行干燥。铜精矿含水8%左右，如果水分过高，制粒无法进行或导致生球质量下降。制粒生球水分为9.5%~11%，粒度一般为6~10 mm。但对铜精矿的粒度没有特殊的要求，甚至可使用部分粒度在10 mm以内的块状原料。

②铜精矿化学成分控制　熔池熔炼工艺对铜精矿中铜、硫的含量无特殊要求，但为了尽可能控制较低的燃料消耗，应尽可能使用含铁、硫较高的原料，即以处理硫化矿为主。代表性成分如表2-16所示。生产实践证明，其他条件不变时原料含硫量每下降1%，则煤耗约增加3 kg/t原料。一般情况下，入炉料宜控制铜硫比小于1，硫和铁的总含量大于50%。同时，对杂质铅、锌、砷、锑、铋、镍等应严格控制。铅、锌的化合物挥发性强，会降低熔池熔炼炉烟尘的熔点，使之易于黏结余热锅炉。精矿含砷高时，50%以上的砷进入烟尘，将增加工厂处理含砷烟尘及废渣的负担。精矿含锑、铋、镍高，则阳极铜含杂质高，将增加电解精炼工序的负担，并影响电解铜质量。

表2-15 顶吹熔池熔炼主要技术经济指标标准和国内外生产厂家的技术经济指标

指标 \ 生产厂家		标准	Miami(美) 艾萨熔炼炉 贫化电炉 PS转炉	Southern copper(秘鲁) 艾萨熔炼炉 旋转保温炉 PS转炉	CCS(谦比希) 艾萨熔炼炉 贫化电炉 PS转炉	Mount Isa(澳) 艾萨熔炼炉 贫化电炉 PS转炉	华铜 澳斯麦特熔炼炉 贫化电炉 澳斯麦特吹炼	金昌 澳斯麦特熔炼炉 贫化电炉 PS转炉	云铜 艾萨熔炼炉 贫化电炉 PS转炉
1. 精矿成分 /%	Cu	18~35	27.5~29	26.8	30~37	24.5	15~28	20.27	20.5~25
	Fe	18~29	26~28.5	—	16.7	25.7	20~25	29	23~28
	S	20~33	31.5~33.2	—	24.8	27.6	23~26	27	20~26
	SiO_2	5~17	4~5	—	8.6	16.1	10~17	6.1	6~12
	水分	8~10	9.5~10.2	9	—	—	8~10	8~10	8~9.5
2. 处理精矿量 /(t·h⁻¹)		40~150	98(最大113)	150(另加返回料5.7~8.9 t/h)	精矿45;冷料20	140	28(另加返回料20%)	48	110(另加返回料10 t/h)
3. 燃料率/%		煤:3~10	天然气:1000 m³/min	煤:1.2	煤:4.5~6.7	煤:5.5	煤:8~10	煤:7.07	煤:3~5
4. 喷枪流量/(m³·s⁻¹)		7~10	14.16	16.04	—	14	5	10	8~10
5. 喷枪出口压力/kPa		45~200	50	35	—	50	150	200	45~50
6. 富氧浓度(O_2)/%		40~60	51.5	67.6	50	40~45	40~45	40	45~60

续表 2-15

生产厂家		Miami（美）	Southern copper（秘鲁）	CCS（谦比希）	Mount Isa（澳）	华铜	金昌	云铜
7. 炉子烟气量/($m^3 \cdot h^{-1}$)	50000~75000	76000	—	—	—	—	51502	65000~70000
8. 烟气SO_2浓度/%	7~20	12.4	—	—	—	7~9	10.8	10~20
9. 熔池温度/℃	1160~1210	1185	1180~1190	1170	—	1180~1210	1180	1180~1200
10. 熔池更换周期/d	5~15	15	8	>8	—	11	5~7	5~7
11. 炉子作业率/%	>90	>94	>85	>94	85	—	—	>95
12. 炉寿命/月	>15	20	21	—	43.8	—	—	>28
13. 锍品位/%	50~60	57.4	65.2	72~75	57.8	55~64	50	55~60
14. 炉渣$w(SiO_2)/w(Fe)$	0.7~0.9	0.62	0.7	0.78~0.85	0.90	0.77~0.9	0.7	0.6~0.8
15. 炉渣$w(SiO_2)/w(CaO)$	4~10	6	>20	—	—	4~6	—	5~7
16. 炉渣$w(Fe_3O_4)$/%	5~10	13	9.7	8~13	—	5~7	—	7~13
17. 炉渣含铜/%	0.45~0.8	0.5~0.8	—	1.5~2.5	0.59	0.6~0.7	0.6~0.7	0.6~1.0
18. 贫化渣温度/℃	1180~1250	1256	—	—	—	1180	1250	1230
19. 粗铜冶炼回收率/%	>97	—	—	—	—	>97	97	>97

表 2-16　铜精矿成分/%

Cu	Fe	S	Pb	Zn	SiO$_2$	CaO	MgO	Al$_2$O$_3$	As	Au*	Ag*
19.5	27	25.0	2.0	3.0	9.0	1.40	0.5	1.60	0.30	6.38	174.1

注：* 单位为 g/t。

③冷铜锍及冷料的控制　冷铜锍或冷料作为熔池熔炼炉的一种原料，加入的数量最大可占入炉铜精矿量的40%，一般不需参与制粒，直接加入炉内。为保证其在熔炼过程中能正常熔化，一般控制粒度小于20 mm，对其化学成分没有特殊的要求。

④铜精矿的储备　考虑到大修、采购运输及资金占有等因素，一般按30 d用量储备铜精矿。

（2）熔剂　一般用石英砂作为熔剂，其成分（%）要求：$w(SiO_2) > 80$，$w(Fe) < 3$，$w(H_2O) < 5$，粒度 0.5~5 mm。国内某冶炼厂使用的石英及石灰石熔剂的典型成分见表 2-17 及表 2-18。

表 2-17　国内某冶炼厂使用的石英熔剂典型成分/%

物料	Fe	S	SiO$_2$	CaO	Al$_2$O$_3$	H$_2$O
1	0.61	3.52	85.89	0.62	0.91	5.64
2	0.51	—	85.16	1.37	1.04	—

表 2-18　石灰石成分/%

CaO	SiO$_2$	Fe	其他
50.0	3.50	1.0	45.5

（3）燃料控制与管理　燃料包括粉煤、块煤及柴油。燃料种类的选择主要由地区燃料供应条件及价格决定。粉煤需制备，其储存及运输均不方便，故一般工厂均使用块状的烟煤或无烟煤。燃煤按比例混入炉料中一起入炉，除补充热量外，同时还作为一种还原剂还原渣中的 Fe$_3$O$_4$。国内某冶炼厂使用的燃煤典型成分见表 2-19。柴油或天然气一般作为辅助燃料使用，主要用于开炉时烘炉和升温以及炉子停产（临时停止进料）时保温，有时也作为生产过程中快速调整温度的燃料使用。液体燃料或气体燃料通过喷枪直接喷入炉内燃烧。国内某冶炼厂使用的柴油的典型成分见表 2-20。

表 2-19　国内某冶炼厂使用燃煤典型成分

水分/%	粒度/mm	灰分/%	挥发分/%	固定碳/%	高位发热量/(MJ·kg^{-1})	硫/%
11.01	≤5	17.96	11.52	72.19	28.53	4.14

表 2-20　国内某冶炼厂使用的 0$^{\#}$ 轻柴油的技术规格

技术参数	数值
$C_{16}H_{34}$ 含量/%	58.0
灰含量/%	0.0047
硫含量/%	0.172
水分含量	微量
50% 蒸馏温度/℃	282
90% 蒸馏温度/℃	338
95% 蒸馏温度/℃	353
运动黏度(20℃下)/(100^{-2}st)	4.512
封闭闪点/℃	69
酸度/(mg KOH/100 mL)	0.99
凝固点/℃	< -1
密度(20℃下)/(kg·m^{-3})	823.2
色度	<1.5

　　(4)配料控制　入炉混合料的配制主要根据铜精矿的种类、数量、成分等,以及后续工艺设备要求等统筹考虑。具体要求有:①$w(S)/w(Cu)>1$,铁和硫总量占精矿量的50%以上,以确保产生足够的反应热,有利于降低燃料消耗;②根据铜精矿的 SiO_2 含量配入石英熔剂,使炉料中的 $w(Fe)/w(SiO_2)$ 比控制在 2 左右;③根据铜精矿杂质情况进行合理搭配,避免杂质特别是挥发性杂质对生产过程和产品质量产生影响。它们在炉料中的含量(%)控制为:$w(As)<0.5$;$w(Pb+Zn)<3$;$w(Ni)<0.05$;$w(Bi)<0.05$。此外,还需根据生产负荷和入炉料成分配入一定比例的燃煤。国内某冶炼厂顶吹熔池熔炼典型的入炉料成分及配煤比例和熔剂比例见表 2-21。

表 2-21　国内某冶炼厂顶吹熔池熔炼工艺典型的入炉料成分/%

Cu	Fe	S	SiO₂	As	Pb	Zn	MgO	CaO	Al₂O₃	Sb	Bi	Ni	Cd	水分
21.5	24.2	23.6	10.2	0.38	1.10	2.03	0.70	1.65	1.22	0.05	0.03	0.03	0.02	8.8

注:1.熔剂比例为3.5%;2.配煤比例为3.5%。

2）能量消耗控制与管理　能耗管控是节能降耗的重要手段，降低能耗的主要措施除了充分利用反应热做到自热熔炼外，做好热平衡和余热利用也是非常重要的。

（1）顶吹熔池熔炼的热平衡　某顶吹熔池熔炼（艾萨熔炼）冶炼厂的铜精矿以及石英等辅助材料成分见表 2-16、表 2-17、表 2-18。这些原料进行顶吹熔池造锍熔炼时的热平衡表见表 2-22。

表 2-22　顶吹熔池熔炼工艺艾萨炉热平衡表

热收入项				热支出项			
序号	项目	热量 /($GJ \cdot h^{-1}$)	比例/%	序号	项目	热量 /($GJ \cdot h^{-1}$)	比例/%
1	铜精矿反应热	388.82	86.32	1	铜锍显热	39.88	8.85
2	炉料显热	7.71	1.71	2	炉渣显热	113.38	25.17
3	鼓风带入热	19.68	4.37	3	烟气带出热	165.11	36.65
4	漏风带入热	1.83	0.41	4	炉料水分蒸发及温升热	81.49	18.09
5	块煤燃烧热	20.83	4.62	5	精矿分解热	30.43	6.76
6	燃料燃烧热	11.58	2.57	6	烟尘显热	1.74	0.39
				7	熔化热	0.44	0.10
				8	炉子散热	18	4.09
	合计	450.46	100.00		合计	450.46	100.00

由表 2-22 可以看出，铜精矿反应放热占艾萨炉熔炼整个热收入的 86.32%，燃料燃烧热只占 2.57%。这说明艾萨炉能充分利用炉料中 -2 价硫和 +2 铁的氧化反应热，需补充的热很少，节省燃料。艾萨炉热收入比例见图 2-13。

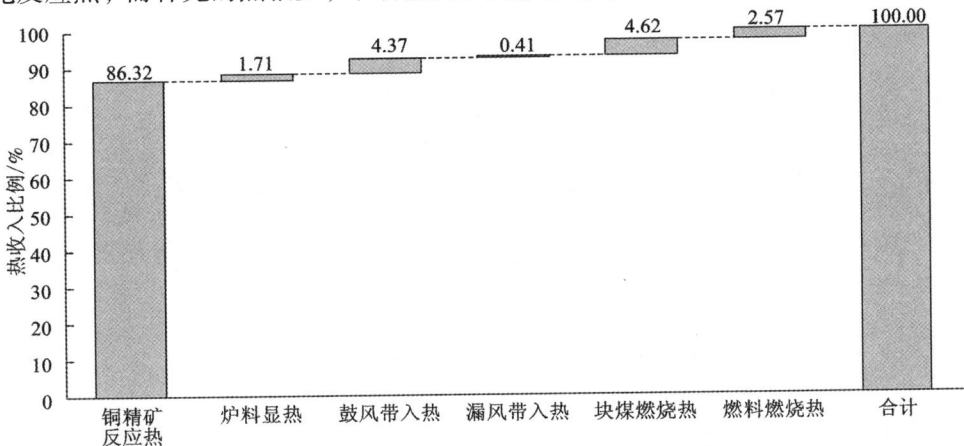

图 2-13　艾萨炉收入比例

艾萨炉熔炼的热支出中,烟气带走的热量占 36.65%,炉渣带走热量占 25.17%,水分蒸发升温用热占 18.09%,炉子散热占 4.09%。因此,在有条件的情况下,控制较低的烟气量、减少炉渣量和控制较低的炉料水分含量有利于降低能耗。艾萨炉热支出比例见图 2-14。

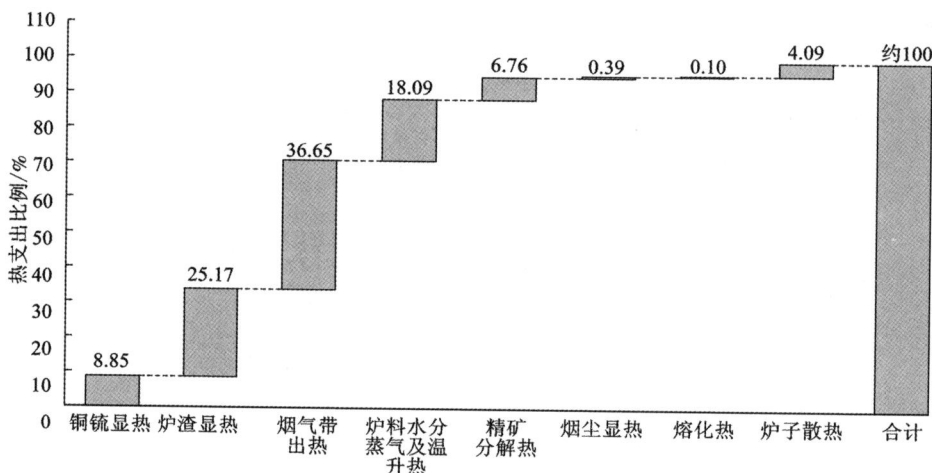

图 2-14 艾萨炉热支出比例

3)金属回收率控制与管理 顶吹熔池熔炼工艺铜的回收率主要取决于炉渣中铜的损失。炉渣经电炉贫化后,弃渣含铜为 0.6% 左右,铜的回收率一般为 97%~98%。弃渣含铜的损失约占总铜量的 1.95%。为了提高铜的回收率,要尽量减少炉渣产量和降低炉渣含铜。

(1)物料和金属平衡 以表 2-16、表 2-17、表 2-18 所示的铜精矿、熔剂成分为依据,作出顶吹富氧熔池造锍熔炼过程的物料与金属平衡表见表 2-23。铜的总回收率为 97.53%。

(2)渣型控制 生产实践表明,顶吹富氧熔池造锍熔炼炉渣的 $w(SiO_2)/w(Fe)$ 控制在 0.8 左右较合适。若 $w(SiO_2)/w(Fe)$ 过低,则炉渣中磁性铁含量和铜含量均明显升高;$w(SiO_2)/w(Fe)$ 过高,渣含铜降低幅度较小,渣量增多,渣在铜中的绝对损失量增大。部分熔池熔炼冶炼厂生产过程中,为了降低炉渣熔点及黏性,补加适量的石灰石熔剂,控制炉渣 CaO 含量在 6% 以上。

(3)炉渣中磁性铁含量控制 因磁性铁熔点高(1547℃),密度大,造成炉渣黏度增大,渣与铜锍密度差降低,导致渣含铜升高。故在顶吹熔池熔炼过程中一般控制炉渣中磁性氧化铁含量在 7% 左右。而部分工厂在炉渣电炉贫化过程中,采用柴油喷枪进一步还原炉渣中的磁性氧化铁,对降低渣含铜有一定作用。

(4)炉渣温度 炉渣温度升高,其黏度和铜含量降低,这对提高铜回收率很重要。顶吹熔池熔炼炉渣温度一般为 1180℃,贫化电炉炉渣排放温度在 1250℃ 左右。

表 2-23　顶吹熔池熔炼（艾萨熔炼）物料及金属平衡表/(t·d⁻¹)

名称	年用量/(t·a⁻¹)	日用量/(t·d⁻¹)	Cu 含量/%	Cu 质量/(t·d⁻¹)	Fe 含量/%	Fe 质量/(t·d⁻¹)	S 含量/%	S 质量/(t·d⁻¹)	Zn 含量/%	Zn 质量/(t·d⁻¹)	Pb 含量/%	Pb 质量/(t·d⁻¹)	SiO_2 含量/%	SiO_2 质量/(t·d⁻¹)	CaO 含量/%	CaO 质量/(t·d⁻¹)	MgO 含量/%	MgO 质量/(t·d⁻¹)	Al_2O_3 含量/%	Al_2O_3 质量/(t·d⁻¹)	As 含量/%	As 质量/(t·d⁻¹)
加入																						
铜精矿	1048030	3175.85	19.50	619.29	27.00	857.48	25.00	793.96	3.00	95.28	2.00	63.52	9.00	285.83	1.40	44.46	0.50	15.88	1.60	50.81	0.30	9.53
渣精矿	30063	91.10	21.00	19.13	35.00	31.89	14.00	12.75	—	—	—	—	15.00	13.67	2.00	1.82	—	—	—	—	—	—
返回熔炼尘	9431.4	28.58	9.00	2.57	17.00	4.86	10.00	2.86	28.66	8.19	19.66	5.62	8.00	2.29	1.00	0.29	0.50	0.14	0.50	0.14	2.17	0.62
返回吹炼尘	5167.8	15.66	32.00	5.01	15.00	2.35	8.50	1.33	29.09	5.78	1.53	1.15	12.00	1.88	0.50	0.08	—	—	—	—	0.13	0.02
沉降炉尘	194.7	0.59	3.00	0.02	35.00	0.21	7.00	0.04	—	—	—	—	20.00	0.12	1.00	0.01	—	—	—	—	—	—
石英石	114497	346.96	0.51	1.76	—	—	—	—	—	—	—	—	85.16	295.47	1.37	4.74	—	—	1.04	3.61	—	—
石灰石	31538.1	95.57	—	—	—	—	—	—	—	—	—	—	3.50	3.34	50.00	47.79	—	—	—	—	—	—
块煤	5240.4	15.88	—	—	2.52	0.40	4.08	0.65	—	—	—	—	6.72	1.07	0.42	0.07	—	—	—	—	—	—
合计	1244162.4	3770.2	—	646.02	—	898.95	—	811.59	—	109.25	—	70.29	—	603.67	—	99.26	—	16.02	—	54.56	—	10.17
产出																						
熔炼铜锍	324647.4	983.78	60.00	590.27	14.10	138.71	22.00	216.43	2.91	28.58	1.29	12.70	—	—	—	—	—	—	—	—	0.02	0.164
熔炼渣	646694.4	1959.68	2.50	48.99	38.00	744.68	1.26	24.69	2.82	55.33	1.19	23.36	30.30	593.81	5.00	97.99	0.79	15.44	2.74	53.71	0.08	1.64
返回熔炼尘	9431.4	28.58	9.00	2.57	17.00	4.86	10.00	2.86	28.66	8.19	19.66	5.62	8.00	2.29	1.00	0.29	0.50	0.14	0.50	0.14	2.17	0.62
开路烟尘	22011.0	66.70	3.50	2.33	12.00	8.00	5.00	3.34	24.57	16.39	42.16	28.12	5.00	3.34	1.00	0.67	0.50	0.33	0.50	0.33	3.75	2.50
烟气	—	—	—	—	—	—	—	561.84	—	—	—	—	—	—	—	—	—	—	—	—	—	1.82
损失	—	—	—	1.86	—	2.70	—	2.43	—	0.76	—	0.49	—	4.23	—	0.31	—	0.11	—	0.38	—	0.02
合计	1002784.2	—	—	646.02	—	898.95	—	811.59	—	109.25	—	70.29	—	603.67	—	99.26	—	16.02	—	54.56	—	10.17

（5）澄清分离时间　足够的澄清分离时间是降低渣含铜的必要手段，同时，在贫化电炉中，利用电极周围温度场的不同，形成炉渣的对流，促使炉渣中细小铜锍颗粒长大，使之澄清分离，对降低渣含铜也有重要意义。

（6）返回转炉渣的影响　转炉渣返回的操作对顶吹熔池熔炼渣（贫化电炉渣）含铜有较大影响。这主要是转炉渣集中返回，使炉渣在贫化电炉内停留时间缩短，不利于铜锍沉降。另外，转炉渣含磁性铁较多，会导致贫化电炉渣中磁性铁含量升高，恶化铜渣分离条件，使炉渣含铜升高。转炉渣返回时，造锍熔炼炉渣含铜为 0.8% 左右，不返回时炉渣含铜为 0.5% 左右。

（7）炉渣选矿　炉渣通过选矿，可使弃渣含铜量降低到 0.3% 左右，但是选矿得到的渣精矿返回熔炼时需要消耗一定的成本。

4）产品质量控制与管理　顶吹熔池熔炼工艺的主要产品有铜锍、二氧化硫烟气、烟尘和蒸汽等。其产品质量除与原料成分有直接关系外，也受工艺控制影响。

（1）铜锍质量控制与管理　要控制的铜锍质量指标是铜锍品位及 Pb、Zn、As、Sb、Bi、Ni、Co、Cd 等杂质含量。铜锍品位的稳定主要通过控制持续稳定的入炉物料成分获得，同时，通过调整氧料比，使实际铜锍品位趋近于目标品位。稳定的铜锍品位可为吹炼工序创造良好的作业条件，顶吹熔池熔炼工艺一般控制的铜锍品位为 60%，也有部分工厂控制铜锍品位高达 70%。氧料比一般为 140~150 m^3/t 料（不含空气中的氧），随炉料成分变化而变化。为了稳定控制铜锍品位，需要及时采样分析和及时调整。对于杂质含量的控制，主要通过配料调整限制。

（2）二氧化硫烟气质量控制与管理　烟气中 SO_2 浓度，关系到硫的回收利用及环境保护。顶吹富氧熔池熔炼工艺中，SO_2 浓度为 20% 左右，能满足制酸要求。烟气中 SO_2 浓度除与入炉原料中的 S 含量有关外，还与富氧浓度有直接关系，富氧浓度升高，烟气 SO_2 浓度和熔炼负荷均随之升高。富氧浓度一般控制在 50% 以上。

（3）烟尘质量控制与管理　顶吹富氧强化熔池造锍熔炼对 As、Pb、Zn 等杂质的脱除能力较强。在熔炼过程中杂质被大量脱除，电收尘烟尘是进一步回收 As、Pb、Zn、Bi 等有价元素的原料。一般有 25% 的 As、40% 的 Pb 和 15% 的 Zn 进入电收尘烟尘。

（4）蒸汽质量控制与管理　熔炼炉余热锅炉是熔炼系统的关键设备之一，它是否能正常运行将直接影响整个熔炼系统的生产。余热锅炉冷却熔炼炉排出的高温烟气，同时回收烟气余热，生产饱和蒸汽发电。一般，蒸汽发电机作业率为 80% 以上。

5）生产成本控制与管理　顶吹熔池造锍熔炼的生产成本主要由材料成本、动力成本、人工费和制造费用构成。某企业顶吹熔池造锍熔炼的生产成本构成见表 2-24。

由表 2-24 可以看出，材料成本占整个熔炼成本的 20% 左右，其中辅助材料是材料成本的主要构成部分。辅助材料主要由熔炼过程中消耗的燃料、熔剂、耐火材料及其他的辅助材料构成，约占熔炼成本的 17.5%。

表 2-24　某顶吹熔池熔炼的生产成本构成

项目	单位成本/元	构成比例/%
1. 材料成本	344.19	20.83
其中：辅助材料	289.01	17.49
备件	43.73	2.65
低值易耗品	11.45	0.69
2. 动力成本	905.86	54.83
其中：水	8.21	0.50
排水	7.83	0.47
循环水	12.52	0.76
蒸汽	-0.12	-0.01
电	197.38	11.95
高压风	0.68	0.04
压缩风	22.39	1.36
管道氧气	656.96	39.76
3. 人工成本	201.08	12.17
4. 制造成本	201.05	12.17
其中：折旧费	200.42	12.13
修理费	0.63	0.04
5. 加工成本	1652.18	100.00

燃煤和柴油等燃料成本约占熔炼成本的 15%。一般熔炼 1 t 原料的块煤消耗量在 35~50 kg；而柴油主要用于停产保温，消耗量约为 400 L/h。因此，可通过提高原料含硫量降低块煤的消耗；在原料含硫较低时，也可通过提高熔炼铜锍品位来控制煤耗。降低柴油消耗，重点是减少停产保温时间。另外，燃料消耗量随炉子的原料负荷升高而单耗下降，尽可能保持炉子高负荷生产和提高入炉原料含铜也是降低燃料成本的重要手段。同时，提高炉寿亦有利于降低耐火材料的消

耗,从而降低材料成本。

由表 2-24 可以看出,动力成本比例最大,占整个熔炼成本的 55% 左右。在电耗中,有 70% 为贫化电炉消耗,因此,在动力成本控制上,重点是降低贫化电炉的电耗;20% 为顶吹熔池熔炼炉消耗;其余 10% 为备料等辅助系统消耗。水的消耗主要在于余热锅炉用水和炉子排放系统用水,水耗占成本较小。氧气消耗是顶吹富氧熔池造锍熔炼工艺生产过程中的主要动力消耗成本,一般每吨原料消耗的氧气量约为 150 m^3。

另外,人工成本和制造成本均各占整个熔炼成本的 12% 左右。人工成本和制造成本属相对固定费用,生产过程中主要通过提高生产量使单位产品的成本下降。

2.2.3 底吹炉熔炼

1. 概述

1)基本情况 铜底吹熔炼技术始于 20 世纪 80—90 年代,由水口山矿务局、北京有色冶金设计研究总院联合国内多家高校、研究院所开发的"水口山炼铜法"。2005 年,东营方圆有色金属有限公司(简称方圆公司)与中国恩菲工程技术有限公司开始合作开发"氧气底吹熔炼多金属捕集技术"即富氧底吹炼铜产业化技术,经过论证、设计、施工和试生产,于 2008 年成功实现工业化生产,年处理多金属矿能力达到 50 多万吨。多年来的生产实践证明,富氧底吹熔炼工艺运行稳定、安全可靠,可处理金银精矿、铜精矿以及复杂伴生矿,也充分发挥了多金属的捕集回收的独特优势,并且各项技术经济指标达到世界领先水平,取得了良好的经济与社会效益。

国务院《关于发挥科技支撑作用,促进经济平稳较快发展的意见》(国发〔2009〕9 号文)将富氧底吹炼铜技术作为国务院重点督导的十七项重大技术之一——"促进有色金属产业升级和振兴的重点关键技术",列入"十一五"国家科技支撑计划,进行重点推广。2012 年,国家工信部发布有色金属"十二五"规划,要求对该技术重点推广。2010—2011 年,"富氧底吹炼铜工艺"先后荣获"山东省科技进步一等奖"和"中国有色金属工业科学技术奖一等奖",并以"第四代铜冶炼技术"载入世界有色金属发展史册。目前,方圆公司、烟台恒邦集团有限公司、包头华鼎铜业发展有限公司、抚顺红透山矿业公司第一冶炼厂、越南大龙冶炼厂等国内外多家企业已采用该技术进行生产,另有十多家企业正采用或拟采用该技术进行改造和升级换代。

2)富氧底吹炼铜工艺的机理 底吹熔池熔炼是将氧气通过多支氧枪分散成许多细小的气流喷入熔融的铜锍中,又被熔体分割成许多微小的气泡,在气-液相之间形成巨大的反应界面,反应迅速进行,这种良好的反应动力学条件是其他熔池熔炼过程所不及的。

顶吹、侧吹都是吹渣层或者是混有铜锍的渣层，而底吹则是吹铜锍层。由于铜锍的流动性约为炉渣的 100 倍，因此底吹炉内熔体的流体力学状态要优越得多。表述其特征的雷诺数，修正的弗劳德数也差别很大，几种熔池熔炼方法的计算结果列于表 2-25。

表 2-25　雷诺数、修正的弗劳德数比较表

熔炼方法	雷诺数	修正的弗劳德数
加拿大诺兰达侧吹熔炼	560	16.2
中国底吹熔炼	11750	215
澳斯麦特顶吹熔炼	—	9.55~10.53
PS 转炉熔炼	—	17.4

底吹熔炼炉中液相与气相搅动状态的纵断面和横断面的仿真图分别示于图 2-15、图 2-16。从表 2-25 和图 2-15 及图 2-16 可以看出，由于吹铜锍层，底吹熔池熔炼具有明显的传热传质条件。据文献报道在强制对流循环条件下表示热传递特征的努歇尔(Nusselt)数，侧吹的诺兰达炉为 38.7，而底吹熔炼炉为 168，约是侧吹的 4 倍，侧吹的诺兰达炉传质速度为 1.59 $m^3/(m^3 \cdot s)O_2$，底吹熔炼炉为 3.77 $m^3/(m^3 \cdot s)O_2$，约是侧吹的 2.4 倍。气泡顺势而上具有"气泵"作用，使熔体激烈翻腾，随着气泡上浮能量逐渐消失，所以无噪声。

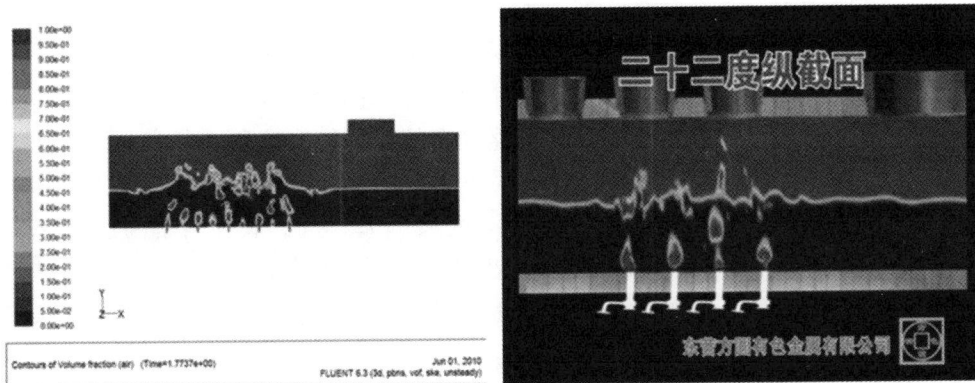

图 2-15　底吹熔炼炉中液相与气相搅动状态的纵断面仿真图

3)工艺流程　底吹炉炼铜工艺生产流程如图 2-17 所示。

4)富氧底吹炼铜工艺的技术特点　技术特点有原料适应性强、熔炼强度高、氧枪寿命长、不产生"泡沫渣"、能耗低、投资省、成本低等特点。

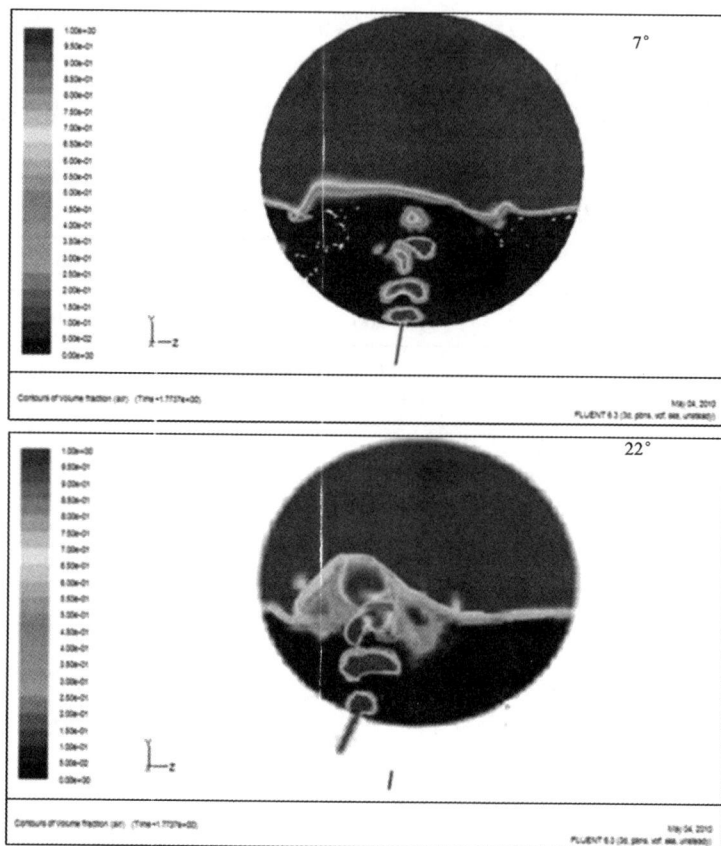

图 2 - 16 底吹炉 7°和 22°氧枪处的横断面仿真图

(1)原料适应性强 富氧底吹炼铜技术原料适应性强，不仅能处理铜、金、银等精矿，而且可处理其他炼铜工艺不能处理的低品位铜矿和复杂多金属矿以及金、银含量较高的伴生矿，矿产资源利用率高，铜、金、银等回收率可达98%。

(2)富氧浓度和熔炼强度高 富氧浓度大于72.5%，氧利用率高达100%，熔炼强度高达18 t/(m^3·d)。烟气体积小，二氧化硫浓度高。

(3)高氧压、氧枪寿命长 由于采用0.45 MPa的高氧压，在氧枪出口处会形成 Fe_3O_4"蘑菇头"，很好地保护氧枪，其使用寿命延长。

(4)不产生"泡沫渣" 由于氧气底吹"吹"的是铜锍层，气流"吹"到渣层时，氧浓度已经很低，即使在75%的高铜锍品位和铁硅比高达2.0～2.2的情况下，都不会产生"泡沫渣"，生产安全可靠，解决了行业内的安全生产难题。

(5)生产能力调节范围大 底吹炉规格一定时，只要调节鼓风量、富氧浓度和加料速度，处理能力可在设计值上下50%内波动。这是其他工艺技术所无法比拟的。

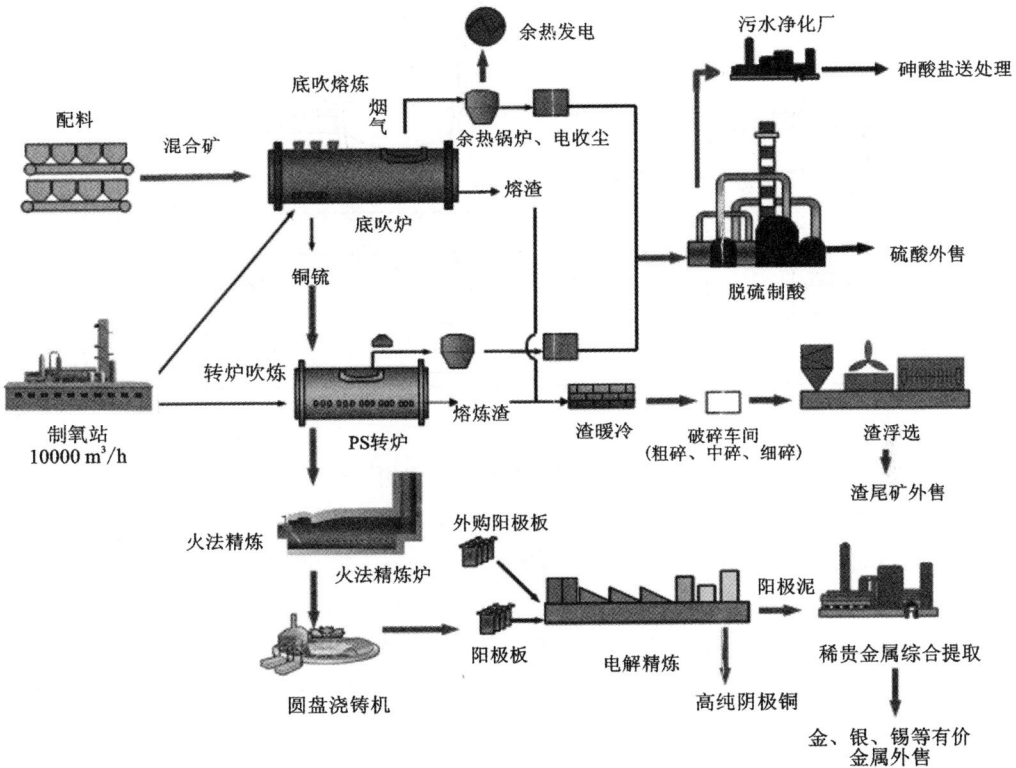

图 2 - 17　底吹炉炼铜工艺生产流程

（6）容易实现自热熔炼、能耗低　由于富氧浓度高，因而烟气量小、热损失少、容易实现自热熔炼，做到无碳排放，减少氧气用量。

（7）投资省、成本低　与引进国外冶炼技术相比省去高昂的专利许可费和原料干燥、磨细等预处理费用及厂房建设费。

（8）生产操作简单易行　采用了 DCS 对生产过程各参数进行自动控制及用 X 荧光对相关物料进行快速分析，生产操作直观简便，易于掌握。

2. 底吹炉熔池熔炼系统运行及维护

1）底吹炉　底吹炉示意图见图 2 - 18。关键部位有加料口、炉口、放铜锍口、放渣口和放空口。

（1）炉口　炉口位于炉壳上方，用于有效集纳和排走烟气。炉口尺寸主要取决于炉口烟气流速（一般控制为 12 ~ 18 m/s）。炉口设置了四块铜水套冷却保护，并减少炉口黏结。

（2）放铜锍口　放铜锍口采用铜水套结构，水套与熔池之间采用熔铸镁铬砖砌筑，以增强抗腐蚀性。$\phi 4.4$ m × 16.5 m 规格的底吹炉的放铜锍口设在距最后一个风口2670 mm处，直径为 60 mm。

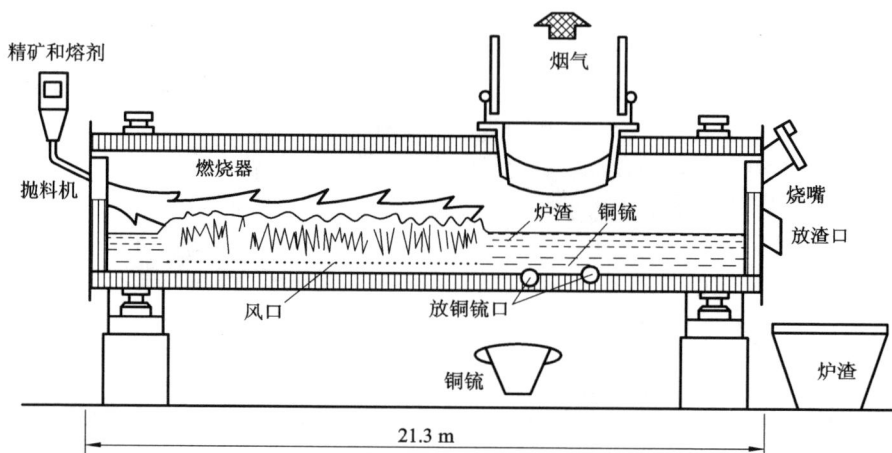

图 2 – 18　底吹炉示意图

（3）放渣口　放渣口设置在炉尾端墙上，采用铜水套结构。$\phi 4.4$ m $\times 16.5$ m 规格底吹炉的放渣口水平中心线距炉底 1315 mm，放渣口宽为 240 mm，高为 320 mm。

（4）放空口　在底吹炉停炉时，需利用放空口将炉内高温熔体全部排出。放空口位于渣口端，与渣口成 45°夹角，氧枪位于渣口的另一侧，放空口采用优质镁铬砖砌筑，直径为 50 mm。

2）底吹炉的附属装置　底吹炉的附属装置主要包括氧枪、泥炮枪和燃烧器。

（1）氧枪　氧枪是底吹熔炼炉的关键设备，常用的氧枪断面见图 2 – 19。这类氧枪使用槽缝式双层套管结构，内管通氧气，外管通空气，用以冷却保护氧枪。氧气与空气在氧枪出口混合喷入熔体。槽缝式多层套管氧枪实质上是一种集束微孔和槽缝相结合的结构。集束微孔走氧气、槽缝走冷却介质。

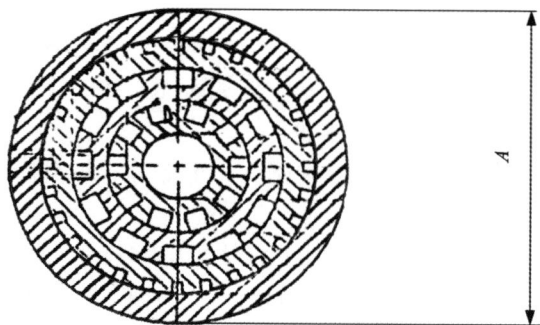

图 2 – 19　常用氧枪断面图

底吹炉氧枪气体完全"射流"喷出，出口气流马赫数等于或无限接近 1，气流以气柱状态喷出氧枪口，并深入熔池一定高度后才被破碎成气泡，熔池熔体压力变化对喷枪内的气体稳定流动无影响，喷嘴及周围耐火砖蚀损缓慢，使用寿命较长。

各冶炼厂底吹炉采用的氧枪结构和尺寸均有差异，直径在 48 mm 至 75 mm 之间变化，存在采用大口径和采用小口径两种不同的观点，各有利弊。生产实践证明，氧枪技术已比较成熟。但从氧枪的结构、材质、冷却保护介质、风压等参数看，还有进一步优化的可能。

（2）泥炮机　泥炮机是用于放铜锍时既可开铜口又可堵铜口的悬挂式设备。它由机架、液压马达、油箱、油泵、蓄能器、开口钻头、泥管及操作台等组成。放铜锍时将泥泡机移至铜锍放出口前，用开口钻头将铜锍口打开；在铜锍放完后，液压缸驱动机架移至铜锍口位置前方，将出泥口中心对准铜锍口中心并使泥管完成压炮、吐泥动作，从而堵住铜锍口，阻止铜锍流出。为确保设备安全设有紧急后退装置。

（3）燃烧器　燃烧器分主燃烧器和辅助燃烧器，主燃烧器结构见图 2 - 20。该燃烧器可以根据炉内温度变化自动调节烧油量；辅助燃烧器则为套筒结构，简单经济实用。

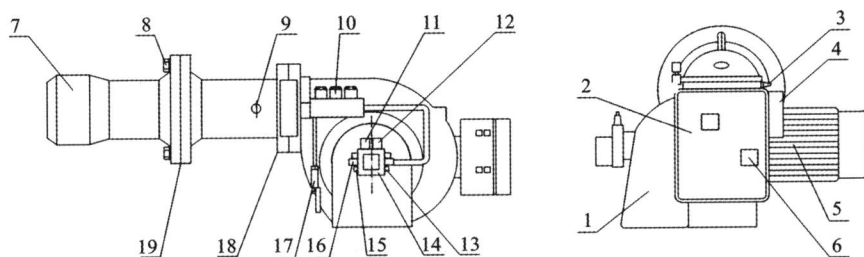

图 2 - 20　主燃烧器

1—空气调节阀；2—电源板；3—光敏电阻；4—点火变压器；5—电动机；6—重设按钮；7—燃烧头；8—密封垫；9—燃烧头上调节用控制按钮；10—常闭电磁阀；11—回油口；12—吸入口；13—轻油分配器出口；14—压力计及接头；15—泵压力调节器；16—真空器接头；17—打开第二级火焰空气的液压传动装置；18—铰链；19—装配法兰

3）配料及输送系统　配料及输送系统如图 2 - 21 所示。

（1）配加料过程　精矿仓中的各种铜精矿利用抓斗起重机抓配成混合铜精矿，然后与石英石、冷料等物料分别用胶带输送机送至配料厂房各个料仓中，烟尘经气流输送至烟尘仓。在配料厂房按工艺要求，铜精矿、石英石和烟尘分别用圆盘给料机、定量给料机和双螺旋增湿输送机出料。混合炉料经胶带输送机送到底吹炉顶中间仓，然后通过中间仓下的定量给料皮带，再经移动式胶带加料机从炉顶加料口连续加入炉内。

精矿仓是各种冶炼原料储存中转站，由于原料来源较为广泛，成分复杂，因此需将精矿分仓存放。矿仓的储料量视原料供应情况一般控制在 20 ~ 30 d 底吹炉的用矿量。

```
┌──────────┐    ┌──────────┐    ┌──────────┐
│ 1#10 t抓斗 │    │ 2#10 t抓斗 │    │ 3#10 t抓斗 │
└────┬─────┘    └────┬─────┘    └────┬─────┘
     └───────────────┼───────────────┘
                     ▼
              ┌──────────┐
              │  上料平台  │
              └────┬─────┘
      ┌────────────┼────────────┐
      ▼            ▼            ▼
┌──────────┐ ┌──────────┐ ┌──────────┐
│ 上料1#仓  │ │ 上料2#仓  │ │ 上料3#仓  │
└────┬─────┘ └────┬─────┘ └────┬─────┘
     ▼            ▼            ▼
┌──────────┐ ┌──────────┐ ┌──────────┐
│ 1#皮带-A  │ │ 1#皮带-B  │ │ 1#皮带-C  │
└──────────┘ └────┬─────┘ └──────────┘
                  ▼
             ┌──────────┐
             │  2#皮带   │
             └────┬─────┘
                  ▼
┌──────┬──────┬──────┬──────┬──────┬──────┐
│石英仓 │ 煤仓 │烟灰仓 │铜精矿1#仓│铜精矿2#仓│铜精矿3#仓│
└──────┴──────┴──┬───┴──────┴──────┴──────┘
                 ▼
            ┌──────────┐
            │  3#皮带   │
            └────┬─────┘
                 ▼
            ┌──────────┐
            │  中转站   │
            └────┬─────┘
                 ▼
            ┌──────────┐
            │  4#皮带   │
            └────┬─────┘
      ┌──────────┼──────────┐
      ▼          ▼          ▼
┌──────────┐┌──────────┐┌──────────┐
│底吹炉炉顶1#仓││底吹炉炉顶2#仓││底吹炉炉顶3#仓│
└──────────┘└──────────┘└──────────┘
```

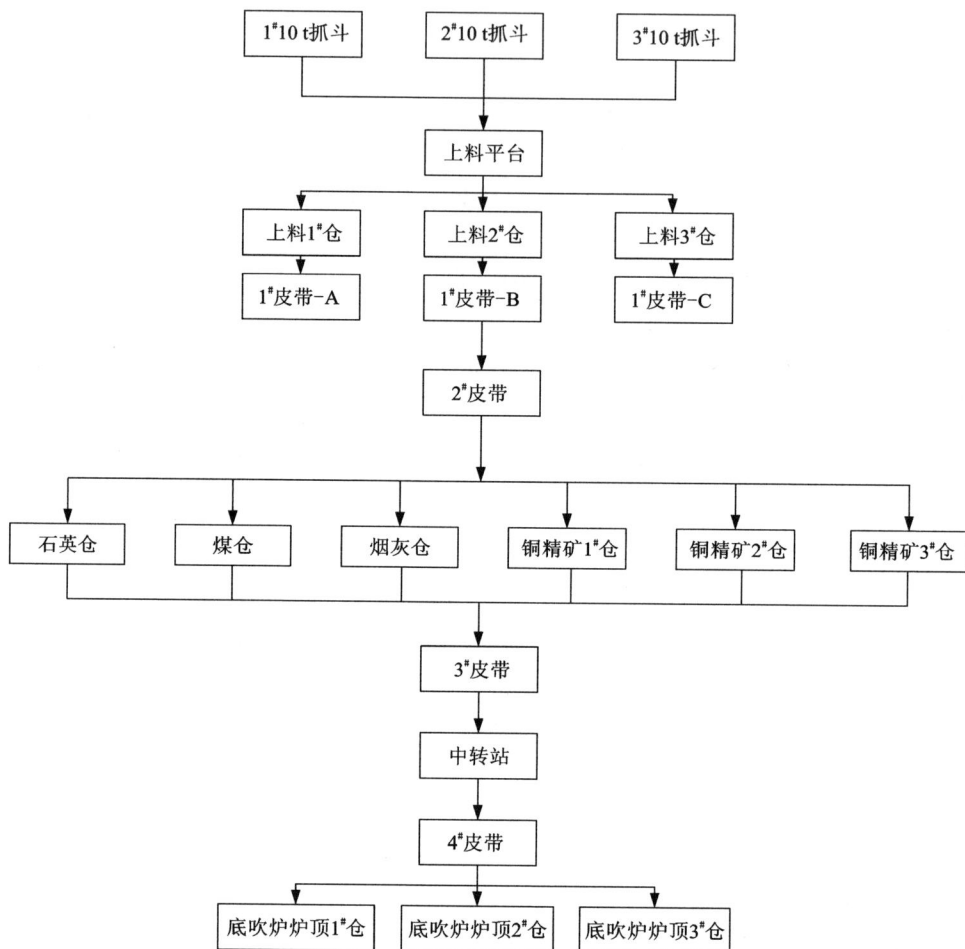

图 2-21　配料及输送系统

（2）配料原则　底吹炉炉料比较杂，要根据进厂精矿的种类、数量、成分、库存及供应情况等统筹考虑合理配料，其原则如下：①如果料中铁和硫总含量为 45% 左右时，炉子即可实现自热熔炼，有利于节约能源和稳定底吹炉熔炼与制酸的生产。②根据所购进原料的杂质情况进行合理搭配，即保证铜阳极板质量，又尽可能多的从烟尘及铜阳极泥中回收有价金属。③根据熔炼渣铁硅比控制指标及精矿中铁、硅成分合理控制石英加入量。

（3）入炉矿料杂质元素含量控制标准　方圆公司底吹炉炉料杂质元素含量内控标准见表 2-26。

表 2 – 26　方圆公司底吹炉炉料杂质元素含量内控标准/%

Pb	Zn	Al$_2$O$_3$	MgO	As	Sb	Bi
<1.50	<1.50	<1.50	<1.0	<0.3	<0.06	<0.10

3. 生产实践与操作

1）工艺技术条件　底吹富氧造锍熔炼的主要技术条件如下。

（1）炉料粒度<20 mm，炉料水分8%～10%。

（2）按调度下达的料单，连续均匀地把炉料加入炉内，要防止断料和堵塞加料口，精矿处理量1600～1700 t/d。

（3）燃料率0～0.8%，一般情况下可以不配煤，在特殊情况下，配0.8%左右的煤临时调节供热量。

（4）氧枪供风压力0.4～0.6 MPa，空气流量为72～116 m³/min，工业氧气流量为156～189 m³/min，富氧浓度70%～75%，送风时率95%，氧料比为140～170 m³/t。

（5）渣型铁硅比为1.7～2.0，铜锍品位为60%～75%，渣含铜为2.0%～3.5%。

（6）炉内微负压为-50～-30 Pa，熔池温度为(1150±20)℃。

2）操作步骤及规程　操作步骤主要包括炉体转出、转入、紧急转出、开炉、停炉和正常生产等。

（1）生产操作中务必遵循的原则

①任何情况下以底吹炉安全转至安全位为先；②炉内熔体总液面不得超过设计最高液位，铜锍层不能低于设计的最低液位；③各岗位的生产信息、故障信息等必须迅速地传递给主控工，主控工及时处理信息，并详细做好记录；④现场紧急情况除外，炉子的转入转出必须听从主控室指挥。开关氧气及压缩空气阀门，必须由主控室操作工亲自操作确认。

（2）炉体转动　炉体转动包括转出、转入和紧急转出。

①转出操作。主控操作人员先通知调度室等相关单位，随后由现场操作人员开启警报信号，确认具备转出条件后停止加料，操作开关将炉体转出。确认炉体转到停车位后，打开氧气排空阀，同时调节空气阀送入适量压缩空气冷却氧枪，再把炉子转动开关打到空挡位置，然后进行停炉后的正常检查与处理。

②转入操作。先通知调度室及相关单位进行准备，确认各方均满足转入条件后，通知各岗位的人员到位，发出开车警报。开启送风、送氧调节阀，当氧压和风压均为0.4 MPa以上方可通知操作工将炉体转入。底吹炉转到工作位后开启加料系统，调整风量、氧量，进行正常操作。

③紧急转出操作。在炉子生产出现安全隐患的紧急状况下，按上述操作要

求，先把底吹炉转至安全位，然后再通知相关单位，并说明原因、做好相应记录。

（3）开炉 开炉包括开炉准备、烘炉和造熔池等步骤。

①开炉准备 开炉准备包括：制定开炉作业计划；组织与安排生产人员；准备燃料；各类机械电气仪表的调试与检查；在炉内摆放好烘炉所用的木柴等。

②烘炉 底吹炉烘炉升温曲线见图 2 - 22。先用木柴或焦炭将炉温升至200℃以上，再用主燃烧器和辅助燃烧器烘炉升温。

③投放铜锍造熔池 当炉温为 1200℃ 以上时即可向底吹炉内投放冷铜锍造熔池。铜锍投放量一般以底吹炉转至正常生产位置时，熔体深度超出氧枪口300 ~ 400 mm 即可。铜锍投放需间断进行，等前一批铜锍已融化完成再投下一批。铜锍全部融化后，把炉子转入正常生产操作位置。开始送风时，风压不宜过大，随着熔池面的不断增加，逐步加大风压直到正常生产控制值。造熔池过程，一般 1 ~ 2 d 即可完成。

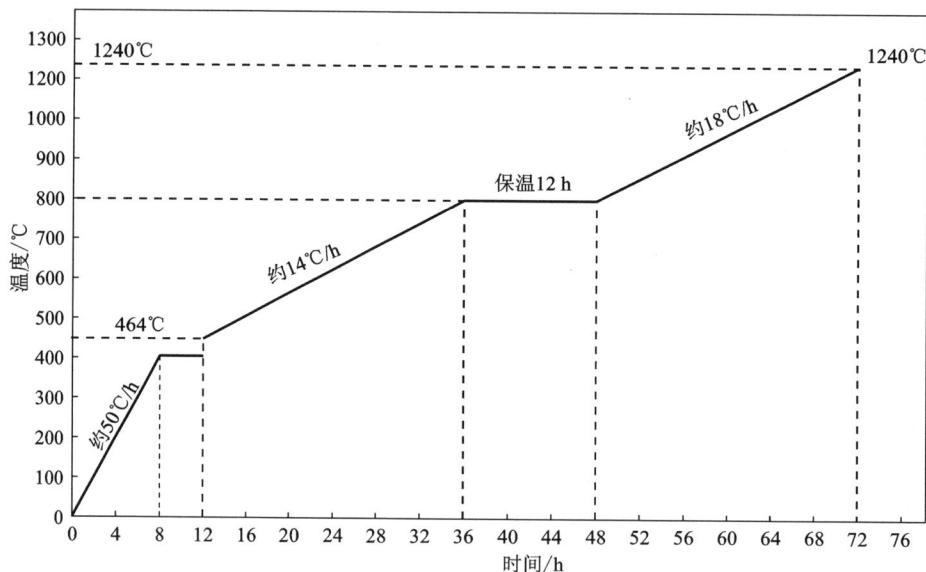

图 2 - 22 底吹炉烘炉升温曲线

（4）停炉 分检修停炉和临时故障停炉，前者包括洗炉、熔体放空和炉体冷却三个步骤。

①洗炉 底吹炉熔体不易产生大量的磁铁炉结，停炉前一般不洗炉，仅需适当降低铜锍品位，提高炉温，确保熔体有较好的流动性即可。

②熔体放空 放空熔体的步骤如下：（A）加完炉顶中间料仓中的炉料；（B）尽快排放炉内的炉渣，将熔体总液面降低至放渣口底部；（C）将底吹炉转至停炉位，拔出氧枪封堵氧枪口，再转入工作位；（D）打开铜锍口放熔体，放至无法

放出为止；(E)转动炉子使放空口朝下，打开放空口，将剩余熔体全部放出。

③炉体冷却　炉体冷却分快冷和缓冷两种方式，具体情况需根据炉体检修范围而定(大修、中修、小修)。炉体中修和大修时，可采用快速冷却方式。即停炉后，继续从氧枪口送入冷却风，同时可将炉口转至水平位，用轴流风机吹风冷却，以 20~25℃/h 的速度降温至可以拆炉；小修时，则需缓慢冷却，平均降温速度为 15~20℃/h。炉体冷却总时间需根据底吹炉炉型大小而确定。

(5)正常生产操作　底吹炉放渣、放铜、加料等岗位操作由主控室进行指挥与协调。交接班时应该做到：①检查 DCS 工作状态，仪表气压，各主要及附属设备运行情况，料仓储料情况；②认真记录当班炉内熔体面、铜锍面高度、炉渣、铜锍和炉料的成分，以及风量、风压和炉温等操作数据。

(6)工艺条件控制　底吹炉造锍熔炼生产过程主要控制的工艺参数有炉温、渣型、铜锍品位和液面，前三者的具体控制数据如前。采用高铁渣型(成分见表 2-27)，其优点是可以减少熔炼过程中熔剂的加入量和产出的渣量，以提高有价金属直收率和冶炼的经济效益。

铜锍品位可通过调节氧料比和炉料的含硫量来控制，一般为 60%~75%。方圆公司生产中控制底吹炉总液面低于 1300 mm，渣层厚度 250~300 mm，铜锍层厚度 850~1000 mm。铜锍面过高时要防止在放渣过程中带出铜锍；铜锍层过低时，防止富氧空气吹到渣层，产生大量磁铁渣，危及安全生产。

表 2-27　底吹炉高铁渣成分/%

Cu	Fe	SiO$_2$	CaO	S	Al$_2$O$_3$	Au[①]	Ag[①]
2.45	43.54	23.67	2.28	1.25	1.07	1.02	23.54

注：①Au、Ag 单位 g/t。

3)常见事故及处理　富氧底吹熔炼过程中，因操作控制不当等原因易出现下料口黏结，炉口、上升烟道黏结等故障。

(1)下料口黏结　入炉炉料中 Pb、Zn 杂质含量过高时，首先会逐步在下料口底部高温区形成半熔融物，黏附于下料口壁形成结块；之后因底吹炉熔池面控制过高或鼓风压力过大而喷溅上来的炉渣，在下料口处遇冷形成结块。预防及处理措施：①控制好渣型、熔体面高度以及鼓风压力，减少喷溅；②及时清理结块。

(2)炉口、上升烟道黏结　因烟气温度高，炉料中 Pb、Zn 等物质较多，与粉尘形成半熔融物，黏附在炉口和上升烟道处形成结块。结块严重时造成排烟困难，烟气外逸，影响余热锅炉正常作业和工作环境。处置措施：通知相关生产单位及调度室，转出炉子对炉口和上升烟道结块及时清理，如有上升烟道爆管，则须及时修补。防止结块方法是严格控制炉温和烟尘量。

4.计量、检测与自动控制

1)计量 计量包括配料、入炉料、铜锍和熔炼渣、氧气和空气计量等。

(1)配料系统计量 精矿和返料计量用双 PID 调节方式进行，即通过圆盘给料机输送给定量给料机。定量给料机的称重信号接入二次仪表，由 PID 调节控制输出给变频器进行调速。此外，从二次仪表输出的称重信号接入 DCS，与设定值进行比较后输出 AO 信号给圆盘变频器；石英石计量则采用振动下料的方式下料至定量给料机进行恒速给料；烟尘则采用螺旋给料机给料，通过称重桥架检测质量以及数字式测速传感器测速进行称重计量。

(2)入炉料计量 混合料采用变频调速的定量给料机进行称重计量；冷料则采用电子皮带秤计量。

(3)铜锍和熔炼渣采用电子天车秤计量 当载荷作用于传感器时，传感器的输出电压发生变化，该电压给 A/D 采样转换成数字信号，经发射机无线发送给称重仪表，由称重仪表中央处理器换算成实际质量，并显示打印出来。

(4)氧气和空气的计量 总管氧气和空气流量均采用威力巴流量计测定；支管氧气和空气流量则采用 V 锥流量计测定。

计量设备的日常维护很重要，如定期清扫皮带和秤架、校准皮带，对流量测量的差压变送器调整零点以防漂零。另外，给料要稳定，PID 值设定要合理，否则不容易控制调节给料量。

2)检测 底吹炉检测系统可分为：温度检测、液位/料位检测、压力检测以及成分分析。

(1)温度检测 通过测量炉膛温度间接测量熔池温度。检测到的炉膛温度是炉内气体的温度，通过放渣、放铜锍时用一次性快速测温热电偶或红外测温仪测量熔炼渣和铜锍的温度来校正测量气体温度的偏差，并建立相应的温度矫正模块，将炉膛温度的示数校正到熔体温度。炉膛温度测温点选取的位置很关键，选在靠近炉尾端，可以避免热电偶受喷溅物黏结而导致测量温度失真，还能延长热电偶的使用寿命。炉膛温度热电偶使用的电缆最好用耐高温的补偿电缆，避免电缆被炉壳高温烤坏。或采用无线温度变送器及无线网关，将数据通过无线传输的方式传送到 DCS 中。

(2)液位和料位检测 目前还没有什么设备可以直接在线测量底吹炉熔池液位，主要采用人工神经网络结合机理分析的建模方法来进行炉渣液位和铜锍液位的软测量。根据底吹炉进料量、出渣出铜量以及烟气流量及成分，结合实际反应情况，对炉内的反应进行机理分析，然后通过计算出来的各组分的量进行液位推算，并采用图形化显示出来。根据插入熔体内的钢钎上黏结的熔融物的分层尺寸校正软测量液位误差。通过不断地对液位测量模型进行校正，就可以得出符合实际情况的液位数据。料仓料位采用具有水滴型天线的雷达物位计测量，解决了物位测量中量程大、物位不平整及天线易附着扬尘等难题。

（3）压力检测 压力检测主要有空气总管和支管压力、氧气总管和支管压力、炉膛负压检测。氧气空气压力测量主要采用智能式压力变送器，压力差压变送器均采用智能差压变送器测量。带 HART 通信协议，用手操器可在线诊断变送器的状态，便于变送器故障的处理。

（4）成分分析 精矿、混合炉料、鼓风富氧浓度、铜锍、炉渣以及烟气等投入和产出物料都要进行成分分析。其主要检测手段有人工化验和仪器分析。外来矿料一般采用人工化验分析。矿料中杂质成分则采用原子吸收分光光度计分析，而炉料、铜锍和炉渣成分主要采用 X 荧光光谱仪分析。富氧浓度测量采用氧浓度分析仪进行分析，烟气成分则采用质谱仪检测。烟气分析的难点在于气体采样，关键是探头不被烟尘黏结。

3）自动控制 底吹炉采用 PLC 或 DCS 进行自动控制。由于配料系统离主控室距离较远，可以采用一个远程壁挂柜将配料系统的所有信号都接至壁挂柜上，然后通过 Profibus – DP 通信电缆与主控室的控制系统进行通信，实现远程控制的目的。

（1）物料输送的联锁控制 物料输送系统对皮带启停的顺序有严格要求。输送物料时，皮带启动的顺序是从炉前皮带往后一一启动，中间设置一个延时时间；停止加料时，皮带停止顺序是从配料厂房的定量给料机往炉前一一停止，中间设置延时，实现逆生产流程联锁顺序启动，顺生产流程联锁顺序停机。在生产过程中，只要其中有一个环节出故障停机，后续的皮带会自动停止，避免皮带压料，保障设备安全。要实现长期稳定安全运行，定期维护保养很关键，特别要注意维护各条皮带的中间继电器，由于动作频繁，所处环境恶劣，触头容易接触不良而导致皮带停止运行。另外，频繁启停皮带也容易导致控制皮带输出的熔断器烧断，所以在操作时应多加注意。

（2）优化控制 优化控制是自动控制的核心，由此可找到底吹炉的最佳工作点，保证工况稳定。优化控制层由三个子模块组成：控制回路预设定子模块、反馈补偿子模块和控制回路输出判别子模块。根据铜锍品位、炉渣含铜量、炉渣铁硅比的目标值以及混合精矿、石英石、冷料的成分，预设定氧气流量、空气流量、投料量以及各原辅材料的配比。然后根据反馈补偿子模块反馈回的铜锍品位、炉渣含铜量、炉渣铁硅比，与预设定值进行比较，最后通过控制回路输出判别模块输出氧气流量、空气流量、投料量以及各原辅材料配比的设定值，实现自动配料、自动调节氧料比、优化工艺参数、保证工况稳定的目的。

（3）炉子自动倾转控制 当正常生产时，炉子在生产位，一旦氧枪氧压或空气压力过低或市电欠压或停电时，系统自动切换到直流电源且将炉子转出到安全位置，避免铜锍倒灌氧枪。直流应急电源有两套系统可自动投切。如果第一套直流电源因故障无法将炉子转出,那么系统自动切换到第二套直流电源将炉子转出。如果还转不出炉子,将切换到柴油发电系统将炉子转出,确保炉子生产安全。

5. 技术经济指标控制与生产管理

1)技术经济指标 方圆公司近几年富氧底吹炼铜的主要经济技术指标如下:

(1)生产能力 送风时率95%,它是反映底吹炉生产能力的一项重要指标。与操作水平、管理水平及全厂的设备故障率等因素有关。底吹炉精矿日处理量一般为1600~1700 t。

(2)生产效果 底吹熔炼效果主要体现在脱硫和脱铁上,脱硫效果包括脱硫率及进锅炉烟气SO_2浓度,前者为65%~75%,后者大于20%,铜锍品位是脱硫和脱铁效果的综合体现,一般铜锍品位为60%~75%。选用哪种品位要根据整个冶炼系统各设备能力综合平衡考虑,做到吹炼工序既不等料又不压料,实现系统均衡生产。

(3)金属回收率 金属回收率与渣量、渣含铜、烟尘率及选矿弃渣含铜密切相关。由于熔炼渣含铜仅2%~3%,渣量又较少,烟尘率也低,仅为1.5%~2.0%。选矿弃渣含铜0.28%~0.32%,使铜的总回收率大于98%。

(4)熔剂率 熔剂率系指熔炼过程配入的熔剂量与所投精矿量之比。底吹炉熔炼工艺采用高铁渣型,因而熔剂率较低,为8%。

2)原辅材料控制与管理 对原辅材料的要求、来源、采购时间和库存数进行仔细管理,进行物料平衡和物料平衡计算。

(1)原料 富氧底吹炼铜技术原料来源广,不仅能处理铜、金、银等精矿,而且可处理其他炼铜工艺不能处理的低品位铜矿和复杂多金属矿以及含金、银较高的伴生矿,对原料的粒度、水分等要求不严,不需要干燥,太干的精矿,还可以适当加湿。底吹炉处理的返料主要有含铜高的烟尘、渣精矿、各种渣包壳及大量外购的含铜物料。冷料通常呈块状,粒度小于200 mm。

(2)辅助材料 辅助材料主要包括熔剂和耐火材料。采用石英石作为熔剂。石英石成分(%)为:SiO_2 95.15,Fe 0.51,CaO <0.1,Al_2O_3 1.01,H_2O 0.21,粒度5~15 mm。

底吹炉炉衬采用优质镁铬砖砌筑,氧枪砖采用熔铸铬镁砖。在铜锍口、渣口以及烟气出口处等易损坏部位设置水套,延长耐火材料使用寿命。耐火材料单耗与铜锍品位、耐火材料质量、砌炉质量及生产操作等很多因素有关。

(3)物料平衡 原辅材料消耗控制与管理关键在于准确的物料和金属平衡计算,底吹造锍熔炼的物料和金属平衡实例见表2-28。

表 2 – 28　底吹造锍熔炼物料和金属平衡实例

名称	质量/(t·d⁻¹)	Cu 含量/%	Cu 质量/(t·d⁻¹)	Fe 含量/%	Fe 质量/(t·d⁻¹)	S 含量/%	S 质量/(t·d⁻¹)	SiO₂ 含量/%	SiO₂ 质量/(t·d⁻¹)	CaO 含量/%	CaO 质量/(t·d⁻¹)
加入											
铜精矿	1600.0	20.27	324.32	26.0	416.0	26.76	428.16	7.05	112.80	2.14	34.24
渣精矿	167.43	30.0	50.23	30.0	50.23	10.0	16.74	10.0	16.74	—	—
熔炼尘	19.0	15.0	2.85	25.0	4.75	11.0	2.09	12.0	2.28	1.50	0.29
吹炼尘	8.60	25.0	2.15	15.0	1.29	8.0	0.69	12.0	1.03	—	—
石英石	95.69	—	—	1.0	0.96	—	—	95.0	90.91	—	—
冷料	33.05	27.0	8.91	37.0	12.23	10.0	3.31	10.50	3.47	0.10	0.03
合计	—	—	388.46	—	485.46	—	450.99	—	227.23	—	34.56
产出											
铜锍	584.08	70.0	350.45	5.23	32.59	18.96	110.77	—	—	—	—
熔炼渣	955.48	2.23	26.25	42.17	402.89	1.12	10.66	23.18	221.48	3.58	34.24
熔炼尘	19.0	15.0	2.85	25.0	4.75	11.0	2.09	12.0	2.28	1.50	0.29
烟气	324.16	—	—	—	—	—	324.16	—	—	—	—
冷料	33.05	27.0	8.91	37.0	12.23	10.0	3.31	10.50	3.47	0.10	0.03
合计	—	—	388.46	—	485.46	—	450.99	—	227.23	—	34.56

3）能量消耗控制与管理　底吹炉造锍熔炼热平衡实例见表 2 – 29。对一定成分的炉料而言，其反应热值可认为是一常数。要减少外来补热，一是要利用好精矿中自身的热能，二是减少热的支出，可以通过提高鼓风富氧浓度，减少烟气量以降低烟气带走热的损失来实现。底吹熔炼工艺采用双层套管氧枪，喷出的富氧空气对熔池起到强烈的搅拌作用，也给反应过程提供了很好的反应动力学条件。富氧空气喷出氧枪后，在熔体中间形成反应高温区，随着熔体的翻腾，迅速熔化加入的炉料。这样则既不会烧坏氧枪，也不会损坏炉衬，所以底吹熔炼可以采用高的富氧浓度，取得完全自热熔炼的效果。同时烟气经过余热锅炉产生 4 MPa 的蒸汽，送饱和蒸汽发电机发电，部分低压蒸汽抽出用于供热。经过多年的不断改进与完善，方圆公司的底吹炉炼铜能耗达到世界领先水平。

4）多金属综合利用及其回收率的控制与管理　为充分发挥富氧底吹熔炼工艺捕集多金属的优势，一要优化炉料配比，控制 Fe、S 元素的含量，在实现自热熔炼的同时，充分发挥熔炼效率，提高矿料处理量，使复杂多金属矿中的各种有价元素富集在相应的熔炼产物中加以综合回收。二要加大含贵金属物料处理量，通过阳极铜电解精炼后，实现贵金属的综合回收。三是通过对复杂冶炼烟气进行有效处理，实现了烟气的净化和烟尘的资源化，提高各种有价金属回收率。

表 2 – 29　底吹造锍炉熔炼热平衡实例

热收入项				热支出项			
序号	名称	热量 /(GJ·h^{-1})	比例/%	序号	名称	热量 /(GJ·h^{-1})	比例/%
1	铜精矿反应热	224.55	97.14	1	铜锍显热	23.29	10.08
2	造渣热	4.19	1.81	2	炉渣显热	54.39	23.53
3	炉料显热	1.09	0.47	3	精矿分解热	48.62	21.03
4	炉料水分显热	0.59	0.26	4	炉料水分耗热	36.76	15.90
5	反应鼓风显热	0.74	0.32	5	反应烟气显热	54.68	23.65
6	燃料燃烧热	0	0	6	烟尘显热	0.65	0.28
7				7	返料熔化热	2.48	1.06
8				8	炉子散热	10.29	4.45
9	合计	231.16	100.00	9	合计	231.16	约 100

5）产品质量控制与管理　在冶炼厂处理各种多金属复杂矿时，先要对矿料中各元素含量进行分析，通过调整原料配比和控制工艺参数，尽可能实现资源综合利用，在保证阴极铜质量的前提下，尽量提高烟尘和阳极泥中的有价金属的含量。

（1）炉料质量的控制　炉料质量控制要点一是有效利用炉料中 Fe 和 S 的氧化放热以实现自热熔炼，二是尽可能多地处理有价元素多的复杂多金属矿，充分发挥综合回收的优势。

（2）烟气与烟尘的成分控制　底吹炉炉口与锅炉衔接采用了水冷上升烟道，上升烟道属于余热锅炉的一部分，在回收余热的同时，也降低了漏风率。烟气量及其成分实测值见表 2 – 30。

表 2 – 30　方圆公司底吹炉烟气成分实测值

部　位	烟气组成/%					烟气量 /(m^3·h^{-1})	烟温/℃
	SO$_2$	O$_2$	CO$_2$	H$_2$O	N$_2$		
反应炉出口	32.65	0.53	2.16	29.61	34.05	24641	1000 ± 50
锅炉进口	20.16	8.36	1.33	18.28	51.02	39919	780 ± 36

方圆公司底吹炉的烟尘率控制在 2.0% 以内，低于设计值 2.5%。富氧底吹炼铜工艺对炉料中砷、锑、铋等低熔点金属的脱除率均为 70% 以上。锑、铋等金属挥发后可富集于烟灰中，送到综合回收厂进行综合回收。

6）生产成本控制与管理　富氧底吹炼铜工艺的生产成本与日处理量、作业率等因素密切相关，吨粗铜的生产成本较其他冶炼工艺低 20% ～30%，熔炼的加工成本视作业率不同在 800 ～1800 元/t 粗铜的范围波动。

（1）日处理炉料量　富氧底吹炼铜工艺的生产能力高，以方圆公司为例，最初设计日处理炉料量为 760 t，但通过不断优化炉料配比和改进工艺技术，日处理炉料量可达 2180 t，容积床能力为 18 t/(m³·d)。

（2）作业率　由于氧枪寿命长，不必频繁停炉换枪，熔炼炉结构非常简单，生产过程稳定，炉子寿命长，事故停车率小。因此底吹炼铜工艺的作业率可为 95% 以上。

2.2.4　侧吹炉熔炼

1. 概述

1）基本情况　2005 年，烟台鹏晖铜业有限公司（鹏晖铜业）结合本公司多年的生产实践，在原有连续吹炼炉和熔渣炉的基础上，自主研发出富氧侧吹熔池熔炼炉。富氧侧吹熔池熔炼工艺自 2008 年投产至今，已经过多个炉期生产，各炉期生产指标均有大幅提高，各项指标均优于设计值。在富氧浓度为 32.5% 的条件下，实现粗铜能耗 136 kgce/t，作业率近 100%，同时由于其具有特殊的炉墙挂结、水套保护、在线监测等技术，炉龄已稳步突破 500 d（由于制酸原因停炉），预计可达到 800 d。几年来的生产实践证明，该工艺运行稳定、安全可靠，并且各项技术经济指标达到国内较先进水平，取得了良好的经济与社会效益。该技术荣获"中国有色金属工业科学技术奖二等奖"，且已授权一项国家发明专利和一项实用新型专利。

2）工艺生产流程　富氧侧吹熔炼工艺生产流程图见图 2 – 23。

主工艺流程为富氧侧吹熔池熔炼炉熔炼，电热前床贫化，卧式连续吹炼炉吹炼，阳极炉精炼，吹炼渣进行选矿，冶炼烟气送往制酸系统制酸。

3）侧吹造锍熔炼反应机理　富氧侧吹熔池熔炼是将富氧空气通过呈一定角度均匀排布在炉体两侧的 40 个风口（现使用 10 个）带压吹入熔池内渣和铜锍的交界面，使其剧烈搅动，富氧空气分散成许多细小的气流喷入熔融的熔液，通过不同的射流曲线将熔液搅拌成气 – 液 – 固三相，并形成巨大的接触面积，强化传热和传质，加快入炉料的干燥、分解、熔化速度，完成造渣、造锍反应。如图 2 – 24 所示，熔池流场可划分为三个区域：气液两相区、湍流区与死区。由风口喷入熔池中的气流，与液相发生动量交换的同时，其周围造成压力差，使风口附近形成负压，液体向风口附近流动。另外，气流股被液体击碎成一连串的气泡，由于浮力向上运动，逸出熔池面，液气混合流体形成循环流动。湍流区外层液体在负压的作用下卷入气液两相区，湍流强度依喷流强度而异。熔池内流体流动特性随着鼓入的气体流量与压力变化而改变，合理的控制风压和风量能较好地调节炉内反应状况。充分利用炉体整个空间作为反应区，具有较大的反应强度，大大减少炉体体积，提高单位体积冶炼能力。

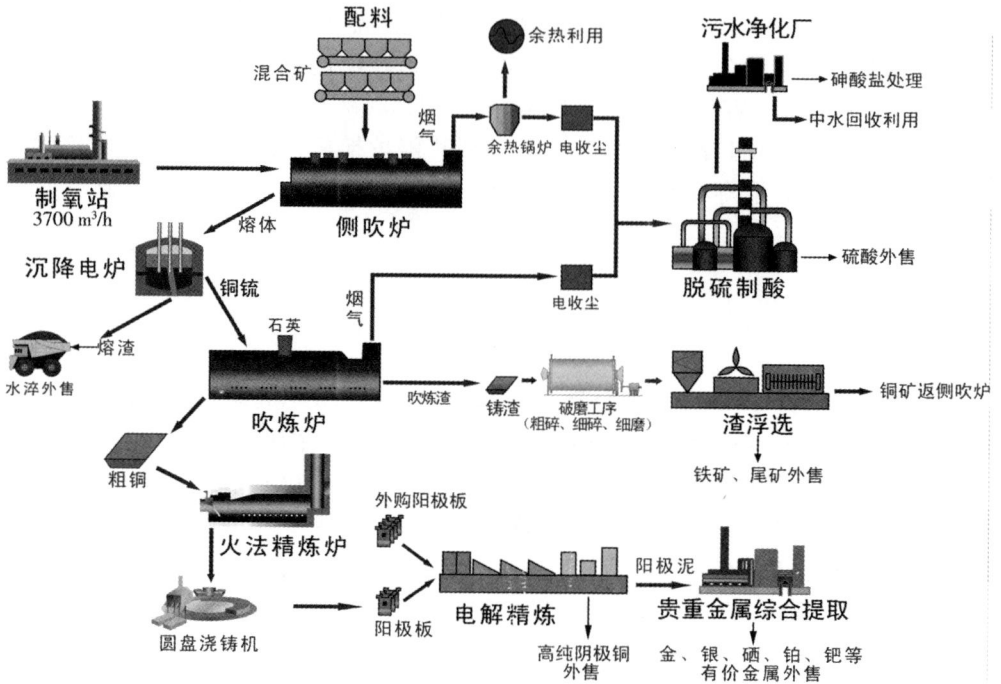

图 2-23 富氧侧吹熔炼工艺流程图

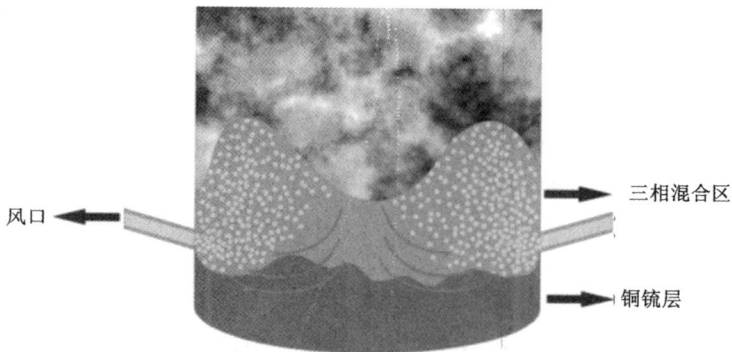

图 2-24 侧吹炉内反应示意图

4)主要技术特点 富氧熔池熔炼工艺具有以下特点:

(1)原料适应性强 炉料无须经干燥、细磨等特殊处理,通常情况下,粒度小于 50 mm、含水小于 10% 的物料可直接入炉。既可处理优质矿,也可处理杂质较多的矿,精炼炉渣和吹炼炉渣也可按比例直接加入炉内处理。

(2)熔炼强度高,烟尘率低 鼓入熔体内的富氧空气或工业氧对熔体进行的搅拌剧烈,喷溅高度为 1500 ~ 2000 mm,气、液、固三相接触充分,反应极快,同时喷溅的熔体可对微粒、尘状物料进行有效捕集,炉子的烟尘率较低(1.0% ~

1.2%)。在富氧浓度 38% 条件下床能率已超过 20 t/(m² · d)。

(3)渣含铜低,金属回收率高　由于对沉降电炉进行了特殊设计,且操作时控制合理的渣型、温度等,渣含铜较低。铜锍品位为 50% ~60% 时,渣含铜在 0.5% ~0.6%,可直接产出弃渣,粗铜回收率为 98.5% 以上。

(4)炉子构造简单,建设投资省　由于工艺流程简单,对原料适应性强,大大减少了相关配套辅助设备等建设的投资。10 万 t 富氧侧吹炉系统设备投资(1 台富氧侧吹炉和 1 台沉降电炉)约 4000 万元。

(5)安全可靠,炉龄长,作业率高　富氧侧吹炉采取固定式底座、水套和衬砖结合的构造,整个炉体基础稳定,炉墙保护到位;侧吹炉特有的物料大范围飞溅现象能使炉墙挂结较好,极大降低了砖墙的腐蚀,具备维持较长炉龄的基础;全炉采用近 160 个温度测点计算机实时监控炉况,一旦炉体的任何变化均能做到及早发现。投产以来,通过耐火材料材质、砌筑方式及工艺控制改进,每一炉期炉龄均有突破,目前已突破 500 d,且未发生任何因炉体自身原因导致的停炉或部分停炉检修,作业率近 100%。

2. 富氧侧吹炉熔池熔炼系统运行与维护

1)侧吹炉　侧吹炉由炉身、炉顶、上升烟道等部分构成,设有侧吹风口、加料及虹吸口。附属有供风、供水、余热锅炉及电热前床。

侧吹炉为固定式长方形炉子,送风口全开情况下,炉内全部为反应区,炉体主要依靠水冷件的强制冷却来保护炉衬。具体构造如图 2 -25 所示。

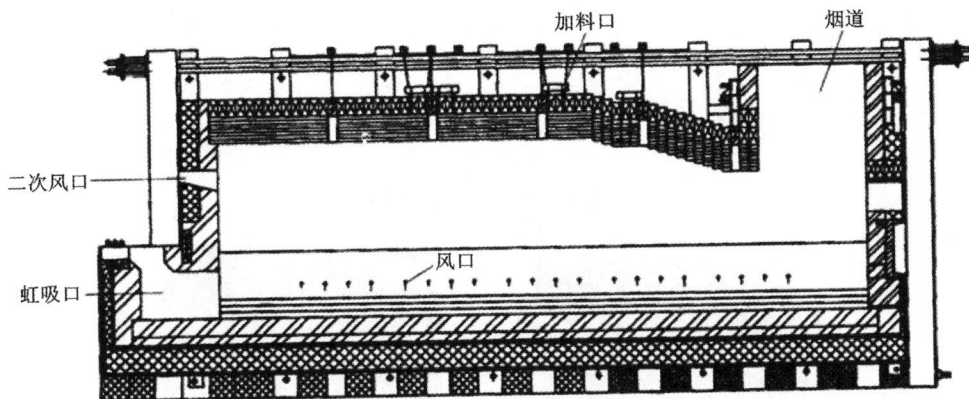

图 2 -25　侧吹炉炉体结构

在熔炼条件下,富氧空气由分布在炉体两侧的风口送入液面侧下方。液体通过虹吸口连续排入前床电炉。上升烟道设置在炉尾,外接余热锅炉。炉顶靠近上升烟道部分设置倾斜式反拱,以利于烟尘的捕集。炉头、炉尾及上升烟道两侧均设有二次风口以防止单质硫的生成。加料口设置气封,可有效防止烟气、烟尘逸散,改善现场作业环境。

(1)炉身 炉身在砌筑时，根据渣线上下面临的不同状况，采取了截然不同的砌筑方式。两者的主要区别在于：①渣线以下由于与熔体接触，熔体冲刷腐蚀严重且温度相对较高，因此在砌筑时采用更多水冷件以强化冷却效果，不仅可以保证衬砖温度相对合理，同时还能对挂渣有积极作用。而渣线以上由于不与熔体接触，主要腐蚀形式为烟气腐蚀，因此采用嵌入式水冷件进行冷却，在确保冷却效果的同时大大降低了砌炉费用。②渣线以下部分衬砖为防侵蚀、抗冲刷性能好的半再结合镁铬砖，而渣线以上部分为防剥落，采用性能较好的直接结合镁铬砖。

渣线以下部分水冷件为立式大型铜水套，水套紧紧围绕炉体四周并用键紧密连接，内衬300 mm厚的耐火材料。这部分示意图见图2-26(a)。经过几个炉期的生产经验表明：依靠水冷件强制冷却可以起到较好的保护炉衬的效果，检修时测量的衬砖腐蚀最严重处约200 mm，也验证了这一结论。图2-27反映了经过一个炉期运行后炉墙腐蚀的情况。

渣线以上部分水冷件为条形铜水套，依据各部位情况在1~3层耐火砖上嵌入一块条形铜水套，内衬为直接结合镁铬砖，炉外衬为普通镁砖。这部分示意图见图2-26(b)。

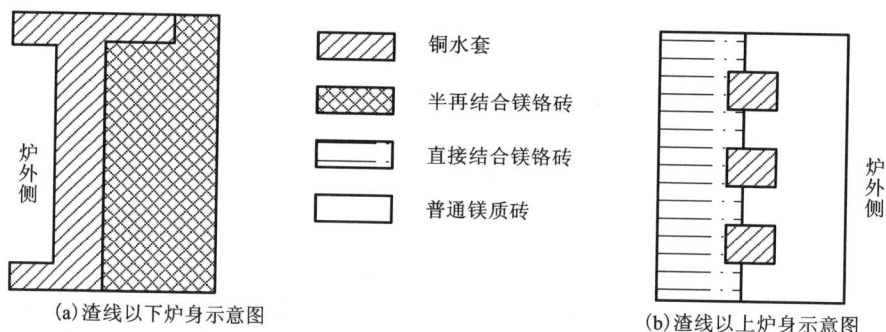

铜水套

半再结合镁铬砖

直接结合镁铬砖

普通镁质砖

(a)渣线以下炉身示意图

(b)渣线以上炉身示意图

图2-26 炉身示意图

图2-27 炉墙腐蚀情况照片(左图为最严重处,右图为最轻微处)

（2）侧吹风口 侧吹炉风口均匀分布在炉体两侧，共 40 个。正常生产时一般开启 10 个左右（受鼓风机风量、制酸引风机流量等影响），风口角度为 15°，送风量为 1600 ~ 1700 m³/h，风口管为不锈钢材质。富氧空气进入炉内后，温度相对熔体较低，会带走风口处熔体的大量热量，因此通常风口附近熔体会冷却形成一层挂渣，挂渣的厚度是反映炉况的重要指标。

炉内由于加料不均、搅动不理想、温度变化等原因造成局部温差较大，炉况出现波动，都会造成挂渣厚度的变化，因此必须定期测量风口深度以掌握炉况变化情况，从而及时采取措施稳定炉况。

（3）上升烟道 上升烟道采用铜水套悬挂式倾斜设计，随着烟气的上升，截面逐渐减小，这种设计能使部分烟尘在上升烟道上被捕集掉入炉内继续反应。

（4）炉顶 炉顶采用镁铝砖砌筑而成的反拱搭配拱形铜水套，拱高 320 mm。拱形铜水套下方衬有 80 mm 厚的镁质捣打料，在开炉或处理炉况进行大火烧油作业时，能够很好地保护炉内铜水套。具体结构如图 2 - 28 所示。

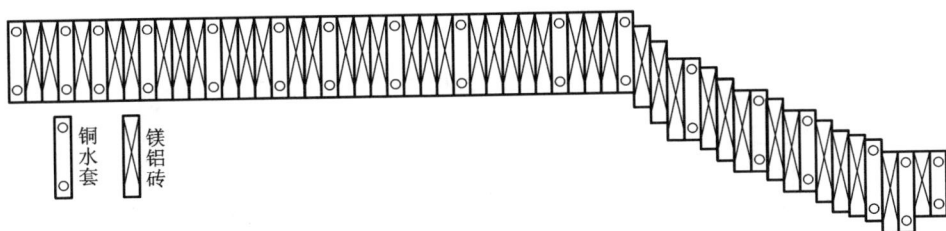

图 2 - 28 炉顶结构示意图

（5）虹吸口 虹吸口位于炉头底部，日常生产时铜锍与渣相混合物从虹吸口连续流出。虹吸口高度可调整，过低时精矿在炉内熔炼时间不够，则反应不充分。在生产过程中可根据生产实际需要调整炉内液面高度。

（6）加料口 侧吹炉共设 6 个加料口，总体靠近炉头部分，砌筑时应尽量均匀分布于炉体中心线两侧并与炉体风口对应，保证加料口下方送风顺畅。加料口为铜水套结构，外接气封防止烟尘逸散，具体结构见图 2 - 29。

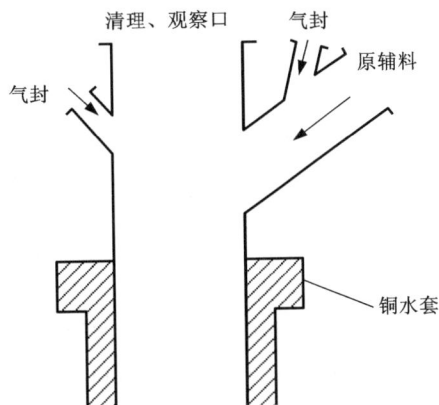

图 2 - 29 加料口示意图

2）主要附属设备 侧吹炉的附属设备包括送风系统、供水系统、余热锅炉及电热前床。

（1）送风系统 侧吹炉送风系统主要包括2台D400－32离心式鼓风机，氧气经鼓风机鼓入管道并与压缩空气汇合经管道送入炉内。

（2）供水系统 侧吹炉供水系统采用供回两段工艺，供水泵采用1台900 m³/h、1台630 m³/h水泵，根据季节搭配使用。回水泵采用2台720 m³/h、2台400 m³/h共4台水泵搭配使用。

（3）余热锅炉 侧吹炉余热锅炉为膜式水冷壁结构，主要由锅炉本体、弹性振打装置、刮板输灰系统、除氧器、排污扩容器、水泵与涡轮机及仪表控制构成。

（4）电热前床 电热前床是一座钢板做外壳、耐火材料做衬里的椭圆形炉子，内衬捣打料钢制拱形炉顶，一组石墨电极呈品字形布置，炉底采用阶梯形，使铜锍池与熔炼炉渣池有一高度差，铜锍池两侧的虹吸式铜口通过溜槽与吹炼炉相连。前床电炉的主要作用为：①完成炉渣的贫化，贫化后的炉渣品位为0.50%～0.60%，经水碎粒化后可直接产出弃渣外售；②对铜锍进行暂时保温储存，以利于组织的生产。其结构如图2－30所示。

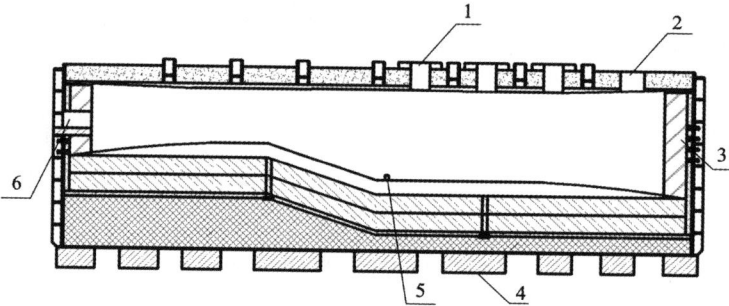

图2－30 前床电炉结构示意图

1—电极口；2—进料口；3—镁铬砖；4—黏土砖；5—铜锍口；6—渣口

3）配料及输送系统 配料及输送系统由混矿仓、粒煤仓、中间品仓及相关皮带组成。外购的铜精矿、石英石、煤运至精矿仓储存，根据熔炼工艺要求，在配料厂房利用抓斗起重机将矿仓中的铜精矿、吹渣粉、石英石、石灰石、精渣、煤等分别装入备料系统1#～4#精矿仓和补充给料仓，然后通过皮带拖料定量给料机按既定的配料单通过皮带输送机上料系统送至配料厂房中的4个混矿仓。石英、粉煤、补充给料分别单独送入各自储仓。烟尘经烟道输送至各沉降室。混合炉料和各种补充给料通过控制计量拖料皮带经皮带输送机送到侧吹炉6个加料口且连续均衡加入炉内。由于通常情况下粉煤配比比较固定，而实际生产煤率控制需要一定的弹性，因此需要增加额外的粒煤仓进行燃料的调整。中间品仓则是为回收各个车间产出的返回品设置。配料输送系统流程图见图2－31。

3. 生产实践与操作

1）工艺技术条件及指标 工艺技术条件即操作参数和工艺指标，对侧吹炉的

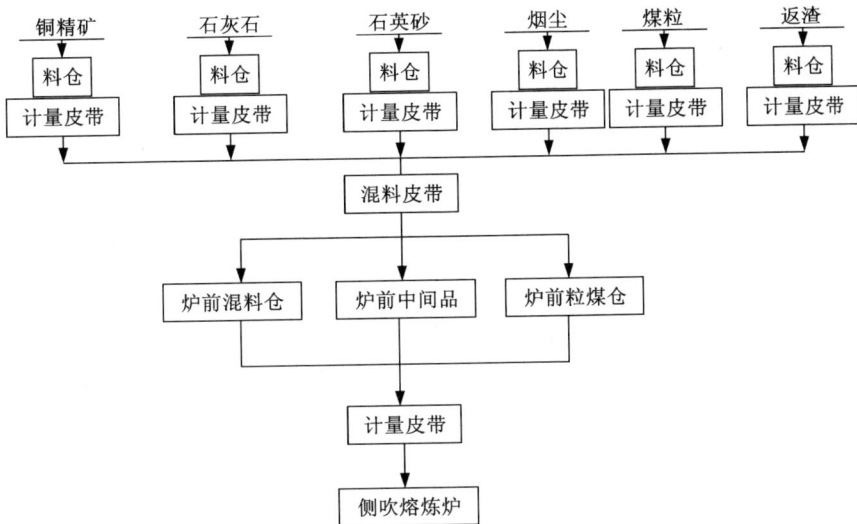

图 2 – 31　配料输送系统流程图

操作和运行是非常重要的。

（1）操作参数　操作参数包括风压、熔炼温度、风口深度及水温等。

①风压和氧浓度　目前侧吹炉操作风压保持在 0.17 MPa，氧浓度为 35% ~ 38%。风压较高时，送风较好，炉内搅动剧烈，但会导致炉内喷溅较高，加重烟道及加料口黏结。风压较低时，炉内熔体搅动不充分，不利于熔炼反应的进行。日常操作应尽量维持风压的稳定，确保炉内反应的平稳。一旦出现风压波动剧烈的情况，应及时联系相关岗位进行增降压操作。

②熔炼温度　侧吹炉熔炼温度控制在 1100 ~ 1150℃，温度控制较高会导致炉内反应剧烈，脱硫率高，铜锍品位上升，同时会加重炉内衬砖的腐蚀。温度控制较低则会导致搅动困难，投料量降低，同时容易导致虹吸口流通不畅，严重时甚至会造成虹吸口堵死。

③风口深度　风口深度是反映炉况的重要技术参数，实际反映的是风口出口处的挂渣厚度。风口深度较浅，挂渣较薄，送风较好，但对于风口位置衬砖而言腐蚀较重，长期的风口深度过浅对侧吹炉而言是比较危险的操作。而风口深度较深，送风困难，不利于反应进行。熔体温度、铜锍品位、渣型、熔体搅动等原因都有可能影响风口的深度。目前正常生产时侧吹炉风口深度一般控制在 1.00 ~ 1.15 m（风口阀外侧到炉内壁的直线距离为 0.95 m）。由于炉内各个区域反应情况不一，因此各个风口深度并不能完全一致。日常生产中应尽量减小各个风口深度间的差异，使炉内反应趋于一致。

④水温　侧吹炉保护炉衬的方式主要依靠水冷件的强制冷却，因此循环水的进出口温度是侧吹炉操作的重要参数。上水温度一般夏季保持在 32℃ 以下，冬季

保持在29℃以下。进出水温差一般控制在10℃以内。出水温度过高，铜水冷件内结垢增加，水套冷却效果降低。因此，一旦出现水温超标的情况，需要开启冷却塔对循环水进行冷却，必要时补充自来水。

(2)工艺指标　富氧侧吹熔池造锍熔炼最重要的工艺技术指标是渣型、脱硫率、烟尘率。

①渣型　侧吹熔池熔炼炉渣主要成分为铁硅钙氧化物，其成分要求如表2-31所示。

表2-31　侧吹炉渣成分/%

Cu	Fe	SiO₂	CaO
0.50~0.60	39左右	33左右	3左右

②脱硫率　侧吹熔池熔炼脱硫率一般维持在67%~72%，影响脱硫率的主要因素包括：(A)原料成分；(B)温度，脱硫率随着温度升高而升高；(C)煤率，煤是强还原性物质，煤的增加会降低炉内的氧势，从而降低脱硫率。

③烟尘率　侧吹炉烟尘率基本维持在1.0%~1.2%，影响烟尘率的主要因素包括：原料水分、原料粒度、炉膛压力等。

侧吹熔池造锍熔炼的主要工艺指标见表2-32。

表2-32　侧吹熔池造锍熔炼主要工艺指标

序号	工艺指标	数据	序号	工艺指标	数据
1	精矿处理量/(t·d⁻¹)	550	8	烟尘率/%	1.0~1.2
2	燃料率/%	5.0~7.0	9	炉料水分/%	8~10
3	氧料比/(m³·t⁻¹)	280~350	10	氧浓度/%	35~38
4	脱硫率/%	67~72	11	风压/MPa	0.170
5	烟气SO₂浓度/%	12~15	12	铜锍品位/%	50~60
6	渣型铁硅比	1.1~1.2	13	熔池温度/℃	1120±20
7	渣含铜/%	0.5~0.6	14	炉膛压力/Pa	微负压

2)操作步骤及规程　操作步骤包括开炉、生产操作和停炉。

(1)开炉　开炉分3个阶段完成，即开炉准备、烧油烘炉和投料造熔池。

①开炉准备　编制详细缜密的开炉计划，主要包括关键时间节点的安排、人员组织计划、关键设备应急预案等；上下游工序具备衔接条件；对相关附属系统(包括供电、供风、上料、供水、检测、余热锅炉等)按操作规程进行联动试车，确保附属系统正常；烘炉燃料到位。

②烧油烘炉　烘炉分2个阶段，前期用木柴烘炉，后期烧油烘炉，整个开停

炉过程比较方便快捷。烧油烘炉应严格按照升温曲线进行操作,并注意观察冷却水温,根据水温高低及时调整冷却水量,根据炉体膨胀情况及时调整立柱拉杆螺母,烘炉升温曲线见图 2-32。

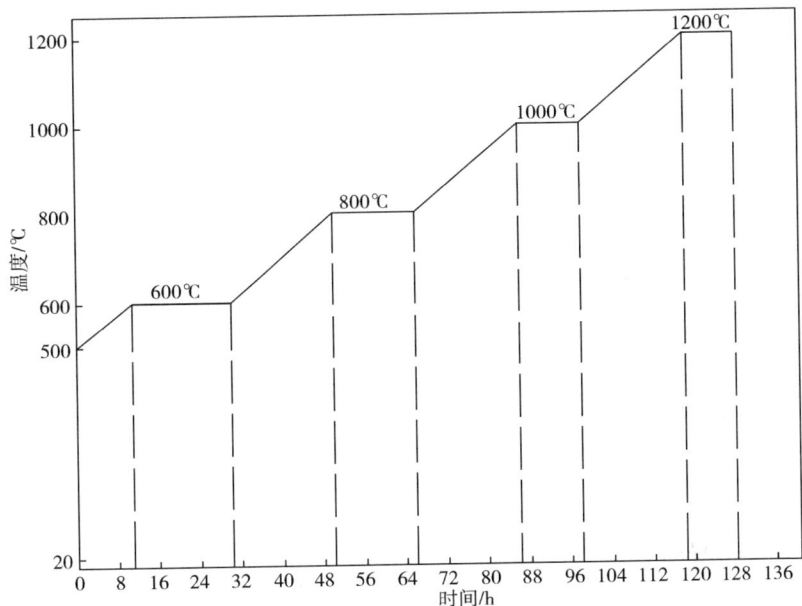

图 2-32　侧吹炉烘炉升温曲线

待烟气温度达到 60℃后,余热锅炉开启循环泵并开始升压,升压梯度不得超过 0.3 MPa/h。

前床电炉开炉亦采取烧油烘炉操作,升温梯度根据侧吹炉开炉情况合理组织,升温速度一般为 10～15℃/h。在 600℃、800℃、1000℃停留 6～10 h。

③投料造熔池　烘炉完成后,通常在 1200℃开始投料,可直接向炉内投入矿粉。投入矿粉时需要遵循少量多次的原则,待前一批矿粉完全熔化后方可加入下一批矿粉。开炉时,为缩短开炉时间,亦可使用铜锍配合高硫低铜低杂质精矿加入炉内快速造熔池。待炉内液面没过风口高度,满足送风条件时开始送风。

(2)正常生产操作　侧吹炉正常生产时,主控室检测并控制各岗位及附属设备的运行情况,并根据 DCS 仪控数据、影像监控界面、安全报警信息等进行统一指挥和调度。生产过程中,仪控设备会自动记录并打印送风、上料、熔体温度等各项运行参数。前床电炉需要定期测量铜锍面高度。在保证侧吹炉各项工艺参数正常的情况下,要维护炉况稳定必须采取以下措施:

①捅打风口　侧吹炉使用低温风操作,风口出口处容易挂渣。在炉况正常情况下,风口出口形成的挂渣既能够保护风口管免受熔体腐蚀,又不影响送风。炉内炉况波动,熔体温度较低时,挂渣较厚,导致送风不畅,影响炉子的正常操作。

此时，需要进行捅打风口操作，以保证送风的顺畅。捅打风口需要严格遵循快速、准确和避免漏风过多的原则。

②加料量的调整　侧吹炉加料量是调整炉况的一个重要参数。在送风条件不变的情况下，加料量过高，导致熔体温度下降，炉况随之发生一系列变化。反之，熔体温度升高，脱硫率增加。因此，侧吹炉加料量需要根据炉内温度及时调整。一般根据风口挂渣的厚度、虹吸口铜锍流动情况以及各个观察口的情况综合判断炉况，然后调整加料量。

③煤率的控制　侧吹炉煤率一般控制 5.0% ~ 7.0%，依靠粒煤的加入量来调整侧吹炉煤率。一般情况下，煤率的调整影响以下几项指标：（A）温度，由于煤在炉内燃烧放出大量热量，因此，提高煤率可为炉内增加热量输入，有利于维持炉内的热平衡；（B）铜锍品位，煤是一种强还原剂，煤率的提高会降低炉内的氧化性气氛，导致矿粉脱硫率降低，从而降低铜锍品位；（C）渣型，煤粒加入炉中，有一部分与渣中的铁氧化物反应，将高价铁还原为低价铁。因此，当渣中出现泡沫渣时，提高煤率是比较有效的解决方式。

④返回品的处理　侧吹炉处理的返回品主要包括高品位吹渣、精渣、黑铜粉、海绵铜。铜在这些物料中主要以 Cu_2S、Cu 的形态存在，返回品一般含 S 较低，加入炉内会导致铜锍品位升高，对生产组织带来一定影响。因此，在调整返回品加入量前，需要对生产组织情况有较好的预计，根据下游生产合理调整。同时，返回品由于含 S 较少，反应放热少，调整返回品加入量时需要同时调整煤的加入量。此外，返回品的加入会导致渣型的变化，因此，大范围的调整加入量需要及时对原辅料配比进行调整。

⑤前床电炉的主要操作　前床电炉的操作主要在于根据温度及时调整电流大小。同时根据吹炼炉生产情况及时进行吹炼炉进料操作，根据总液面高度进行放渣操作。由于熔体在此处沉降，密度较大的 Fe_3O_4 容易沉入炉底，形成炉结。因此，前床电炉根据需要添加煤与生铁来抑制 Fe_3O_4 的生成，并将炉底的 Fe_3O_4 还原成低价铁氧化物。

（3）停炉　侧吹炉停炉主要包括洗炉、熔体放空及炉体冷却 3 个阶段。

①洗炉　洗炉阶段主要通过往炉内加入生铁消除炉结，同时通过提高风料比提高温度，可以达到理想的洗炉效果。前床停炉时可采取两种洗炉方式：烧油消除炉结或加大电极电流消除炉结，两种操作均需要配合生铁及煤的加入。

②熔体放空　熔体放空的主要步骤包括：（A）停止加料；（B）点火烧油；（C）用氧气烧开停炉排放口；（D）烧开排放口后待液面降至风口以下立即停风；（E）熔体排放完成后停油。

③炉体冷却　炉体冷却阶段，依靠各个风口鼓入的冷风及水冷件循环水带走热量达到快速冷却的目的。冷却时间视生产组织情况而定，一般需要 1 ~ 2 d。

3）常见事故及处理　常见事故有突发事故和单体硫结壁事故两类。

（1）突发事故的应急处理　炉况出现小范围波动时，可通过调整加料量来稳定炉况。出现停电、停料、停风、停水事故时，需要掌握以下几点原则：（A）安全为先，例如停水时应立即加大投矿量并用钢钎拴住所有风口以降低炉内温度，确保炉体及水套的安全；（B）确保送风口不堵死，在停风的情况下，如果不及时用钢钎拴住所用风口，会使熔体倒灌，造成风口堵死；（C）在确保安全的情况下，做好炉内的保温工作，如停料时应及时用保温棉堵住所有与外界联通的风口、观察口、加料口，同时往炉内添加一定量的煤；停风、停料时间较长时，需要提前做好烧油准备。以下是侧吹炉事故的诱发原因及处理方法：

①熔体发黏　产生熔体发黏的原因是：（A）炉温低；（B）加料多；（C）送风量少；（D）炉料中高熔点组分高；（E）大块物料含量多。处理办法：（A）减少或暂停加料，提高炉温；（B）调整炉料；（C）提高风量和富氧浓度。

②加料管难捅　产生原因：（A）渣型控制不合理，含铁高；（B）熔体喷溅严重，黏结加料口；（C）加料口气封风量大，加料管温度低。处理办法：（A）调整渣型，提高 SiO_2 含量；（B）暂时关闭气封，借助炉内火焰使加料管黏结物熔化。

③咽喉口通道堵塞　产生原因：（A）炉底积铁；（B）停风时间长，炉渣在咽喉口黏结。处理办法：（A）加生铁球，吹大杆；（B）用氧气烧开。注意：咽喉口轻微挂炉结对保护咽喉口有利，加生铁球，吹大杆时要保护好炉衬。

④上升烟道结瘤　产生原因：（A）炉膛负压大；（B）炉内液面低，熔体喷溅严重；（C）炉料中铅锌等杂质含量高。处理办法：（A）控制炉膛压力在 $0 \sim 20$ Pa；（B）控制适当的液面和风压；（C）控制炉料中杂质及其含量。

⑤跑铜锍　产生原因：（A）炉衬砌体腐蚀严重；（B）炉温高；（C）铜锍面高。处理办法：（A）停用腐蚀严重风眼；（B）调节煤率、风料比、氧浓度等来降炉温；（C）控制合适料面；（D）用黄泥堵住跑铜部位；（E）用风冷却跑铜部位。

（2）单体硫的预防及处理　侧吹炉运行初期，煤率控制较高，大量的煤粉堆积在炉尾处，造成局部区域的还原性气氛较强，为单体硫的产生创造了条件。单体硫的产生不仅造成了制酸管道的堵塞，同时煤与硫的利用效率降低，增加了粗铜能耗。单体硫的产生与烟气中的 O_2 浓度密切相关，实践经验表明，对炉尾及上升烟道两侧补充富氧空气，使烟气中 O_2 浓度高于 2%，可有效抑制单体硫的产生。此外，粒度小的粉煤在炉内较难进入熔体反应，容易堆积在炉尾处，因此，必要时可增大煤的粒度以减少单体硫的生成。当制酸管道出现单体硫时，一般可通过提高二次风量或降低煤率来消除。

4. 计量、检测与自动控制

侧吹炉系统计量、检测与控制工作主要包括上料给料系统、参数检测系统、水套温度监测系统、参数设定和控制系统。中控采用 DCS 离散系统，现场

Profibus – DP 总线通信，冗余设计，双主机自动切换，配 UPS 不间断电源。

1）计量　侧吹炉系统计量工作主要包括配料系统计量、混合料入炉计量、熔炼渣温度控制计量、入炉氧量以及空气量计量。配料系统中的精矿和辅料的计量通过皮带给料机输送给定量给料机。定量给料机的称重信号经变送后接入 DCS，与设定值进行比较后输出 AO 信号给定量给料机控制变频器。通过双 PID 调节方式，保证给料稳定，如图 2 - 33 所示。

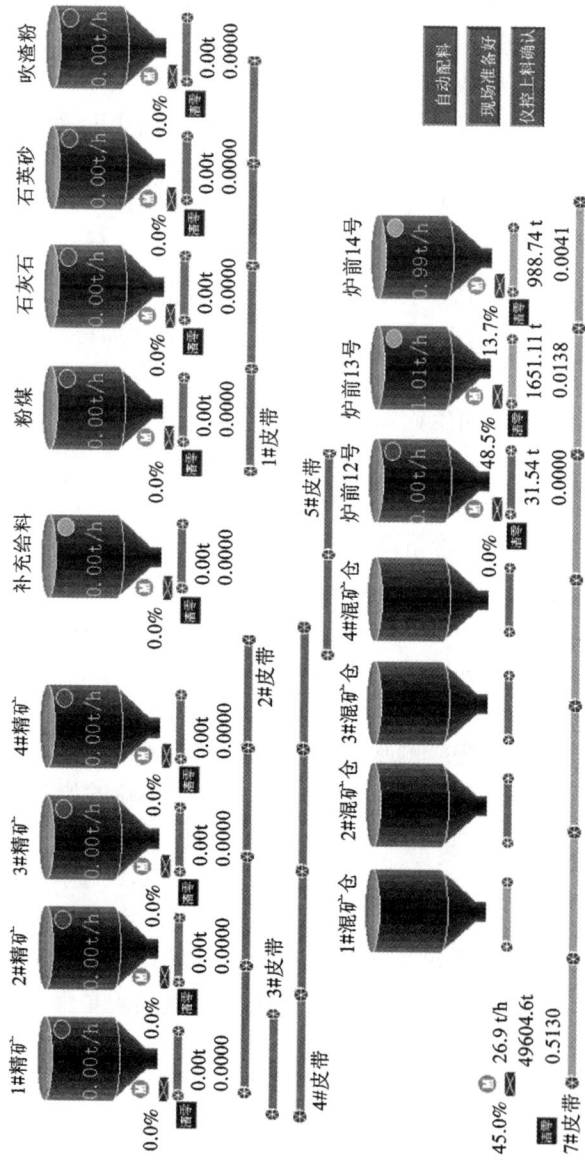

图2-33 侧吹炉上料监测界面

氧气和空气的计量采用差压的方式测量，总管氧气量和空气量采用孔板和涡街流量计测量，各分支管路均装有同样的流量计，流量信号经现场显示流量积算仪变送后接入到 DCS，同时实现现场观测、中控室监测和日后查询历史数据。

2）检测　侧吹炉检测系统可分为：压力检测、温度检测、炉墙砖检测。压力检测主要有空气总管和支管压力、氧气总管和支管压力、炉膛负压。

（1）熔池温度检测　熔池的温度通过测量炉膛温度间接测量。炉膛温度检测的是侧吹炉内气体的温度，气体温度测量偏差通过在放渣、放铜时用一次性快速测温热电偶或红外测温仪测量熔炼渣和铜锍的温度校正，并将温度值输入，记录历史趋势从而进行综合分析。炉膛温度测温点选取的位置很关键，选在靠近炉尾侧，可以避免热电偶受喷溅物黏结而导致测量温度失真，还能延长热电偶的使用寿命。炉膛温度热电偶使用的电缆为耐高温的补偿电缆，避免电缆被炉壳高温烤坏，温度值同样传送到 DCS 中记入历史数据。

（2）水套出水温度检测　水套主要冷却侧吹炉墙砖，其出水温度直接反映炉墙砖的腐蚀情况，精确和快速检测水套出水温度至关重要。水套出水管总共有160 个，在每个管出口安装有固定式 PT100 热电阻温度传感器，温度信号直接传送到 DCS 的操作员站的水套监测画面上，操作员可设定出水温度报警值，通过报警画面直接找出温度异常的水套，炉体水套温度监测 DCS 组态见图 2－34。

（3）炉墙砖腐蚀状况检查　侧吹炉的寿命主要取决于炉墙砖的腐蚀状况，及时掌握腐蚀状况尤为重要。采用便携式高温内窥式摄像仪，通过二次风口进入炉内可多方位观察炉墙砖的状况，摄像仪输出视频信号接入笔记本电脑存储后由技术人员进行全面分析。

（4）炉料和产物的成分分析　成分分析包括矿料、混合矿成分、入炉氧浓度、铜锍、熔炼渣以及烟气成分等。它们的主要检测手段有手工化验和仪器分析。由于外来矿料成分波动大，一般采用手工化验分析。矿料中杂质成分则采用原子吸收分光光度计分析，而铜锍和炉渣成分主要采用 X 荧光光谱仪分析。氧浓度测量采用氧浓度分析仪，烟气成分检测则采用烟气分析仪进行分析。

3）自动控制　侧吹炉自动控制系统采用 DCS 进行控制。由于配料系统离主控室距离较远，所以配套采用一套远程监控摄像系统，将配料系统的所有画面连接到仪控室以便于观察现场情况。出于对配料比例的严格要求，DCS 上料系统控制皮带启停的顺序非常重要。输送物料时，皮带启动的顺序是先开启 1～5 号输送皮带，然后同时开启 4 个辅料定量给料机和 1 个精矿定量给料机，中间设置延时。延时时间根据实际情况来确定，输送皮带之间和定量给料机之间设计有自动联锁，如有其中任何一个突然停转或给料量出现较大偏差，则整个上料系统立刻停止输送作业，如有特殊情况也可将连锁切除，保证正常上料。在炉前皮带输送过程中，若其中有一个皮带输送机出现故障停机，则后续的皮带会自动停止。

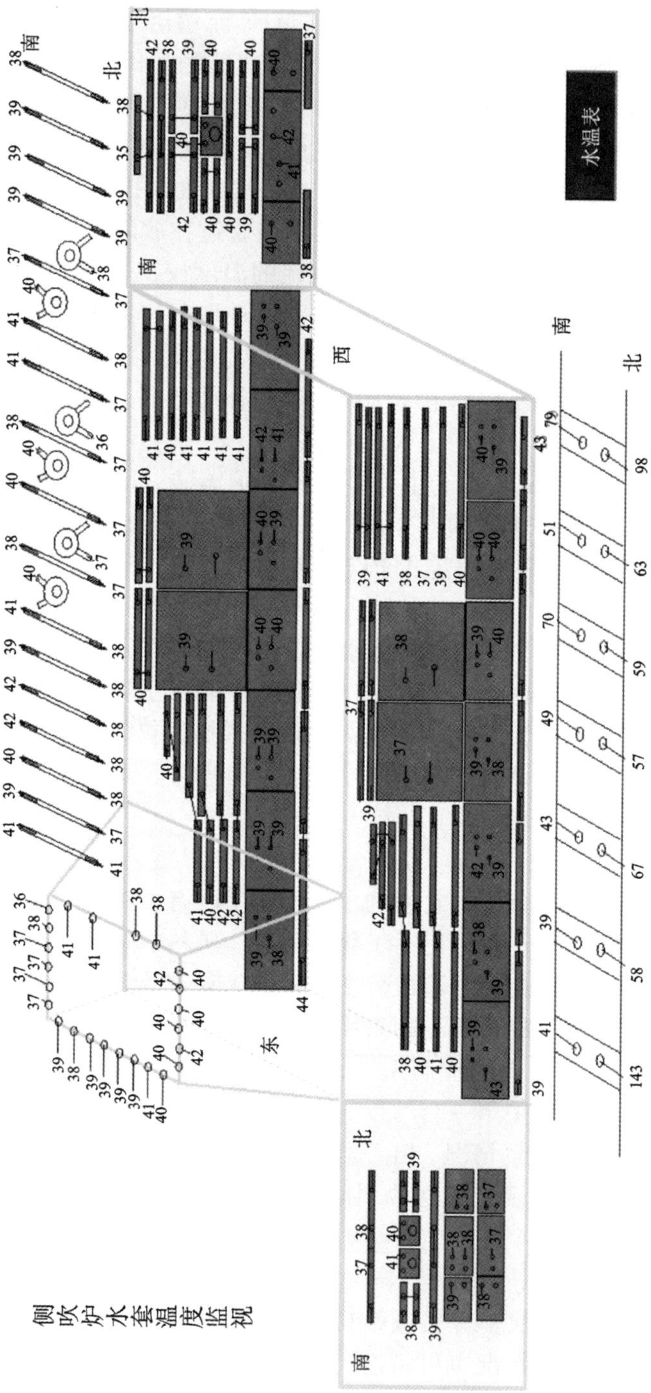

图2-34 侧吹炉上料监测界面

5. 技术经济指标控制与生产管理

目前，侧吹炉受到制酸及制氧等因素制约，产能得不到有效释放，规模效应不明显。但侧吹炉吨矿加工费、回收率、炉龄、能源单耗等指标均达到国内较高水平。随着氧浓度的提高及剩余风口的使用，预计投矿量及床能率能够出现大幅度的提高。

1) 原辅材料控制与管理　原料包括铜精矿和返料；辅助材料为熔剂和燃料。

(1) 精矿质量控制　与其他炉型相比，侧吹炉具有较强的原料适应性。混合精矿成分适应范围广，入炉混合精矿成分如表 2-33 所示。对原料粒度及水分均无太大要求，部分低品位、杂质成分复杂的铜精矿经过混矿后均可处理。备料时只需用行车抓斗混合均匀，通过计量皮带即可直接入炉，省去了破碎、烘干等环节，处理流程短、成本低、处理能力大、操作灵活。

表 2-33　侧吹炉混矿成分/%

Cu	S	Fe	SiO_2	CaO	MgO
20~28	25~32	25~30	6~9	0.8~2	<1

(2) 熔剂质量控制　侧吹炉熔剂为石英砂及石灰石，其主要控制指标如表 2-34 所示。

表 2-34　侧吹炉熔剂控制指标/%

溶剂种类	SiO_2	CaO	MgO	粒度/mm
石英砂	>95	—	<3	1~10
石灰石	<3	>48	<1.5	1~10

(3) 燃料质量控制　侧吹炉所用燃料为粉煤及粒煤，其主要控制指标如表 2-35 所示。

表 2-35　侧吹炉燃料控制指标/%

燃料种类	C	H_2O	干基灰分	燃烧值/($MJ \cdot kg^{-1}$)	粒度/mm
粒煤	>63	<8	—	≥25	10~20
粉煤	>55	<8	<20	≥23	—

2) 能量消耗控制与管理　侧吹炉及前床、吹炼炉的主要能耗包括煤、电、水、柴油等，鹏晖铜业粗铜熔炼主要能耗指标如表 2-36 所示。

表 2 - 36　鹏晖铜业粗铜熔炼能耗指标

序号	能耗项目	单耗	系数	折合标煤单耗/(kgce·t⁻¹)
1	电/(kW·h·t⁻¹)	723.09	0.1229	88.87
2	制氧耗电/(kW·h·t⁻¹)	378.95	0.1229	46.57
3	粉煤/(kg·t⁻¹)	103.82	0.7143	74.16
4	粒煤/(kg·t⁻¹)	174.69	0.7143	124.78
5	柴油/(kg·t⁻¹)	7.56	1.4571	11.02
6	焦炭/(kg·t⁻¹)	6.13	0.9714	5.96
7	井水/(t·t⁻¹)	1.47	0.12	0.18
8	自来水/(t·t⁻¹)	7.06	0.12	0.85
9	制氧耗水/(t·t⁻¹)	0.70	0.12	0.08
10	合计			352.46
11	蒸汽冲减/(kg·t⁻¹)	-1673.37	0.129	-215.86
12	冲减后/(kg·t⁻¹)			136.60

目前，侧吹炉受氧浓度较低的影响，其能耗潜力并没有得到充分挖掘。由于氧浓度低，需补充煤辅助供热，同时导致烟气量较大，带走的热量较多。随着氧浓度较大的提高，侧吹炉能源消耗可得到较大幅度的降低。目前，侧吹炉热平衡情况如表 2 - 37 所示。

表 2 - 37　侧吹炉热平衡计算

序号	名称	数值/(×10³kJ·h⁻¹)	比例/%	序号	名称	数值/(×10³kJ·h⁻¹)	比例/%
		加入				产出	
1	反应生成热	194497.28	82.2	1	铜锍带出热	23466.73	9.92
2	装入物带入热	3680.56	1.56	2	渣带出热	50558.04	21.37
3	鼓风带入热	11894.95	5.03	3	烟气带出热	86891.49	36.73
4	漏风带入热	2810.27	1.19	4	烟灰带出热	2234.1	0.94
5	粒煤燃烧热	23700.25	10.02	5	分解热	20454.78	8.65
6				6	水分耗热	33533.89	14.17
7				7	熔化热	480.48	0.2
8				8	熔炼热损失	18963.8	8.22
9	合计	236583.31	100	9	合计	236583.31	约100

3) 金属回收率控制与管理　由于侧吹炉采用电炉贫化，贫化后炉渣含铜可低至 0.6% 以下。炉渣处理成本低、流程短。同时，因鼓风从熔体炉子两侧下方送

入，扬尘较小，烟尘率低。通过合理控制，侧吹炉直收率可为 98% 以上。在烟尘率基本稳定的情况下，侧吹炉直收率与回收率的提高关键在于渣含铜的控制，影响渣含铜的主要因素如下。

（1）熔体温度　实践表明，熔体温度对渣中铜锍的沉降具有显著影响。温度较高，渣铜分离较好。

（2）渣型　为确保合理渣型、保证渣的流动性，从而有利于铜锍的沉降，可明显降低渣含铜。

（3）渣层厚度　一般越靠近铜锍层，渣含铜越高。因此，保证渣层的厚度，可以确保从渣口流出的都是低品位炉渣。

（4）铜锍品位　渣含铜随着铜锍品位的升高而升高。

4）产品质量控制与管理　侧吹熔炼具有原料适应性强的特点，随着市场变化，侧吹炉原料结构变化较大。因此，需要及时地调整操作模式，保障铜锍品位的稳定及烟尘率维持在较低水平。

（1）铜锍品位的控制　在风量稳定的情况下，侧吹炉操作一般通过调整熔体温度、返回品的加入量或燃料率达到稳定铜锍品位的目的。返回品的加入主要用来调整原料硫铜比，而燃料率的改变主要用来调整精矿的脱硫率。

（2）烟灰率的控制　侧吹炉具有烟尘率低、烟灰品位高、可直接返炉的特点。目前侧吹炉烟尘率基本维持在 1.0% ~ 1.2%。烟灰的一般成分如表 2-38 所示。

表 2-38　侧吹炉烟灰成分/%

Cu	S	Fe	SiO$_2$	CaO	MgO	Pb	Zn
21.57	5.57	34.86	9.10	2.12	2.03	0.84	2.66

5）生产成本控制与管理

某企业富氧侧吹熔池熔炼的生产成本及其构成见表 2-39。

表 2-39　某侧吹熔池熔炼的生产成本及其构成

项目	单位成本/元	构成比例/%
1. 辅料	123.2	6.21
其中：石英砂	60.0	
石灰石	6.0	
镁砖	21.5	
氧气管	7.4	
石墨电极	28.3	

续表 2 - 39

项目	单位成本/元	构成比例/%
2. 燃料动力	1250.6	63.04
其中:		
富氧	439	
氧气	1.6	
电	466	
粉煤	85	
块煤	230	
自来水	22	
柴油	7	
工资	260	13.11
制造费用	350	17.64
车间加工费	1983.8	100.00

由表 2 - 39 可以看出,燃料动力成本比例最大,占整个熔炼成本的 63.04% 左右,辅料成本占 6.21%,人工费占 13.11%,制造费占 17.64%。燃料动力成本主要有煤、电及富氧。提高原料含硫量和富氧浓度可减少块煤消耗,尽可能保持炉子高负荷生产是降低燃料成本的重要手段。降低电耗成本重点是降低贫化电炉的电耗;辅助材料主要包括熔剂、耐火材料等,可通过提高炉寿来降低耐火材料的消耗。通过提高生产量而使单位产品的人工成本及制造费用下降。

另外,提高工艺水平是降低成本的重要手段。在原有富氧侧吹的基础上,已成功研发出富氧侧吹熔炼 + 多枪顶吹吹炼连续炼铜工艺,现已在烟台国润铜业有限公司投入运行,效果较好,吨铜成本可降到 1550 元。

2.3 铜锍吹炼

2.3.1 概述

铜的火法吹炼主要有两种工艺:一种是连续吹炼,以三菱法吹炼和闪速吹炼为代表,另一种是间歇操作,以 PS 转炉为代表。

铜锍吹炼的目的是除去铜锍中的铁和硫及其他杂质,从而产出粗铜;同时将金、银及铂等贵金属几乎全部富集于粗铜中,为方便有效地提取回收这些金属创造了良好的条件。

铜锍吹炼的实质是利用空气作氧化剂，SiO_2 作造渣熔剂，直接将空气鼓入熔融的铜锍中，利用空气中的氧使 FeS 氧化，FeO 和加入的 SiO_2 造渣而与铜分离；然后使部分 Cu_2S 氧化，生成的 Cu_2O 和 Cu_2S 再进行交互反应，从而获得粗铜和 SO_2 烟气。目前，铜锍的吹炼过程绝大多数是在卧式侧吹(PS)转炉内进行的。闪速连续吹炼已在我国应用。

2.3.2　转炉吹炼

1. 概述

1905 年 Peirce 和 Smith 成功应用碱性耐火材料内衬卧式转炉吹炼铜。转炉吹炼为间断操作，过程复杂，终点人工控制，判断难度大；另外，烟气中二氧化硫浓度的波动范围大，不利于制酸，烟气易外漏扩散，污染环境。尽管如此，该工艺成熟可靠，一百多年来一直为全世界普遍采用。

2. 转炉吹炼系统运行与维护

1) 转炉　转炉本体结构如图 2-35 所示，包括筒体炉壳、炉衬、炉口、滚圈、齿圈、侧吹喷嘴(风眼、风座、连接金属软管、消音器)、裙板、配重盒等部分。

一般转炉炉壳为卧式圆筒，用锅炉钢板焊接而成，炉壳锅炉钢板厚度为 25 ~ 40 mm。上部中间有炉口，两侧焊接弧形端盖(以前较小炉型两侧端盖为钢板制作，加固用型钢，系用成对的槽钢纵横交错焊制成框架型式。这种结构整体性好，强度大，可阻止端盖变形。端盖通过圆周方向上均匀设置的拉杆和弹簧固定于滚圈上)，筒体靠近两端盖附近安装有支撑炉体的大托轮(整体铸钢件)，驱动侧和自由侧各一个。

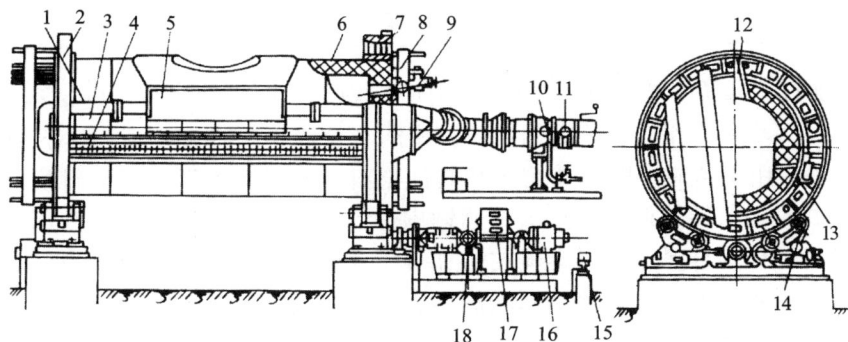

图 2-35　平端盖的转炉结构

1—炉壳；2—滚圈；3—U 形风管；4—集风管；5—挡板；6—隔热板；7—大齿轮；8—活动端盖；9—石英加入口；10—填料盒；11—闸阀；12—炉口；13—风口；14—托轮；15—润滑油泵；16—电机；17—减速器；18—电磁制动器

转炉吹炼的温度为 $1100 \sim 1300\,℃$，所以在炉壳内部用耐火砖砌成炉衬。炉衬按受热情况、熔体和气体冲刷情况不同，各部位砌筑的材质有所差别。炉衬砌体留有膨胀砌缝宜严实。对耐火材料的选择有以下要求：耐火度高，高温结构强度大，热稳定性好，抗渣能力强，高温体积稳定，外形尺寸规整、公差小。能满足以上要求的耐火材料是铬镁质耐火材料。炉衬厚度分别为：上、下炉口部位 230 mm，炉口两侧 200 mm，圆筒体 400 mm + 填料 50 mm，两端墙 350 mm + 填料 50 mm。

转炉附属设备由送风、倾转、排烟、环集、加料输送等系统组成。

2）加料及输送系统　加料及输送系统可分为 3 个方面：桥式起重运输机、加石英熔剂系统、残极加料系统。

（1）桥式起重运输机　桥式起重运输机是将熔融液态铜锍加入转炉吹炼，再将粗铜运送并加入精炼炉内的专用设备，其起重量通常为包子自重与盛满熔体重量总和的 $1.15 \sim 1.25$ 倍，采用重级工作制（JC40%）的起重运输机。选择配置一个主钩和一个副钩或一个主钩和两个副钩的起重运输机。例如同一厂房内 5 台转炉和 3 台精炼炉，就需要安装 4 台起重运输机。桥式起重机选用实例如表 2 - 40 所示。

表 2 - 40　桥式起重运输机选用实例

转炉规格/（m × m）	$\phi 2.2 \times 4.39$	$\phi 2.6 \times 4.64$	$\phi 3.66 \times 7.1$	$\phi 3.6 \times 7.7$	$\phi 4 \times 9$	$\phi 4 \times 10.7$
起重量/t	5/20/5	30/5	15/50/15	15/50/15	65/30	65/30
台数/台	2	2	2	2	2	2
工作级别/JC	40	40	40	40	40	40
跨度/m	13.5	16.5	22.5	22.5	20	20

（2）加石英系统　加石英熔剂系统由中间料仓、板式给料机、皮带运输机、装入皮带、活动溜槽和加料挡板等组成。中间料仓由钢板焊接而成，其下部漏斗内附有衬垫，用于暂时存贮石英熔剂和其他物料。仓下配置了板式给料机，给料速度由板式给料机转速调整器调节。运输皮带均由摆线式减速电动机驱动，通常用莫里克里秤作为计量装置。运输皮带和装入皮带之间配置了切换挡板，切换挡板可将熔剂引到作业炉中。熔剂活动溜槽为钢板焊接结构，能通过安装在侧烟罩上的铸钢装入口伸入烟罩内。加料挡板设在溜槽的入口，石英熔剂一般由加料溜槽从转炉烟罩侧面加入，溜槽下降前，挡板打开；溜槽上升后，挡板立即关闭，以保证烟罩良好密封。活动溜槽的上下限、加料挡板的开闭等信号均由限位器检测并进行连锁。

转炉用熔剂和冷料等由设在中间仓后的熔剂皮带上的电子秤称量，其称量信号传送到转炉炉前控制室内。料量的调节由给料机控制。

（3）残极加料系统　电解残极或部分不合格阳极板一般用残极加料机加入转炉，本设备的运行状态分为上料运行和投料两种状态。以下是大冶公司残极加料系统的运行情况。

上料运行时，叉车将符合尺寸要求的残极垛叉至垂直提升装置的提升斗上，通过提升装置将残极垛提升至水平链运机平面，然后水平移载小车将残极垛移送到水平链运机输送链上，通过宽度调整装置将残极垛在输送链上对中，再由链运机运行一个工作距离（6 个链距，1800 mm），如此循环。水平链运机可储存 12 垛残极垛。

投料运行时，倾转油缸将倾转溜槽推至水平位置，链运机运行，将储存在链运机上的物料运送至头部极限位置，链运机停止运转（此时电机保持运转，电磁离合器断开），头部抬起推入装置落下后，推入油缸驱动推入板以将残极垛推入倾转溜槽内，推入油缸返回，升降油缸抬起推入装置，同时倾转油缸将倾转溜槽拉回到垂直位置，打开投入口闸门，投入油缸将残极垛推入转炉后返回。

3）侧吹喷嘴　在转炉的后侧同一水平线上设有一定数量的侧吹喷嘴，又称为风口，其结构见图 2-36。压缩空气（压力为 80 ± 20 kPa）由此送入炉内熔体中，参与氧化反应。它由水平风管、风眼底座、风口三通、弹子和消音器组成。其中：风口三通是铸钢件，用 2 个螺栓安装在炉体预先焊好的风眼底座上。水平风管通过螺纹与风口三通相连接。弹子装在风口三通的弹子室中。送风时，弹子因风压而压在弹子压环上与球面部位相接触，防止漏风。机械捅风眼时，虽因钎子把弹子捅入弹子室而漏风，但钎子一拔出来，风压又把弹子压向压环，以防漏风。消音器用于消除捅风眼时产生的漏风噪声。它由消音室、消音块、压缩弹簧和喇叭形压盖组成。

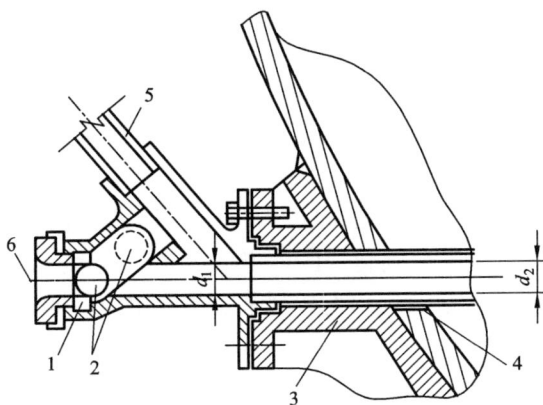

图 2-36　风口结构

1—风口盒；2—钢球；3—风口座；4—风口管；5—支风管；6—钢钎进出口

风口是转炉的关键部位，其直径一般为 38~50 mm。风口直径大，其截面积就大，在同样鼓风压力下鼓入的风量就多，所以采用直径大的风口能提高转炉的生产率。但是，当风口直径过大时，容易使炉内熔体喷出。所以转炉风口直径的大小应根据转炉的规格确定。

风口的位置一般与水平面成 3°~7.5°。风口管过于倾斜或风口位置过低，鼓风所受的阻力增大，将使风压增加，并给清理风口操作带来不便。同时，熔体对炉壁的冲刷作用加剧，影响炉寿。实践证明，在一定风压下，适当增大倾角，有利于延长空气在熔体内的停留时间，从而提高氧的利用率。在一般情况下，风口浸入熔体的深度为 200~500 mm 时，可以获得良好的吹炼效果。

3. 生产实践与操作

1) 工艺技术条件与指标　生产实践中，工艺技术条件的精确控制是获得良好技术经济指标的重要保证。

(1) 技术条件　技术条件包括吹炼和供风制度，温度和炉口风压及漏风系数。

①吹炼制度　转炉的吹炼制度有 3 种：单炉吹炼、炉交换吹炼和期交换吹炼。目前国内多采用炉交换吹炼，其目的在于提高转炉送风时率、改善向硫酸车间供烟气的连续性。单炉吹炼：工厂一般只有 2 台转炉，其中 1 台操作、1 台备用。1炉吹炼作业完成后，重新加入铜锍，进行另一炉次的吹炼作业。炉交换吹炼：工厂一般有 3 台转炉，其中 1 台备用、2 台炉交替作业。在 2# 炉结束全炉吹炼作业后，1# 炉立即进行另一炉次的吹炼作业。但 1# 炉可在 2# 炉结束吹炼之前预先加入铜锍，2# 炉可在 1# 投入吹炼作业之后放出粗铜，这样缩短停吹时间。

期交换吹炼：工厂一般有 3 台转炉，其中 1 台备用、2 台炉交替作业，在 1# 炉的 S1 期与 S2 期之间，穿插进行 2# 炉的 B2 期吹炼。将排渣、放铜、清理风眼等作业安排在另一台转炉投入送风吹炼后进行，将加铜锍作业安排在另 1 台转炉停吹之前进行，仅在 2 台转炉切换作业时短暂停吹，缩短了停吹时间。

②供风　铜锍吹炼的一系列复杂的物理和化学过程，都是通过鼓入炉内的空气来进行的。转炉高压鼓风机供风路线：空气→鼓风机进风阀门→鼓风机→鼓风机出风阀门→主风管→管道阀门→主风管→万向接头→风箱→U 形风管→金属软管支风管→风口→炉内。因而保证向炉内供给足够的风量是转炉吹炼的基本条件，供风制度的好坏直接影响到转炉的生产率等各项技术经济指标以及转炉的操作。转炉吹炼最重要的参数是风口的送风能力，即单位时间内通过风口管道单位横截面积上的风量 $[m^3/(cm^2 \cdot min)]$，送风压力直接影响转炉的送风能力及其运行状况。转炉的供风是通过浸埋在熔体中的风管向炉内熔体鼓入的。单位转炉容积送风量一般为 8~15 $[m^3/(m^3 \cdot min)]$，风口送风强度大多为 0.5~0.75 $m^3/[(cm^2 \cdot min)]$，风口风速多为 100~150 m/s，操作中必须严格控制。单位转炉容积送风量偏高，风口送风强度偏大，都会使熔池搅拌激烈，喷溅严重，

给转炉操作带来困难。

确定转炉送风压力的依据是既能克服整个送风阻力(动压和静压之和)使炉内熔体充分搅拌，又要使送风工作点避免进入鼓风机喘振区。

送风压力正常值为 80～120 kPa，若送风压力太大，熔体和气泡群的机械运动激烈，强烈冲刷耐火砖，减少其使用寿命，且易引起熔体严重喷溅；送风压力太小，会造成炉内熔体倒灌而堵死风眼。为防止这种事故的发生，即当风管压力达到下限(目前设定 50 kPa)时，炉子会事故倾转，使风眼脱离熔体液面。

由于转炉吹炼作业的特性，风量和压力上下波动时，鼓风机发生喘振，大幅度波动时，易损坏鼓风机叶轮，影响转炉正常生产，因而要设置防喘装置。对转炉操作工来讲，就是要控制好送风压力，防止鼓风机工作点进入喘振区。

鼓风机所供给的鼓风有多项空气损失，包括送风系统与风口漏风时的空气损失，转炉熔池内空气中的氧未被充分利用，在转炉进料、放渣、清理炉口、等炉停风时间内的空气损失。所有这些空气损失的总和，视设备的技术状态而异，但均应认真控制，以降低损失。转炉吹炼空气正常风压为 80～120 kPa，因此，选用风机的实际出口风量必须达到以上风量和风压要求，才能满足转炉正常生产的要求。

最佳送风量由多种因素决定，即使同一台设备，也要根据所处理铜锍量不同而变。一般而言，决定最佳送风量的因素有机械、冶金及生产计划三类，根据这三方面的需要，对鼓风量既限制最大值又限制最小值。限制最大送风量是为了防止熔体喷出和频繁喷溅，防止喷溅物在炉后烟罩表面附着堆积，逐渐变成数吨重的大块烟道块滑落，以致砸坏炉后捅风眼机的轨道及引起炉体倾转系统故障。限制最小送风量是为了保证生产能力和防止因送风量很小使熔体溅出炉外，在始吹或熔体温度偏低时往往会出这种故障，但随着吹炼进行，反应热增加，情况迅速好转。

装入熔剂等冷料时如果送风量过大，就会妨碍冷料入炉操作，使冷料落到炉子下面或增加进入余热锅炉(烟室)的烟尘。为使底渣和各期中装入的冷料完全熔化并进行反应，如果过分地增加送风量，会使熔体和烟气温度大幅升高，但是因底渣和大块冷料温度低，反应速度慢，它们仍然有可能没充分熔化和反应。

送风量大时会对耐火砖产生如下影响：(A)单位时间产生的热量增多，风口周围的温度上升导致风口耐火砖损耗加快；(B)送风速度大，反应的中心离风口前端远，对保护耐火砖有利；(C)因吹入空气的动压大，熔体和气泡群的机械运动激烈，冲刷耐火砖的能力强，加快其损耗；(D)因为在送风时风口许可动阻力增大，进行捅风眼的频率大，加剧耐火砖的损耗。综上所述，送风量大对保护耐火砖不利。

总之，转炉最佳送风量的选择，除要综合考虑上述因素外，还需考虑生产计划因素，如必要的铜锍处理量、每炉次的铜锍处理量、送风形式、必要的停风时间，单位铜锍质量的必要送风量，以及单位时间的送风量等。

③温度　控制温度的办法是调节鼓风量和适量加入冷料。转炉操作温度：造渣期为 1200～1250℃，造铜期为 1220～1250℃，铜锍熔体温度 1150℃，炉渣熔体温度 1250℃。除吹炼过程应严格控制温度外，开炉前应严格按升温曲线烤炉，烤炉一般用焦炭、重油或液化气等燃料。中小修停炉时也不能急冷，热炉等料时应烧油保温。

④炉口压力及漏风系数　控制炉口压力 -20～50 Pa 及漏风系数 50%～120% 主要是为了减少烟气量、维持烟气二氧化硫浓度，使之适用于制酸。炉口漏风系数与炉口操作压力及烟罩密封程度有关。

（2）主要指标　主要指标包括送风时率、直收率、生产率及炉子寿命。

①送风时率　转炉吹炼是间歇式周期作业，在生产周期中，转炉送风时间与炉总操作时间的比值，通常称为送风时率，用百分数表示。它是衡量炉长操作、生产组织能力、上下工序配合紧密程度以及工厂的机械化、铜锍品位、设备布局合理性的重要指标。炉总操作时间是指转炉一个吹炼周期的总和，其中包括转炉在高压鼓风下吹炼的时间和其他各类停风时间，如进铜锍和冷料、放渣、进冷铜、出铜、清理炉口等（不包括事故停风和停风等料）。送风时率可按下式计算：

$$送风时率 = \frac{送风时间}{炉总操作时间} \times 100\% \qquad (2-5)$$

单炉连续操作时，送风时率可为 50%～60%。

②直收率　铜的直收率与铜锍品位、铜锍中杂质的含量、鼓风压力和送风量、转炉渣的成分以及操作工技能等因素有关。生产实践中采用式（2-6）计算：

$$\eta = \frac{粗铜产量(t) - 入炉冷铜量(t)}{入炉铜锍量(t) \times 铜锍品位} \times 100\% \qquad (2-6)$$

③转炉生产率　转炉生产率可用下面 3 种方法表示，即炉日产粗铜量、生产吨粗铜时间、日炉处理铜锍吨数。分别用式（2-7）、式（2-8）及式（2-9）计算。

$$单炉日产粗铜量 = \frac{鼓风量 \times 鼓风时率 \times 空气利用率 \times 24}{产出 1 t 粗铜所需的空气量}(t) \qquad (2-7)$$

由于影响单炉日产粗铜量的因素很多，在工厂实践中，通过统计一个时间周期的产量，取其平均值为实际单炉日产粗铜量。

$$吨炼时间 = \frac{操作时间}{粗铜产量}(min/t \; Cu) \qquad (2-8)$$

$$单炉日处理铜锍量 = \frac{鼓风量 \times 鼓风时率 \times 空气利用率 \times 24}{处理 1 t 铜锍所需的空气量}(t) \qquad (2-9)$$

④耐火材料消耗　耐火砖消耗与炉寿命、铜锍品位、转炉容量、操作制度等有关。炉寿命短、铜锍品位低、炉子容量小，耐火砖消耗就相应高。国外铜锍转

炉吹炼耐火材料消耗为 2.25 ~ 4.5 kg/t。

⑤炉寿命　炉寿命是指炉子大修后开炉，一直炼到下次大修时所炼的粗铜产量或者所炼的炉数，通常采用炉次统计反映炉寿命。它是衡量转炉生产的重要经济指标，与铜锍品位、耐火砖材质、筑炉质量、耐火材料的分布及吹炼热制度、风眼送风操作等因素有关。比较炉寿命的好坏，可以用耐火砖单耗衡量。

$$耐火砖单耗 = \frac{大修用耐火砖(kg) + 各小修用耐火砖(kg)}{前后两次大修期内总的产铜量(t)}(kg/tCu)$$

$$(2 - 10)$$

归结起来炉衬损坏主要是受机械力、热应力和化学浸蚀三种力作用的结果。机械力的作用主要是指熔体对炉衬的冲刷磨损和清理风口不当时对炉衬所造成的损坏。转炉吹炼是间歇式周期性作业，在供风和停风时炉内温度变化剧烈，在热应力的作用下引起耐火材料掉片和剥落。化学浸蚀主要是炉渣熔体的浸蚀，铜锍和金属铜也产生很大的浸蚀作用。

2)操作步骤及规程　操作步骤包括烘炉、挂渣、筛炉、二周期吹炼和出铜等。

(1)烘炉　在转炉点火烘炉之前，各系统设备必须完成空载及带负荷试车，试车正常具备开车条件。炉体升温曲线如图 2 - 37 所示。

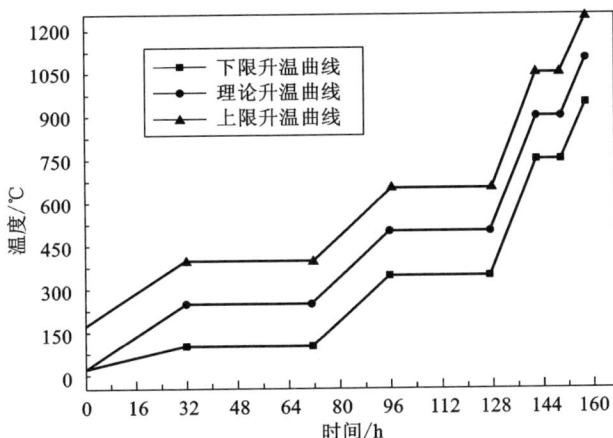

图 2 - 37　转炉烘炉升温曲线

(2)炉体挂渣　待炉内温度达到 1200℃ 且具备进料条件后，进 4 包料开风、配氧 300 m³/h，不加石英吹炼 30 ~ 45 min，产生高磁性铁渣喷溅使炉体挂渣。然后连续进 2 包料加熔剂造渣，若渣性不好再进 2 包料还原放渣。

(3)筛炉　通过看火焰(呈碧绿色)、看炉后黏结物(具有黏性)、用渣板试渣(渣板"带花")等方法判断筛炉终点。尽量放尽炉渣。

(4)二周期吹炼　冷铜加入，根据炉温、液面、送风情况及供氧情况确定加入量。一次性不能加入过多，尽量稳定炉温。

(5)出铜　通过取样(铜样有大泡)、试钎(钎表面呈紫铜色)、看火焰(火焰黄色、摇摆无力)等准确判断出铜终点。进精炼的粗铜以平板铜为准。造铜到达终点时,粗铜包要用较厚的渣包。

3)常见事故及处理　转炉吹炼常见事故包括喷炉、粗铜过吹、熔体过冷及渣黏。

(1)喷炉事故　磁铁渣、石英加入过量、冷料投入过多及未排尽渣就强行造铜等原因均可导致喷炉事故发生。

①磁铁渣喷炉　造渣石英熔剂量不足及转炉渣过吹都会形成四氧化三铁磁性渣。

(A)如果造渣期投入的石英熔剂量不足,则有部分 FeO 无法与 SiO₂ 造渣,而继续氧化成 Fe₃O₄ 生成磁性铁渣。这种磁性铁渣比重大、黏度高且流动性差,使鼓入炉内的气体不易穿透熔体表面渣层,鼓入的气体在熔体内愈积愈多,当气压大大超过上层熔体的静压时,就会引起喷炉事故。处理方法是,加半包或一包热铜锍,且加入足够量的石英熔剂后继续进行吹炼作业,使磁性氧化铁还原造渣:

$$3Fe_3O_4 + FeS + 5SiO_2 \longrightarrow 5(2FeO \cdot SiO_2) + SO_2 \qquad (2-11)$$

(B)由于放渣不及时而造成转炉渣过吹,使之过氧化形成四氧化三铁磁性渣,同时渣温降低,黏度增大,熔体中的气体不能畅快地排出炉口,最后引起喷炉事故。处理方法是追加适量的热铜锍(一般要一包铜锍)后,稍吹炼一段时间,待转炉炉温上来后即停风放渣,把前面造好的渣放出炉体后,再加适量的石英,继续吹炼造渣。

②造渣期石英加入过量而引起的喷炉事故　由于石英加入过多,使渣性恶化,渣黏度增大,且易在渣表层形成一层絮状物(游离态的石英),致使气体不易排出,造成喷炉事故。处理方法是追加热铜锍继续吹炼,改变渣性,造成良性渣。

③冷料投入过多而引起的喷炉事故　无论是造渣期或造铜期,若冷料一次性投入太多,会引起熔体表面温度降低、熔体黏度大、送风阻力大,往往夹带着熔体呈团块状喷出炉口。处理方法是及时修正冷料加入量,适当地降低送风量,加大用氧量,调整炉子的送风角度,以尽快促使熔体温度回升,待正常后可恢复以前的作业状况。

④造铜终点前的喷炉事故　由于造渣期的渣型不好,未排尽渣就强行进入二周期。当接近造铜终点时,熔体中的硫含量不断减少而使反应热越来越少,致使温度降低,这时若熔体表面的渣层厚,把大量气体阻挡在熔体里面,超过一定的限度时便会喷炉。处理方法是,发现有喷炉迹象时,立即将炉子倾转到进料位置后加入适量的残极以破坏渣层的凝结性,排放出积压的气体,或加入一些木材使渣层与木材搅拌在一起,木材燃烧产生的 CO₂ 和热量可破坏渣层的凝结性,此时送气量宜稍微降低,且调整炉子吹炼角度;另外也可停风,倒出底渣后,再继续

吹炼。

（2）粗铜过吹　粗铜过吹时其特征是，烟气消失，火焰暗红色、摇摆不定，炉后取样的黏结物表面粗糙无光泽，呈灰褐色，组织松散，冷却后易敲打掉下。其原因是对造铜终点判断失误，或因炉体倾转系统故障造成造铜终点已到，但不能及时转停风。处理方法是，采用高品位固态铜锍（最好采用固态的白锍）进行还原反应，根据过吹的程度确定投入量；采用追加热铜锍的方法，视过吹的程度来确定铜锍加入量，若加入的热铜锍过多还原过头时，可继续进行送风吹炼，直到造铜终点。值得注意的是，粗铜过吹后，用铜锍还原的反应进行得很快，并放出大量的热，使炉内气体体积迅速膨胀，气压增大到一定程度，就会形成巨大的气浪冲出炉外，因此过吹铜还原时一定要注意安全，还原要慢慢进行，不断地小范围内摇动炉体，促使反应均匀进行。

（3）熔体过冷　其原因是停电或设备故障等，造成转炉进料后无法吹或待吹，若保温不当，且时间超过 6 h，会使熔体表面结成厚壳；或向熔体内加入冷料过多，热量收支失衡，造成炉内熔体结冻或局部凝结成团，无法倾出炉口。熔体过冷的现象主要表现为炉膛呈暗红色或黑色，熔体厚，盖打不开，即使用炉口机打开一个洞，渗出的液体也呈暗红色，黏稠且很快会凝结。结果送风吹炼，不见熔体的喷溅物和浓烟出现，越吹越凉。处理方法是在液面角允许的范围内最大限度地追加热冰铜后立即送风吹炼，增加富氧率，推迟加入石英熔剂的时间，修正冷料加入量，必要时可以不加冷料以确保炉内反应正常。

（4）转炉渣黏的原因及处理　渣黏的原因是渣过吹，铜锍造渣吹炼到终点，白锍含 FeS 为 1.0%～2.0%，而未及时放渣，造成大量的磁性氧化铁生成，渣层温度降低，渣即发黏，流动性变差，倒入渣包易黏结，渣较厚。过吹渣冷却后呈灰白色，喷出时正常渣呈圆而空的颗粒，过吹渣呈片状，同时喷出频繁。石英熔剂过多会使渣黏度增大，钢钎黏结粗糙，且熔体表面有游离的棉絮状石英，喷出渣成团状。冷料加入过多使熔体温度偏低，渣黏性升高，炉前取样样板黏结厚。特别是大块冷料不能及时熔化和参与反应，致使排渣困难。石英熔剂少加或晚加会使一部分 FeS 氧化成 Fe_3O_4，严重时有大量磁铁产生，使钎样带刺，浮渣量少而底渣量大，铜锍带渣。处理方法是尽量把渣放出来，且根据渣黏的原因，追加适量的热铜锍，调整石英熔剂量和冷料量，适当的缩短吹炼时间。

4. 计量、检测与自动控制

1）计量　转炉吹炼计量包括入炉铜锍计量，熔剂石英石称重计量，风量、氧量的计量，输入铜锍品位及出炉炉渣含铜含硅检测分析，生产吨铜水电成本计量等。

入炉铜锍主要采用铜包和天车的方式进行称重计量，熔剂石英石则使用计量皮带秤的方式计量。其中天车秤的主要原理是当载荷作用于称重传感器时，称重传感器的形变由惠斯通电桥原理引起输出电压发生线性变化并发送给称重仪表，输出电压经称重仪表换算成实际重量后在显示屏上显示。计量皮带秤由称重传感器、速度传感器和称重仪表构成。当单位长度上的物料重量作用于称重传感器时，称重传感器的信号和速度传感器的信号传送至称重仪表后由称重仪表换算出带料量并和 PLC\DCS 给出的设定值进行比较，比较后输出 AO 信号对皮带速度进行调节。如此形成闭路 PID 调节环，保证带料量的精确、稳定。石英熔剂的用量直接关系到粗铜品位及炉寿命等关键经济指标，所以，石英石电子皮带秤需要经常校验检查。

转炉吹炼最重要的就是炉前风量、氧量计量，一般采用笛形管流量计，将流量变成差压并通过差压变送器检测后转换为 4~20 mA 信号传递给 PLC\DCS 处理，然后在操作员计算机集中显示，这样便于操作工对工艺进行控制。

传统上，对于用水用电的计量不太重视，而当今铜企竞争激烈，水电成本计量尤其重要，转炉的吹炼需要大量电能来产生鼓风，因此，实时的水电计量显示系统能够提高调度管理水平。

2）检测　转炉的检测系统主要是对于压力、温度、物位、介质成分的检测。

压力检测主要有风压、氧压以及炉膛负压、冷却水套水压等。其中风压、氧压的检测比较重要，由于送风风眼在铜水液面下吹炼，因此，一旦风压欠压，将会导致风眼堵死，甚至发生生产事故。因此压力计的准确可靠检测对降低事故损失有关键作用。通常的做法是压力变送器和压力继电器同时对风压、氧压进行检测。

温度检测主要包括炉膛辐射温度、熔池温度、烟气温度等的检测。熔池的温度是通过一次性快速测温热电偶或红外测温仪测量。炉膛温度则由烟道内烟气的温度推算得出。烟气温度由安装在烟道上的热电偶测得。因为烟气具有高温、高流量、高腐蚀等特性，在选用热电偶时，应选用耐高温、耐腐蚀、具有足够强度的保护套管，并且在安装时尽量垂直安装。

物位检测主要是各料仓料位的检测。仓料位测量主要采用雷达物位计，考虑到现场粉尘多，可采用带反吹功能的雷达物位计。

成分检测主要是入炉铜锍、粗铜、熔炼渣以及氧气浓度、烟气成分检测。铜锍、粗铜和渣成分主要采用 X 荧光光谱仪分析。氧浓度采用氧浓度分析仪测量，烟气成分则采用二氧化硫分析仪进行分析。烟气中因为含有大量粉尘，因此分析仪的预处理系统要选择过滤和反吹系统。由于检测技术的进步，许多过去无法检测的数据现在也可检测，比如通过对吹炼过程中烟气成分的光谱分析，可以帮助炉前工提高操作准确性。

3）自动控制　PS 转炉自动控制系统采用 PLC/DCS 进行控制，采用冗余的电源、处理器、网络使其具有可靠性高、运算速度快等优点。转炉控制系统大量应用了现场总线技术，现场开关按钮及检测元件将信号传输给 I/O 点，各个 I/O 模块将检测信号通过现场总线将数据快速传递给 CPU，控制 CPU 根据这些数据及程序做出正确的反应并通过以太网显示在操作员站上，这就是典型的控制网络与信息网络的有机结合。为保障控制系统及仪表的可靠正常运行，电源质量十分重要，特别是当今变频器等设备的大量使用，因此，隔离变频器可对 UPS 电源起到良好的隔离作用。转炉吹炼生产较为复杂，设备众多，功能强大的大型控制系统有利于全系统集成控制。转炉控制系统包括炉体自动倾转系统、风量与氧量自动调节系统和加料系统。

炉体自动倾转系统是转炉设备安全生产的关键，其功能主要是保证当风压过低或交流失电时，会自动控制炉体转动到安全角度以确保设备和现场生产人员的安全。炉体自动倾转系统包括电源欠压与风压欠压保护系统。炉体交直流驱动与控制系统由绕线型交流异步电机、直流电机、抱闸、减速机、控制盘柜等组成，当市电欠压或停电时将立即切换到直流电源由直流电机将炉体倾转到安全位置。风压欠压保护系统由压力变送器、压力继电器和炉体倾转系统组成。通过压力变送器和压力继电器双重检测，当其中任一检测到风压不足时即驱动炉体倾转系统使炉体倾转到安全位置。

风量、氧量自动调节系统是通过对送风阀、送氧阀、放空阀的调节使吹炼生产时送入炉体的风量、氧量与生产工艺要求一致。当风量流量计的检测值送至 PLC/DCS 控制系统时，与设定值比较，根据结果经过 PID 计算后驱动送风阀，调节风量。风量调节引起的风压变化由压力变送器测得后同样根据比较结果经过 PID 计算对放空阀进行驱动，调节放空量保证风压稳定。如此经过双 PID 调节后即保证了风压、风量的准确、稳定。氧量同样根据氧量流量计的检测值送至 PLC/DCS 控制系统时，控制系统将其与设定值进行比较，根据比较结果经过 PID 计算后对送氧阀进行驱动，调节氧量。因为氧气是高价值气体，所以由调节变化引起的氧压变化并不由现场放空调节而是由氧气站的氧气管网保压系统统一调节。风量也可通过变频器对供风风机进行调节达到目的，减少了能耗和排放，节约了成本。

加料系统包括石英石加料系统和残极铜加料系统。石英石加料系统通过计量皮带秤的 PID 闭环调节保证投入石英石料量的准确、稳定。残极铜加料系统包括提升、输送、到位检测等，该系统使回炉的残极铜自动投入炉体中，可使炉体转出投料的次数、时间减少，提高生产效率。

5. 技术经济指标控制与生产管理

1）技术经济指标　技术经济指标主要包括送风时率、铜的直收率、转炉寿命、生产率、耐火砖消耗。一般统计单炉装入量、单炉产量、单炉作业时间、单位时间的铜锍处理量、炉次等。

（1）送风时率　铜锍的吹炼过程是间断式周期性作业，在进料、放渣、出铜时必须停风。在停风期间，不发生任何氧化反应，炉温下降，影响下一步操作。因此需要熔炼炉、转炉和阳极炉的生产配合，尽量缩短转炉吹炼的停风时间，提高转炉的工作效率即送风时率；通过采取炉交换和期交换、加强组织协调等措施，减少进铜锍、冷料、冷铜、放渣、放铜等停风状态，还可以通过冷料仓皮带输送加冷料、残极加料机加冷铜等，避免转炉转出，提高送风时率。可以相应缩短转炉停风时间，但是不可能避免完全不停风。

（2）铜的直收率　铜的直收率与铜锍品位、铜锍中杂质含量（其中特别是锌铅等易挥发成分）、鼓风压力和送风量、转炉渣成分及操作技术（特别是放渣技术）等因素有关。铜锍品位低、杂质含量高，铜的直接回收率低。当铜锍中Cu + Fe含量为70%、S含量为25%、吹炼过程中铜损失为1%时，铜的直收率与铜锍品位有如下关系：

$$\eta = 104 - 350/B \qquad\qquad (2-12)$$

式中：η 为铜的直收率，%；B 为铜锍品位，%。

（3）转炉寿命　转炉寿命是衡量转炉生产水平的重要指标。转炉的寿命与铜锍品位、耐火材料质量、砌砖技术和耐火材料的分布、吹炼热制度、风口操作等因素有关。在吹炼过程中，转炉炉衬在机械力、热应力和化学侵蚀的作用下逐渐遭到损坏。工厂实践指出，转炉炉衬的损坏大致分为两个阶段：第一阶段，新炉子初次吹炼（即炉次初期）时，炉衬受杂质的浸蚀作用不太严重，这时受热应力的作用炉衬砖掉块掉片较多，风口砖受损严重。第二阶段，炉子工作了一段时间（炉次后期），炉衬受杂质侵蚀作用较大，砖面变质。

实践表明，炉衬各处损坏的严重程度不同，炉衬损坏最严重的部位是风口区及其上方区域，其次是靠近风口两端墙被熔体浸没的部分，炉底和风口对面炉墙损坏较轻。在造渣期，吹炼过程产出的炉渣（2FeO·SiO₂）能熔解镁质耐火材料，它既能使镁质耐火材料表面溶解，也能渗透进耐火材料内部，熔蚀耐火材料。温度愈高，MgO在转炉渣中溶解度愈大。在同一温度下，渣中 SiO₂ 含量增大，MgO在渣中的溶解度总的趋势是升高的，这说明高温下含 SiO₂ 高的炉渣对镁质耐火材料浸蚀严重。在造铜期，炉衬损坏比造渣期严重。采用富氧空气吹炼时，炉衬损坏比采用空气时严重。

（4）转炉生产率　转炉的生产率与炉子大小、铜锍品位、单位时间鼓入炉内的空气量、送风时率及操作条件等有关。大转炉无疑比小转炉生产率高。铜锍品位高，造渣时间短，炉子生产率也大。生产实践表明，铜锍品位提高1%，产量可以增加4%。鼓风量大小和送风时率高低直接影响转炉生产率。生产率与鼓风量、送风时率成正比，即鼓风量和送风时率愈大，转炉的生产率愈高。但是鼓风量不能无限增大，以免发生大喷溅和加剧炉衬损坏，可以采用富氧空气吹炼，提高炉子生产率。

2）原辅材料控制与管理　原辅材料控制与管理主要有入炉铜锍、石英熔剂和冷料、冷铜(粗铜块、废阳极板、电解残极、黑铜粉等)。

(1)铜锍的控制与管理　铜锍的控制与管理包括铜锍品位、装入量及温度的控制标准及生产管理两个方面。

①控制标准　(A)铜锍装入量：以 $\phi4.0$ m×11.7 m 炉型为例，铜锍装入量：第一炉期(S1)100～140 t，第二炉期(S2)40～65 t，总装入量 160～220 t。(B)铜锍品位：有关炼铜厂的入炉铜锍品位见表 2-41。典型铜锍成分(%)为：Cu 48～60，Fe 12～20，S 20～24。(C)铜锍温度：入炉前的铜锍温度为 1150±20℃。

表 2-41　入炉铜锍品位/%

厂家	熔炼炉	铜锍品位	最高品位	最低品位
大冶冶炼厂	澳斯麦特	52～57	62	42
云铜	艾萨炉	52～56	65	42

②生产管理　转炉铜锍装入量是确保转炉安全生产的重点管理环节。在生产过程中，由于物料成分的变化和一些人为的因素，熔炼炉排出的熔体会造成电炉炉况变坏，导致铜锍品位波动，从而引起放铜带渣或造成转炉的等料。如果转炉作业人员不能及时地把握好熔炼炉变化情况，转炉的吹炼作业就会受到影响。例如，熔炼炉况突然变化，铜锍量不足，铜锍品位异常波动(4%～5%)，放铜时铜量不足，甚至放不出，倘若对此情况不及时了解，转炉生产就会出现不规律的等料，吹炼无法正常进行，而且由于等料过长后，不仅会使转炉火焰过早"变化"，转炉的渣型变坏，还可能会因吹炼终点前移而出现过吹性喷炉故障，给安全生产带来危害。

另外，从转炉自身讲，随着吹炼作业的连续进行，炉衬因不断损耗而变薄，炉内容积不断增大，生产管理人员就不应按照原规定量下达进料指令。再从转炉的炉况考虑，由于冷料加入量失控或加入冷料的时机掌握不好，有时会出现过低温作业或局部的过冷，使炉壁挂渣过多或炉内局部出现堆积等现象，凡此种种，都应当根据变化了的实际炉况来确定合理的铜锍装入量或者包数，否则会使吹炼作业出现困难或造成喷炉事故。因此加强铜锍装入量的管理是转炉生产中必不可少的一个环节。

吹炼作业的铜锍一般是分 3～5 次装入，装入铜锍的次数及每次装入的量，主要由炉内料面的允许程度及处理铜锍品位和欲达到的粗铜产量决定，操作者按炉熔体的喷溅程度判断，若喷溅均匀、送风顺利，吹炼进展很快，则表明加料时机和数量适当，具体应从以下几个方面做起。

经常了解熔炼炉炉况变化，预计到可能出现的等料或铜锍量不足、品位波动等问题,并及时让操作人员心中有数,加强对每包铜锍的监测,通过电子秤读数和在放铜口平台上确认刚进完铜锍的空包子边沿的铜锍的界线,然后根据体积估算出各包铜锍量,再估算出造渣期的渣量,针对具体情况采取相应的操作方法及时调整冷料、石英熔剂加入量,使吹炼作业安全进行。

认真做好转炉炉况管理,及时把握炉膛各部位的黏结状况,准确了解炉衬损耗情况,根据炉膛容积的大小加大或减小铜锍装入量,一般新炉第 1 炉至 70 炉期间炉衬较厚可按 80 t/炉进入铜锍开风,70 炉次后炉衬较薄,可在 80 t 基础上增加 20 t 铜锍量开风,放渣后可连续进 40 t,最终通过间断的加料,使铜锍处理量达 160 t/炉以上,当然还应检查各送风管是否完好,倘若送风管 54 根堵死的较多(8 ~ 10 根或以上)时就不宜过多进料,在确保规定时间出铜情况下,只能通过减少铜锍量缩短吹炼时间。

由于熔炼炉的原因或溜槽故障等,铜锍放出时间过长,未能进入转炉,结壳过厚、入炉量减少时,应及时通知指吊工,多加一包铜锍后再开风,倘若铜锍量太少和结壳,开风后吹不到液面下,尤其在炉衬较薄的情况下往往造成炉内低温或炉喷事故,就需要炉前对吹炼角度调整或及时通知指吊工补进一包铜锍。

(2)石英石的控制与管理 石英石的控制与管理包括质量控制标准和加入量管理两个方面。

①控制标准 作为熔剂用的石英石的质量控制标准如表 2 – 42 所示。

表 2 – 42 转炉吹炼用石英石控制标准(Q/DYJ. J. 04. 19—2011)/%

SiO_2	CaO	As	F	水分	粒度
>85	<3.00	<0.1	<0.03	<7	8 ~ 25 mm

注:8 ~ 25 mm 的粒度范围的质量 >80%。

②石英石的管理 理论上熔剂的 SiO_2 含量高,则渣量少,热量充足,容易操作;但是,这种熔剂价格高,对炉寿命有一定影响,反之则渣量大,热量紧张,操作困难,然而,这类熔剂价格便宜,对延长炉寿命有好处,同时还能回收石英石伴生的贵金属。

操作上对粒度的要求是 8 ~ 25 mm。过小会因飞散而降低使用效率,过大则对溶解反应的速度有影响,且块度过大的熔剂会损伤加装入炉系统设备。冷料和熔剂充分干燥是很重要的。要注意在保管场所不被雨淋湿,避免大量潮湿石英入炉放炮。

③加入量的确定 根据下列假定条件,进行理论计算。假定条件如下:(A)假定铜锍中 Cu 含量(%)为 x;则可根据瓦纽科夫计算公式 $w(Fe) = 66 - 0.829x$ 计算铜锍中的铁含量;(B)铜锍中的 SiO_2 含量为 0;(C)白锍中的 Cu、Fe、

SiO_2 品位分别为 75%、2.5%、0%；(D)渣中的 Cu 含量为 4.5%，Fe 和 SiO_2 含量分别为 50%、21%；(E)石英有效品位为 80%。

根据以上条件可列出以下计算表(表 2 - 43)。

表 2 - 43　石英加入量计算表

名称		质量/kg	Cu		Fe		SiO_2	
			品位/%	质量/kg	品位/%	质量/kg	品位/%	质量/kg
加入	铜锍	100	x			$66-0.829x$		
	熔剂	y					80	
产出	白锍	a						
	渣	s			50	$66-0.829x$	21	

设铜锍中的铁全部进入渣中，根据金属平衡：100 kg 铜锍可产白铜锍 $a = 100x/0.75$，由铜锍含铁 $66-0.829x$ 计算出炉渣量 $s = (66-0.829x) \div 0.50 = 132 - 1.658x$；得出必要的熔剂量为：$y = 2x(66-0.829x) \times 0.21 \div 80 = 0.3462 - 0.435x$。

以上是大冶公司适用于造渣期一般情况的熔剂量基本计算方法。但实际作业中，必须考虑各种情况对石英石熔剂需求量的影响，如氧化渣多，炉内残留渣多的影响等。综合考虑这些影响因素较难，大冶公司入炉品位 55% 时 20 t 铜锍约需 2 t 石英，在不能及时掌握石英品位、铜锍品位的情况下，通过对炉口火焰的观察，判断石英不足或过量、石英加入时机，这同时对炉前工的操作技能有较高的要求。

3)其他材料的控制与管理　其他材料包括冷料、冷铜及空气。

①冷料质量要求　粒度 500 mm，合格率大于 80%，大块尺寸不超过 800 mm ×500 mm×300 mm；成分(%)要求：铜 4.5~10，$w(Fe)>40$，$w(S)<2$，$w(Si)>20$。冷料的种类主要是转炉包壳、安全坑杂物构成的自产冷料，以及余热锅炉、烟道所产的烟尘块、冷铜锍、矿块、外购冷料等。

②冷铜　冷铜包括粗铜块、废阳极板、电解残极、黑铜粉等。其质量要求是无淋水及水滴；残极堆质量为 (1200 ± 200)kg/堆；一般要求铜品位大于白锍品位 $[w(Cu) \geq 75\%]$。

③富氧空气　富氧空气含氧量一般控制在 (23 ± 2)%，以提高转炉的生产效率，但过高对炉寿命影响大；水分 $\leq 3.0\%$；压力为 0.1 ± 0.03 MPa。

④入炉冷料冷铜的管理　在铜锍吹炼过程中，加入冷料是为了消耗反应的生成的过剩热量，调整炉子的热平衡，即避免高温作业，以减少炉壁耐火材料的损耗。冷料杂质元素 As、Sb、Bi 等含量必须严格控制在一定范围内。严禁石英石作

为冷料。操作时须注意,冷料不得混有影响渣型的砖块、石灰石、水泥块等。控制冷料块度为 10～50 mm,小于此范围,从炉口加入时会被吹散,大于此范围时,在炉口产生堆积,且不易迅速熔化,造成喷溅。冷料不宜含有可燃物,因大量装入时易爆炸,严禁装入。各种冷料的大致成分和加入方法如表 2-44 所示。

冷料入炉的时机根据铜品位而定,一般高品位(>75%)的冷铜在 B 期加入炉内,而低品位(<75%)的物料在 S 期加入,炉温高时多加,反之相应调整加入量。

表 2-44　冷料的成分及加入方法/%

冷料	Cu	S	Fe	SiO$_2$	加入方法	S 期	B 期
烟道块	60.0	18.0	7.0	3.0	混合装包入炉	√	
安全坑杂物	40.0	9.0	27.0	9.0	混合装包入炉	√	
冷铜锍	48.55	22～24	21～25		混合、装包入炉	√	
残极	99.5				装包入炉	√	√
废阳极板	99.5				装斗、装包入炉	√	√
粗铜包壳	95				破碎装包入炉	√	
紫杂铜	95.0				装斗、装包入炉	√	√
黑铜粉	77.0				烘烤、装包入炉	√	

总之,冷料的加入方法及时机的选择,要根据具体情况而定,一般要综合考虑以下五个方面的原则:(A)对炉况及产品质量的影响要小;(B)对转炉的送风作业影响小;(C)加入时尽量减少冷料的飞散损失;(D)容易装入,不至于出堵塞等故障;(E)不会导致发生喷炉或放炮。

改变冷料加入量调整炉内热平衡。冷料量是决定转炉热状态的重要因素,冷料量加入过少则炉内温度过度升高,加速炉内衬砖的消耗。反之,则炉内温度过低,不利于冶炼反应进行,或者不能产出好的炉渣、或者冶炼时间异常延长,还有可能发生炉结上涨或喷炉等事故。应在不给操作带来障碍的前提下尽可能多地处理冷料,即有效地利用冶炼反应生成的热能。贵溪冶炼厂转炉铜锍吹炼过程中冷料的需求量由以下经验公式计算得出。

$$t_{S1} = \frac{7400 + 37.61 W_{S1} - 185.2 MG_{S1} + a_1}{\text{物料吸热值}} \qquad (2-13)$$

$$t_{S2} = \frac{(125.58 - 1.61 MG_{S2}) W_{S2} - 447 + a_2}{\text{物料吸热值}} \qquad (2-14)$$

$$t_B = \frac{45MG_B + 27W + a_3}{\text{物料吸热值}} \quad (2-15)$$

式中：t_{S1}、t_{S2}、t_B 分别为常氧吹炼时 S1、S2、B 期冷料需要量，t；W 为单炉铜锍总量，t；W_{S1}、W_{S2} 和 MG_{S1}、MG_{S2} 分别为造渣 1 期及造渣 2 期的铜锍量和平均铜锍品位；MG_B 为单炉平均铜锍品位；a_1，a_2，a_3 分别为冷料修正系数。

　　常用冷料的吸热值可参照表 2-45。冷料的实际装入量并不能单纯地靠计算公式定量地给出，实际作业中各炉次的热条件均不相同，比如底渣的残留量有多有少、炉衬耐火砖的蓄热量等料时间不同引起的散热量等的变动、由上一炉的条件给予这一炉次的复杂的影响等，因此每炉次的冷料计算量都难以接近炉内真实的热状态，这就要靠操作工根据实际情况适当调整。

　　实际操作中应综合各项因素，在不影响渣含铜的前提下，按炉况最大可能调整加入量。一般在处理 160 t 铜锍时可加 40 t 冷料和 30 t 冷铜。

表 2-45　常用冷料的吸热值/(MJ·t⁻¹)

种类	吸 热 值	
	S 期	B 期
冷铜锍	460.548	460.548
转渣白锍	1256.04	1256.04
安全坑杂物	962.964	629.02
粗铜包壳	1423.512	962.964
粗炼铜	209.34	62.882
阳极铜	1423.512	711.756
精炼氧化渣	1297.908	1172.304
电解槽结块	2470.212	2135.268
烟道块	1674.72	1465.38

　　3）主要产出物的控制与管理　　主要产出物包括粗铜、转炉渣、烟尘等。

　　（1）粗铜　　出铜时温度 1180 ± 10℃（辐射测温仪测温），其化学成分按 YB740—82 标准（如表 2-46）要求。某厂转炉粗铜设计指标如表 2-47 所示。

表 2-46 粗铜化学成分（YB740—82）/%

品位	Cu, ≥	化学成分/%						
		杂质，≤						备注
		As	Sb	Bi	Pb	Zn	杂质总和	
1 号粗铜	99.3	0.05	0.01	0.08	—	0.70		粗铜的边缘及表面上，不得有脱落的飞边、毛刺等。表面和断面不得有炉渣和杂物
2 号粗铜	99.0	0.12	0.10	0.02	0.12	—	1.00	
3 号粗铜	98.5	0.20	0.18	0.04	0.20	—	1.50	
4 号粗铜	97.5	0.34	0.29	0.07	0.40	—	2.50	
5 号粗铜	96.0	0.80	0.70	0.11	0.80	—	4.00	

表 2-47 某厂转炉粗铜设计指标/%

Cu	S	Fe	Pb	As	Sb	Bi	O_2
98~99	0.03~0.05	0.1	0.02~0.06	0.18~0.24	—	—	0.4~0.6

（2）转炉渣 转炉渣出炉温度为（1250±10）℃，其成分（%）为：$w(Cu) \leq 6$；$w(SiO_2)$ 18~24；$w(Fe)$ 42~50。

（3）烟尘 烟尘包括烟道沉降尘、锅炉尘、电收尘或布袋收尘。烟尘含铜依工艺条件及收尘点不同而不同，一般为 1%~6%，环保收尘含铜 0~40%，高含铜的粗尘掺入配矿。

4）能量消耗控制与管理 转炉生产所需的能源主要是电能转化为供风，大冶冶炼厂的生产所用风压为 0.8~1.2 MPa，风量控制为 28000~33000 m^3/t 粗铜。控制风能的消耗就需使转炉供风利用率最高，既控制转炉送风时率，同时通过压负荷等减少在非作业状态的风能消耗，还可以进行富氧吹炼，即在合理控制砖衬损耗、不降低炉寿的条件下最大可能地提高富氧浓度，缩短吹炼时间。工厂一般控制富氧浓度为 22%~25%，过高时炉寿急剧缩短，增加生产成本；还可在吹炼各作业时间段分段配氧，如开始吹炼时、加冷料后和铜锍品位高于 56% 时，通过适当配氧，调整好转炉渣型，提高转炉生产率，降低能量消耗。

5）金属回收率控制与管理 转炉吹炼过程中金属回收率的管理控制重点是渣含铜、烟尘率、炉口喷溅及周围有价金属的定期回收。大冶有色金属集团转炉渣含铜控制范围如表 2-48 所示。

表 2-48 1997—2012 年大冶有色金属集团转炉渣含铜控制目标/%

1997	2000	2005	2010	2012
3	3.5	5.5	7	5

　　渣含铜的控制是管理的重点。首先,选择良性转炉渣尤其重要。其次是对辅助岗位的优化管理,涉及指吊的合理指挥安排和行车的及时转运。因此对转炉的金属回收率主要从以下几点进行控制与管理。

　　(1)炉前造渣终点的控制标准

　　根据图 2-38,造渣终点时白锍成分(%)的控制标准为:Cu 75~78,S 18~20,Fe 2~3;转炉渣成分(%)的控制标准为:Cu≤8.0,S≤0.8,Fe 38~52,SiO₂ 20~22。

　　为了减少 Fe₃O₄ 的生成以及保证造渣的彻底性,S2 期终点比 S1 终点控制要求"稍老"一些,即要求在白锍中残留 2%~3% 的 Fe,由于 B 期不再加入 SiO₂ 与其造渣,残留

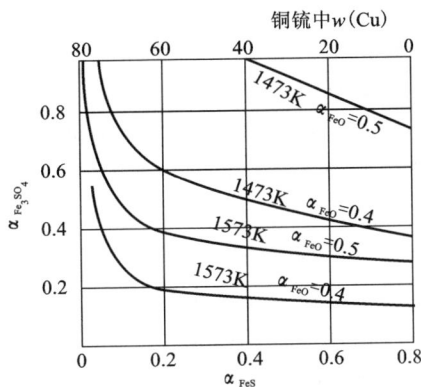

图 2-38　铜锍中 FeS 和渣中 Fe₃O₄ 的活度关系

Fe 几乎全部氧化成 Fe₃O₄,均匀地喷挂在炉衬上,有效地避免了熔体对炉衬的直接冲刷。

　　(2)转炉放渣的管理要点　转炉放渣作业要求尽量地把造渣期所造好的渣排出炉口,避免大量的白锍混入渣包,即减少白锍的返炉量。放渣前充分沉淀,放渣时要求下炉口"宽且平"以避免放渣时渣流分层或分股。若炉口黏结严重,应在停风之后,立即用炉口清理机快速清整然后再放渣。安全坑放好渣包子,渣包内无异物(至少要求无大块冷料),渣不要放得太满(渣面离包沿约 200 mm),若行车故障时,要扔放保温材料来覆盖渣包嘴,以便为过渣作业创造好的条件。

　　炉前用试渣板判别渣和白锍时,要求试渣板伸到渣流"瀑布"的中下层,观察试渣板面样体状态,正常渣样面平整无气泡孔,而当渣中混入白锍时,因白锍中的 Cu₂S 被空气氧化成 SO₂,在试渣板渣流面上形成大量的气泡孔和"白锍皮点",炉渣夹带白锍严重时可看到成片有光泽的白锍皮样。

　　白锍和炉渣的不同性质如表 2-49 所示。

表 2-49　白锍和炉渣的不同性质

性质	炉渣	白锍
黏性	黏	流动性好
色亮度	明亮	稍暗
熔点/℃	1200	1100
密度/(g·cm⁻³)	3.2~3.6	5.2

从感官上：白锍流畅，不易产生断流，其散流呈流线状，不会像渣的散流那样产生滴流，并且白锍在试渣板上的黏附相对较少。当炉子的倾转角度过大时，白锍将混入渣中流出，因而当临近放渣终了时，要小角度地向下倾转炉子，缓慢地放渣，如果发现有白锍带出，则终止放渣。

6）产品质量控制与管理 转炉生产的粗铜产品质量涉及下道工序的正常进行，含氧量或含硫量过高导致粗铜品位的波动，反映在操作上为过吹和欠吹。

为了获得符合生产工艺要求的合格粗铜，一般终点控制为中、大泡铜。按照工艺技术要求，终点的控制可以调整为生铜、小泡铜、中泡铜、大泡铜、平板铜五个终点，转炉粗铜含铜大于98.5%，不合格的粗铜另行处理。

出铜终点判断方法有以下几种。

①看烟气：烟气由浓变稀，甚至无烟。②看铜花：铜花实质是 Cu_2S 与 Cu_2O 在炉口外相互反应的结果，按小花—大花—小花—收花这样一个过程变化，收花后 2~3 min 即为出铜时间。③看火焰：出铜时火焰是棕红色，火焰低落摇摆不定，硫烟很少。④看风眼钎样：钎样试钎后水冷，表面黏结物成玫瑰色，平滑不开裂，有金属光泽，有韧性，无 Cu_2S 黑斑，即是出铜终点。若成金黄色、有孔、黑斑，则是欠吹；若成紫色、表面有黑色，则是过吹。⑤看铜雨：炉后出现的铜雨大小一致，发亮，均匀从炉后喷出，地面平台可见玫瑰色细微颗粒，若无黑色颗粒，过 3 min 即为出铜时间。⑥炉口样：用取样瓢到炉内取样倒在干净的铁板上看表面情况，不起泡，铜欠吹；起小、中、大泡，冷却后成玫瑰色，断面无灰色，为铜吹炼好。为保证粗铜一级品率，出中泡铜。⑦看铜汗：炉口内壁出现铜珠，犹如汗珠一样。汗珠下流，表明铜未吹炼好；若四周汗珠不下流，而且汗珠有部分干涸，表明铜已吹炼好。如果炉子转出熔体表面平静，氧化渣像水样流动性好，取样铜渣分离不清，那就是铜过吹了。

7）生产成本控制与管理 转炉生产成本主要从吨铜耐火砖耗、循环冷却用水量和供风制度几方面加强管理和优化，针对生产的消耗进行预算管理，设定指标值，按作业控制点分解预算指标，集中管理。不考虑铜锍和石英石熔剂消耗。转炉生产成本构成比例见表2-50。

表2-50 转炉生产消耗成本比例/%

电	回水	备件	耐火材料	直水	其他
58~78	6~12	5~11	2.5~6	3~6	4~7

由表2-50可以看出，生产成本消耗主要是电和水，耐火材料占的比例不高，但它是可控的，延长转炉寿命可达到此目的。转炉寿命与温度控制、铜锍品位、送风量、富氧率、熔剂质量、耐火材料质量、砌筑质量、操作方式等有关。转炉寿命反映在经济效益上，是每吹炼 1 t 粗铜所消耗的耐火材料。炉龄长，耐火砖单

耗小。炉衬损坏的原因是多方面的，其主要原因有化学浸蚀和机械作用。化学浸蚀体现在熔剂中的 SiO_2 与耐火砖中的 MgO 作用生成镁橄榄石；炉渣中高价的铁是一种氧化剂，能使耐火砖中方镁石和铬铁矿晶粒饱合，使晶格破裂；MgO 在高温作用下可熔解于 $2FeO \cdot SiO_2$ 中。机械作用体现在炉气熔体对炉衬的冲刷；造渣时温度很高，出渣出铜时温度骤降，由于急冷急热，产生很大的热应力，使炉衬破裂。因此，为提高转炉寿命，在铜锍吹炼过程中，要从以下几个方面进行管理。

(1) 炉渣中 SiO_2 含量的控制　为了得到合理的渣型，国内转炉渣含 SiO_2 量一般控制在 24% ~ 28%，大冶冶炼厂因转炉渣处理工艺改造，转炉渣外运选矿，其含 SiO_2 量控制在 21% 左右较合适。这种 SiO_2 含量较低的渣型可减少熔体对炉衬的浸蚀，另外生成较多的 Fe_3O_4，在操作中可出现"挂炉"现象，有利于延长炉衬寿命。除选择好渣型外，还要选择适宜的 SiO_2 的加入制度。大冶冶炼厂十分重视炉前操作判断经验和技术的培训。

(2) 熔体温度的控制　转炉炉衬损坏的主要原因都与温度有关。如温度越高，炉衬耐火材料的性能降低就越显著；如温度偏低则反之，可延长炉子的寿命。某厂转炉炉内温度 1200 ± 50℃，放渣温度 1250 ± 10℃，出铜温度 1180 ± 50℃。控制炉温主要是控制冷料的加入量，冷料的需求量由回归经验式计算，并由莫里克秤和包子行车的电子秤计量，确保炉温控制在 1200 ± 50℃。

(3) 建立完善的作业制度　某厂转炉的作业制度为①采用期交互吹炼法，取消筛炉作业，减少了高温(1300℃ ± 和 $w(SiO_2)$ > 28%)炉渣对炉衬的严重浸蚀，且保持两台作业炉子的热状态的作业制度，使炉体热量收支尽量达到均衡。②确认合适的液面角可大大地改善冷风对炉温的影响，提高风口砖的使用寿命。③安装风口消音器，不仅减少了噪声和漏风，而且可减少捅风眼次数，使风口砖受冲击频率降低。④改善筑炉修炉质量，使炉龄不断提高。到目前为止，由于耐火材料消耗下降，单炉最高炉龄已达 252 炉次，耐火砖单耗为 1.215 kg/t 铜。某厂1986—1993 年转炉炉龄及耐火砖单耗见表 2 - 51。

表 2 - 51　转炉炉龄及耐火砖单耗

年份	1986	1987	1988	1989	1990	1991	1992	1993
最低炉龄/炉次	46	97	140	122	148	161	192	210
最高炉龄/炉次	106	181	210	195	181	222	242	230
平均炉龄/炉次	80	138	177	198	167	187	210	220
耐火砖单耗/$(kg \cdot t^{-1})$	5.64	3.82	3.81	3.54	4.1	2.35	2.1	2.05

坚持以上有利于炉龄增长的作业制度，要加强日常点检、维护制度，特别注意对风口耐火砖残存厚度的检测工作，倘若发现风口区耐火砖消耗速度过快，则应采取一定的措施抑制耗损。

2.3.3 闪速吹炼

1. 概述

20 世纪 70 年代美国肯尼柯特公司提出了铜锍连续吹炼的"固体铜锍氧气吹炼法",即 SMOC 法,在与奥托昆普公司合作进行试验后正式将工艺名称定为"肯尼柯特 - 奥托昆普闪速吹炼"。

闪速吹炼技术就是将熔炼炉产出的铜锍熔体粒化,磨细后在闪速炉内利用工业氧气或富氧空气进行吹炼,连续、自热地生产粗铜。其具体工艺描述如下:

对粒化脱水后的铜锍进行配料,配料得到的混合铜锍料进入铜锍磨进行磨粉干燥,得到铜锍粉经铜锍输送系统送至吹炼炉顶铜锍仓,铜锍粉、生石灰、石英砂及烟尘再进行计量配料,配料后的物料经刮板运输机运输混合料进入吹炼喷嘴,然后进闪速吹炼炉反应塔进行吹炼反应。在反应塔内铜锍和熔剂、烟尘与富氧空气反应形成熔融颗粒,掉入吹炼炉沉淀池后进一步反应,形成粗铜和炉渣并进行沉淀分离。粗铜经溜槽排至阳极炉,进行阳极精炼。吹炼炉渣排放至渣粒化系统,经水碎粒化、脱水后,返回熔炼炉参与配料。反应产生的高温 SO_2 烟气进入排烟系统,进行降温除尘后,再进入硫酸系统进行硫回收制酸。其工艺流程如图 2 - 39 所示。

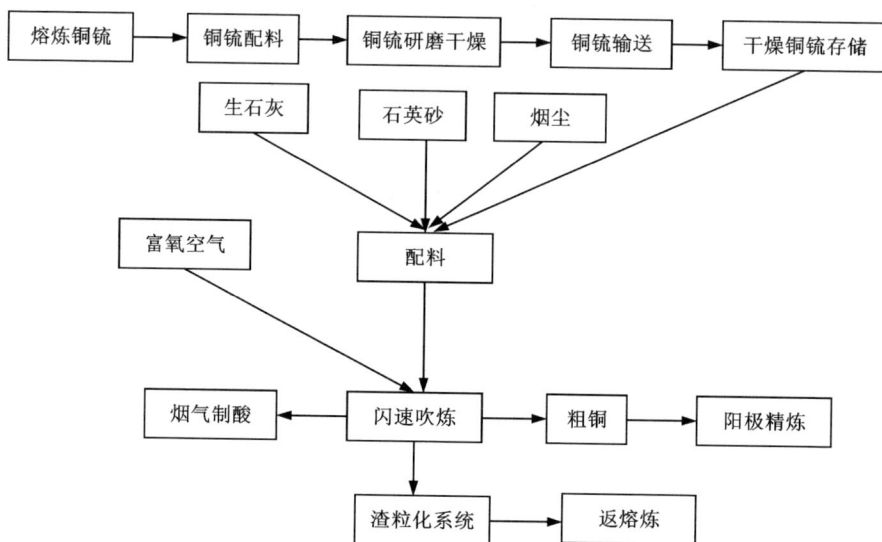

图 2 - 39 闪速吹炼工艺流程图

2. 闪速炉吹炼系统运行及维护

1) 闪速吹炼炉 闪速吹炼炉炉体包括三个主要部分:筒形反应塔、水平沉淀池和上升烟道。

（1）反应塔　它是闪速吹炼炉的核心部件，也是闪速吹炼炉的主体。如图 2 - 40 所示，反应塔由外层钢壳、炉顶吊挂砖、反应塔水套、反应塔耐火砖组成，其中为了加强冷却效果和保护炉体，在反应塔底部使用了 F 形水套。在反应塔顶部分布有若干烧嘴用于反应塔升温以及在反应热不足时补充热量，反应塔顶部或侧壁分布若干点检孔用于停炉时查看反应塔挂渣情况。

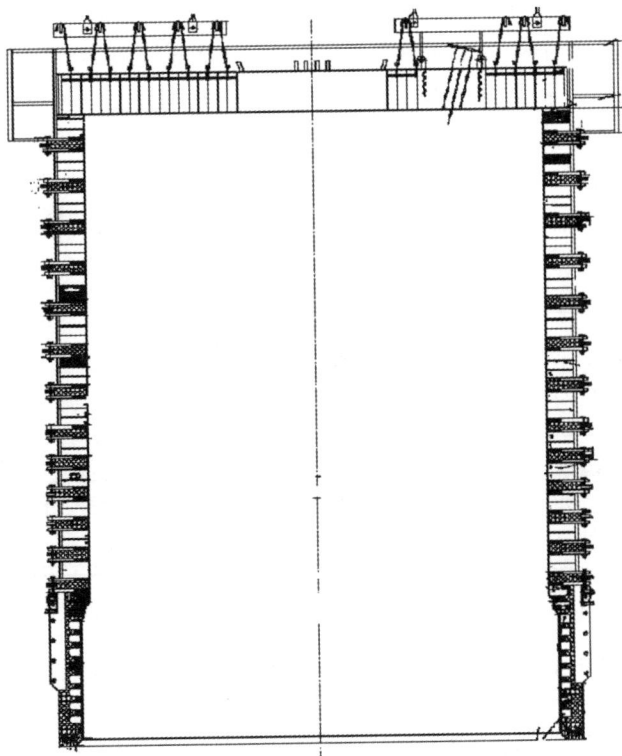

图 2 - 40　闪速吹炼炉反应塔示意图

当低温的混合物料和富氧空气经过铜锍喷嘴喷入高温的反应塔后，在反应塔内进行剧烈的氧化反应：

$$2FeS + 3O_2 =\!=\!= 2FeO + 2SO_2 \tag{2-16}$$

$$Cu_2S + 3/2O_2 =\!=\!= Cu_2O + SO_2 \tag{2-17}$$

$$3FeO + 1/2O_2 =\!=\!= Fe_3O_4 \tag{2-18}$$

此时铜锍中的硫反应约为总硫的 2/3，未反应的硫进入沉淀池进一步反应。

在反应塔内也有 10% 左右的造铜反应，同时也存在造渣反应，其方程式可以表示如下：

造铜反应：

$$2Cu_2O + Cu_2S =\!=\!= 6Cu + SO_2 \tag{2-19}$$

造渣反应：

$$2Fe_3O_4 + 1/2O_2(g) + 3CaO =\!\!= 3CaFe_2O_4 \qquad (2-20)$$
$$2CaO + SiO_2 =\!\!= Ca_2SiO_4 \qquad (2-21)$$

（2）沉淀池　它是闪速吹炼炉最主要的造铜场所，也是闪速吹炼炉的主体，如图2-41所示。沉淀池由外层钢壳、顶吊挂砖、吊挂水套、水平水套、竖直水套及耐火砖组成，其中为了加强沉淀池顶部的冷却、保护吊挂砖部分，采用了嵌砖水套；为了保护沉淀池不受粗铜的冲刷，减少设备故障率，竖直水套采用了嵌钢水套。沉淀池顶部和侧壁分布有若干烧嘴用于炉体升温以及反应热不足时补充热量，沉淀池有测温孔，用于测量炉渣内部温度，沉淀池顶部有检测孔，用于检查熔体液位及取渣样，沉淀池顶部同样有若干氧气喷射孔，用作硫酸盐化，沉淀池侧壁分布有若干点检孔用于炉内点检时检查沉淀池情况，沉淀池侧壁分布有若干渣口和粗铜口，用于炉体内熔体的排放。

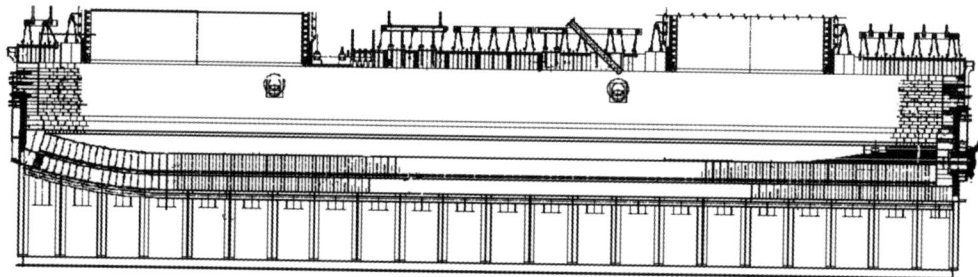

图2-41　闪速吹炼炉沉淀池示意图

　　在反应塔中铜锍的硫基本氧化完毕，仅少量硫分散到粗铜和炉渣中。在沉淀池中发生反应的硫约为硫总量的1/3，在沉淀池中铜的氧化物（主要是Cu_2O）与硫化物反应生成金属铜（即通常所说的造铜反应），以及Fe的氧化物与造渣剂（一般为CaO和SiO_2）发生反应（即造渣反应）。

　　（3）上升烟道　上升烟道（图2-42）是闪速吹炼炉与余热锅炉的连接通道，由壳体、悬挂梁、水套以及耐火砖组成，其上部为椭圆形结构，与余热锅炉水平连接，底部为圆筒形状，与沉淀池垂直连接。上升烟道分布有若干点检孔用于查看上升烟道黏接情况，上升烟道顶部含有测温孔，用于炉体升温时检测温度。

　　2）加料及输送系统　闪速吹炼炉的加料及输送系统主要由铜锍磨、铜锍气流输送、失重计量、埋刮板运输机组成。其流程为：配好料的铜锍经过胶带运输机进入铜锍磨中，经研磨及加热（热量一般由热风炉提供）得到合格的铜锍，由铜锍气流输送至吹炼炉顶铜锍仓，经失重计量后将铜锍加入埋刮板运输机，在埋刮板运输机中铜锍与石英砂、生石灰和烟尘进行混合，然后经由铜锍喷嘴进入闪速吹炼炉内进行反应。

(1)铜锍磨 铜锍磨系统由热风炉系统、铜锍磨机、布袋收尘系统和排烟系统构成,参见图 2-43。

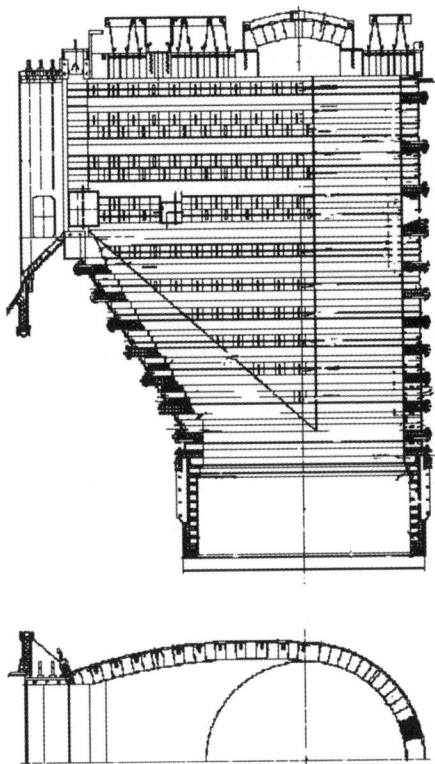

图 2-42 闪速吹炼炉上升烟道示意图

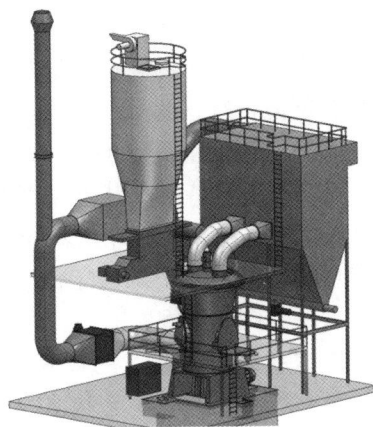

图 2-43 铜锍磨与配套系统连接图

配料后湿颗粒的铜锍进入铜锍磨后,落到磨盘上,在磨盘旋转离心力作用下,进入磨辊和磨盘之间。磨辊受液压缸作用,湿铜锍被研磨成粉末,再从磨盘四周溢出,进入磨盘分布风环。在排风机强大抽力下,热风从磨盘分配风环进入磨机,将落入分布风环的大部分铜锍粉带到磨机顶部的分级器,粗颗粒(磨不碎的物料或研磨颗粒较大的物料)因热风带不动而掉落进废料斗。细颗粒的铜锍粉通过分级器,进入铜锍布袋收尘器,较粗颗粒的铜锍不能通过分级器,再返回磨内再次研磨。布袋收集的细铜锍粉,经布袋反吹落入灰斗内,再经螺旋、回转阀、刮板,进入铜锍中间仓。铜锍在磨碎过程中被缓慢加热,变成铜锍粉后,在热风运送过程中,快速升温脱水干燥。铜锍磨细工艺流程图如图 2-44 所示。

(2)失重计量设备 为了尽可能地控制闪速吹炼炉的炉况,一般采用计量准确的失重计量设备对铜锍、生石灰和烟尘等主要入炉物料进行计量。

称重仓和称重螺旋与搅拌器安装在一起,形成料仓总成。该总成放置在三个

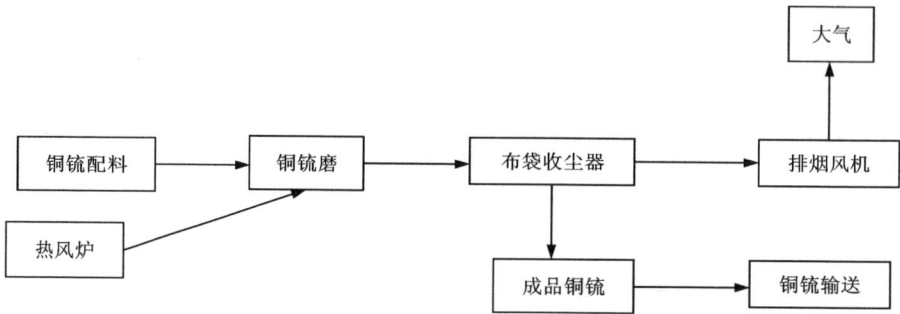

图 2-44　铜锍磨细工艺流程图

称重传感器上，组成一个单独的秤，通过软连接，该总成与结构隔离，料仓的重量接受连续的监测和控制。失重给料控制系统将根据料仓总成的重量的减少，连续计算出投料量，并将该投料量与设定值进行比较，控制螺旋的速度，从而使投料量与设定值相符，投料控制连续工作，直到称重仓总成的重量达到预设定的下限设定值。达到下限设定值时，称重仓上面的圆顶阀将自动打开，开始称重仓的加料，圆顶阀将保持打开状态，直到称重仓总成的重量达到预设定的上限设定值时，圆顶阀将再次关闭，开始新的失重控制周期。加料期间，螺旋的速度将固定在称重仓的重量达到下限设定值、圆顶阀打开前的最后一刻时的数值。失重计量设备连接图见图 2-45。

　　3）中央喷嘴　铜锍、生石灰、石英砂和烟尘经过流化给料装置进入铜锍喷嘴；由动力系统提供的工艺风和工业氧混合而成的富氧空气从气室进入铜锍喷嘴；分布风、中间氧经阀组进入铜锍喷嘴。这些物料进入吹炼炉反应塔进行反应。

　　喷嘴系统包括：中间喷射分布器和喷嘴水冷外套、气室、调节水套、调风锥、环绕水套、流化（或振动）给料装置、滑板阀、下料管等。铜锍喷嘴系统连接图见图 2-46。

　　铜锍喷嘴是闪速吹炼炉的核心部件和闪速吹炼反应的控制设备。通过铜锍喷嘴，物料进入反应塔后沿径向分散均匀，与工艺风充分接触，保证了反应的稳定性、可控性。通过控制铜锍喷嘴的氧系数（即吨铜锍供氧量）来控制粗铜品位，通过工艺风氧浓度控制来调节温度。

　　3. 生产实践与操作

　　1）工艺技术条件与指标　闪速吹炼炉控制参数为渣含铜、渣中钙铁比及二氧化硅含量和渣温。一般地，吹炼炉这三项参数控制好了，炉况就基本正常了，控制参数的详细情况见表 2-52。

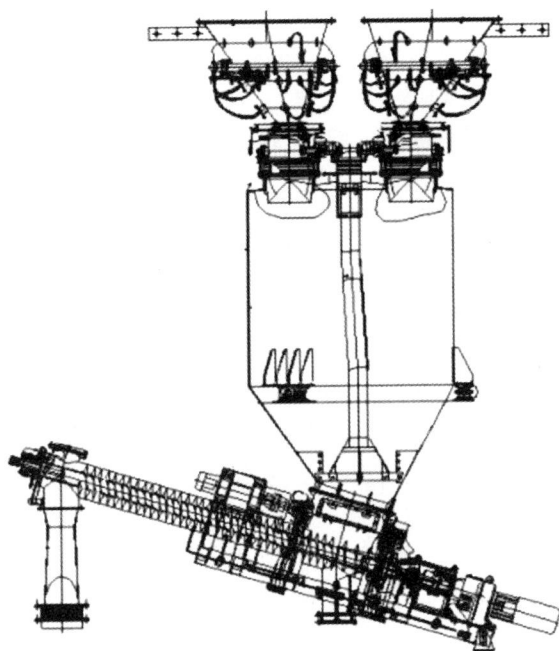

图 2 - 45　失重计量系统连接图

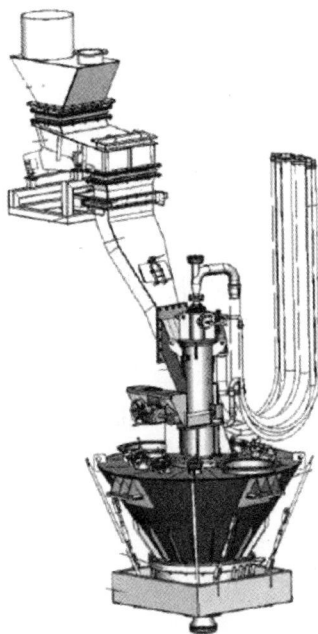

图 2 - 46　铜锍喷嘴系统连接图

表 2 - 52　闪速吹炼炉控制参数

控制参数	渣含铜/%	渣温/℃	渣中钙铁比	渣中 SiO_2 含量/%
控制目标值	20	1250	0.32	2.5
正常范围	18 ~ 22	1240 ~ 1260	0.30 ~ 0.34	2.0 ~ 3.0
说明	通过控制渣含铜量来控制粗铜含硫量，一般渣含铜 18% ~ 22%，对应粗铜含硫 0.10% ~ 0.30%	渣温控制从炉体安全方面考虑，也考虑粗铜、渣的排放情况	保证渣中 35% Fe_3O_4 含量的目标值，同时从渣排放顺畅和减少生石灰消耗角度考虑	

（1）渣含铜　吹炼炉渣含铜量，一般控制在 20% 左右。吹炼炉的作用就是对铜锍进行吹炼，通过强氧化除去铁和硫，产出粗铜。渣里面的铜以氧化亚铜形式存在，渣含铜越高，粗铜含硫则越低。

（2）渣温　吹炼炉渣温度一般控制在 1250℃ 左右，为了保证炉体安全，吹炼渣温度最高不得超过 1280℃。

（3）渣中钙铁比及渣中 SiO_2 含量　渣中钙铁比控制在 0.32 左右，渣中二氧化硅控制在 2.5% 左右。这两项要求主要为控制渣中 Fe_3O_4 含量，吹炼渣中 Fe_3O_4 含量控制目标值为35%，这项指标对吹炼炉体安全非常重要。钙铁比越低，渣中 Fe_3O_4 含量越高，钙铁比过低时，Fe_3O_4 含量高会造成渣黏排放困难；SiO_2 含量越高，Fe_3O_4 含量越高，SiO_2 含量高也会造成渣排放困难。

2）操作步骤及规程　操作步骤包括配料、铜锍磨、控制室及炉前等岗位的操作和规程。

（1）铜锍配料岗位操作　铜锍配料岗位是保证进入闪速吹炼炉内的物料为稳定合格的铜锍，一般采用人工计算方式配料。因铜锍配料的过程较为简单，所使用的设备均为胶带运输机，故在此不再赘述。

（2）铜锍磨岗位操作　铜锍磨岗位是为了得到合格粒度和合格含水量的铜锍粒而设置的岗位，该岗位主要的控制设备为热风炉、铜锍磨本体、铜锍磨排烟风机和铜锍磨布袋收尘器。其岗位操作规程为：①启动密封风机，启动分级器，调节干燥排风机出口端输送空气挡板开度至合适位置，全开排风机入口插板阀；②启动所选定的铜锍磨排烟风机；③启动布袋收尘器；④启动铜锍磨物料输送设备；⑤启动热风炉；⑥当铜锍磨出口温度达到设定温度时，开启配料系统；⑦调节热风炉的燃料量，来调整干燥铜锍的温度，以保证干燥后铜锍的含水量不超过0.3%；⑧慢慢增加给料速度，同时增加天然气量以提高磨的入口热风的温度，根据干燥量提高总风量；⑨铜锍中间仓料位出现上涨后，启动铜锍输送系统。

（3）控制室岗位操作　控制室岗位很重要，其工作任务是进行生产过程中的各种监测，包括风、氧、天然气、烟尘、渣温、铜温的监测，具体情况如下：①监测工艺风、分布风、工艺氧与计算值的差别并及时进行跟踪调整；②监测失重计量的下料流量；③监测硫酸盐化氧的流量，并根据投料量进行调整；④监测余热锅炉三冲量；⑤监测炉子负压；⑥监测好各种报警并确认，及时判断故障和处理问题；⑦监测好各个系统，确保正常运行，点检发现故障时应及时联系设备人员和对外协作单位来处理，并做好记录。

（4）炉前岗位操作　炉前岗位是为保证炉体安全及粗铜与渣的排放而设置的。此岗位的工作内容定是炉体安全的检查、冷却水系统的检查以及粗铜和渣的排放。具体任务与操作如下：①检测和管理闪速炉熔池，准确掌握炉内液面情况，及时排放粗铜和炉渣；②负责粗铜和炉渣取样并送 X 射线荧光分析，检测粗铜温度；③负责监测射线闪速吹炼炉沉淀池天然气烧嘴的燃烧状况；④负责闪速吹炼炉各冷却水的现场调节，管理冷却水循环系统；⑤现场风、天然气、水管破损泄漏以及水温仪表报警时立即采取措施；⑥检查、修补、更换粗铜流槽和渣流槽，检查更换铜口水套和保护水套。⑦在本岗位内巡回检查，做好联系工作及汇报制度。

3）常见故障及处理　常见故障包括铜锍磨与失重计量故障、下生料及渣黏故障处理。

（1）铜锍磨常见故障　铜锍磨常见故障包括布袋收尘器进出口压差大及铜锍磨主电机跳车等故障。

①布袋收尘器进出口压差大　故障现象为铜锍磨布袋收尘器提升阀故障，在布袋反吹后不能打开，致使气室关闭，整个布袋通气面积减少后，前后压差增大。如果不及时处理，当出现多个气室提升阀不动作后，布袋差压变得更大，提升阀气缸将无法打开，系统被迫停车。故障处理方法是，检查每个气室提升阀的动作情况，缩短布袋收尘器的反吹时间。

②铜锍磨主电机跳车　故障现象和原因：在铜锍磨运行过程中如遇到硬度高的高品位铜锍时，铜锍难以研磨，使得磨盘和磨辊间大量积料，引起主电机振动大从而连锁跳车；在铜锍磨运行过程中，如遇到布袋收尘器进出口压差较大，负压无法保证所生产的铜锍被带走，同样会造成磨盘和磨辊间大量积料，引起主电机跳车。故障处理方法是合理配比铜锍，使铜锍品位始终保持在可控范围内；如铜锍磨布袋收尘器进出口压差大，参照布袋收尘器进出口差压大的故障处理即可。

（2）失重计量常见故障　常见故障包括螺旋卡异物跳车、失重计量流量波动等。

①失重计量螺旋卡异物跳车　故障现象是失重计量在运行过程中测得螺旋转速为 0，加料流量为 0，电机堵转跳车，一般为螺旋在运行过程中卡异物引起。故障处理方法是判断失重计量卡异物的位置，将螺旋外壳切割开后取出异物。

②失重计量流量波动　故障现象是失重计量在运行过程中，突然出现流量大幅度不停地波动，波动的范围可以从 0 至能力上限。引起这种情况的原因有以下几种情况：（A）失重计量的呼吸阀出现无法关闭或无法打开的情况；（B）失重计量呼吸管道出现堵塞现象；（C）失重计量仓内物料太少，无法充满螺旋。故障处理方法是：（A）检查呼吸阀，使呼吸阀正常工作；（B）打开失重计量呼吸管道与计量仓之间的软连接，敲击管道，使管道内的物料排出；（C）更改提高失重计量加料下限值，使得任何时刻螺旋内的物料均可以充满。

（3）物料反应不好，下生料　此类故障是引起炉温低，导致排放铜渣不顺畅，粗铜流槽易黏结（粗铜流槽与阳极炉流槽相同，均采用烘烤流槽），在进入阳极炉后粗铜含硫较高，难以氧化，引起阳极炉作业时间长，最严重的可能会因阳极炉不能按计划作业导致吹炼炉停料，从而形成恶性循环。一般地，闪速吹炼炉下生料由以下情况引起：①失重计量流量波动；②物料与工艺氧气分配不好；③铜锍水分含量过高。故障处理方法是：①按相关规程处理；②检查分布风流量及氧气流量/铜锍配比，使得分布风和铜锍在炉内分布均匀；氧气流量/铜锍配比过小铜锍反应不足，将氧气流量/铜锍配比在可调范围内调大；③铜锍含水过高，则需要检查铜锍磨系统铜锍的出口温度，提高铜锍磨的铜锍出口温度，保证铜锍中水分含量≤0.3%。

(4)渣发黏　渣发黏故障原因是：①石英砂加入量过大；②氧化钙的加入量过少；③氧气流量/铜锍配比过大；④炉温控制过低。故障处理方法是：在①②两种原因中会产生较多的 Fe_3O_4，使得渣的黏度增大，因此需要根据反馈数据及时修正渣中石英砂含量及钙铁比；氧气流量与铜锍配比过大时在反应中会产生过多的 Cu_2O，导致在渣中机械夹杂的 Cu_2O 较多，使渣的黏度增大，渣难排放；吹炼渣系与熔炼渣系对温度都特别敏感，如温度低于1250℃时，渣的黏度将急剧升高，因此吹炼渣的温度要控制在适当的范围内。

4. 计量、检测与自动控制

1)计量　闪速吹炼炉的计量可以分为原料计量、氧风的计量及产物的计量。

(1)原料计量　闪速吹炼炉的原料计量包括铜锍、生石灰、石英砂和烟尘的计量。在进入铜锍磨前的铜锍用皮带秤计量；在炉顶混合前的铜锍、生石灰、石英砂和烟尘的计量均采用失重计量方式计量，此类计量在工业运用中相对准确，可以很好的反映各种物料进入炉内的量及配比，达到反应的可控状态。

(2)氧风的计量　风及氧计量为炉内物料的反应状态提供了保障，故氧气、工艺风在进入炉内时都需要经过准确的计量，即需要进行反应的前馈控制，所有计量仪表均根据需要设置了现场和 DCS 两种显示方式，可以随时对各种计量的数据进行比对，同时来自各车间的仪表也提供了计量数据。

(3)产物的计量　闪速吹炼炉的产物主要为粗铜和吹炼渣，此类物料因是高温熔体，无法进行直接计量，在实际生产中采用的是计算方式计量，然后通过产出的成品进行校正，逐渐达到计量的准确性。

2)检测　检测包括入炉铜锍、烟尘、石英砂、生石灰、炉渣和粗铜温度等方面的检测。

入炉铜锍的检测方法是，在铜锍失重计量出料管道处有一取样孔，有专人每隔一定时间对正在入炉的铜锍取样(一般取样时间间隔为1~2 h)，进行粒度分布、铜锍成分分析。

入炉烟尘的检测方法是，因烟尘在入炉时已是已反应的产物，在进入炉内后不再进行反应，仅起到冷料的作用，维持炉内热平衡，因此烟尘的取样并不像铜锍那样频次较高，一般能达到4次/d，为统计分析提供必要的数据。

入炉石英砂和生石灰的检测均为事前检测，在入炉后根据反应情况进行反馈控制，当然在入炉前也要对粒度和各种杂质进行分析。一般进料时就已经取样分析，均为合格的物料。

炉渣温度的检测分为两种，一为沉浸渣温度，二为渣口渣温度。沉浸渣温度是在沉淀池顶部通过测温孔测取，此炉渣温度作为控制炉况的最主要的参数，测量频次为1次/h。炉口炉渣温度是在渣口处测得，此处的数据一般会比沉浸炉渣的温度低 10~20℃，作为炉体安全控制主要参数。

粗铜温度在出铜口测量，此处测量的粗铜温度亦作为炉体安全控制主要参数。

渣样和铜样在出铜口取得，送化验室化验，作为炉内反应情况的主要控制参考；渣样的取得为两种，一为渣口渣样，二为棒渣样。渣口渣样的取样方法与铜样一样，而棒渣样是在检尺棒上取得，取样频次与测温同时进行，送化验室化验，棒渣样作为炉况控制的直接样品，是炉况的直接反映。

3) 自动控制 闪速吹炼炉的自动控制如闪速熔炼炉一样，均采用前馈和反馈同时进行的控制方式，在入炉前首先对各种物料进行检测，根据这些测得的数据进行前馈计算，在运行一段时间后根据反馈信息进行少量的反馈计算，如此将炉况进行反复修正，使炉况始终控制在一个平稳的状态，控制原理见图 2-47。

自动控制系统一般采用 DCS 或 PLC 系统，此类系统一般能实现连续的和离散的控制功能，可以对各类控制参数进行控制和修改，同时可以进行连续控制和连锁逻辑控制。

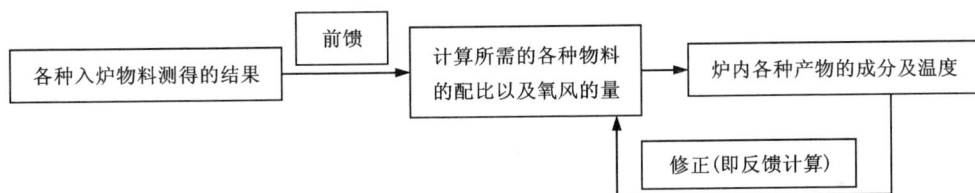

图 2-47 自动控制原理图

5. 技术经济指标控制与生产管理

闪速吹炼工艺过程连续，没有开/停风、熔体输送、进料等作业，因而几乎没有 SO_2 向作业环境的逸散；烟气量稳定，因而硫酸作业稳定，过程控制容易。特别是由于高浓度富氧空气的使用，使吹炼的烟气量大大下降。因烟气量小，SO_2 浓度很高，为 30%~45%，不但可以经济地生产硫酸，还可以经济地生产元素硫或液态 SO_2，获得高的 SO_2 回收率和低的生产成本。现根据国家规定的在工业炉窑生产过程所产生的 SO_2 排放浓度低于 400 mg/m³（二级），排放中所含固体颗粒浓度低于 80 mg/m³。实际生产中由闪速熔炼和闪速吹炼构成的工艺完全能满足甚至远低于此标准，硫的固定率大于 99.7%。

1) 原辅助材料的控制与管理 原料为铜锍和返回冷料，辅助材料是熔剂和富氧空气。

(1) 原料控制与管理 闪速吹炼炉的原料为上一道工序生产的铜锍，无论何种方式生产的铜锍均需要严格控制其品位，因铜锍品位低时将增大吹炼渣量和吹炼炉的热负荷。所选择的铜锍品位，要使得闪速吹炼能够在自热状态下运行（应用工业氧或高浓度富氧),同时保证粗铜的杂质含量达到要求(品位升高,As、Sb、Bi、Pb 进入烟气和炉渣的比例大大下降)。通常最佳铜锍品位为 68% ~ 72%。某厂入炉铜锍品位要求见表 2 – 53。

表 2 – 53 某厂入炉铜锍品位要求/%

Cu	S	Fe
70	20.8	5.9

根据表 2 – 53 中控制的成分可很好地控制吹炼渣的产生量,减轻吹炼渣的运输量;同时 70% 的铜锍品位保证了吹炼炉生产过程为自热反应,达到节能的效果。

(2)辅助材料控制与管理 闪速吹炼炉辅助材料与其他炉型不同,除了石英砂外还有生石灰。其主成分如表 2 – 54 所示。

表 2 – 54 闪速吹炼炉辅助材料质量要求/%

名称	Fe	SiO$_2$	CaO	粒度/mm	含水量
石英砂	2	85		<1,其中 0.1 ~ 0.5 占 80%	0.1 ~ 0.3
生石灰		1.8	90	<2	0.1 ~ 0.3

闪速吹炼炉排渣为连续性出渣作业,因此,为了保证渣的黏度较低,所使用的渣型为碱性渣,其主成分为铁酸钙。生石灰的来料一般使用罐装车运送至工厂,然后用气力输送至吹炼炉炉顶,经计量后加入炉内。生石灰的整个运送过程需要保持在密封的环境内,如与空气接触将部分生成熟石灰,不利于生产的进行。

辅料中的石英砂是为了在反应中生成一定量的 Fe$_3$O$_4$ 而加入的,起到保护炉体的作用,在实际生产中石英砂的加入量是很少的,一般采用人工直接加入炉顶仓,然后由计量设备根据渣含二氧化硅的量进行控制。

2)能量消耗控制与管理 闪速吹炼工艺将液态铜锍水碎粒化,尽管损失了铜锍的显热,但处理固态铜锍却使得应用高浓度富氧空气吹炼成为可能,一样可以进行自热吹炼,而且大大降低了吹炼的烟气量,提高了烟气的 SO$_2$ 浓度。在闪速吹炼中,高品位铜锍吹炼的反应热全部用于加热必要的冶炼产物,并补偿炉子的热损失。闪速吹炼在生产过程中主要的能量消耗为电能,需要额外补充能量时一般使用重油或天然气。闪速吹炼炉可以达到自热生产的状态,故而在生产过程中较少使用额外的能量补充,一般在烟尘发生率偏高或炉体保温和升温时使用。典型的天然气成分如表 2 – 55 所示。

表 2 - 55 典型的天然气成分表/%

CH_4	C_2H_6	C_3H_8	N_2	CO_2	其他	$Q_{低}$/(kJ·m^{-3})
95.042	1.62	0.407	1.156	1.18	0.595	35587

在国家铜冶炼相关能耗标准中规定精矿到粗铜的能耗标准为不超过 350 kgce/t，实际生产中某工厂通过闪速熔炼和闪速吹炼工艺（行业俗称的"双闪"工艺）的实际能耗已经不超过 200 kgce/t，远远低于国家标准，很好地降低了能耗，起到了节能的效果。

3）金属回收率控制与管理　某厂闪速吹炼生产物料和金属平衡实例见表2 - 56。

表 2 - 56 某厂闪速吹炼生产物料和金属平衡实例

序号	物料	质量	Cu		S		Fe		SiO$_2$		CaO + MgO	
			比例/%	质量	比例/%	质量	比例/%	质量	比例/%	质量	比例/%	质量
投入												
1	铜锍	970.80	70.00	679.56	20.80	202.53	5.90	57.50				
2	石灰	42.28							1.8	0.76	90	38.05
3	FCF 返尘	66.08	42.27	27.93	16	10.58	4.18	2.76			2.95	1.95
4	石英砂	3.86					2.00	0.08	85.0	3.28		
	总计			707.49		213.11		60.34		4.04		38.15
产出												
1	粗铜	626.5	98.50	617.09	0.25	1.57	0.07	0.42				
2	FCF 渣	201.92	20.00	40.38	0.10	0.20	27.11	54.75	2.00	4.04	18.0	36.35
3	FCF 烟尘	76.00	65.80	50.01	0.89	0.68	6.80	5.17			4.80	3.56
4	烟气			0.00		210.66		0.00		0.00		0.00
	总计			707.48		213.11		60.34		4.04		39.91

由表 2 - 56 可以看出：投入的金属铜，大部分进入粗铜（约占投入量的87%），少部分进入到烟尘中。烟尘的循环始终为一稳定值，其中有一部分通过输送返回熔炼。

从表 2 - 56 中也可看出：生产中得到的烟尘需要返回炉内使用，这使得烟尘不再外排，使用高温烟尘输送工艺可以做到烟尘不落地高清洁生产。而生产的烟气直接由管道送入硫酸系统进行制酸，与闪速熔炼相似，所有的过程均在密闭炉体内进行，很好地做到了减排。

由表 2-56 可以计算出闪速吹炼生产中铜的直收率为 90.8%（返回熔炼的烟尘不计在内，仅计算入炉金属量），金属直收率较低与闪速吹炼炉烟尘部分直接返回熔炼以及渣中含铜量较高有关。

将闪速熔炼与闪速吹炼统一计算，总回收率为 98.5% 以上，也就是说将返熔炼的吹炼渣和烟尘统一计算方可得到总回收率，因牵扯两台炉子，在此不再进行计算。

根据以上说明，影响闪速吹炼炉直收率的主要因素为渣含铜，故渣含铜控制在较低的水平时，可以得到较高的直收率，但此时的反应将受到影响，得到的粗铜含硫会偏高，使阳极炉的处理能力下降。

4）产品质量控制与管理　产品质量控制与管理包括粗铜质量和吹炼渣含铜的控制与管理。

（1）粗铜质量　粗铜是在铜锍经过吹炼后得到的产物，含铜量为 98.5% ~ 99.3%，其外表粗糙含气孔，但已经在部分物理和化学性质上表现出铜性质，其一般化学成分如表 2-57 所示。粗铜质量的好坏主要反映在粗铜中铁和硫的含量，因此粗铜质量的好坏主要取决于在吹炼反应时铜锍中铁和硫的脱除情况，如粗铜中铁和硫的含量过高，在阳极精炼时将会延长氧化时间。粗铜再经过一次阳极精炼，浇铸成阳极铜板，送电解进一步处理。

表 2-57　一般粗铜的化学成分/%

Cu	Fe	S	Pb	As	O	Bi	Sb
98.8	0.07	0.25	0.34	0.14	0.3	0.05	0.03

粗铜熔体性质比较特殊，具有非常强的冲刷穿透能力。粗铜在生产过程中需要根据液面的高度进行排放，粗铜液面绝不能超过或达到渣口下沿，以免在排放渣的过程中出现渣带铜现象，而且因渣溜槽为铜冷却水套，在出现渣带铜时，将会发生无法预计的后果，排放时渣溜槽将会很快被冲漏。

（2）吹炼渣　由于闪速吹炼炉的特殊性，粗铜中铁和硫的含量主要通过控制吹炼渣成分来控制。而吹炼渣成分控制主要是控制铜和四氧化三铁的含量。闪速吹炼一般采用铁酸钙型渣。吹炉渣的物相主要是钙铁渣，一般情况下吹炉渣的成分（%）为：铜 20，铁 45，CaO 16，SiO_2 2.5。

渣中铜的含量主要是靠氧化气氛来保证，渣中四氧化三铁除了需要靠氧化气氛来保证外还需要在配料中加入一定的石英熔剂来保证。加入少量的石英熔剂不仅有利于四氧化三铁的形成，而且有利于对炉内耐火砖的保护。

闪速吹炼炉中氧化气氛越强，渣熔体中的四氧化三铁和氧化亚铜的含量就越高，因此控制冶炼气氛即氧系数成为控制渣型的关键。控制好了氧系数就控制好了渣中四氧化三铁和铜的含量，因此在调整氧系数时要格外小心。同时要保证富氧的浓度，氧势过低不能使铜锍有效反应，会发生下生料的生产事故。一般富氧浓度不能低于 70% ，在初始投料时要相应提高富氧浓度。

吹炼渣在生产过程中同样需要根据液面的高度进行排放，渣液面绝不能超过或达到吹炼炉竖直水套上水套和竖直水套之间的连接缝隙。同时由于渣线在排放过程中升降次数较多，在冲刷耐火砖的同时，也可挂上以 Fe_3O_4 为主要成分的吹炼渣。因此，在闪速吹炼炉的炉龄后期主要依靠 Fe_3O_4 对炉体进行保护。

5）生产成本控制与管理　闪速吹炼炉的生产成本包括天然气（或重油）等燃料费用、人工费用、动力费用、各种辅材费用（如烧氧管、耐火材料等）、设备维护费用等，在这些成本中较好控制的是燃料费用和辅材费用。

（1）天然气费用的控制　天然气主要用于铜锍热风炉和流槽的烘烤，铜锍磨热风炉使用的天然气量与进磨前铜锍含水量是息息相关的，因此在铜锍进入铜锍磨前一般要将水分脱至 3% ~5% 最佳状态，这样不仅保证了进料流畅，同时也保证了干燥使用的天然气量控制在合理范围内。

流槽烘烤使用的天然气一般起保温和烘干作用。流槽的烘烤一般采用如下步骤就可以很好地得到控制：小火将流槽内的水汽慢慢去除，然后大火进行烘干，待流槽已经完全烘干后再改用小火保温；如流槽为已烘干好的，则仅需小火保温即可，流槽的烘烤一般控制在放铜前 2 ~4 h 即可。

（2）辅材费用的控制　生产中使用的辅材损耗量最大的为耐火材料，尤其是流槽使用的耐火材料。通常一条流槽使用时间不超过 15 d，最好的情况可以达到 30 d。流槽的使用情况是跟操作息息相关的，一是在放铜完毕后的检查，仔细检查流槽内各种残留物的情况，及时进行清理和疏通；二是炉况的控制操作，稳定的炉况是保证流槽使用寿命的一大保证，温度控制是关键，保证粗铜温度就可以保证粗铜有良好的流动性，保证流槽的使用寿命。

铜口内衬的消耗也是辅材消耗的一个大项，每个铜口内衬更换周期为 4 ~6 d，在烧口正常和粗铜温度较低的情况下，粗铜口内衬的使用时间可以达到 7 d，这需要提高操作水平。

（3）动力费用控制　闪速吹炼工艺一般情况下使用铜锍生产 1 t 粗铜消耗能源 60 ~80 kgce，这些的消耗主要包括电力、氧气和天然气。电力主要为各种设备提供驱动动力，维持设备正常运转，生产正常的情况下，电力消耗波动较小；氧气主要用在铜锍的充分燃烧上；天然气的使用如上所述。经统计，由闪速熔炼和闪速吹炼组成生产高纯阴极铜的工艺中动力消耗的 1/3 为制氧所用，下面就仅对氧气的使用进行分析。

闪速吹炼工艺使用氧气控制铜锍氧化程度得到合格的粗铜，因而在生产中控制工艺氧气浓度和氧气总量成为了控制炉况最重要的手段。铜锍品位高达 70% 时，其着火点在 400℃ 以上，需要高纯度的工艺氧气才能使铜锍易于燃烧，实际控制中工艺氧气浓度一般控制在70%以上。某工厂现控制90%以上的工艺氧气浓度，取得了较好的效果，减少了烟气量。铜锍成分是氧气用量和铜锍燃烧发热量的关键。铜锍含铜需要控制在68%~70%，铜锍中所含的正二价铁和负二价硫燃烧热量可以满足生产的需求。铜锍品位低时需要降低工艺氧气浓度来带走过多的热量，铜锍品位控制较好的情况下，纯氧气消耗量一般为150~190 m^3/t 铜锍，生产的粗铜含铜量可以达到99%或以上。

（4）阳极铜生产成本及其构成　某企业"闪速熔炼+闪速吹炼"工艺中阳极铜生产成本及其构成见表2-58。

表2-58　某企业"闪速熔炼+闪速吹炼"工艺中阳极铜生产成本及其构成

项目	单位成本/元	成本构成/%
1. 辅料费	136	13.92
2. 人力成本	85	8.70
3. 天然气	105	10.70
4. 电力	98	9.99
5. 制造费用：	554	56.63
其中：修理费	102	10.39
消耗性资材	42	4.26
氧	286	29.27
压缩风	81	8.27
工业新水	3	0.28
除盐水	5	0.51
纯水	8	0.86
运输费	23	2.33
6. 劳保	1	0.15
7. 其他	3	0.31
单位阳极铜成本	978	约100

由表2-58可以看出，制造费用比例最大，占整个生产成本的57%左右，在制造费用中占比最大的为氧气消耗约占整体成本的1/3，这表明使用闪速熔炼+闪速吹炼工艺生产阳极铜，氧气的制造费用成为最大的消耗；辅料占据生产成本中的第二位，单位时间内生产的产品量越大，则相应的辅料成本将会下降。因此该工艺主要的生产控制应为冶炼过程中精矿中硫铜比的控制（氧气量的控制），以及精矿中所含脉石的量（熔剂量的控制）。另外，闪速熔炼+闪速吹炼工艺的作业率对生产成本也具有相当大的影响，在一定的情况下应确保足够高的作业率（作业时间）来降低生产成本。

2.4　炉渣处理及渣铜回收

2.4.1　概述

目前国内铜冶炼火法部分所采用的主要是造锍熔炼和吹炼二段炼铜工艺，以往造锍熔炼所产生的炉渣由于含铜量较低，基本上作为废料丢弃，也有部分作为建筑行业添加剂销售。随着铜冶炼工艺的发展，熔炼过程趋于强化，闪速造锍熔炼和部分熔池造锍熔炼工艺炉渣含铜都逐渐升高。随着铜矿资源的枯竭，铜价攀升，渣中损失的这一部分铜逐渐被重视。

电炉贫化和选矿是目前采用的从造锍熔炼炉渣中回收铜的主要方法。贫化电炉是矿热电炉的一种，它是造锍熔炼炉渣的再处理设备，如闪速炉炉渣，含铜量在 2% 至 4% 之间，达不到弃渣的要求，将其加入贫化电炉内，同时加硫化剂、还原剂、熔剂，使炉渣中的大部分铜生成铜锍而回收，贫化后的炉渣含铜 0.5% 以下可以弃掉。还有一种贫化电炉，入炉原料不是单一的炉渣，而是铜锍与炉渣的混合物，如澳斯麦特熔炼炉的混合熔体，其铜锍品位为 45%～60%，由于澳斯麦特炉熔池连续处于剧烈搅动状态，铜锍与炉渣不能及时沉降分离，此时的贫化电炉承担着沉降分离的作用，因此这一类贫化电炉又称为沉降电炉，其渣含铜大约为 0.80%，经水碎粒化后弃去或者缓慢冷却后选矿。

2.4.2　炉渣电炉贫化

1. 概述

贫化电炉炉型与熔炼电炉相似，只是一向容量较小，通常不超过 11500 kV·A，一般有一到两组电极，每组 3 根。炉内工作条件比熔炼电炉恶劣，进入炉内的物料是炉渣或者铜锍、熔炼渣的混合物。渣线带内衬长期处于高温熔融炉渣和一些添加固体物料的冲刷摩擦下，要求内衬材料具有很好的抗高温、抗渣、抗冲刷性能。目前，采用镁铬质的直接结合砖，甚至用镁铬质电铸砖，同时砌砖体的外部还要设冷却水套或喷淋加以冷却，以提高炉墙的寿命。炉顶多采用可塑性等不定形耐火材料捣筑。炉底一般用镁砖砌成反拱，下部有黏土砖和捣筑料，整个炉底架空并有冷却设施。

以某厂沉降电炉为例，澳斯麦特熔炼炉产生的铜锍与渣的混合物从堰口流出，经过混合溜槽进入沉降电炉。沉降电炉使用两组 6 根电极加热，维持电炉炉温为 1180～1260℃。沉降电炉为铜锍和炉渣的分离提供了良好条件，由于它们密度的差异，分成铜锍层和炉渣层，铜锍层处于熔体下部，炉渣层在铜锍层的上部。根据吹炼炉的生产要求，铜锍经沉降电炉放铜口排入包子经电动平板车、起重机送往转炉吹炼;炉渣水碎后送渣场堆放。沉降电炉烟气含有 SO_2,经过收尘后送制酸。

2. 贫化电炉运行及维护

1)贫化电炉 贫化电炉包括炉体、电极及导电装置,其中电极是核心部件。

(1)贫化电炉工作原理 在贫化冶炼过程中,电能主要依靠电极送入炉内,以两种方式将其转换成热能,第一种是在电极与熔渣的接触界面上有一层很薄的气膜,通电时,强大的电流通过电阻很大的气膜产生微弧放电,将电能转换为热能;第二种是电流通过熔渣时,由于熔体本身电阻的作用将电能转换为热能。

(2)贫化电炉炉体 贫化电炉炉体的组件从上到下依次为炉基、钢梁、炉底钢板、捣打料、耐火砖、炉顶捣打料、水冷梁,从内到外依次为耐火砖、铜水套、钢壳。

沉降电炉炉墙向外倾斜,炉体采用整体弹性骨架,由圈梁、立柱、夹持梁、拉杆弹簧等构成,通过调节弹簧的松紧,保证骨架对砌体的夹紧力和炉体的均匀膨胀。炉壳板包括底板和炉侧围板,用于包覆炉内的耐火材料,底板和围板均分块制作而成,留有膨胀缝。底梁采用工字钢制作成双层十字交叉网状结构,承受炉体和熔体的重量。炉墙内设有导热好、强度高的紫铜水套对耐火砖进行冷却,不同部位设有不同结构的铜水套(见表 2-59),以合理冷却炉体,保证炉子寿命。由于炉底温度较高,因此采用架空结构,底梁架在水泥基础墩上,方便通水冷却,炉底架采用 32# 不锈钢制作成的双层十字交叉网状结构,再设置拉杆通过弹簧和下夹持梁拉紧炉子下部。炉顶为特殊水冷梁支撑的钢纤维增强的耐火浇铸料整体浇注的炉盖,与耐火砖砌筑的炉顶相比,具有密封性好、寿命长的优点。电极周围的拉梁均经过防磁处理。

炉体耐火材料主要采用优质镁铬砖。炉底由捣打料与耐火砖砌筑而成。以某冶炼厂沉降电炉为例,砌筑情况见表 2-60。

表 2-59 某冶炼厂沉降电炉铜水套分布/块

炉墙立水套(36)	东 13	西 13	南 5	北 5
炉墙平水套(36)	东 7	西 7	南 3	北 3
铜渣口水套	大水套 5	ϕ120 渣口 3	ϕ80 铜口 2	
	小水套 5	ϕ100 渣口 3	ϕ50 铜口 2	

表 2-60 某冶炼厂沉降电炉炉底砌筑情况

层数	砌筑方式	材质	尺寸/mm	质量/t
炉底第一层	1 层浇注料	高铝料	—	25
炉底第二层	6 层	高铝砖	380×150×75	291.6
炉底第三层	反拱	镁质捣打料	—	36

续表 2－60

层数	砌筑方式	材质	尺寸/mm	质量/t
炉底第四层	1 层安全层反拱砖	半再结合镁铬砖－16	380×150×75/70 380×225×75/70	181.29
炉底第五层	1 层工作层反拱砖	半再结合镁铬砖－20	450×150×107/110 450×225 ×107/110	212.97

贫化电炉设有混合炉体入口 2 个，烟气出口 2 个，放铜口 2 个，放渣口 3 个，熔池测量孔 2 个，水冷烟道 2 个，观察孔 10 个，测量点 17 个，另外还有配套的 2 条放铜溜槽，3 条放渣溜槽。

某冶炼厂的沉降电炉炉体示意图见图 2－48，炉体尺寸见表 2－61。

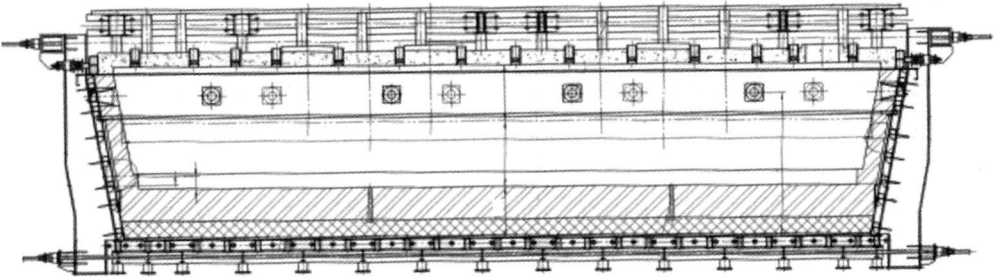

图 2－48　某冶炼厂沉降电炉示意图

表 2－61　某冶炼厂沉降电炉炉体尺寸/mm

项目	尺寸	项目	尺寸
炉膛高度	3350	防爆孔距炉底	2360
渣线尺寸	8000×20000	放铜口距炉底	340
熔体入口直径	650	放渣口距炉底	1250
紧急入口	500(420)×600	放铜口直径	50
观察、防爆孔/个	10	放渣口直径	100
拉杆直径	202	放铜口间距	3200
烟道口直径	900	放渣口间距	3200
炉底厚度	1400	放渣(铜)溜槽长度	10918(7550)
铜水套/块	56	电极总质量/t	139
炉底厚度	1400	耐火材料/t	约 1100
测量杆	4950	钢结构/t	约 467
炉顶厚度	400	铜水套总重/t	约 80
水冷梁	14 根		

（3）电极系统　电极是贫化电炉的核心部件，下面介绍其结构和运行维护。

①电极系统的组成　电极本体结构由自焙电极、上抱闸、下抱闸、升降装置、导电装置、电极孔密封圈等主要部件和液压系统组成。

（A）自焙电极　自焙电极直径1000 mm，采用的是适用于密闭电炉的优质电极糊。电极壳采用3 mm钢板焊制，分段制造，现场焊接成为整体。电极壳锥部长约900 mm，其圆周面上横纵间距100 mm，多孔（φ2）均匀分布，以利气体顺利排出。

自焙电极是消耗品，在工作过程中不断烧蚀，因此电极壳要根据需要向上续接。电极壳在工作过程中要与导电铜瓦紧密接触以传送电流，同时电极壳也是上、下抱闸夹持的对象，因此电极壳外表面的焊缝一定要打磨得光滑、平整。

（B）上抱闸　由4块衬胶闸瓦、4组动作油缸和支座等组成。通入压力油，油缸活塞带动衬胶闸瓦向里移动，将电极壳抱紧；压力油卸油，碟形弹簧驱动衬胶闸瓦外移归位，将抱紧的电极壳松开。衬胶闸瓦的动作行程为10 mm，由两组对称安装的光电开关将抱紧、松开状态信号送回控制系统。上抱闸是常开抱闸，除在电极压放、倒拔电极动作中通油抱紧电极壳外，始终由碟形弹簧作用保证其处于松开状态。

（C）下抱闸　由4块衬胶闸瓦、4组动作油缸和支座等组成。通入压力油，油缸活塞带动衬胶闸瓦向外移动，将抱紧的电极壳松开；压力油卸油，碟形弹簧驱动衬胶闸瓦里移归位，将电极壳抱紧。衬胶闸瓦的动作行程为10 mm，由两组对称安装的光电开关将抱紧、松开状态信号送回控制系统。下抱闸是常闭开抱闸，除在电极压放、倒拔电极动作中通油松开电极壳外，始终由碟形弹簧作用保证其处于抱紧状态。

（D）升降装置　升降装置主要由升降台、升降缸、升降缸座等部分组成。升降台为下抱闸提供基础支座，升降缸为升降台提供动力。两只升降缸同步运动，使得下抱闸上下平稳运行，实现电极升降、电极压放、倒拔电极和紧急提升等动作。两只升降缸靠液压同步。通入压力油，柱塞顶起，下抱闸随升降台上升；压力油卸油，下抱闸随升降台靠自重下降，柱塞缩回。其工作位置信号由安装在电极装置旁测量装置上的绝对值编码器和三组光电开关送回控制系统。升降缸工作行程1.2 m，最大行程1.4 m，升降速度为0.5～1.0 m/min。

（E）导电装置　导电装置是重要部件。电流通过导电装置导入自焙电极。导电装置主要由护筒、固定集电环、移动集电环、夹持半环、导电铜瓦、软铜带、导电铜带等部分组成。电极导电系统如下：变压器→短网→固定集电环→软铜带→移动集电环→导电铜带→导电铜瓦→电极→熔池。

护筒相当于一个基础座，移动集电环、夹持半环、导电铜瓦、软铜带、导电铜带、冷却水管等部件直接或间接地固定在它上面。护筒通过螺栓与电极护筒连接成整体，电极护筒通过螺栓固定在升降台下部，因此整个导电装置除固定集电环外均随升降台上下运动。

固定集电环的主要零件是与短网铜管同规格、同材质的铜管，通过短网补偿器与短网连成一体，管壁传输电流，管内构成冷却水道。

为实现固定集电环与移动集电环二者的一静、一动的电力传输，特别采用了由多层厚度为 1 mm 的半硬铜带制成的软铜带进行连接。软铜带的一端固定在固定集电环上，另一端固定在移动集电环上，软铜带的弯曲变形正好适应这种相对上下运动的需要。

导电铜瓦既要确保对电极壳导电良好，又要保证电极能够顺利压放，这就要求必须调整好每块导电铜瓦对电极壳的压紧力。一根电极装有 8 块相对独立的导电铜瓦，每块导电铜瓦配有相对独立的弹簧顶紧机构。这 8 组相对独立的弹簧顶紧机构就设置在夹持半环上。通过旋拧对应的调整螺柱，可以调节相应弹簧的压缩量，从而调整相应导电铜瓦对电极壳的压力。各导电铜瓦对电极壳的压力应尽量保证一致，从而保证电流均匀。导电铜瓦与夹持半环都采用水冷设计，进出水通过绝缘胶管引到护筒上部，再通过绝缘胶管与供排水水管相连接。

（F）电极孔密封圈　自焙电极通过炉顶的电极孔插入电炉内部。电极孔密封圈的作用就是对自焙电极与电极孔间的空隙进行密封。电极孔密封圈浮放在炉盖上，随电极摆动可以适当水平移动，竖直向移动则由限位装置约束。用耐火纤维布作为密封圈与电极壳接触的密封材料，既密封了电极孔，又不妨碍电极的升降。

（G）液压系统　液压系统主要由泵站总成、蓄能器组、控制阀台、同步自锁阀台四部分组成。

泵站主要由油箱、泵-电机组、调压阀组、循环冷却装置四部分组成。根据使用要求，系统配置了水冷却器、高压滤油器、回油滤油器、电子温度控制器、液位控制继电器及压力传感器等。油箱储存油液，以满足泵的吸油，防止泵吸空，同时收集油缸和阀的回油。油箱加油时，应通过液位计观察加油量，最大加油量不得超过油箱总容积的 80%；油箱上设置有智能电子温度控制器，实现对系统油液温度的实时监测，控制油温为 15~55℃。泵-电机组为整个液压系统提供压力油源。调压阀组 1 用来控制系统油源的输出压力及压力油的卸荷。油泵输出压力除了可从阀组上的压力表直接读出外，还可通过设在阀组上的压力传感器对其进行实时监控。启动电机前，应使溢流阀调压旋钮全部松开，电磁溢流阀的电磁铁失电。点动电机，同时观察电机旋转方向是否为顺时针旋转，否则要换向，因为泵不能长时间反方向旋转；泵-电机组设有良好的减震装置，防止其振动传入液压系统，影响系统的工作稳定。循环冷却装置由循环泵-电机组、调压阀组 2、冷却器及回油过滤器组成，用来冷却并过滤系统油液，保证系统正常工作。

控制阀台用来控制系统执行元件的动作。控制阀组中，比例换向阀组用来按照相应的控制电流控制系统电极升降油缸的工作流量及油缸的伸出、缩回，设在比例换向阀组油路上的高压滤油器为保证比例阀正常工作提供合格的油液；换向阀组用来控制上下抱闸油缸的动作，设在换向阀组上的减压阀用来调定换向阀组油路的工作压力，减压后的压力可以从阀台表盘上的压力表直接读出。

蓄能器组主要用作系统工作流量的补充油源并稳定系统压力，蓄能器组上配置有压力表和压力传感器。

同步自锁阀组共六套，安装时以现场具体情况安放在合适位置。其与比例换向阀组相连接，控制电极升降油缸的同步及锁紧。

②电极系统的维护 下文以某冶炼厂沉降电炉的实践为例阐述电极的正确使用及维护。安装和调试后的电极系统应运行平稳、灵活。

电极运行靠程序控制，用液压传动，但试车或检修过程中没有投入程序控制，因而要手动完成操作。操作一定要按正确的顺序进行，否则就会损坏设备。不提倡不间断频繁点动，这样容易使电磁阀发热而缩短其寿命。液压管路特别是下抱闸的液压软管使用时不能有扭劲、受力的情况，以避免管路漏油而导致不能正常工作。

注意油缸的柱塞面要保持干净，不得有金属屑或细砂尘等附着物，否则会在工作时拉伤油缸的工作面而破坏密封，使油压损耗、油缸不能正常工作。另外，液压系统的介质——液压油，也是保证系统正常工作、有效延长部件使用寿命的关键因素，在生产过程中要定期检查、更换。

电极的作用是使高电流通过，使炉内的物料引弧、化料。既要保证电极的导电性，又要保证电极对地的绝缘性。电极系统所有的导电部件在设计和安装时都作了良好的对地绝缘，其绝缘电阻不小于 1 MΩ。在使用过程中要注意不能将金属物料搭接在电极绝缘部位，以避免电流损耗过大和人身安全事故。在电极暴露部位炉顶操作平台和 25 m 操作平台处都做了良好的绝缘，使用中须随时检查这两平台的绝缘性，以保证安全生产。

为了延长磨损件导电铜瓦的使用寿命，在电极筒质量较好的前提下，设计上对导电铜瓦和铜瓦夹持半环进行了循环水冷却。使用过程中要经常检查循环水的情况，若发现有渗漏或堵塞现象，要及时处理。

电极升降油缸和抱闸的工作油缸都是柱塞式的，其工作面上的密封采用了Yx 型和 Yv 型密封圈。因其工作都是间歇式的，并不是长期处于带压状态，所以磨损很小，寿命很长，一般不会出现问题。油缸活塞、缸体工作面若有损伤，程度轻者可以拆下后用细砂纸或油石修复后再用，重者必须更换新的。

上下抱闸和导电铜瓦的拆卸、安装、调整方法及步骤见有关设备维护细则。

生产过程中要经常检查和调整，使铜瓦之间不能有打火花现象，但也不能有明显的磨损痕迹。

要经常检查连接循环水的绝缘胶管，定期进行检修和更换，若发现有渗漏和堵塞，要马上进行处理，以免影响生产。要及时检查、检修和紧固软铜带和导电铜带的压板螺栓，以保证紧密接触和良好的导电性，减少电能消耗，提高工作效率。

2）液态炉渣输送设备　通过溜槽或渣包吊运输送液态炉渣至电炉中，情况类似于转炉吹炼。

3）供电系统　沉降电炉采用 2 台 6000 kV·A 电炉变压器，每台变压器的两侧连接 3 台 φ1000 自焙电极装置，共计 6 台。控制系统通过对电极装置的控制调节电炉的功率，从而使炉内温度满足工艺生产需求。严格地讲，电极也属于电炉供电系统的组成部分，前面已作详细介绍，本节只介绍变压器的技术参数和维护。

技术参数如下：型号规格为 HKSSPZ – 6000/10；额定容量 6000 kV·A（长期过载 10%）；一次电压 10 kV 三相 50 Hz；一次电流 346.4 A；二次电压 200 V ~ 100 V ~ 67 V；二次电流 34641 A；二次电压 67 ~ 100 V 为恒电流输出，100 ~ 200 V 为恒功率输出；调压方式为有载调压，13 级，级差 11 V；联结组别 Yd11；短路阻抗 6% ~ 8%；空载损耗 10 kW；负载损耗 120 kW；出线方式：一次侧（A，B，C）电缆进线，二次侧（a，x；b，y；c，z）出线——铜导电管，要求变压器二次侧铜导电管与电炉短网可以方便地连接；电炉短网采用 φ65/40 的紫铜杆连接，a，x；b，y；c，z 各为 4 根，共计 24 根；冷却方式为强油水冷 OFWF（316 材质不锈钢）螺旋板式；电压级为 13 级，极差 11 V，调压方式为有载调压，二次电压 67 ~ 100 V 时二次电流恒定，二次电压 100 ~ 200 V 时功率恒定。二次电压 100 V 时，电流效率越高，无效功最少，功率因数最高。电压越高，渣面产生电弧越多，提供的热量越多。电极插入越深，电阻越小，电流越大，转换的热能越多。

变压器的维护要求：电炉变压器不得长期超负荷运行，运行中应经常注意油面温升，油面最高温度和温升不得超过允许值。注意变压器的声音是否正常，若反常则说明变压器内部或外部的电路存在故障。电炉变压器周围环境温度最高为 35℃。如果地处南方，环境温度高于 35℃ 时必须强制通风，使之低于 35℃。冷却水应为无腐蚀性的水，温度不超过 25℃。

3. 生产实践与操作

1）工艺技术条件与指标　以某冶炼厂沉降电炉为例，主要工艺技术参数见表 2 – 62。

表 2 - 62　沉降电炉主要工艺技术参数

熔池温度/℃	1180 ~ 1260	冷却水用量/(m³ · h⁻¹)	620
渣含铜/%	0.65	冷却水压力/MPa	>0.2
电极升降速度/(m · min⁻¹)	0.5 ~ 1	炉顶温度/℃	700 ~ 900
沉降铜锍品位/%	55 ± 5	总液面/mm	1450 ~ 1650
电流密度/(A · cm⁻²)	4.41	铜锍面/mm	700 ~ 900
熔池深度/mm	1800	电极行程/mm	1400
炉子负压/Pa	-1 ~ -20	进水温度/℃	≤10

重要的电气参数包括工作电压、工作电流、电极电流密度和功率因数等。

①工作电压　工作电压即二次电压，是一个重要的基本参数，对生产有直接影响。工作电压过高时，炉渣及炉膛温度升高，经济技术指标恶化；反之，则损失功率、无功功率都增大，电效率下降。

②工作电流　工作电流即电极电流，在一定的功率下随工作电压的变化而变化。

③电极电流密度　电极电流密度为某一时刻通过电极的电流大小与电极截面积的比值。电极电流密度过大时，电极温度升高，电极易过烧，容易硬断；反之，温度低，电极烧结不好，易发生电极漏糊和软断事故。

④功率因数　功率因数即有功功率和视在功率的比值，是体现电效率的一个重要参数。

此外，变压器功率、有功功率和无功功率也是生产过程中可测量的重要电气参数。

2)操作步骤及规程　操作包括电极运行及烧结操作、熔炼产物出炉操作等。

(1)电极的操作　电极的主要动作为升降、压放以及倒拔。电极正常工作长度为 1850 ~ 2050 mm，通过观察孔观察和判断电极情况，防止电极过长或过短，发现不合要求时，及时采取措施，严格控制下放量，甚至倒拔电极。正常情况下，电极插入渣层 300 ~ 500 mm，每 3 h 压放一次，每次 50 ~ 100 mm，可根据电极焙烧情况增加压放次数，但同一相电极 8 h 内不超过 300 mm。

正常生产时，上抱闸靠自身弹簧处于松开状态，电极压放时通油抱紧，下抱闸靠自身弹簧抱紧电极，通油松开，把持器通过锥形环水套使每个电极的 8 块铜瓦贴紧电极壳。

电流超过相应电压级电流时，PLC 系统通过控制液压系统给油，顶起下抱闸联接底座，升起电极，达到稳定电流的作用。下放时，打开下抱闸液压缸回油阀，利用电极自重下放电极。

当液压缸行程处于下限，电流仍达不到计算功率对应电流值时，需压放电极，一般操作程序为：(A)电极停电，松开铜瓦；(B)上抱闸通油，抱紧电极；(C)下抱闸通油，松开抱闸；(D)液压缸送油提升 50~100 mm，上限位靠溢流口回油定位；(E)下抱闸停止进油，靠弹簧抱紧电极；(F)上抱闸停油，靠弹簧松开上抱闸，利用电极自重下放电极；(G)抱紧铜瓦；(H)送电。

压放过程中需注意：(A)压放过程中必须集中注意力观察电极压放过程每个环节；(B)铜瓦夹紧电极(特别是铜瓦下部)送电时及送电后不能出现打弧现象；(C)如有电极下滑现象，必须检查抱闸性能，修复后方可送电。

当液压缸行程处于上限，电流仍超出计算功率对应电流值时，需倒拔电极。开炉焙烧完电极后也需倒拔电极。电极倒拔一般操作程序为：(A)电极停电，松开铜瓦；(B)上抱闸通油，抱紧电极；(C)下抱闸通油，松开抱闸；(D)液压缸开回油阀，下降到一定位置；(E)下抱闸停止进油，靠弹簧抱紧电极；(F)上抱闸停油，靠弹簧松开上抱闸；(G)液压缸送油提升到指定位置；(H)抱紧铜瓦；(I)送电。

倒拔过程中需注意：(A)倒拔过程中必须集中注意力观察电极倒拔过程每个环节；(B)铜瓦夹紧电极(特别是铜瓦下部)送电及送电后不能出现打弧现象；(C)如有电极下滑现象，必须检查抱闸性能，修复后方可送电。

(2)电极的烧结　电极烧结由三步完成，烧结过程会带来电极损耗，电极糊的性质对电极烧结影响较大。

①电极糊的性质　电极糊是由煅烧过的无烟煤、冶金焦、石油焦与煤沥青、煤焦油按一定比例混合而成。图 2-49 是电极糊电阻率随温度的变化曲线。

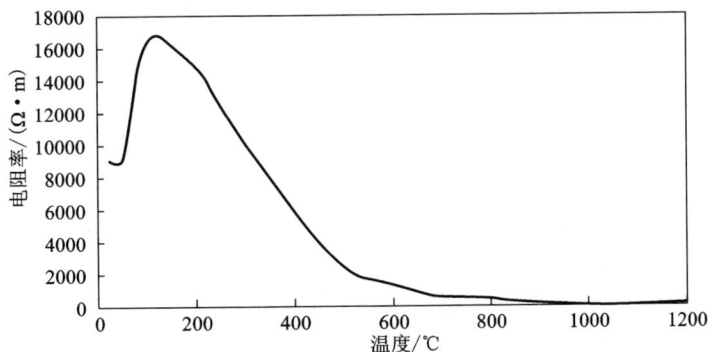

图 2-49　电极糊电阻率随温度的变化曲线

图 2-49 说明：电极糊在低温时电阻逐步降低；温度快到 100℃时，由于沥青熔化，电极糊的电阻率升高；温度为 200~500℃时，电阻率大幅度降低；当温度继续升高，电阻率平稳降低。在电极糊未烧结好的部位，电流大部分通过电极壳

输入到炉内，可能烧穿电极壳而产生漏糊现象。

②电极的烧结 电极糊的焙烧分三个阶段：第一阶段为软化段，由室温升到200℃，此时电极糊全部软化成液态，仅其中的水分和低沸点的成分挥发，有少量黄烟冒出。正常情况下这个区域为由上部开始直到铜瓦上缘500 mm左右。第二阶段为挥发段，是电极烧结的关键阶段，温度为200~600℃，此时电极糊中的黏接剂开始分解。气化和排除挥发物，300~500℃时挥发最快，电极糊充分熔化，逐渐变稠充填电极壳。铜瓦的冷却作用使外部温度较低，并保持温度缓慢上升，这样可使电极糊的挥发物充分排出，使电极糊保持塑性，填充更好。挥发段后期在铜瓦内约3/5高处，下半段外部有一定的塑性，可使电极和铜瓦接触良好，中心开始焦化，可少量导电。第三阶段为烧结段，电极糊已移至铜瓦下部2/5处，温度已升到600~800℃，电极糊焦化变硬，将最后少量挥发物排出，形成导电好的电极。

电极的焙烧温度应缓慢提升，一般保持为10~20℃/h。速度过快时，电极气孔率增加，导电性和强度降低，易发生软断事故；速度过慢时易造成电极过烧。电极烧结过程中应保持相当于4 m高的糊柱压力（0.05 MPa），以保证电极烧结密度，同时使电极糊挥发气体压力升高，有利于缩合反应进行和提高电极的强度。

（3）炉前放铜（渣）操作 该操作包括放铜前准备、烧氧及堵口等操作过程。

①放铜前准备 根据铜口的大小制作白泥球并压成饼状，以表面无裂缝、软硬适中为合格；将泥饼包在圆锥形石墨堵头（一般要准备2~3个堵头）上，在白泥上面包一层石棉布，用细铁丝绑好，再在石棉布上均匀刷一层水玻璃；保证放铜平台上有足够的氧管，放铜必须要3人配合；检查确定铜包到位，铜包内无积水或其他杂物，铜包房内无人，安全坑内无积水；检查确定铜水套流槽无破损、回水槽回水正常后，启动环保蝶阀，盖好溜槽盖板；查看铜口处铜块是否干净，若不干净，则用钢钎进行清理。

②烧氧 烧氧工检查烧氧用火源已具备点火条件；连接氧管与快速接头；开少量氧气，通气以清除氧管内的杂物；点燃氧管，随即用氧管烧铜口上沿，另一烧氧工开氧，烧进40~50 mm后，可取掉助燃管，同时将氧气开大，利用氧气压力将铜口中固体熔化吹出，直至铜锍顺利放出。烧口时，氧气管要端平、对正、顶紧放出口，手腕稍稍抖动，以增加烧口直径。严禁烧偏铜口。当铜锍流量适中，拔出氧管后，关闭氧气阀。

③放铜锍 在放铜锍过程中，要经常观察铜包的液面，铜锍距包沿下300 mm左右时进行堵铜口操作。

④堵铜口 堵铜口必须两人配合，一人用石墨堵枪自上而下接近铜口并用力压住，另一人用锤子敲击石墨堵枪尾部，将石墨堵枪顶紧铜口直到堵住为止。

3）常见事故及处理 常见事故包括电极打弧及漏糊、铜锍渗漏、电极欠烧和过烧、电极软断和硬断、电炉炉结电极悬糊。

(1)电极打弧 出现电极打弧现象的原因为电流波动大。电流曲线正常时为小波浪，若电流曲线出现大波浪就说明电极打弧。处理方法是：把电流调到不打弧为止，用大锤在铜瓦上方敲打电极筋片，使电极糊充满电极壳，补充电极糊到规定要求；如果铜瓦太松，用风管吹掉铜瓦与电极壳之间的灰尘，通知操作工压紧铜瓦然后压放电极；若悬糊敲不下来，割开电极壳，将电极糊用木棍捅下来，补充电极糊至规定要求。

(2)电极漏糊 出现电极漏糊现象的原因主要有：电极欠烧或下放量过大，电流过大或局部电流密集、过大发红，烧穿电极壳；铜瓦与电极壳接触不良，引起打弧穿洞漏糊；电极壳焊接质量不好，电极壳接口部位焊接不平或断焊，电极壳钢板过薄，膨胀开裂；电极压放过程中或压放后，电极抱闸失压，电极夹不紧下滑，引起打弧烧穿电极壳；炉腔温度过高，正压操作，导致铜瓦部分电极壳烧坏和严重氧化。处理方法是：发现漏糊，立即停电，确定出漏糊位置，漏洞较小时，可用石棉绳堵塞，倒回电极夹紧送电，漏洞较大或电极壳开裂大时，首先用石棉绳堵住漏口，然后用钢板补好，倒回电极，清理干净炉腔内积糊，送电生产；设备故障引起的电极漏糊，应在处理漏糊事故的同时修复设备，排除故障根源，方可送电生产，以免再次发生类似事故；严防电极壳变形，避免电极壳与铜瓦发生打弧，加强炉子密封性，保证烟道畅通。

(3)铜锍渗漏 铜锍渗漏指从贫化电炉底部或炉壁的砖缝流出铜锍。造成这一现象的原因主要有：入炉料成分发生了变化，使渣熔点升高或铜锍品位下降；负荷高而进料少，或因设备原因无法降负荷，造成炉渣和铜锍过热；电极插入渣层过深，引起铜锍过热；炉子内衬砖腐蚀严重；铜锍面过高，易造成铜锍从薄弱的炉腔处渗漏；操作失误。处理方法是：当渗漏很少时，降电极负荷；通知炉前放铜降低铜锍面，通知澳斯麦特炉降负荷或提枪停炉；在事故发生部位采取风冷措施或用白泥堵塞；如果漏铜量较大，采取停电措施，降低熔池面，待停漏以后，再恢复送电。

(4)电极欠烧 出现电极欠烧现象的原因主要有：电极糊油分过高、软化点高；炉况不好，不能正常连续送足负荷；操作失误，人为下放量过长；抱闸故障，电极下滑。处理方法是：适当减少该相电极铜瓦冷却水量；适当降低电极糊柱高度和破细电极糊块度，加快熔化烧结；适当降低二次电压，增加二次电流，加快电极焙烧速度；如因电极糊油分过大导致，应调整电极糊的配比，降低电极糊的油分。

(5)电极过烧 电极过烧的表现为电极腰部温度过高，甚至局部发白，电极铜瓦下部夹紧部位的电极壳过早烧毁，致使铜瓦与电极壳碳素材料接触不良时打弧，温度升高。原因主要有：电极压放不正常，压放数量不足；电极糊油分不足、软化点低，灰分高，造成烧结过快，质量不好；操作电压级别选择不当，长期超负荷运行。处理方法是：查找出不正常压放原因，恢复正常压放量，尽量减少灰分，适当提高含油量；降低二次电流，纠正超负荷运行操作。

(6)电极软断　电极软断的表现是电流突然增大，电压突降，有大量电极糊漏出，在炉内燃烧，电极筒冒黑烟。其原因有多种：①下放电极过于频繁或过长，致使铜瓦与未烧结电极部位打弧，熔断电极壳，铜瓦不能夹紧电极硬头，烧结好的部位下坠；②因机械故障，电极下滑未及时采取措施，电极负荷控制不当；③下放电极时没有降低负荷或降低得太少，放电极后负荷升得过快；④电极壳太薄或焊接质量差（如焊缝断焊），外力作用使其破裂，致使在压放时电极壳折叠或漏糊；太厚会造成壳体与电极芯部接触不紧密，引起软断；⑤电极糊含挥发物过多，造成电极不易烧结，致密性不够，强度差；⑥电极焙烧速度过慢，欠烧，破坏了电极消耗和焙烧平衡，使液态电极糊中的黏结剂从未烧成的电极中反渗出来，发生"离析"。处理电极软断的方法主要有：①立即切断电源或将该电极停电，立即检查软断部位，如电极壳断口完整，应立刻将断口上部电极壳往下压放，套紧断口并坐紧电极，尽量减少液糊外漏，做适当的修补堵漏工作。然后采取"死相"不动电极的方法，在低电压下焙烧电极，送电负荷应控制在电极壳承受负荷内，一般为额定负荷的30%左右，并按烧结时间由小至大进行具体操作，技术员应按程序指导。焙烧过程注意检查电极糊柱高度，发现不足要适当补加。如断口不平、裂口大，在处理无效果的情况下，拉出断电极头，然后将电极壳封底，并在电极壳上用焊条点焊一些小眼，在炉顶上重新焙烧，或将电极放入炉内用木柴或柴油焙烧。电极每烧好一段，就下放一段，直到该电极工作端和熔池接触为止，此时方可送电，但功率不宜过高，应视电极运行状况逐步提高。重新焙烧时要注意铜瓦冷却水量；②查找出不正常压放原因，恢复正常压放量；③降低二次电流，纠正超负荷运行操作。④如是电极糊质量问题，应尽量减少灰分，适当提高含油量。

(7)电极硬断　电极硬断是电极在烧结好的部位折断，且多发生在电极与渣层接触处，其硬断长度不等，硬断较长时，将给电极操作带来一定的困难。主要原因有：①电极糊质量不好，如灰分和杂质过多、挥发分较少、组分搭配不当、混入外来杂物，造成过早烧结或黏结性差；②负压太大，过量冷空气使电极氧化严重，电极变得过细而折断；③电极糊油量过大，电极糊熔化后，粗细颗粒产生偏析、分层现象，降低了烧结后的强度；④超负荷长期运行，引起电极过烧、表面剥落变小、开裂、机械强度不够而折断；⑤热停炉次数多，停电时又没有采取保护措施，造成电极开裂和烧结分层，热停炉时间过长，也会造成电极氧化严重，从而引起电极硬断；⑥电极软断处理后接口连接不牢，电极糊悬糊处理不及时，处理后交接处黏结不牢；⑦电极偏移中心，违章操作引起机械性折断；⑧电极过烧：

糊面不够，电极焙烧致密性不够。处理电极硬断的方法是：若硬断长度为 200～500 mm，一般可正常送电，但应调低负荷，若硬断部位较长，需停电，把发生硬断的电极放入炉内，用木柴或重油焙烧，待电极焙烧好后，再送电，并逐步增加负荷；检查电极糊柱高度，密切观察，防止硬断事故发生。

（8）电极悬糊　电极悬糊出现的原因是铜瓦上沿温度低、电极糊难以熔化或糊块较大，一块或两块刚好塞在筋片间。可通过敲击方法判断是否悬糊，轻微悬糊可敲击振打下来，如情况严重，可用气焊割开电极壳，使用木棍捅下来。

（9）电炉炉结　由于熔池内部温度降低，难熔解的 Fe_3O_4 从熔体析出，逐渐沉积在炉底，形成炉结。处理方法是合理控制铜锍面和洗炉。当铜锍面不足时，横隔膜与炉结接触，因同相相生 Fe_3O_4 快速析出，沉积在炉底。因此主操作工组织放铜作业时，必须控制铜锍面大于冻结层高度 +（100～150）mm。也就说必须要求主操作工每隔 1 h 随时估算炉内铜锍层厚度，实时关注顶吹炉加料量和转炉铜锍需求量。电炉炉结超过 500 mm 时，用一根槽钢或角钢从防爆孔往炉内加入生铁块、钢球进行洗炉，其间每班由副班长带领副操作工加生铁块 20 块或钢球 20 个（约 100 kg），加完后往熔体内吹风，每班分两次加入，待炉结降到 200 mm 停止洗炉。

4. 计量、检测与自动控制

1）计量　贫化沉降电炉的主要计量物有铜锍与炉渣。

铜锍从放铜口放出经炉前放铜溜槽流入铜包。铜包车上安装有重量实时测量装置，实时反馈铜包重量，并在电炉主控室监控电脑上显示。铜包容积 6 m³，放铜时，要求铜包上空 200～250 mm，避免过满铜锍溢出烧坏铜包车，过空降低生产效率。

炉渣从放渣口放出经炉后放渣溜槽流入渣包，渣包车经过磅房时过磅。渣包容积 12 m³，放渣时，要求渣包上空 200～300 mm，避免过满炉渣溢出烧坏渣包车，过空则降低生产效率，增加运输成本。

2）检测　炉渣电炉贫化需检测铜锍与炉渣的成分。铜锍品位与炉渣组成直接指导上一道工序熔炼炉的调节。铜锍从炉前放铜溜槽中取样，每包铜锍开始放、放一半、即将放满时各取一个样，两个小时的铜锍样组成一个综合样，采用荧光分析法快速分析其成分，并不定期采用化学分析法分析，比较两种分析法结果，作为调整的参考依据。炉渣是从炉后放渣溜槽中取样，取样方式与分析方式与铜锍相同。

3）自动控制　炉渣电炉贫化的自动控制重点是电极运行状态控制和温度控制，包括炉膛温度、铜锍温度和炉渣温度的自动控制。大冶有色金属集团电极装置的控制方式包括自动控制、集中手动控制、液压站手动控制三种。自动控制可优化操作，降低劳动强度，实现功率的稳定性和炉温控制，集中手动控制即 6 支电极均可独立地在操作站进行操作，操作灵活，可以手动调节；液压站手动控制即通过设置在液压站面板上的按钮实现对电极系统的控制，该方式一般仅在设备单体调试阶段以及电极设备检修阶段使用。

沉降电炉控制系统由液压站油泵控制柜、电炉控制柜、DCS 构成。当液压站油泵控制柜油泵控制选择开关置于"远程"位置时，液压系统油压将处于自动控制状态，保持液压系统正常操作所需的油压。液压站油压正常后，即可在控制站转换至"远程手动模式"，进行远程手动控制，可实现对 6 根电极的独立压放与提升操作。当液压站油泵控制柜电极控制选择开关置于"机旁"状态时，电极系统将通过设置在面板上的按钮进行操作。

5. 技术经济指标控制与生产管理

炉渣电炉贫化生产组织的依据是作业面、渣含铜的控制。沉降电炉工艺控制关键点为：掌握大型密闭电炉自焙电极的焙烧规律，合理控制电极的消耗，正确处理焙烧与消耗平衡。

1）原辅助材料控制与管理　炉渣电炉贫化的主要原料是熔炼炉渣或转炉渣，或是铜锍与渣的混合物，基本上不需要添加辅料，铜锍与炉渣的混合物是澳斯麦特熔炼炉的产物，入电炉熔体温度约为 1180℃，与电炉铜温相当。关键是沉降分离，而沉降分离的速率与入炉原料有密切的联系。炉渣量、炉渣性质和温度与沉降分离的程度直接相关，因此要求澳斯麦特炉提供合适品位的铜锍（55% 左右）以保证较少的渣量、控制合理的炉渣性质（如流动性、黏度、铁硅比等）以及适宜的温度（1180～1200℃）。

2）能量消耗控制与管理　炉渣电炉贫化的能量补充绝大部分来源于电能。控制电能消耗的主要体现就是炉温的控制。炉温控制指标为：铜锍温度 1190℃，炉渣温度 1250℃，熔池温度 1180～1260℃，炉膛温度 700～900℃，炉膛负压 -50 Pa。

温度的调节可以从以下 5 个方面进行：①调整电极插入渣层的深浅，使电阻发生变化，插入越深，电阻越小，在不调整电压级的情况下，二次电流越大，提供的热量越多；②电压级在恒电流阶段时调整电极负荷，往下调整二次电压，功率降低，提供热量越少；③电压级在恒功率阶段调整二次电压，二次电压越高功率因数越低，有效功越少，电能转换的热能越少，二次电压越高，渣面引弧越多，熔池上部提供热量越多，可控制渣温；④增大炉膛负压，可降低炉膛温度，作为辅助手段可对炉渣温度、熔池温度进行适当调节；⑤改变入炉混合熔体量，或通知澳斯麦特炉岗位调节熔体温度。

3）金属回收率控制与管理　炉渣电炉贫化过程的金属回收率主要是铜的回收率，控制尽量低的渣含铜是提高金属回收率的主要措施之一。渣含铜控制主要从以下几个方面进行：

（1）减少电炉横隔膜　电炉中的横隔膜不可能永远消除，但是过厚的横隔膜对生产的顺利进行影响很大。横隔膜的增长是可以有效控制的，只要将其控制在一定范围内就可以减少对渣含铜的影响。横隔膜的主要成分为 Fe_3O_4，要想降低电炉横隔膜的厚度就要降低电炉中 Fe_3O_4 的量。为此需从以下两个方面采取措施：

①控制造锍熔炼渣型并合理稳定操作　控制铁硅比即可控制稳定渣型，铁硅比控制目标是小于 1.3。选择合适的风氧量，调整熔炼条件（硫氧势），控制铜锍品位 54±4%，严禁超过 58%，从而抑制 Fe_3O_4 的形成和分解已形成的 Fe_3O_4。澳斯麦特炉渣 Fe_3O_4 含量的控制目标是 ≤8%，这样，可尽量减少由澳斯麦特炉带入电炉的 Fe_3O_4 量。

②贫化过程中加还原剂优化电炉操作　在电炉炉膛加焦炭、生铁和喷吹柴油还原等方法可有效消减横隔膜。每班定时从电炉顶部开孔处以及入炉口加入焦炭、碎生铁块或者黄铁矿的混合物，并用柴油喷枪深入液面搅拌熔池，促进熔池内的固液反应，还原 Fe_3O_4，有利于铜渣分离。

（2）增加沉降时间　控制合理的渣层厚度和增加沉降时间可降低炉渣中的含铜量。

沉降时间可根据式（2-22）计算：

$$\tau = 24 \, kah\rho_1 / W \qquad (2-22)$$

式中：τ 为停留时间，h；k 为熔池的有效容积系数，考虑到四氧化三铁为难熔物质，一般取 0.8 以下；a 为熔池面积，m^2；h 为渣层厚度，m；ρ_1 为渣层密度；W 为每天处理的渣量，t/d。

从式（2-22）可以看出，停留时间受渣层厚度影响较大，为此必须保证渣层厚度在 400~500 mm 以上。减少炉结、提高有效容积系数亦可增加沉降时间。在实际操作过程中应该注意降低高铜锍面操作的时间，减少由于铜锍面过高导致必须放渣的情况发生。

改变熔体在电炉内流动方式，即放渣放铜人员交叉使用东、西 2 个渣口、铜口，保持沉降电炉内高温熔体处于一个不断流动的状态，冲刷和减少形成的炉结。在入炉口设置挡料板，改变入炉熔体流向，促使高温熔体向炉墙方向流动，延长熔体的沉降时间。

4）产品质量控制与管理　产品质量控制主要是控制铜锍的品位和渣含铜。渣含铜在前一章节已详细叙述，而铜锍品位在沉降电炉工序过程中可控范围很小，主要是在造锍熔炼阶段控制。

2.4.3 炉渣选矿

1. 概述

大冶有色自强服务有限公司矿石加工厂是与大冶有色金属集团铜金属冶炼相配套的炉渣选矿厂，含两个生产车间。2011 年前处理大冶冶炼厂产出的诺兰达炉渣 40 万 t/a，水淬渣 8 万 t/a。至 2011 年年底，分两期工程改造，采用了国内最先进的处理工艺：晶相控制 - 清洁选矿工艺，将原有两个车间分别改造为年处理 20 万 t 转炉渣和 90 万 t 电炉渣的渣选车间，新的矿石加工厂生产规模达到 110 万 t/a 渣。

转炉渣经过渣包缓冷后由卡车拉至渣选车间堆场备用。转炉渣和电炉渣分别经过两段闭路破碎流程破碎后，块度由 -400 mm 破碎至粒度 -12 mm 的粉矿入粉矿仓备用。

磨浮工艺采用了阶磨阶选流程，处理量为 30～32 t/h。由于转炉渣含铜较高（4%～6%），又含有占总铜量 40% 左右的金属态铜（俗称明铜），因此采用了"重—磁—浮"联合法工艺，即在磨矿分级过程中插入了磁选作业，率先选出品位一般为 25% 的明铜精矿。浮选精矿品位一般为 28% 以上，尾矿品位一般控制在 0.35% 以下。

选矿工艺产出的三种产品均通过脱水作业处理，其中"明铜精矿"采用深锥倾斜板浓缩机浓缩后直接排出产品，控制水分为 13%；浮选铜精矿通过圆形浓缩机浓缩后，经陶瓷过滤机过滤得铜精矿粉，控制水分为 10%～12%；浮选尾矿通过圆形浓缩机浓缩后，经陶瓷过滤机过滤得尾矿粉，控制水分为 10%～12%。

电炉渣选矿车间离渣缓冷场较近，渣经过渣包缓冷后，直接由卡车翻倒至渣选车间粗碎矿仓，进入破碎作业。

磨浮工艺采用两段磨矿分级入选流程，处理量为 115～125 t/h。磨矿分级分新旧两套系统，旧系统用 2 台 φ2736 型球磨机磨矿，新系统用 2 台 φ4060 型球磨机磨矿，两套系统均采用旋流器（组）分级。由于电炉渣含铜较低，一般在 0.7% 左右。浮选采用"一粗一精二扫"流程，粗扫选及精选分别采用 FCL - 8 和 FCL - 4 型浮选机，最终扫选增设了新型微泡逆流接触式浮选柱，浮选精矿品位一般为 16%～18%，尾矿品位控制为 0.26% 以下。

电炉渣选矿产出的两种产品采用与转炉渣选矿产品相同或类似的脱水方法进行处理，其中铜精矿水分较高，一般为 14%～15%，精矿过滤过程有溢流浆返回，进入深锥倾斜板浓缩机预浓缩；尾矿水分一般控制在 10%～12%。

2. 选矿设备的运行与维护

大冶公司当前有两条炼铜炉渣选矿生产线，即 90 万 t/a 电炉渣和 20 万 t/a 转炉渣选铜工艺。与之相配套的有电炉选矿车间和转炉渣选矿车间，生产三班作业，共计 220 台(套)生产设备。全员参与设备的管理工作，建立了健全的设备管理网络和各项设备管理制度；员工操作设备时必须遵守设备的操作规程；按设备运行维护的技术特点，操作和维修人员分工明确，定人、定机(台)、定职责；严格执行设备的维护保养规程，对设备的润滑和点检、巡检的日常管理工作，按当班时间有检查和备案，信息反馈及时。设备的维修管理工作，由刚投产的事后维修，过渡到主要设备状态监测和预防与改善性维修相结合、备用设备事后维修的维修方法，全面掌握各设备的检修技术规程；保证主要设备可开动率达 95%，设备综合有效利用率达 90%，设备综合故障停机率 10% 以下。

1)破碎磨细设备　破碎磨细设备包括电炉渣选矿和转炉渣选矿两个系统。

(1)电炉渣选矿　电炉渣破碎工艺采用四段一闭路碎矿流程，包括输送设备 11 台，破碎设备 4 台，筛分设备 2 台，环保除尘设备 4 台及相关辅助设备，碎矿生产全程采用 PLC 自动控制，设备运行全程视频监控。主要设备有：重型板式给矿机 2 台，型号为 GBZ1500×8000 和 GBZ1200×7500，用于粗粒度的渣矿输送；颚式破碎机 2 台，型号为 PE900×1200 和 PE600×1200，用于粗碎；圆锥破碎机 2 台，型号为 CS430 和 HP400，用于中碎和细碎；直线筛 2 台，型号为 LF1850D，用于筛分。磨矿分级工艺采用两段球磨旋流器分级流程，分为两套系统：$1^{\#}$ 系统有 MQY27 系列球磨机 3 台，分级设备 6 台/组(一备一用)；$2^{\#}$ 系统有 MQY40 系列球磨机 2 台，分级设备 4 台/组（一备一用）。分级设备为旋流器，型号为 F500~250。

(2)转炉渣选矿　转炉渣破碎筛分流程采用两段一闭路碎矿流程，渣矿粒度由 -400 mm 破碎至粒度 -12 mm 输送至磨矿粉矿仓备用，三班制作业，生产能力 800 t/d。碎矿设备中输送设备 4 台，破碎设备 2 台，筛分设备 1 台，环保除尘设备 1 台。

磨矿分级工艺亦采用两段球磨旋流器分级流程。磨矿分级设备有磨矿设备 3 台、分级设备 6 台/组(一备一用)及相关辅助设备。球磨机 3 台，型号分别为 MQY3236 1 台、GZM2131 1 台、MQY2130 1 台；分级设备为旋流器，型号为 F500~250。

(3)破碎磨细设备运行和维护要点　维护要点有①重板给矿输送机，运行前链板上需有一定厚度的物料，一般不应小于 400 mm，当链板无料时，卸料前应在链板上铺一层碎料；正确润滑各轴承和减速器，并定期更换新油，传动轴承、减速机内轴承温度不超过 60℃；履带链条节距磨损到大于 6 mm 时，应将轴套转一角度或者应更换新的链条。主轴滚动轴承最小径向间隙应保证 0.08 mm 左右，径向间隙减小量为 0.09~0.11 mm，拉紧装置滚动轴承最小间隙应保证在 0.55 mm 左右，其径向减小量为 0.06~0.07 mm。②颚式破碎机(国产)运行前检查破碎腔，确认腔内为空腔；正确润滑各部轴承，并定期更换新油，运行中轴承温度不超过 60℃；弹簧部拉杆水平倾斜不超过 2‰；离齿板排矿下端向上 80 mm 处磨出的沟槽不得达齿根底部；滑块座与机座压块磨损间隙不得超过 8 mm。齿板齿部磨损不超过 85%、护板磨损不超过 90%，均不得磨穿。③圆锥破碎机（C80）的运行维护要求按进口设备的运行操作规程执行。④球磨机启动时高压油油压不低于 31.5 MPa，油温 30~40℃；高低压油站油量在油位线以上；减速机油量低于测油孔 10~20 mm。运转时润滑油压 0.4 MPa；中空轴表面、轴瓦油量分布均匀，油温不超过 40℃，大小齿轮润滑良好。在下列情况下必须更换其备件：主轴瓦合金层的磨损量大于其厚度的 1/4~1/3；小齿轮磨损量大于齿厚的 30%，大齿圈齿面磨损大于齿厚的 25%。筒体 30% 的面积壁厚磨损量超过原壁厚的 25%。衬板厚度的磨损量大于原厚度的 90%，减速机箱体内齿轮磨损量大于原齿厚的 20%；联轴节柱销孔磨损超过 8%。

2）选矿设备 选矿设备组成、运行与维护如下。

（1）设备组成 电炉渣浮选设备包括 FCL-8 浮选机 22 台和 FCL-4 型浮选机 2 台、浮选柱 1 台及渣浆泵、搅拌桶等相关辅助设备。转炉渣选矿设备包括 NCT-1030 顺流式磁选机 2 台、FCL-4 浮选机 17 台及渣浆泵、搅拌桶等相关辅助设备。

（2）运行和维护 浮选机运行前检查槽体泄漏、槽内杂物、刮板和刮板轴、三角带松紧、润滑、矿浆管等是否符合运行要求，并调整好浮选机设备进气量。轴承温度不超过 60℃。定期检查叶轮、定子等备件的磨损情况。浮选柱开车前除对设备本体及附属设施、管线等认真检查外，还要与上下工序联系，确认无误方可启动设备。设备运行中，要严格执行生产工艺指导规范要求，给料均匀连续。设备点检、巡检时设备转动部位不得用手触摸。

3）液固分离及水循环系统 渣选矿产品在液固分离中主要使用了渣浆泵、中心传动圆形浓缩机、陶瓷过滤机、深锥倾斜板浓缩机及磁力脱水槽（辅助浓缩）等。

脱水设备运行过程中要严格遵守设备操作规程，做好各设备的润滑保养及点巡检。当发现渣浆泵泵体运转不正常或泵体管道漏砂时应及时换备用泵，并报维修人员及时修理；浓缩机在运转过程中要经常注意负荷变化情况，当发现负荷过重时适当提升耙架，并随负荷下降适时放低耙架，系统较长时间停车时应将沉砂排除干净，以免堵塞排砂口；陶瓷过滤机必须按规定定时排砂，冲洗槽体和清洗过滤盘，当发现过滤时真空管内滤液跑浑，及时检查过滤板是否有破裂或接管头是否有破损，并及时更换破裂板等，经常检查与陶瓷过滤机相配套的真空系统和压风系统，若不正常，应及时更换备用设备并及时报告检修；深锥倾斜板浓缩机操作时注意将排砂浓度控制为 60%~70%，保持排砂顺畅；经常检查微型振动电机地脚螺栓是否松动并保持坚固；磁力脱水槽（辅助浓缩）需注意控制恰当的沉砂和溢流量，当沉砂量难以控制时，应停车检查底流阀是否磨损，磨损则及时更换。

水循环系统：生产废水进入循环水池进行三级沉降，再进入生产取水池，多台管道式离心水泵并联，向生产用水路系统供水，由变频控制器控制水压为 0.4 MPa。运行过程中，应经常检查泵的密封性及电机负荷稳定性，检查水压的稳定性及变频控制器的工作状况，若有不良状况，及时更换备用设备并报告检修；经常检查供水管路及控制阀门漏水与否，若有，应立即抢修以维持生产，必要时停车检修。

3. 生产实践与操作

1) 工艺技术条件与指标　下文按转炉渣选矿和电炉渣选矿分别介绍。

(1) 转炉渣选矿工艺条件与指标　大冶有色金属集团转炉渣选矿规模为 20 万 t/a，炉渣含铜一般为 4% ~ 6%，铜物相组成主要是硫化铜、金属铜及少量氧化铜和铁酸铜，在炉渣含铜较高时金属铜含量甚至占总金属量的 40% ~ 50%。采用了"重—磁—浮"联合选矿流程（见图 2 - 50），第一段磨矿分级旋流器沉砂通过磁—重选有效分离转炉渣中重且难磨的金属铜获得"明铜精矿"，再通过阶磨阶选的磨浮流程得到浮选铜精矿和尾矿产品。

① 破碎作业　块度小于 400 mm 的块状炉渣先粗碎至小于 80 mm 再预筛分，小于 12 mm 的矿石作为破碎最终产品经由皮带进入粉矿仓，筛上的大颗粒进行细碎作业，破碎产品返回振动筛，形成闭路循环。

② 磨浮作业　采用阶段磨矿阶段选别作业，即碎矿产品矿石进行一段磨矿，再进行磨矿水力分级，分级沉砂磁选得明铜精矿，磁性产品返回再磨，形成闭路循环。分级溢流则进入粗选作业，经过一段粗选直接产出铜精矿，粗选排尾经过 2 台 2130 型球磨再磨后进行第二段粗选产出精矿，第二段粗排尾再经过两段扫选作业产出最终尾矿。相关参数控制要求如下：一段磨矿矿浆浓度为 75% ~ 82%，二段磨矿矿浆浓度为 70% ~ 75%；一段浮选矿浆浓度为 45% ~ 52%，二段浮选矿浆浓度为 35% ~ 40%。药剂制度为：捕收剂为丁基黄药，总用量 120 ~ 150 g/t，分四段添加；起泡剂为松油，总用量 70 ~ 120 g/t，分四段添加。

生产技术指标为：原矿品位 4% ~ 6%，明铜精矿品位 15% ~ 25%，浮选精矿品位 28% ~ 30%，尾矿含铜 <0.35%。

③ 脱水作业　磨浮系统产出浮选铜精矿、明铜精矿及浮选尾矿三种产品，均需脱水处理。明铜精矿因粒度较粗，比重较大，用深锥倾斜板式浓密机直接浓缩后干堆；浮选铜精矿及尾矿则分别采用 12 m 及 15 m 浓密机浓缩后进入陶瓷过滤机过滤。浮选精矿采用 2 台 24 m² 陶瓷过滤机过滤脱水，浮选尾矿采用 4 台 24 m² 陶瓷过滤机过滤脱水。浓缩矿浆浓度一般控制为 60% ~ 70%。

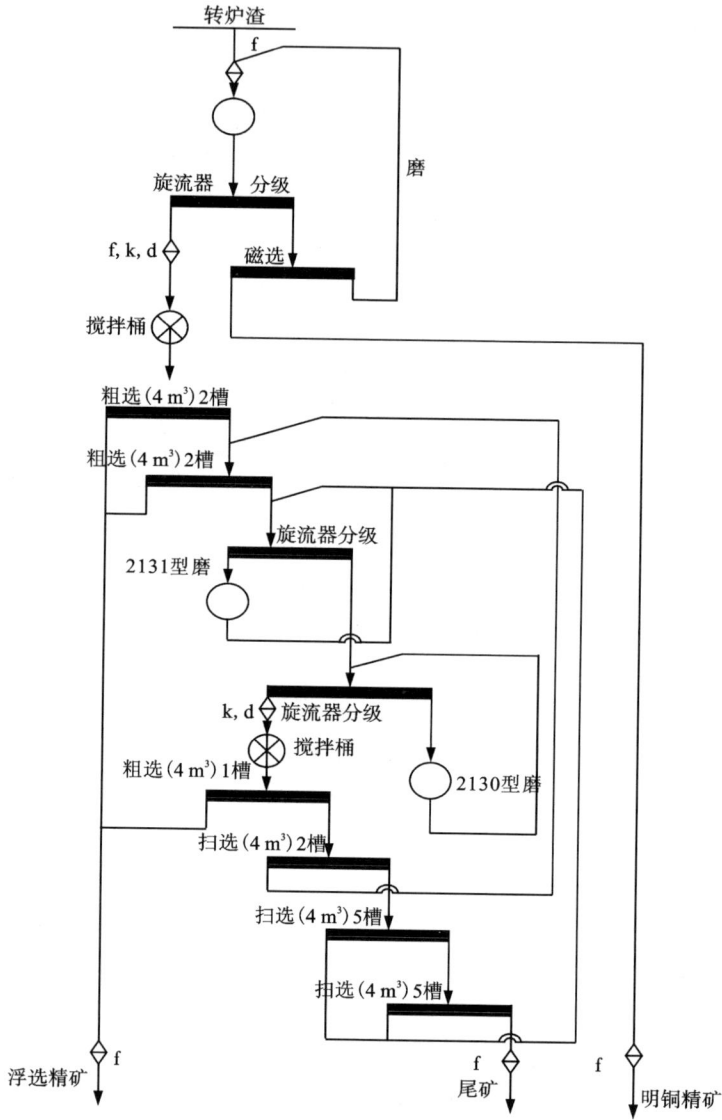

图 2－50　转炉渣选矿磨浮工艺流程图

图示：◇—工艺检测取样点；f—元素分析；k—浓度分析；d—粒度分析

（2）电炉渣选矿工艺条件及指标　大冶有色金属集团电炉贫化渣选矿规模为 90 万 t/a，所处理电炉贫化渣原矿品位一般为 0.6%～0.9%，其铜主要以硫化铜形式存在，少量以氧化铜及铁酸铜形式存在。电炉渣含铜品位较低，且铜的镶嵌粒度较细，不易单体解离。

①破碎作业　在渣包缓冷后破碎至 ＜600 mm 的电炉渣经两次颚式破碎机和两次圆锥式破碎机共四段破碎，最终得到小于 12 mm 的破碎产品。

②磨浮作业　磨浮系统采用两个系列，工艺流程见图 2 – 51，1# 系列处理量为 25 ~ 28 t/h，2# 系列处理量为 95 ~ 102 t/h。两个系列均先两段磨矿分级，再浮选作业，扫选精矿合并，中矿再磨矿分级后进入 2# 系列的粗选作业。浮选作业采用"一粗一扫一精"的作业流程，采用 1 台 120 m³ 浮选柱和 24 台浮选机。相关参数控制为：一段磨矿、二段磨矿及浮选的矿浆浓度分别为 75% ~ 80%、70% ~ 75% 和 42% ~ 48%；药剂制度为：捕收剂为丁基黄药，总用量 60 ~ 100 g/t，分三段添加；起泡剂为松油，总用量 40 ~ 80 g/t，分三段添加。

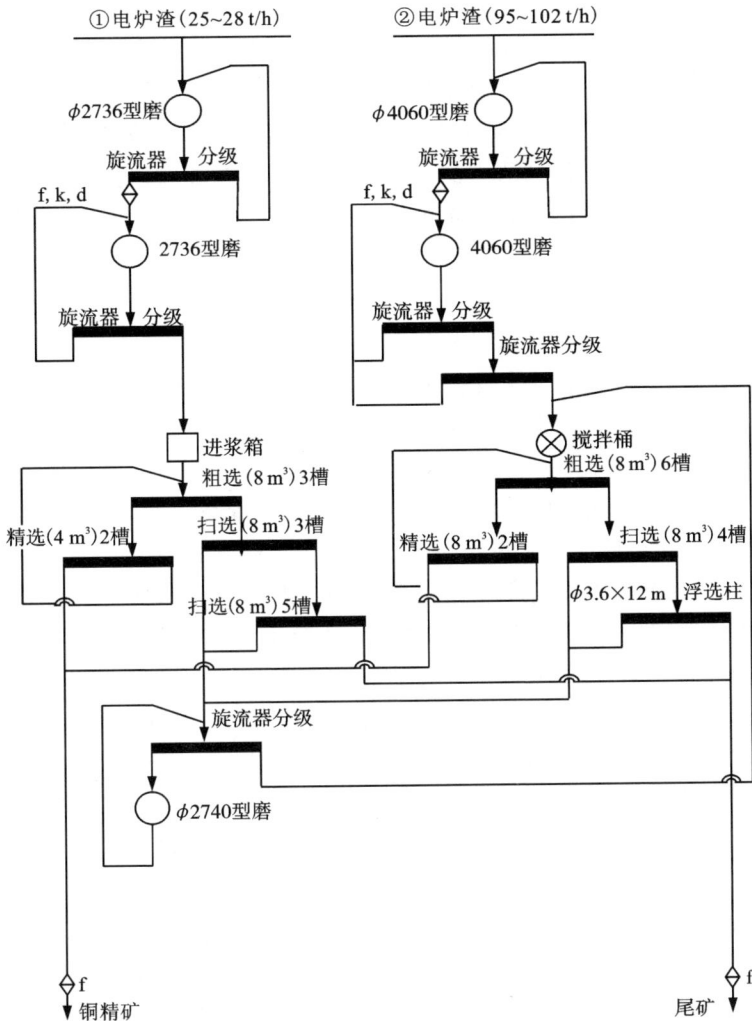

图 2 –51　电炉渣选磨浮工艺流程图

图示：◇—工艺检测取样点；f —元素分析；k—浓度分析；d—粒度分析

生产技术指标如下：原矿品位 0.6% ~ 0.9%，浮选精矿品位 18% ~ 20%，尾矿含铜 < 0.26%。

③脱水作业　电炉渣选矿的精矿和尾矿均经过浓缩和过滤等脱水作业。精矿浆采用 1 台 15 m 浓密机及 1 台 200 m² 深锥板式浓缩机（辅助）浓缩，2 台 24 m² 陶瓷过滤机过滤得精矿产品；尾矿浆采用 2 台 15 m² 浓密机及 1 台 600 m² 深锥板式浓缩机（辅助）浓缩，9 台 30 m² 陶瓷过滤机过滤，最终得尾矿产品。进入过滤作业的矿浆浓度一般控制为 60% ~ 70%；铜精矿水分一般为 14% ~ 15%；尾矿水分一般为 11% ~ 12%。

2) 操作步骤及规程　操作步骤包括碎矿、磨浮及脱水岗位的操作。

(1) 碎矿作业　操作内容包括开车前准备、开车、运行及停车等。

①开车准备　开车前应先检查各破碎设备是否正常，如设备各部紧固螺丝及零部件松动和磨损状况、各润滑点的润滑状况等，检查破碎机排矿口是否符合工艺条件要求，振动筛筛网是否有破损，设备运转部位是否有障碍物，皮带是否有跑偏状况或有伤痕等。

②开车及运行操作　开车顺序由 PLC 自动控制程序按照从后往前的顺序进行，在确认设备运转正常后开始投料生产，如出现皮带跑偏等异常，应及时调整设备，待完全正常后再喂矿，使设备满负荷运转。生产过程中应经常巡回检查设备的运转状况，包括设备的振动、异响、气味及温度等相关情况。若出现异常应及时调整或停车整改。

③停车　当正常停车时，停车前先停止供矿，待系统循环物料基本循环干净，操作 PLC 系统按由前往后的程序进行破碎系统停车；当生产中发生设备故障等紧急情况时，应立即单停有紧急情况的设备，再按规定顺序停其他设备；当生产中发生断电停车时，应在做好安全防护的情况下，及时清理破碎筐内的积矿，利于及早恢复生产。

(2) 磨浮作业　磨浮作业操作内容包括开车前准备、开车、运行及停车等。

①开车准备　接到开车指令后，首先各岗位人员应认真检查设备各润滑点部位的润滑状况，查看设备运转部位是否有人逗留或作业，运转部位是否有障碍物，确认电器仪表及显示装置正常，待一切设备确认无误联系脱水作业，得到脱水开车答复后方可进行开车操作。

②开车及运行操作　在确认开车指令后，首先启动循环水池水泵，按照工艺顺序由后至前开始启动设备，即先启动浮选系统及相应的渣浆泵，再启动二段磨矿系统，最后启动一段磨矿系统及给矿皮带，进行给矿。开车正常后开始逐步调节磨矿浓度、浮选矿浆浓度及药剂条件等相关工艺参数。系统稳定后要定时巡检设备运转情况，包括设备的振动、异响、气味及温度等相关情况。同时定时或不定时检测工艺参数，若有异常应及时调整或停车整改。

③停车　当正常停车时，首先停止粉矿仓给矿，再停给矿皮带，让一段球磨在断矿情况下运行 15~20 min，直到球磨内循环量明显减少即可停止一段磨矿分级系统。然后视系统中物料减少情况，按照工艺顺序由前至后逐步停后续磨矿分级系统及浮选系统，关闭相关水阀门及矿浆阀门；发生设备故障或其他情况需紧急停车时，应紧急停掉该设备，然后按规定顺序停掉其他设备；发生工艺系统断电停车时，各相关岗位应及时排放浮选槽、搅拌槽及渣浆泵池内矿浆，以防压死设备。

（3）脱水作业　脱水作业操作内容包括开车前准备、开车、运行及停车等。

①开车准备　脱水开车前各岗位人员应认真检查设备各润滑点部位的润滑情况，检查设备运转部位是否存在障碍物，同时确认电器仪表及压力表、真空表等是否正常，最后确认浓密机负荷情况，均无问题后方可开车。

②开车及运行操作　开车过程中启动过滤机后同时启动压风机、真空泵等辅助设备，在巡检各点真空表、压力表正常后方可开启渣浆泵进行过滤机给料操作，待设备运转正常后再按工艺要求操作，如调节给料量、测量过滤浓度等。在设备运转过程中应不定时巡查设备情况，观察浓密机工作负荷及过滤机入料浓度等，通过相应操作，既要保证设备正常运转，同时也要满足产品过滤水分要求，同时提高过滤产能。

③停车　正常停车时，首先应确认浓缩作业情况，当确认浓缩底流浓度稀、干料量少后再停止过滤机给料砂泵及相关水闸门。过滤机在停止给料后应先运转一段时间，在物料较少后可进行卸料并清洗陶瓷过滤机，待完成清洗后方可停机。一般情况下，应坚持陶瓷过滤机每 8 h 作一次"过滤—放料冲洗—清洗过滤盘（待用）"循环。当过滤机在运转过程中发生紧急情况时，应先停掉有紧急情况的运转部位，再按规定程序作系统停车。

3）常见事故及处理　在炉渣的选矿工艺中，炼铜炉渣硬度高、密度大，对设备部件的磨蚀性大，选矿工艺及设备极易发生事故或故障。设备常见故障及处理方法如表 2-63 所示。

4. 计量、检测与自动控制

1）计量及检测　在炉渣选矿生产及经营过程中，需对炉渣进厂、产品出厂及炉渣选矿工艺过程进行计量检测。

（1）炉渣进厂及产品出厂计量检测　转炉渣在从缓冷场用汽车运至渣选矿厂途中用电子地中衡称重计量；精矿、尾矿产品出厂经汽车衡称重计量，并人工取样检测铜含量。电炉渣在从电炉至缓冷场的运输途中，由轨道衡进行称重计量；精矿、尾矿产品出厂经汽车衡称重计量，并人工取样检测铜含量。

表 2 - 63 炉渣选矿作业的常见故障及处理方法

工序	设备名称	常见故障	处理方法
破碎系统	1. 板式给矿机	A、B、C 环、槽板、漏斗侧板磨损大，漏矿严重	定期焊补，定期更换
	2. 颚式破碎机	齿板、侧板磨损周期短，拉杆断裂、拉杆弹簧失效	定期检查，定期更换
	3. 中碎圆锥破碎机	伞板磨损周期短，给矿不均	加装缓冲漏斗，做到均匀挤满给矿
	4. 细碎圆锥破碎机	伞板磨损周期短，给矿不均	加装缓冲漏斗，做到均匀挤满给矿
		经常有杂物，过载跳闸	安装除铁器，加强人工分拣
	5. 直线振动筛	筛网破损	定期更换
		轴承缺油	定期检查加油
	6. 皮带运输机	皮带跑偏	加装导向轮，检查调整
		皮带撕裂	加强维护，防止尖硬物体进入皮带漏斗
磨浮系统	1. 圆盘给矿机	不能均匀给矿	衬板磨损，及时更换
	2. 球磨机	球磨机漏砂	衬板螺丝紧固，衬板更换
		中空轴油温高	检查油压、油质，油冷却水通道是否堵塞
		球磨机跳闸	检查是否失磁，油压不足，油温过高
			水阻柜故障排查
	3. 旋流器	分级不均匀	检查旋流器五件套是否磨损
	4. 渣浆泵	压力不足	叶轮、盖板定期更换
	5. 浮选机	电机温度高	检查定子、转子是否磨损 调整操作，控制浓度、液面及风量
		轴承损坏	定期加油，定期更换
脱水系统	1. 浓密机	耙齿压死	加强物料过滤，保持物料进出平衡
		跑浑	加强物料过滤，控制进水量，加絮凝剂
	2. 陶瓷过滤机	滤饼水分高	提高真空度，控制入料浓度
			检查过滤盘是否有破损，及时更换
			真空管破，焊补

(2)炉渣选矿工艺过程检测　生产工艺过程中,由核子秤或电子秤进行皮带称重计量,对原渣、精矿及尾矿矿浆采取自动取样机取样,分析铜含量,每 8 h 为一个单元,作为指导生产的依据及金属平衡的参考。生产中,主要对磨矿和浮选过程中的矿浆浓度和细度,浮选药剂用量等参数进行定时或不定时检测,以指导操作控制。

2)自动控制　碎矿系统采用 PLC 编程控制,所有设备均受主控室控制。同时皮带上方安装摄像头实现在线监控。碎矿 PLC 系统设有联动与单动功能,联动用于碎矿系统开车,单动在单台设备试车与处理设备故障时使用。为了确保 2 台圆锥破碎机的开车安全,细碎及中碎圆锥破碎机的开停车均人工控制,停车时由 PLC 系统控制,PLC 系统联动全线开车前,必须先人工将 2 台圆磨开启。联动开车期间,任何一台设备发生急停事故,整个碎矿系统将全线停车。

球磨系统最主要的设备是球磨机,采用 PLC 可编程控制器控制,取球磨机运转必备条件等信号输入 PLC 内,根据设备要求以及工艺要求通过程序运算确定启动过程中的操作项目或者运行中是否报警或者保护跳闸。球磨系统中温度超过设定最大值时,球磨机自动保护跳闸;球磨系统中油的压力低于设定最小值时,球磨机自动保护跳闸,确保球磨机的安全运转。生产现场配备了矿浆粒度分析仪和在线浓度检测仪,班中定时测量浮选矿浆浓度和粒度;浮选给药由自动给药机自动控制给药。

脱水过滤作业采用陶瓷过滤机,单台陶瓷过滤机各自独立工作,由各自的 PLC 控制其工作方式并自动进行相应操作,触摸屏上有动态画面实时显示各个部位的工作状态及相应液位值、时间等。

5. 技术经济指标控制与生产管理

渣选生产管理分三层管理,即厂部、车间及班组。厂部对渣选生产实行综合管理,包括对两个生产车间的管理及服务,同时对辅助生产部门及后勤服务部门进行管理;车间负责本车间的生产组织管理及设备管理和维修,完成本车间的生产任务、成本及渣选技术指标;班组负责完成本班组的生产任务、成本及渣选技术指标。

在碎矿及磨浮工艺的进料皮带上安装有电子(或核子)皮带秤计量点,作为工艺控制的参考;在磨浮工艺中,对原矿渣、浮选精矿及尾矿矿浆采取自动取样机定时取样,经检测中心制样分析获得铜的选别效果及相关信息,作为工艺操作及管理控制依据。生产现场配备了矿浆粒度分析仪和在线浓度检测仪,班中定时测量浮选矿浆的浓度和细度;浮选给药由自动给药机自动控制给药量;球磨机补加球采取每天一次,由吊钩电子衡及电磁吸盘辅助人工补加球。

电炉渣选别技术指标须符合设计要求:电炉渣品位为 0.6% ~ 0.9%;尾矿品位≤0.26%;精矿品位为 18% ~ 20%。转炉渣选别技术指标符合设计要求:转炉渣品位为 4.5% ~ 6.5%；尾矿品位≤0.35%；浮选精矿品位28% ~ 30%；明铜精矿品位23% ~ 25%。

2) 原辅助材料控制与管理 生产原料为电炉渣和转炉渣。辅助材料主要有：①钢球、衬板、合金耐磨钢、普通钢；②选矿用药剂类；③橡胶及制品类；④电气材料及配件类；⑤轴承类；⑥标准件类；⑦泵类；⑧杂货类。

炉渣入厂，电炉渣经轨道衡、转炉渣经地中衡计量称重计量。各种辅助材料的控制管理，主要是把好采购关、库存管理关、使用维护关及废旧料的处理关。在采购环节，按类别实行招投标制，在保证质量的前提下控制采购价格；辅助材料采购回厂，严格实行质量验收制度和入库制度。重要辅助材料实行定额管理及计划审批采购制度，大宗材料实行定额管理及计划审批采购制度，并保持限额库存量。在库存管理环节，实行分类库存管理，做到账物卡相对应，并严格实行审批领用制度。在使用环节，加强使用过程的维护保养和润滑、清洁与防腐，以延长使用期限和杜绝浪费。废旧材料由专人负责清理分类，按类别和废旧程度实现回收再利用或分类销售。

3) 能量消耗控制与管理 做好对能量消耗的控制与管理，重视能源的节约，是选矿厂重要的管理事项，也是企业节能降耗的重要措施之一。炉渣选矿能量消耗主要为电和水。大冶有色金属集团动力厂将电输送至渣选矿厂高配室，共有 2 条 6 kV 的高压进线，然后再分别输送到各个降压变压器和高压电机。现有总装机容量 10000 kV·A，炉渣选矿用电单耗为 50 kW·h/t 渣。生产、生活用水也由动力厂通过管道输送至渣选矿厂，用水单耗为 0.3 m³/t 渣。

建立能源管理体系，设置专职能源计量管理员负责能源计量检测抄表、计量线路检查及整改、统计报表和台账以及能耗数据分析。厂部每月召开一次平衡会，分析能耗数据，制订进一步节能降耗的方案措施。厂内用电实行分级分片分工序计量管理及考核，重点设备能耗单独计量考核，对外转供电实行计量收费。

在碎矿工序实行分时段生产，实现"削峰平谷"，降低用电成本，体现节约环保。通过加强技术进步，采用"四新"成果节能，使用变频器进行压力和速率的控制，节约电耗。

严格执行设备维护保养计划，减少故障停机时间，降低维护费用，提高生产效率，确保设备连续作业生产，降低电机在启动和停止期间的电力消耗。

生产水实现厂内循环使用不外排，节约了生产用水和用药量，同时确保了不污染环境。

4) 金属回收率控制与管理 为确保金属有效回收，主要应做好以下几个环节的控制与管理。渣原矿进厂，严格称重计量，避免出现过大误差；同时加强运输途中管理，杜绝流失。转炉渣选矿铜回收率约 94%，电炉渣选矿铜回收率约 86%。

渣选矿生产环节,一要保持工艺及设备设施完好稳定,创造良好的生产环境;二要加强工艺纪律管理,严格执行工艺指令,以稳定提高金属回收率;三要设置健全的中砂存贮及回收选别系统,杜绝金属流失。

产品运输及销售环节要制订和执行严格的产品管理办法,一要严格按规程开展称重计量;二要加强产品运输途中的监管,杜绝金属流失。每月进行一次金属平衡,把握金属流向,保持生产指标等数据真实准确,避免发生大的数据失真或金属流失。转炉渣选矿铜回收率约94%,电炉渣选矿铜回收率约86%。

5)产品质量控制与管理　产品质量控制与管理主要把好两道关,第一是要把好生产关,即保持工艺及设备设施完好稳定,创造良好的生产环境,同时加强工艺纪律管理,严格执行工艺指令,以生产出高质量的矿产品;第二是要把好产品在存贮及运输过程中的保质防污染关,即制订并严格执行产品管理办法,杜绝杂物污染产品造成产品质量降低。

6)生产成本控制与管理　大冶有色自强服务有限责任公司炉渣选矿厂属于来料加工性质的企业,生产原料由大冶有色金属集团提供,本企业只负责生产加工,产品质量达到标准后,按加工实物量收取加工费。控制生产加工成本对于企业效益至关重要。

(1)成本定额控制　根据炉渣选矿项目的生产规模和设计要求,对各项成本制订消耗定额。实行定额成本控制,主要是控制直接和非直接生产成本。

①直接生产成本　直接生产成本包括工资、直接消耗等方面。

(A)直接生产工人工资成本的控制　按各生产单位的工序、岗位要求,定员定岗,核定工资总额,并与生产作业量挂钩,采用作业量工资制。

(B)直接消耗成本的控制　按企业的设计要求结合生产实际,核定各生产单位的各项消耗定额,并与生产单位的工资总额挂钩,按"节余自留,超支抵补"的原则兑现,即成本结余兑现成本节约奖,成本超支用工资抵补。具体定额成本如表2-62所示。

②非直接生产成本　该成本即企业的制造费用,主要包括固定资产折旧费、办公费、差旅费、劳动保护费、职工通勤费等非生产性成本支出。依据企业的规模、职工人数、同行业水平核定各项成本定额,实行预算化管理。

(2)成本费用开支　在遵循"统一领导,归口管理"的原则下,建立健全企业的成本管理体系,实行事前、事中和事后管理。

①事前管理　事前管理包括厂级、车间及班组管理。(A)厂级管理。依据全厂成本控制目标,制订生产定额成本和非生产性成本定额(表2-64);以任务指标把生产定额成本分解到各生产单位;非生产性成本定额归口到各分管部门进行管理。(B)车间管理。各生产单位根据制订的定额成本分解落实到各生产班组。(C)班组管理。各生产班组依据各项定额成本再分解落实到岗位或主体设备。

表 2-64 炉渣选矿直接消耗成本定额

序号	成本项目	转炉渣选矿		电炉渣选矿	
		定额单耗 /(kg·t⁻¹)	定额成本 /(元·t⁻¹)	定额单耗 /(kg·t⁻¹)	定额成本 /(元·t⁻¹)
1	辅助材料		23.00		22.20
(1)	钢球	1.50	7.95	1.50	7.95
(2)	黄药	0.15	1.38	0.12	1.11
(3)	松油	0.12	0.80	0.11	0.73
(4)	衬板	0.32	2.19	0.30	2.05
(5)	备件		7.26		6.98
(6)	其他		3.42		3.38
2	动力		31.00		26.80
(1)	电/(kW·h·t⁻¹)	48	30.12	42	26.36
(2)	水	600	0.88	300	0.44
3	修理费		3.00		2.00
4	运输费		7.00		6.00
	合计		64.00		57.00

②事中管理 各管理部门根据预算、计划经领导审批同意后开支；各生产单位根据定额成本组织生产，及时、准确做好成本核算，发现问题及时查找、反馈。

③事后管理 厂部考评小组每月定期召开成本考评会，依据考核办法对各生产单位的成本指标进行严格考核，同时车间、班组内部也要进行考核；每月定期召开成本分析会，由厂部、车间的相关领导及核算员参加，查找问题，分析原因，提出解决措施，实现成本控制。

2.5 粗铜火法精炼

2.5.1 概述

铜锍经转炉吹炼产出的粗铜含铜98%~99.4%，其中还含有各种杂质，这些杂质含量虽然不多，但严重影响铜的各种性能。例如：砷、锑降低铜的导电性，铋、磷、硫则降低铜的强度和韧性。此外，粗铜中含有的金银等稀贵金属也必须提炼出来，所以粗铜必须经过精炼进一步除去杂质，得到含铜99.95%以上的电解铜，并从中提取贵重金属。粗铜的精炼有火法精炼和电解精炼两段，电解精炼是利用杂质电极电位与铜电极电位的差别除去杂质；其中电极电位比铜正的金属杂质进入阳极泥,电极电位比铜负的金属杂质则很难通过电解过程除去,必须经过火法精炼除去。可以说,火法精炼过程是电解精炼前的一道准备工序。

铜火法精炼的主要原料是液态粗铜、固态粗铜、残极和紫杂铜等,通过火法精炼炉除去粗铜中的大部分杂质,使含铜品位为99.5%左右,并浇铸成适应电解需要的厚薄均匀、平整致密的阳极板。

2.5.2 火法精炼设备运行及维护

1. 火法精炼炉

铜火法精炼炉主要有反射炉、回转式阳极炉和倾动式精炼炉3种,目前国内外矿铜冶炼厂应用最多的是回转式阳极炉。

回转式阳极炉开发于20世纪50年代后期,其主体部分是一个圆筒形的炉体,在炉体上配有2~4个风管、一个炉口和一个出铜口,可作360°回转。转动炉体将风口埋入液面下,进行氧化、还原作业。回转炉体可进行加料、放渣、出铜,操作简便、灵活。与反射炉相比,有以下优点:①炉体结构简单,机械化、自动化程度高,取消了插风管、扒渣、出铜等人工操作环节,在处理杂质含量低的粗铜时可以实现程序控制。②炉子容量从100 t扩大到550 t,处理能力大,技术经济指标好,劳动生产率高。③辅助材料消耗少。④回转炉密闭性好,炉体散热损失小,燃料消耗低。⑤炉体密闭性好,用负压作业,漏烟少,减少了环境污染。同时,由于回转炉熔池深,受热面积小,化料慢,故不适宜处理冷料,更适合于处理热料。

回转式阳极炉分别由以下几部分组成:炉体、驱动系统、余热锅炉、炉子控制系统、仪表控制系统、炉子支撑结构、炉口启闭装置、燃烧系统及耐火材料等。阳极炉炉体通常分为炉口区、氧化还原风口区、出铜口区、直筒部(分炉底、炉膛、炉墙三部分)和端墙(分布有出烟口、燃烧孔、取样孔)。大冶冶炼厂回转式阳极炉炉体结构示意图见图2-52。

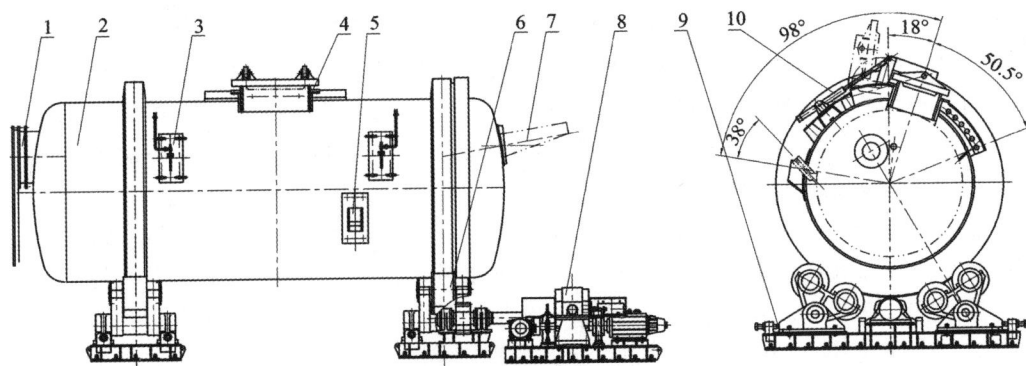

图 2-52 回转式阳极炉的炉体结构示意图

1）阳极炉炉体结构及耐火材料　阳极炉是精炼液态粗铜的倾转式冶金炉。大冶冶炼厂阳极炉壳体由 40 mm 厚的锅炉钢板焊接而成，炉体直筒部内衬由炉内向外依次为 380 mm 厚镁铬砖工作层、65 mm 厚黏土砖保温层、10 mm 厚石棉板，炉体端墙内衬由炉内向外依次为 350 mm 厚镁铬砖工作层、150 mm 厚镁铬砖保温层、10 mm 厚石棉板。目前国内其他厂家整个阳极炉镁铬砖均为电熔再结合镁铬砖，而炉体较易损耗的炉口区、氧化还原风口区则采用 Cr_2O_3 含量高的电熔再结合镁铬砖，以强化其耐高温、抗冲刷、抗侵蚀性能。

阳极炉直筒部的保温层主要作用是提高炉体的保温性能，采用一般的黏土质耐火砖即可。同样，紧贴在炉壳钢板上的石棉板主要作用也是提高炉体的保温性能，减少炉壳的散热量，节约能源，也可防止炉壳钢板温度过高，保护炉壳。阳极炉端墙的保温层为镁铬砖，端墙保温层成为防止炉内高温熔体烧损端墙钢板的第二道防线，大大提高了阳极炉端墙安全运行的保险系数。阳极炉壳体及端墙砌筑示意图见图 2 - 53。

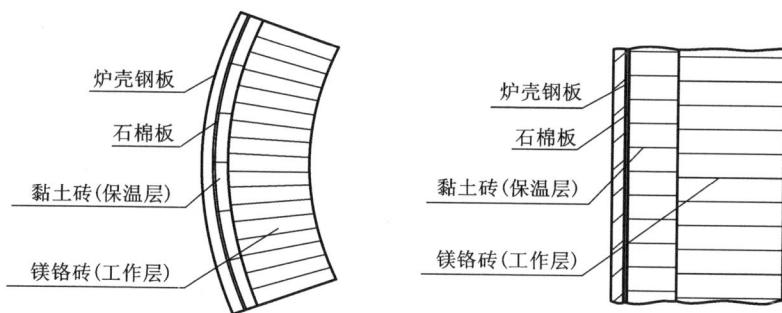

图 2 - 53　阳极炉壳体及端墙砌筑示意图

2）阳极炉炉体损耗情况　影响阳极炉炉体使用寿命的主要因素有两个：一是冶炼操作，二是筑炉。冶炼操作决定炉窑的使用寿命，其影响主要体现在炉内温度变化、炉内压力波动、冶炼熔融体物理化学性质、炉内气氛、炉内气流分布情况、炉内热负荷、冶炼产量等方面。炉内温度的频繁变化是电熔再结合镁铬砖产生内部热应力从而断裂的主要原因。生产中，必须防止冷炉子作业，炉子投入使用前必须按升温制度烘炉，进出炉料也必须注意量的限制，严防物料一次性进出量过大导致炉温波动过大。

一般情况下，阳极炉经过一周期冶炼后，炉口区、氧化还原风口区、端墙壁损耗最大，需大面积挖补。端墙壁、氧化还原风口区的损耗表现在其工作层耐火砖受炉内熔融体、高温气流冲刷严重、磨损厉害；炉口区及端墙的烟道出口、燃烧口、取样孔等处的耐火砖会发生断裂损耗。实际使用中需特别注意，电熔再结合镁铬砖属镁质系列耐火砖，MgO 与水容易发生水化反应，因此镁铬砖必须防止遇水。

阳极炉寿命的另一个决定因素是筑炉是否按操作规范进行。应严格控制砖缝厚度，合理留设膨胀缝。改进炉衬结构也能提高炉衬的结构强度，增加炉体寿命。电熔再结合镁铬砖常温下较为硬、脆，筑炉施工过程中应注意轻拿轻放，防止缺棱、缺角，间接影响筑炉质量。值得注意的是耐火砖在搬运过程中若碰撞严重，碰撞次数过多，其表面看上去很好，但实际上其内部已产生了裂纹，投入使用后不久就会大块断裂，严重影响阳极炉使用寿命。因此，碰撞较严重的耐火砖即使外形完好也不宜使用。

2. 液态粗铜吊运和加料设备

熔融铜料采用铜包子和吊车吊运，直接或通过溜槽加入精炼炉。固体炉料可采用下列加料方法：①人工加料。人力借助杠杆、电葫芦起吊并推进，将炉料加入炉内，适用于 40 t 容量以下的小型精炼炉。②加料机加料。采用桥式加料机或落地式加料机。桥式起重机加料能力大，运转灵活，操作方便；落地式加料机起重能力可与桥式加料机相当，但操作不灵活，其地面轨道影响交通及物料的堆存。

1）桥式起重机　液态粗铜吊运采用电动双梁桥式起重机，开车的许可条件为：①各紧固件、螺栓应紧固完好；②各润滑部位润滑良好；③各制动器动作敏可靠；④驱动、传动机构灵活，各部温升、振动正常无杂音；⑤钢丝绳在滑轮和卷筒上缠绕正确；⑥电气线路及操纵机构正确，操作灵活；⑦安全限位、机械限位完好，牢固可靠。桥式起重机的维护保养方法如下：

（1）制动器的维护和保养　①检查制动轮是否有缺陷，确保各螺栓、螺帽位置正确，各铰接头灵活、润滑良好；②保证闸皮的间隙两边均匀相等，磨损量小于 1/3，否则及时调整或更换闸皮；③制动器主弹簧和辅助弹簧动作灵活可靠。

（2）轴承的维护和保养　①检查各轴承座地脚螺栓和压盖螺栓连接是否牢靠；②轴承润滑油是否足够。

（3）卷扬的维护和保养　①检查卷筒及滑轮表面有无过度磨损；②每班给钢丝绳及滑轮加润滑油；③检查钢丝绳压板螺栓牢固无松动，保证同一捻距内断丝少于 6 根，否则更换；④钢丝绳缠绕正确，无跑槽。

（4）传动装置的维护和保养　①检查联轴节的连接牢靠，螺栓无松脱，转动时无明显的跳动；②减速器无漏油，油量在油标刻度之内；③车轮无卡轨、窜动。

3. 铜阳极铸造系统

铜阳极浇铸是液态的阳极铜被浇铸系统铸成一定物理规格的阳极板的过程。阳极浇铸有两种工艺：连续带式浇铸和铸模浇铸。在连续带式浇铸系统中，铜浇铸是在两条同向运动水冷钢带的夹层空隙中而形成连续的阳极铜，宽 1 m，厚 1 ～ 2 cm。这种铜带剪断成 1 m 长的片子，在其边上切口，再用预制的挂杆钩住切口而将阳极板挂起来。这种浇铸工艺设备结构复杂，投资较高，目前在国内尚未推广。铸模浇铸又分为直线形和圆盘形。直线浇铸机设备结构简单，占地面积小，投资少，但浇铸的阳极板质量差；圆盘形浇铸机，设备自动化程度高，阳极板厚度（即阳极板重量）精确，稳定性能好，生产能力大，劳动强度小，目前是大型铜阳极板生产的主要设备。

大冶冶炼厂阳极浇铸使用的是从芬兰引进的一套双 M - 18 圆盘浇铸机，采用双包浇铸，是先进的自动浇铸系统。该系统浇铸能力为 110 t/h，且浇铸出来的阳极板重量精确，物理规格好。双 M - 18 圆盘浇铸机系统组成见表 2 - 65。

表 2 - 65　双 M - 18 圆盘浇铸机系统组成

双阳极称重浇铸设备	浇铸圆盘	喷淋系统	提取机水槽	废阳极吊	喷涂系统	液压系统	控制系统
一套	二套	二套	二套	二套	一套	一套	一套

液态铜从阳极炉或保温炉出铜口流出，经活动流槽、固定流槽后流入中间包，待中间包内有一定量的铜液时，便开始往放在电子秤上的浇铸包内灌注铜液，当浇铸包内的铜液达到设定重量时，中间包自动返回，并开始向另一侧的浇铸包注入铜液。圆盘上的空模运行到浇铸位置后，浇铸包开始按设定程序向铸模内浇铸铜液，当注入量达到所设定阳极板的单重时，浇铸包停止浇铸。然后圆盘转动，浇满铜液的铸模进入喷淋冷却区进行冷却，而中间包和浇铸包则重复上一次的动作。在喷淋冷却区内，尚未凝固的阳极板受到强制冷却，铸模也得到均匀冷却。随后，阳极板被运转至预顶起位置，顶起液压缸动作，阳极板被顶起。可能出现的废阳极板在这里被废阳极吊吊走。而正品阳极板被继续运转至提取机位置，阳极板再次被顶起，提取机将阳极板从圆盘上的铸模内取出运到冷却水槽中进一步冷却。待水槽内的阳极板成垛累计达到设定数量后，冷却水槽的链式运输机将整垛阳极板运送到冷却水槽后端，由堆垛顶升机将整垛阳极板升起，再用叉车运至堆场。

当铸模的阳极板被提走后，空铸模继续运转至喷涂区，喷涂装置将向空铸模内喷上一层脱模剂，然后运行至浇铸位置再进行浇铸。如此循环往复作业，直至浇铸结束。

圆盘浇铸系统设置了来自电子称量系统、模浇铸位置、顶起装置、锁模装置、阳极提取装置等的连锁信号，以保护浇铸的安全运行。此外，在浇铸控制室盘面、废阳极岗位操作盘面、喷涂岗位操作盘面以及液压泵房都设有事故紧急停止按钮，避免人员和设备的重大伤害。事故紧急停止按钮动作时，圆盘浇铸系统立即停止工作，只有当该按钮松开复位后，浇铸系统才能重新启动。所以事故紧急停止按钮是在意外紧急的情况下才使用的特殊按钮。

2.5.3 生产实践与操作

1. 工艺技术条件与指标

1)工艺控制参数 需控制的工艺技术参数如表 2-66 所示。

表 2-66 粗铜火法精炼的工艺技术参数

序号	名称	进料	氧化	放渣	还原	浇铸
1	燃烧天然气/(m³·h⁻¹)	300	350~750	300		350~600
2	燃烧风量/(m³·h⁻¹)	3500~5000	3500~6000	3500~5000	3000~4000	3500~5000
3	炉内负压/Pa	-30~-50	-30~-100	-30~-100	-30~-100	-30~-50
4	氧化空气/(m³·h⁻¹)	200	600~800	600~800		200
5	还原天然气/(m³·h⁻¹)				900~1350	
6	烟气温度/℃	≤300	≤350	≤350	≤350	≤350
7	炉口冷却水温/℃	≤45	≤45	≤45	≤45	≤45
8	铜水温度/℃		≥1180		≥1200	≥1200

2)阳极板物理规格 铜阳极板的物理规格要求如表 2-67 所示。

表 2-67 铜阳极板物理规格

项目	指标	
	大阳极板	小阳极板
阳极板单块重/kg	360±5	180±5
阳极板尺寸/mm	1000×960	780×750
板面鼓泡及毛刺/mm	≤5	≤5
弯板/mm	≤5	≤5

3)技术指标 主要技术指标如下:①天然气总单耗 48 m³/t 铜;②还原天然气单耗 8~11 m³/t 铜;③炉产阳极铜:2#、3# 精炼炉 140 t/炉,4# 精炼炉 240 t/炉;④阳极铜直收率 90%~95%;⑤阳极铜渣率≤4%;⑥阳极铜品位≥99.5%;⑦阳极板物理规格合格率≥98.5%。

4)阳极板的质量 阳极板的质量包括两个方面:一是指其化学成分符合要求;二是指其物理规格符合要求,能够满足电解的需要。阳极板的化学成分见表 2-68。

表2-68　阳极板的化学成分要求/%

Cu	O	S	Fe	Pb	As	Sb	Bi	Ni
99.5	<0.2	<0.01	<0.01	<0.04	<0.01	<0.03	<0.04	<0.5

要求浇铸的阳极板厚度应符合标准物理规格，这是因为厚薄不匀的阳极板在电解生产过程中将会增加残极的重量，增加更换残极的次数，增加劳动量；阳极板的上下厚度应一致，或上部略厚于下部，绝不可下部厚于上部，这是因为电解槽中的电解液易分层，上部的硫酸浓度大而铜离子的浓度小，其导电率比下部的电解液高，致使上部的阳极溶解较快；如果阳极板上部薄而下部厚，就会使阳极板在电解末期断耳而坠入槽底，不但容易砸坏电解槽，还容易引起短路并使残极率升高；阳极板的表面应平整致密，无气孔、蜂孔、突边和毛刺，耳部不得有冷隔层和折损。

影响阳极板质量的因素有：入炉粗铜的成分；氧化、还原终点的判断；铜水温度；溜槽、包子的制作质量，烘烤程度；称量系统的精度；浇铸速度；铸模质量；浇铸过程铸模的温度；喷涂料的质量与喷涂效果；铸模安装的水平度。

提高阳极板质量的措施有：准确判断氧化-还原样的终点；控制好铜液温度；及时更换变形、破损的铸模并调整好模子的水平度；控制好模温，确保喷涂效果；控制好中间包铜量及浇铸包速度；确保溜槽、包子的制作质量和烘烤效果；在双圆盘浇铸机的浇铸过程中采用定量浇铸、自动控制等先进技术，保证阳极重量和减少飞边、毛刺的要求。同时，在阳极炉的火法精炼操作中，必须将熔铜中的硫和氧的含量控制在适当水平，以减少浇铸时阳极板表面的气孔洞穴。

2. 操作步骤及规程

回转式阳极炉主要原料为液态粗铜，有时加入少量废始极片。粗铜中含有各种杂质，在化学成分上不符合电解精炼的要求。为此，在火法精炼中要除去粗铜中的部分杂质才能为电解提供优质的阳极板。火法精炼为周期性作业，其精炼周期分为进料、氧化、放渣、还原和浇铸五个阶段，其中以氧化期和还原期为主要阶段。

1）升温　当阳极炉为新炉子或检修完毕需要投入生产时，需要按升温曲线点火烘炉，并按以下步骤做好准备工作：①检查S形烟道是否安装好；②打开炉口水套冷却水闸门，检查水套冷却水量是否足够，检查炉口水套是否漏水；③检查炉口是否按要求砌筑，检查炉衬是否完好；④装配好氧化还原喷管，检查管道是否安装正确，有无泄漏；⑤检查炉内有无异物；⑥通知风机、油泵、锅炉做好准备。

之后，即可按升温曲线进行点火升温作业：打开炉盖和排烟管道闸门，先用沾了柴油的破布在燃烧器内点燃明火，然后送入少量天然气及燃烧风；刚点火烘炉时，炉前必须有人在现场观察炉内燃烧状况，防止熄火；烘炉 4 h 后盖上炉盖；盖炉盖后每 2 h 转动一下炉体；逐渐增大气量和风量提高炉温，调整好燃烧状况，避免中途长时间熄火；烘炉过程中要加强对炉体的检查，特别注意端盖的膨胀，发现运转障碍或其他问题及时处理。

2）进料　在开始生产前，需按烟道→冷却水→出铜口→管道和闸门→燃烧器→炉盖→炉口→氧化还原喷口→安全坑→炉体传动→仪表室的顺序进行检查：检查烟道是否黏结，冷却水水量和温度是否正常，出铜口是否修理好，管道和闸门是否有泄漏，燃烧器是否黏结堵塞，燃烧状况是否良好，炉盖是否完好，液压缸是否漏油，炉口水套是否完好，炉口黏结是否严重，氧化还原喷口是否畅通、有无泄漏，安全坑是否干燥平整，渣包是否放正，仪表和炉体传动是否良好。

以上各项一切正常且炉膛亮红时方可进料，进铜量不超过精炼炉的设计容量，粗铜如含氧化渣过多时要先泌渣再进料，进料前喷口压缩空气要开启，防止喷管堵塞，进料前通知炉子周围的人离开，适当关小燃烧火量，进料时注意行车进料情况，防止粗铜倒入炉盖后部，进完料后检查料面和渣层厚度，取样判断氧化所需时间。

3）氧化　打开压缩风闸门，检查压力表压力显示是否为 0.2 ~ 0.3 MPa，将炉体转到氧化位置，保持喷管在液面下 300 ~ 400 mm；调整好燃烧状态，风气比合适，火焰为淡蓝色，经常检查喷管送风状况，如堵塞及时清理或换喷管；取样水冷，如果样品的表面凹陷，断面易打开，致密，砖红色，无金属光泽和气孔，表明已达氧化终点，到达氧化终点后炉子转到保温位置，做好还原准备工作。

4）放渣　根据渣性确定放渣时间，不勉强出渣，如果渣性较好则先放渣再氧化，如果渣性不好则先氧化一段时间待渣性改善后再放渣；出渣时采用慢速驱动，炉口保持宽、浅、平，如果黏结过厚影响放渣应及时联系炉口机清打；新炉口或刚清打干净的炉口放渣时应先将炉口挂 2 ~ 3 次渣，及时从炉口上扒出砖块或其他结块，疏通出渣，出渣应尽可能彻底，精炼渣要保好温并及时通知转炉回炉。

5）还原　每次还原前检查喷口状况，如果不畅通用钎子清打或换喷管，关闭燃烧用天然气，保留雾化压缩空气或蒸汽，打开还原天然气，待天然气冒出后把炉体转到还原位，将燃烧风量、炉膛压力、还原气量调节好；还原期间经常检查喷口是否畅通，如果不畅通及时清理或换喷管，取样水冷。如果样品表面平整、细皱，边缘圆，断面不易打开，有较强韧性，呈玫瑰色，布满金属亮星，表明还原已达终点，关闭还原油，炉子转到保温位，打开燃烧天然气，调节好燃烧状态，检查出铜口，如需修筑则用卤水调镁粉半干筑好，通知浇铸岗准备浇铸。

6）浇铸　在浇铸前应做好以下准备工作：对各盘面进行灯试验，检查信号灯是否完好；调出计算机画面，查看各系统情况；开启液压泵，手动操作检查提取机、水槽、废阳极提取机、顶起、锁模装置、中间包、浇铸包等动作情况;对浇铸系统做模拟试验,检查在模拟自动状态下各系统的动作情况;检查喷淋冷却水的阀门情况;对破损的铸模进行更换并调整好铸模的水平度;安装中间包、浇铸包并调平;烘烤砌筑好的溜槽与浇铸包、中间包并确保烘烤质量。

做好准备工作后,即可进行浇铸作业:当炉前控制切换到浇铸控制后,快速将炉子倾转到出铜口流出铜液,再转为缓慢倾倒调整炉子的位置;待中间包铜液足量后,扳动操纵杆在半自动的情况下分别向两个浇铸包注入铜液;当浇铸包铜量达到设定值后,中间包会自动返回,这时将浇铸包由自动转为手动;浇铸完后(刚开始浇铸时,由于铜液经溜槽后温度较低,最好加快浇铸),待浇铸包返回到等待位置时,手动转动圆盘使空模转到浇铸位置,再将圆盘转为自动;待浇铸的阳极进入喷淋冷却系统后,开启排汽机、圆盘底部降温水(铸模温度160℃以上后再逐步开启圆盘上部降温水);经喷淋的阳极板,如是废板就要用废板提取机提取;当阳极进入提取机位置前,先将提取机转为自动;对粘模、错位的阳极板严禁用提取机夹板;当空模进入喷涂区后,开启喷涂系统,并设定喷涂时间。

3. 常见事故及处理

在生产中会出现多种常见故障,当出现故障时,操作人员首先应冷静分析,然后采取必要措施加以排除,以维持正常生产。

1)停电事故 当炉子正在作业而突然出现停电事故时,所有风机、水泵、液压站均会自动停止运行,炉前工应立即用慢速直流电机将炉体转到保温位置(即炉口朝上位置);关闭所有天然气闸门,停止燃烧作业;将炉口水套进水由循环水泵供水改为备用生产水供水;通知锅炉工采取相应的停水措施;确认风管、软管是否堵塞并进行相应处理;询问停电原因及恢复供电的大致时间;恢复供电后,按操作规程恢复正常生产。

2)炉口水套漏水 炉口水套漏水主要原因有:倒渣、倒铜作业过于频繁;水套质量差或砌炉质量差;炉口掉砖及炉温过高;炉口机打炉口时操作不当。处理措施是,如果水套漏水已进入炉内,绝对不能倾转炉子,必须查出漏水水套的进水管并立即予以关闭,等炉内水蒸发干以后方可倾转炉体;如漏水不大,可适当关小该水套进水阀门,操作时严密观察漏水情况。

3)炉口水套断水 炉口水套断水主要原因有:水套进(出)水管被异物堵塞;水套出水管结垢;水套出水胶皮管缠绕;炉温过高或水压太低。处理措施是立即熄火、停止燃烧,并打开炉口盖降温,检查出水胶皮管是否缠绕,用手锤敲打水套出水管,特别是弯头处,效果不好时应及时联系管工处理。

4)S烟道口跑铜 其主要原因有炉内铜液装入量过多;出铜口过小或堵塞,倾转炉体时,未注意观察倾转情况。处理措施是,操作时,目测炉内铜液的实际装入量，适当调整炉子操作位置；出铜前认真检查出铜口，确保其大小符合要求。

5) 烟气温度高　烟气温度高的主要原因有燃烧或还原天然气(柴油)流量过大；排烟机电流过小或突然停车；炉体余热锅炉尾部烟道各闸门调节不当，烟气排出不均匀。处理措施是，减少天然气(柴油)用量或熄火；增大排烟机电流，加大烟气抽力；合理调节各烟道闸门。

6) 铜液温度低　铜液温度低的主要原因有：粗铜温度低；加的冷铜过量，未及时熔化；氧化还原操作不当；燃烧状态差。处理措施是注意粗铜的温度，温度低时要及时提温；合理控制冷铜加入量；控制好氧化还原终点；合理组织燃烧；及时清理燃烧器黏结物。

7) 氧化、还原风管灌铜　氧化、还原风管灌铜主要原因有氧化、还原时停压缩空气或天然气；倾转炉子时没有打开空压风或天然气闸门。处理措施是立即倾转炉子使风管离开铜液面；若已灌铜要及时更换风管及金属软管。

8) 炉体局部发红　炉体局部发红主要原因有耐火砖砌筑质量差；工艺参数长期控制不当；炉龄周期已到。处理措施是，发红部位在铜液面以上，可用压缩空气进行降温冷却；发红部位在铜液面以下，应立即停止作业，将发红部位转离铜液面，用压缩空气进行降温冷却，并及时上报处理。

9) 氧化、还原终点判断失误　氧化、还原终点判断失误主要原因有取样不规范和终点判断失误等。处理措施是：终点样必须下水后再进行判断，并保留终点样；如发现氧化终点未到，则要停止还原操作，继续进行氧化作业；在浇铸时，若发现还原过头但不严重，可采取增大压缩空气量和炉内负压的操作，如还原过头特别严重，则要停止操作氧化一定时间再浇铸；还原不到终点时，如已浇铸，则要保持炉内还原气氛及微正压，离还原终点太大时，要停止浇铸，继续进行还原操作。

10) 溜槽跑铜　溜槽跑铜的主要原因有：溜槽制作质量差或溜槽深度不够；溜槽未烘烤干，浇铸时翻包；溜槽内有渣或其他障碍物阻碍了铜水的流动；出铜口制作不符合标准，太小或做歪。处理措施是，浇铸作业期间，发现溜槽跑铜时，首先应立即将炉子倾转，然后上平台查看跑铜原因，一般情况可能是有渣或其他障碍物阻碍了铜水的流动，这时只需用钎子将障碍物清除，就可以继续浇铜作业；如果是由于溜槽制作质量问题而造成的漏铜，要马上进行简单处理，漏铜严重时，应立即停止浇铸作业；出铜前，要检查溜槽的砌筑及烘烤情况，检查出铜口是否符合标准。

11) 圆盘错位　圆盘错位主要原因有：圆盘电机跳电；起始位子丢失(圆盘限位)；机械故障；紧急停止按钮被按下。处理措施是当圆盘错位后，PC 监控器STOP 会发出报警，并且有一组错位信号。首先检查错位原因，在排除原因后进行圆盘复位：按"Home position ok"键保持不动，直到信号由红色转为绿色。按主画面上的 F2 功能键，出现一个进入框，再按"Wheel # Mould number"进入选择模号数字框，输入相对应浇铸包的模号，按"OK"，圆盘就转为自动。

2.5.4 计量、检测与自动控制

1. 计量

粗铜的火法精炼的主要计量参数如下：氧化空压风流量，燃烧风流量，水套冷却水流量，还原剂(柴油、重油、天然气、煤基等)及水电消耗等。

氧化空压风和燃烧风流量根据风管直径采用阿纽巴、威力巴等笛形管流量计计量；水计量采用电磁流量计；柴油和重油用容积式流量计或者质量流量计计量；天然气因用户基本管径较小，一般选用腰轮式流量计计量，而大口径的总管处的用户自安装流量计或用涡轮式流量计计量；煤的计量则主要由称重和容积式给料器实现计量。

2. 检测

检测主要包括温度、压力、液位、气体泄漏检测以及主要机电设备的运行状态、电流、电压等的检测。

1) 温度测量 铂热电阻(Pt100)用于低于 400℃ 的温度测量，热电阻须符合 IEC751 Class B curve 要求。电阻元件封装在 316 不锈钢管中，接线方式为三线制，接线盒防护等级为 IP66。当被测温度大于 400℃ 时，采用热电偶测温。温度范围为 400~900℃ 时，选用镍铬-镍硅热电偶，分度号为 K。温度范围在 900 至 1400℃ 时，选用铂铑-铂热电偶，分度号为 S。快速数字测温仪常用于铜水温度的测量。

2) 压力测量 远传的压力检测采用压力或差压变送器，就地压力检测一般选用不锈钢压力表。

3) 液位检测 远传的液位检测采用差压变送器，就地液位检测一般采用玻璃管液位计、双色液位计或电接点液位计。

4) 气体泄漏检测 火法精炼危险性较大，安全检测传感器要特别注意，经常检查。例如，使用天然气燃烧补温或还原作业过程中，天然气的在线实时监测必须灵敏可靠，因为天然气与空气按一定比例混合具有易爆性。随着精炼炉处理能力越来越大，透气砖的使用也越来越普遍。通常通过埋入的热元件检测的温度判断透气砖的烧蚀状态，其可靠性尤为重要。一旦透气砖烧穿，出现漏铜事故将十分危险。透气砖一般使用氮气作为搅拌气体，氮气无色无味，若发生大规模泄漏，就会导致局部窒息。因此在氮气的使用处以及已发生氮气泄漏的地方应安装氧气浓度检测仪并安装报警装置。同时，在附近应放置氧气面罩等急救装备。

3. 自动控制

回转精炼炉控制系统采用冗余 PLC 控制系统共用平台，为阳极炉配置 PLC I/O 站和监控操作站。控制系统采用全冗余的两级网络结构，监控信息层网络为工业以太网，控制层采用 CONTROLNET 双网冗余工业控制总线系统。精炼炉控制系统主要由以下几个部分组成：①炉体自动倾转系统；②气体流量、压力自动调节系统等；③全自动定量浇铸系统；④余热锅炉系统。

回转精炼炉炉型与 PS 转炉炉型外观类似，但旋转驱动方式却因作业原理不同而有很大区别。炉体的转动是由 1 台绕线型交流电机及 1 台直流电机驱动的。相对转炉而言，直流电机使用更为频繁，因为直流电机转速较慢，便于控制浇铸时的出铜速率。同时一旦交流电机失电，自动控制系统将炉体通过直流电机转入安全角度，保护生产及设备安全。

气体流量、压力自动调节系统通过流量、压力检测装置与阀门的 PID 调节保证在生产工艺过程中的压缩空气、天然气、烟气的流量、压力满足生产工艺过程的需要。其主要功能包括：氧化压缩空气流量调节、还原用天然气流量调节、溜槽烘烤用天然气流量调节、燃烧用天然气流量调节、燃烧风流量调节以及烟道负压调节。

全自动定量浇铸系统分为连续带式浇铸和铸模浇铸。前者目前在国内尚未推广。铸模浇铸又分为直线型和圆盘型。目前大量使用的是圆盘型浇铸机，该设备自动化程度高，阳极板厚度（即阳极板重量）精确，稳定性能好，生产能力大，劳动强度小。芬兰奥图泰公司生产的全自动圆盘定量浇铸机比较成熟，自动称量的浇铸机能将阳极板重量偏差控制为 ±3 kg，其生产的阳极板外观平整，飞边毛刺较少。新一代的浇铸机还具有以下几大特点：第一，三相交流伺服电机驱动取代传统的液压驱动，使整台设备更显灵动；第二，现场总线及远程 I/O 大量使用大幅降低了电线电缆长度及数量；第三，节能技术开始出现在设计中，例如，液压站使用电磁阀短路油路的方法降低设备低负荷状态下的电耗。

余热锅炉控制系统主要包括：锅炉给水流量调节、锅筒液位调节、锅筒压力调节、余热锅炉三冲量调节、除氧器水箱液位调节、除氧器压力调节等。

2.5.5　技术经济指标控制与生产管理

1. 概述

技术经济指标体现了生产厂家生产过程中的技术和管理水平。要提高企业的效益，必须抓好各项技术经济指标。火法精炼主要控制的技术经济指标有铜的直收率、燃料单耗、还原剂单耗、铸模单耗、炉寿命等。

1）铜的直收率　铜的直收率与物料性质、燃料性质、生产管理等有关。铜料杂质含量高,燃料灰分高,则渣率高,渣夹杂的铜量也就多,直收率也就低。一般矿产粗铜火法精炼铜的直收率为95%～99%。

2)燃料单耗 火法精炼过程中燃料消耗主要用于炉内保温和烘烤溜槽、中间包、浇铸包。通常燃料单耗以生产每吨阳极板所消耗的燃料重量计算,也可用燃料率表示。燃料单耗主要与燃料的种类及燃烧效果相关。

3)还原剂单耗 回转式阳极炉的还原剂单耗一般与还原剂种类、氧化深度、还原效率等因素相关。大冶冶炼厂阳极炉还原剂单耗如表2-69所示。

表2-69 大冶冶炼厂阳极炉还原剂单耗/(kg·t⁻¹)

重油	天然气/(m³·t⁻¹)	煤
5～9.5	6～11	8～13

4)铸模单耗 铸模单耗一般是以每块阳极铸模可以浇铸阳极板的重量计算。目前大部分厂家都使用铜模,铜模单耗一般为450～1000 t/块;也有部分厂家使用铸铁模,其单耗一般为200～480 t/块。

5)炉寿命 阳极炉炉寿命一般分为小修周期和大修周期,小修可采用热修,主要挖补氧化还原口、出铜口、更换炉盖及S形烟道等,周期一般为3～6个月;大修周期一般为10～12个月。

2. 原辅助材料控制与管理

铜火法精炼的主要原辅助材料有原料、燃料、还原剂、耐火材料以及浇铸辅助材料。

1)原料 回转式阳极炉处理的原料以液态粗铜为主,可附带处理残极、废阳极板、始极片、碎杂铜等含铜品位98.5%以上的含铜料。从转炉吹炼出来的粗铜除含硫及氧较高外,还含有砷、锑、铋、铅、锡、锌、铁、钴、镍等杂质元素,此外还含有硒、碲、锗、金、银等稀有元素和稀贵金属,其总含量为0.5%～2%。某冶炼厂转炉的粗铜成分见表2-70。

表2-70 某冶炼厂粗铜成分/%

Cu	O	S	Fe	Pb	As	Sb
98～99.5	0.4	0.04	0.012	0.05	0.03	0.065

杂质含量低的粗铜用转炉氧化效率高的特点,在转炉内过吹几分钟,完成氧化作业,脱除粗铜中少量的硫,氧化好的铜水进入精炼炉后只进行还原作业,可节约精炼氧化时间几小时,提高生产效率,降低生产成本。

2)燃料 精炼过程中可用于保温的燃料有粉煤、重油、柴油、天然气、液化气等。燃料含硫量越少越好,一般不超过2%,燃料低发热值要求在24 MJ/kg

以上。

(1)粉煤　除回转炉不用煤外,其他固定炉可用煤作燃料。用煤作燃料缺点是灰分大,造成精炼过程中渣量增大;挥发分大,易造成粉尘污染,作业环境差。一般要求粉煤挥发分含量 >28%,灰分含量 <10%,粒度 <80 目。

(2)重油　重油发热值高,升温速度快,燃烧过程易于调节控制。常温下重油黏度大,一般重油需加热到 90~130℃。但使用重油时产生大量黑烟,造成低空烟害,污染环境。

(3)柴油　柴油发热值高,易用管道输送,燃烧过程易控制调节,燃烧黑烟较少。但由于柴油成本太高,故使用受到限制。

(4)天然气、液化气　天然气和液化气作为新型环保燃料,操作简单,不会产生环境污染,是目前大多数厂家选用的火法精炼较理想的燃料。

3)还原剂　回转式阳极炉采用的还原剂种类较多,一般是以含 C 或 H 成分为主的气体、液体和固态粉末,如重油、天然气、液化气、煤基等。从生产成本和环保角度出发,目前使用较多的还原剂是天然气和煤,其控制的主要成分见表 2-71、表 2-72。

表 2-71　天然气还原剂的控制成分要求/%

CH_4	$C_{2~4}$	N_2	CO_2	H_2S/(mg·m^{-3})	H_2	O_2	CO
97.037	0.713	0.969	1.277	20	0.4~0.8	0.2~0.3	0.1~0.3

表 2-72　煤基还原剂的控制成分要求/%

主要成分						灰分			粒级要求	发热值/(MJ·kg^{-1})
水分	灰分	挥发分	全硫	添加剂	固定碳	SiO_2	Al_2O_3	Fe_2O_3		
≤6	≤15	≤15	≤0.5	≤5	≥70	42.97	25.33	5.81	0.2~5 mm 的量≥80%	>23

4)耐火材料　阳极炉炉衬工作层主要是采用优质镁铬砖,氧化还原口和出铜口采用电熔再结合镁铬砖,保温层采用黏土砖和石棉板或浇注料,炉盖为内衬钢纤维搅打料。耐火材料单耗与耐火材料质量、砌炉质量及生产操作等很多因素有关。

大型阳极炉底部安装有 4~9 块透气砖,通过透气砖从炉底鼓入氮气搅拌,以加强传质传热效果。透气砖主要包含 3 个部分:母砖(座砖)、耐磨套砖和多孔砖(芯砖),透气砖安装见图 2-54。

5)浇铸辅助材料　浇铸辅助材料包括阳极模、搅打料及脱模剂等。

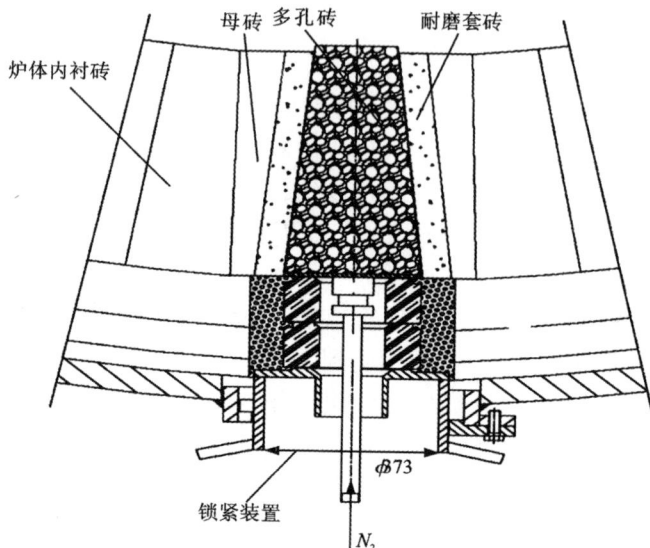

图2-54 透气砖安装图

(1)阳极模 目前阳极板浇铸使用的主要为铜模和铸铁模。在浇铸过程中，铜模浇铸的模温控制较低，一般为150~200℃。铸铁模传热效率慢，浇铸过程中冷却速度慢，模温一般较高，可达250~350℃。

(2)搅打料、镁粉 主要用于砌筑浇铸溜槽、中间包和浇铸包。但浇铸完后清理溜槽和中间包、浇铸包时极易损坏，几乎每浇铸一炉铜后必须重新砌筑，劳动强度大。目前金隆等厂家采用SiC型预制件溜槽，溜槽加盖板，使用天然气保温，使用寿命为1~3个月。

(3)脱模剂 脱模剂主要作用是在浇铸时使阳极模与阳极板之间形成一层良好的隔热层，避免阳极模在铜液冲刷和冷却时造成黏结。选择脱模剂应满足以下要求：1300℃高温下的稳定性好，不放出气体，不黏模；不与熔融铜液发生化学反应；疏水性，不含结晶水，物理水分易干燥和蒸发；在水槽中容易冲洗掉，不给下道工序带来影响；原料来源广泛；不会造成环境污染。目前使用最普遍的脱模剂是硫酸钡($BaSO_4$)，在铜模浇铸时，通常配入一定比例的水玻璃使用。硫酸钡的物理、化学成分要求一般见表2-73。

表2-73 硫酸钡的物理、化学成分要求/%

$BaSO_4$	Fe_2O_3	SiO_2	Al_2O_3	CaO	Pb	密度/($g \cdot cm^{-3}$)	水溶解度	粒度/目
≥98	≤0.25	≤1.25	≤0.3	≤0.5	<0.15	≈4.25	≈0.38	-400(≥90%)

3. 能源消耗控制与管理

在火法精炼过程中，必须通过保温烧嘴提供足够的热量来维持生产的热平衡，热量主要来自燃料燃烧和氧化反应，可以通过提高燃料和还原剂的利用率等来降低能源消耗。

1）降低燃料消耗　为降低保温烧嘴的燃料消耗，除调节好燃料与助燃空气的比例使之充分燃烧外，可先将燃料和燃烧空气预热后再进行燃烧；采用富氧空气强化燃烧；或采用稀氧燃烧技术，使用纯氧代替空气进行燃烧，不仅大大提高燃烧温度，而且烟气量及其带走的热量损失大幅减少。采用稀氧燃烧技术，燃料消耗可节约 40% ~ 55%，可取消精炼炉燃烧风机投资和运行成本消耗，烟气量减少了 60% ~ 80%，可降低排烟风机负荷，节约排烟机电能消耗达 50% 以上。

2）提高还原剂的利用率　在还原过程中，进入铜液中的还原剂通常只有 15% ~ 35% 与铜液中的氧进行还原反应，其余逸出铜液进行燃烧反应。为提高还原剂参与还原反应的利用率，除了控制还原剂的物理和化学成分外，大型阳极炉设计都采用了透气砖氮气底吹技术，通过透气砖从炉底鼓入氮气搅拌增加还原剂与熔体的接触，提高了反应速率，从而提高了还原剂的利用率，减少还原剂的消耗。另外采用氮气代替压缩空气输送还原剂，以避免还原时空气中的氧使一部分铜氧化，从而缩短了还原时间，减少了还原剂用量。

此外，大型阳极炉（480 t 以上）通常都配有余热锅炉，精炼过程中所产生的烟气经过余热锅炉产生 0.5 ~ 0.8 MPa 的蒸汽，送低压蒸汽管网回收蒸汽的余热，降低能耗。

4. 金属回收率控制与管理

火法精炼过程中的金、银、硒、碲、铂和钯等稀贵金属都富集到铜阳极板中，在下一工序电解精炼的阳极泥中进行综合回收；少量易挥发的杂质如 Pb、Zn、As、Sb、Bi 等随烟气在余热锅炉冷凝沉降进入烟灰中进行回收。影响金属回收率的因素主要是氧化渣，氧化渣通常含铜 30% ~ 45%，直接进转炉回收。氧化渣率一般控制为 1% ~ 5%，因此火法精炼过程中的金属直收率很高，通常在 95% ~ 99%。

在阳极板浇铸过程中，阳极铜从出铜口流出进入中间包、浇铸包、阳极模的过程中会产生少量喷溅，另外在阳极板水冷过程中，表面的氧化黑铜粉会被水冲入冷却槽和沉淀池中，因此必须对这部分喷溅物和黑铜粉定期清理回收。

5. 产品质量控制与管理

阳极板质量控制的主要指标是阳极铜主品位、杂质含量和物理外观。阳极铜主品位一般控制为 98.8% ~ 99.5%。可通过从阳极炉炉底透气砖鼓入氮气进行搅拌，利用氮气的吸附作用提高精炼过程的除杂能力，提高阳极铜的主品位。不同厂家控制的标准略有不同，其中大冶冶炼厂阳极板成分要求标准表 2 - 74。

表 2-74　大冶冶炼厂阳极板成分要求标准/%

Cu	O	S	Bi	Sb	As	Pb	Ni	Se	Te	Ag/(g·t^{-1})
≥99	≤0.2	≤0.01	≤0.03	≤0.08	≤0.2	≤0.2	≤0.13	≤0.05	≤0.05	≤1500

阳极板的物理外观要求为每块重量的误差小于1%，厚薄均匀，阳极板表面平整，无气孔洞穴，外缘无飞边、毛刺等。

1)阳极炉操作控制　阳极炉炉前操作对阳极板质量至关重要，不仅影响阳极铜的成分，还对浇铸过程及生产的阳极板物理外观影响较大。

(1)氧化还原终点控制　氧化还原终点控制对阳极铜主品位及杂质含量影响较大，不同厂家由于矿源、粗铜中杂质含量不同，氧化还原终点控制略有差异。但炉前操作时氧化还原终点判断要求准确，若氧化过浅会造成铜水内硫及杂质未脱干净，铜水质量差，鼓包；氧化过深则造成氧化渣含铜升高，铜直收率降低，同时还原时间延长，还原剂消耗增加。

若欠还原则会造成铜水内含氧量偏高(>0.2%)，流动性差，浇铸出的阳极板耳部不饱满，表面不平整，起氧化皮或起大皱纹样的鼓泡。含氧过高时阳极板发脆易断耳；过还原则会造成铜液中含氧量偏低(<0.05%)，残留的氢会过多，浇铸出的阳极板表面会因部分氢的析出而鼓泡，板断面小孔较多。因此还原终点的含氧量一般控制为0.05% ~0.2%。

(2)生产工艺控制　铜温对浇铸作业及阳极板质量影响较大：铜温过低，会导致铜水流动性差，浇铸出的阳极板飞边、毛刺多；铜温过高，不仅浪费能源，对阳极模冲刷厉害，会缩短阳极模使用寿命，而且易造成铜阳极模黏模，影响浇铸。一般阳极炉操作炉温控制为1250~1350℃，进浇铸包铜温控制为1150~1200℃。为降低阳极铜的含氧量，防止铜水在流动过程中发生二次氧化，可在溜槽或中间包表面放置木炭。

2)浇铸操作控制　浇铸操作对阳极板的物理外观影响较大，其主要控制要求如下：

(1)脱模剂浓度要求　混合液浓度一般为1.5~2 kg/L，浓度太低易产生飞边、毛刺，甚至出现顶针孔漏铜现象。

(2)调节铸模水平度　浇铸前必须调节铸模水平度，否则会造成阳极板厚薄不均。

(3)控制好模温　调节浇铸速度和喷淋冷却水大小控制模温，铜模模温一般控制为150~200℃，铸铁模模温一般控制为250~350℃。

3)运输管理　阳极板在浇铸冷却槽冷却后的转运、堆放等都是通过叉车进行的。叉车在转运过程中，易造成阳极板的耳部弯曲、断耳等现象，因此，必须加强叉车的运输管理,提高叉车司机的操作技能,减少阳极板在运输过程中的损坏。

6. 生产成本控制与管理

阳极板生产变动成本为 110 ~ 160 元/t 铜,主要消耗为燃料、还原剂、水、电、耐火材料等,其各自所占比例见表 2 - 75。

表 2 - 75　阳极炉生产成本消耗比例/%

保温燃料	还原剂	电	耐火材料	直水	其他
55 ~ 70	10 ~ 18	8 ~ 12	4 ~ 8	4 ~ 8	4 ~ 7

由表 2 - 75 可知,阳极炉生产的成本绝大部分是燃料消耗,主要是用来补充生产过程中消耗的热量和还原剂。精炼过程的单位成本控制主要与处理量和燃料、还原剂的选择及操作技术管理等有较大关系。

1)处理量　单炉处理量越大,精炼过程的单炉成本就越低;日处理量越高,单位成本也越低。因此生产过程必须对吹炼炉与阳极炉作业方式衔接优化,尽可能满负荷生产,提高单台炉处理量,减少保温等料时间。

2)燃料、还原剂的选择　不同地方的燃料种类和价格各不相同,要根据环保、节能以及采购价格等综合考虑,因地制宜选择合适的燃料和还原剂。

3)技术操作控制　应根据各阶段不同热量需求及炉温控制的要求,合理调节各阶段燃料消耗及其燃氧比和炉内负压,减少不必要的热量损失。可通过富氧燃烧和稀氧燃烧技术强化燃烧效果,大幅减少烟气量以及烟气带走的热量。例如,360 t 回转阳极炉生产过程中,天然气分别采用压缩空气燃烧和稀氧燃烧,各阶段天然气用量控制对比见表 2 - 76。

表 2 - 76　阳极炉各阶段天然气用量控制对比表/(m³·h⁻¹)

作业阶段	燃烧方式	进料/保温	氧化	还原	浇铸
天然气控制	空气助燃	250 ~ 350	500 ~ 600	0 ~ 100	500 ~ 650
	稀氧燃烧	100 ~ 150	200 ~ 250	0 ~ 50	200 ~ 250

另外可通过富氧氧化、无氧化掺氮带硫还原、研发新型还原剂、提高阳极板浇铸速度等来缩短氧化、还原及浇铸作业时间,缩短阳极炉的作业周期和保温时间,提高阳极炉的有效作业率,提高单台炉的日处理量。

采用透气砖氮气底吹技术,加强炉内传质传热效果,可大大提高氧化、还原速率,节约燃料消耗,从而降低生产成本。

2.6 电解精炼

2.6.1 概述

粗铜经火法精炼所获得的铜阳极仍然含有较多的 S、O、Fe、As、Sb、Zn、Sn、Pb、Bi、Ni、Co、Se、Te、Au 及 Ag 等 10 多种杂质元素，其性能还不能满足市场用户的要求，必须将其进一步提纯，电解精炼的主要目的就在于此。另一重要目的是在除去 Se、Te、Au 及 Ag 等稀贵金属的同时，将它们富集于阳极泥，以便进一步回收利用。

江铜集团贵溪冶炼厂年产阴极铜超过 100 万 t，是我国最大的高纯阴极铜生产基地。下面以贵溪冶炼厂艾萨电解精炼法为例介绍铜电解精炼的有关问题。

铜电解精炼系统一般由极板加工及处理系统、物料转运系统、直流供电系统、电解液循环系统、电解液净化处理系统、DCS(PLC)监视控制系统、网络通信系统等组成。铜电解精炼设备主要包括粗铜及电铜吊运行车、电解槽、极板加工机组、LAROX 净化过滤机、压滤机、可控硅整流器、贮液槽(罐)、泵及电解液管道等。

2.6.2 电解精炼设备运行及维护

1. 电解槽

电解槽是电解车间的主体设备。电解槽内附设有供液管、排液管、出液斗的液面调节堰板等。槽体底部常常由一端向另一端或由两端向中央倾斜，倾斜度大约 3%，最低处开设排泥孔，较高处有清槽用的放液孔。放液排泥孔配有耐酸陶瓷或嵌有橡胶圈的硬铅制作的塞子，防止漏液。在电解槽端头排液斗两侧安装有行车出装作业定位用的定位针及支撑盘。钢筋混凝土典型电解槽结构如图 2-55 所示。

电解槽的结构与安装应符合下列要求：槽与槽之间以及槽与地面之间绝缘好；槽内电解液循环流通情况良好，耐腐蚀，结构简单，造价低廉。

电解槽的槽体有多种材质，现在普遍采用钢筋混凝土槽体内衬玻璃钢结构。此外，目前国内外已有厂家采用无衬里预制聚合物混凝土电解槽(CRT 槽)，能经电解液长期直接浸泡而不发生严重腐蚀，便于电解槽的安装、使用和维修。

2. 粗铜及电铜吊运和剥板设备

1) 粗铜及电铜吊运设备 采用桥式起重机吊运粗铜及电铜。桥式起重机(双梁、四轮驱动)的型号规格为：长 31.5 m，宽 6.19 m，跨距 31.5 m，额定负荷 4×7.5 t+2 t。由走行装置、横行装置及卷扬装置组成，它们的性能及参数分述如下：

(1) 走行装置(大车部) 由双梁组成，行走速度为 0~152 m/min。为确保精

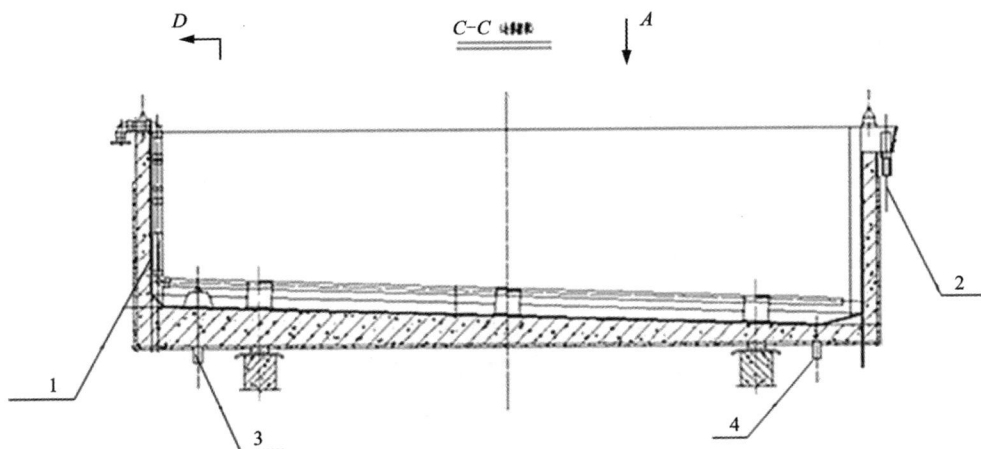

图 2-55　钢筋混凝土典型电解槽结构

1—进液管；2—出液管；3—放液管；4—排阳极泥管

确定位，两端主动轮侧分别装有一对导向轮。大车上安装有位置实时探测系统，系统和行车同时运行，通过读写头扫描与轨道平行金属编码带精确检测大车运行位置，测量的定位精度为 ±8 mm。大车通过 2 个驱动控制，所有 4 个马达有相同的参照速度。以两种方法控制驱动操作：①检修（维护）模式，控制通过硬件实现；②PLC 逻辑控制模式，参照速度通过 PLC 计算，输入到驱动。

（2）横行装置（小车行走）　安装在大车梁顶上，与驾驶室连为一体南北运行。行走速度 0 ~ 45 m/min。电机 4×2.2 kW，100% ED 变频控制。小车上安装有位置实时探测系统，系统和小车同时运行，通过读写头扫描与轨道平行金属编码带精确检测小车运行位置，测量的定位精度为 ±8 mm。

（3）卷扬装置　该装置安装于小车架顶上，由电动机、制动器、减速机、卷筒、定滑轮、钢丝绳等构成。

提升系统由防摆架、导向架、吊架组成，坚固的防摆架装置直接固定在小车底部，配有 4 个绝缘件，防摆架的作用是防止吊车移动时吊架晃动，同时支撑接液盘。

带吊架的导向架能上下移动，当吊架下降在槽面或机组上时，导向架能与槽面或机组上的两个定位针配合实现精确定位，当吊架继续下降时由槽面或机组上的支撑盘支撑，导向架在 X - Y 方向导向。

吊架外侧为阳极吊钩，内侧为阴极吊钩，吊钩用防酸材料制成，阳极吊架上设置 110 个吊钩，分两排均匀分布，由电机驱动。南、北第一根阳极吊钩可单独控制，阴极吊架上设置 108 个吊钩，分两排均匀分布，由 1 台马达驱动。阴、阳极吊钩能够方便、快速地同时处理阳极和阴极而不需要移动，阳极吊钩避开了槽壁和导电板，减少了接触和受损的危险。主卷电机 110 kW，60% ED 变频控制；制动器采用交流电动液压式抱闸。

（4）控制系统　行车的半自动控制系统由 AB 的 Logix5000PLC 编程控制，5550 控制器上挂有设备网模块和以太网模块。

2）电铜剥离设备　电解车间电铜剥离机组有 1#、2# 两套，用于不锈钢阴极板上电铜的剥离，剥离后的阴极板由吊运设备返回电解槽。剥板机组结构划分见图 2-56，工艺参数及标准如下。

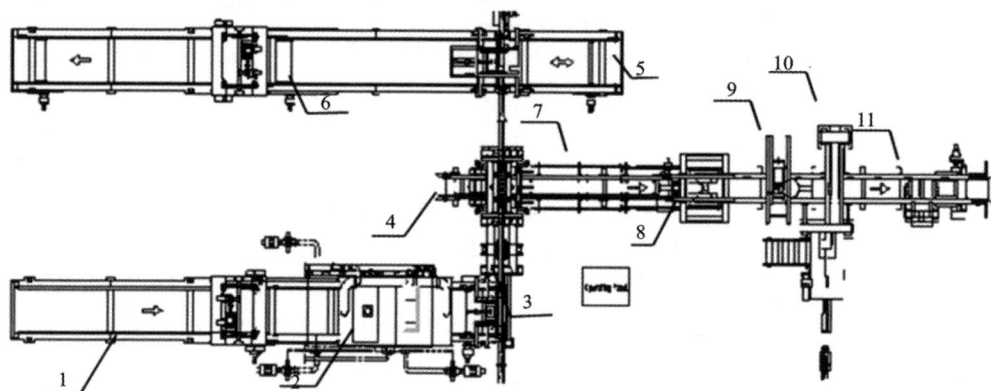

图 2-56　剥板机组结构划分图

1—接收装置；2—洗涤装置；3—横送装置；4—剥片装置；5—次品阴极板输出装置；
6—阴极板输出装置；7—阴极铜输送装置；8—阴极铜堆垛装置；9—阴极铜贴标签装置；
10—阴极铜打包装置；11—阴极铜输出装置

（1）性能参数及工艺标准　①机组加工能力 450 块/h；板至板时间 7 s；机组允许剥下的电铜最小单重 40 kg/块；称重质量 ≤4000 kg；堆垛厚度为 300~700 mm。②洗涤效果：阴极板、阴极铜表面必须洁净，无黏附电解残液，无硫酸铜结晶，无其他附着物。③洗涤水温 55~75℃，洗涤喷嘴至畅通、角度准确，采用动态方式更换水箱内的洗涤水。④阴极板输出：阴极板面无变形，导电棒导电端无磨损，夹边条无损坏，阴极板上没有黏附铜粒子。⑤自动贴标签：打印字迹清晰，贴标签位置准确。⑥称重、打包效果：堆垛电铜称重准确，两条打包平行带紧凑。

（2）机组构成、性能及维护　机组包括接受运输机、洗涤装置、横送装置，剥片装置、次品阴极板运输机、阴极板输出装置、阴极铜输送装置、堆垛装置、称重、贴标签装置、打包装置及阴极铜输出装置。

①接受运输机　接受吊车从电解槽吊出的铜阴极板，运行过程中需提前检查吊车放置物料是否整齐，如有偏差需校正，否则可能出现接受吊车卡死故障。

②洗涤装置　将接受吊车运来的电铜在此输送装置上完成洗涤作业。日常生产过程中需每日检查喷嘴角度及堵塞情况，确保畅通及与阴极板对正。

③横送装置　横送装置由不锈钢单股钢轨和安装在坚固框架上的不锈钢制辊链组成，运输机将阴极板横向输送到不同站点，用于剥片及剥片准备。用变频器控制的马达驱动运输机前后移动，从而保证定位精确。辊链辊轮轴开口销是日常检查重点。

④剥片装置　利用凿刀将挠曲开的电铜从不锈钢阴极板上凿开，机械爪将电铜分离并水平放置电铜到输送装置上。为避免不锈钢阴极板损坏，凿刀刀头采用黄铜件，定期更换刀头以保证剥离效果。

⑤次品阴极板运输机　将剥离后的次品不锈钢阴极板或不能自动剥离的阴极铜板，按操作指令程序通过转运聚集于次品阴极板运输机内，由吊车吊至修复区域。

⑥阴极板输出装置　阴极板输出装置由 1# 和 2# 两个阴极板输出装置组成。分离电铜后的阴极板由移载小车输送到 1#、2# 机架等待行车吊走装槽。装置由液压马达驱动。

⑦阴极铜输送装置　阴极铜输送装置由液压马达驱动链式输送机，每次接受两块阴极铜输送至堆垛，在运输机中段安装有压纹设备。

⑧堆垛装置　堆垛装置主要由进给电铜推进装置、两个能上下移动的叉刀式堆垛装置组成。每次从链式输送机处接受两块阴极铜堆垛，堆垛厚度按照程序设定的数值进行，完成预设值后堆垛下降到堆垛输出装置上。全部装置都由液压油缸驱动。

⑨称重、贴标签装置　称重装置靠三个负荷传感器进行称重，当称重值稳定并且 PLC 程序的计时完成时，将信号发送给打印机打印。贴标签装置是将生产的有关信息如堆垛的重量、日期等打印在标签纸上，然后将标签贴在阴极铜堆垛上。该装置包括一套打印装置和贴头，贴头将从打印机上得到的标签纸，利用气缸上下移动贴到每摞阴极铜上。

⑩打包装置　包括 Kohan Fa - 32 打包头、打包带、封带、自动给带装置、5 t 压力机和提升/旋转台、气动泵及气缸。打包液压马达打包时进行堆垛 90°/180° 旋转。钢带进速和卷取速度均为 2 m/s。

⑪阴极铜输出装置　运输装置送来的电铜经过称重、贴标签、打包后，由链式输送机运送至阴极铜输出装置的末端，待叉车运走。其驱动方式为液压马达 OMR200 151 - 0415 传动。

(3)机组电气　剥板机组是用 PLC 进行控制的，电气网络由以太网、控制网、设备网组成。机组上位机使用 AB 公司的 RsLogix5000 软件编程。为保证安全性，机组设置两个安全区，由门开关、安全绳组成，一旦触动安全绳或打开安全门，整个机组都会断电。

3. 电解液循环系统

电解液循环流通的目的一是补充热量，以维持电解液必要的温度；二是补充电解过程中所需的添加剂、硫酸等；三是保证电解槽内电解液成分均匀，消除极化；四是经过滤去除电解液中所含悬浮物，保持电解液的清洁。电解液循环系统见图 2 - 57。

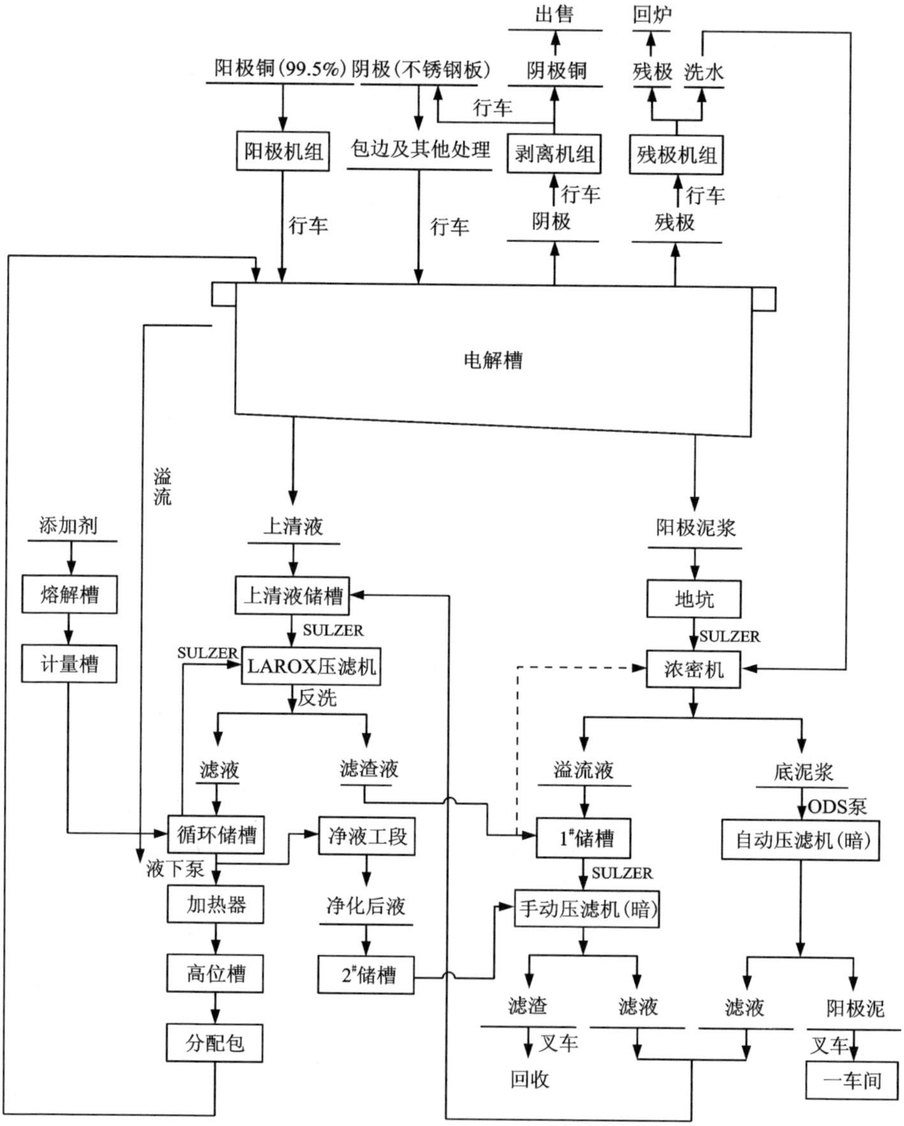

图 2 - 57 电解液循环系统

电解液循环系统的主要设备有循环液贮槽、高位槽、供液管道、换热器和过滤设备等。现代铜精炼厂多采用钛列管或钛板换热器。过滤设备采用芬兰的Larox 净化过滤机,可有效过滤电解液中的微米级悬浮物。

1)循环液贮槽　循环液贮槽有圆柱形贮槽和方形贮槽 2 种,贵溪冶炼厂使用的是方形贮槽,理论容积 201.6 m^3,玻璃钢材质(FRP)。

2)高位槽　高位槽为方形贮槽,尺寸 6000 mm × 4000 mm × 3000 mm,玻璃钢材质(FRP),理论容积为 72 m^3。电解液由液下循环泵泵出,经板式换热器热交换后进入高位槽,再经分配包、循环管道进入各电解槽。

3)换热器　换热器主要用于电解液的升温(冬春季节)或降温(夏秋季节),型号 S52 - IS10,换热面积 27.04 m^2。为保证良好的换热效果,平时应定期清理换热板片上的积垢。

4)Larox 净化过滤机

(1)过滤机结构、规格及主要技术参数　净化过滤机结构如图 2 - 58 所示,其规格和技术参数分别如表 2 - 77 和表 2 - 78 所示。

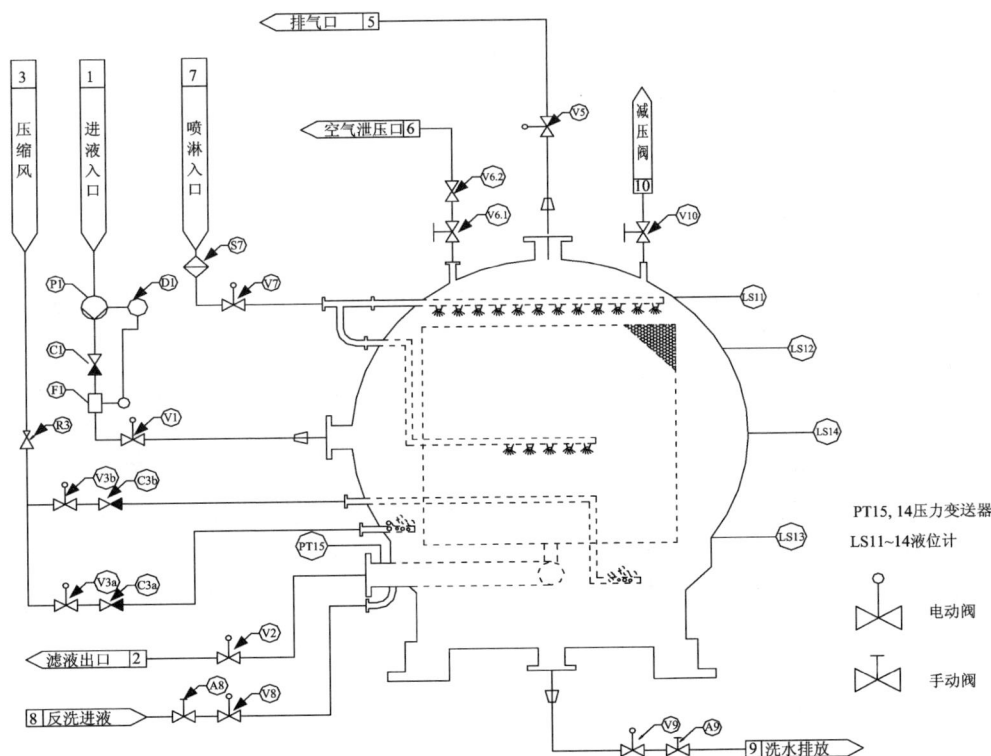

图 2 - 58　过滤机结构

表2-77 Larox净化过滤机规格配置

设备名称	规格	材质	数量	备注
LAROX 过滤机	LSFE14/36AV2	不锈钢	2	300 m³/h
循环泵(P1)	APP33-125	不锈钢	4	SULZER

表2-78 Larox净化过滤机主要技术参数

总过滤面积/m²	最高过滤流量/(m³·h⁻¹)	最高过滤压力差/MPa
360	300	0.2

（2）基本原理 根据过滤机吸附作用的原理对电解液中以固体悬浮物存在的杂质进行过滤分离，达到降低电解液中的有害杂质、提高电解液纯净度的目的。为保证过滤质量，必须使过滤时的流量恒定，以达到良好的吸附效果。随过滤的不断进行，滤饼逐渐形成，使过滤压力逐渐上升，当过滤压力增加到0.2 MPa时需对滤袋进行清洗(进入反冲洗程序)，以恢复滤袋的过滤能力。

（3）过滤机的检查与维护 为提高滤袋的使用寿命，须按以下规程和方法对过滤机进行检查和维护。①为保持过滤机良好的过滤性能，维护频次为半年一次。②维护须在循环清洗完毕后进行，进出口阀门应处于关闭状态。③过滤机、过滤泵(P1)、与PLC(可编程控制器)相关的控制回路、液面控制和压力传感器应处于断路状态。④注意液面传感器的方位。将断开电源的液面传感器小心地从过滤机水箱上卸下来。水平拉出传感器的调整叉，直到它完全露出过滤机。仔细检查和清理调整叉，使其表面彻底清洁。检查在过滤机水箱壁上的调整叉，如果发现调整叉30%的部位被残渣堵住，或者在调整叉上有压痕，那么这些液面传感器的调整叉就需要较频繁地进行清洗。⑤检查喷嘴是否损坏或者磨损，必要时更换喷嘴。⑥注意检查在滤芯卸流阀上的O形密封圈。清理密封圈和装密封圈的沟槽，如果密封圈出现变形和磨损即须更换，至少一年更换一次。对于较脏的O形密封圈，从装配的角度而言应使用硅基脂润滑。⑦检查过滤机的内表面、空气搅拌支管和滤壳密封盖。确认在滤壳的底部没有沉积物。彻底清理和冲刷现存沉积物。大量沉积物的出现一般表明：空气搅拌器工作不正常或操作不正确，或者排气量设置太低。⑧在安装滤袋的同时，仔细和彻底检查每一个滤袋是否有破损、磨薄、裂缝和空洞。如果存在任何损坏的现象，即须更换滤袋。

2.6.3 生产实践与操作

1.工艺技术条件与指标

1)阳极铜化学成分及物理规格标准 阳极铜化学成分要求见表2-79。阳极铜的物理规格为长1000±10 mm；宽970±10 mm(板面)，1300±10 mm(耳部)；

厚 48 ± 5 mm(板面);毛刺、飞边≤10 mm;耳部歪斜≤ ± 10mm;鼓泡高度≤10 mm;顶针凹陷、凸起≤10 mm;单重 398 ± 6 kg。

表 2 - 79　铜阳极化学成分要求/%

w(Cu)	杂质含量,≤									
	Ag/(g·t⁻¹)	S	As	Sb	Bi	Fe	Pb	Sn	Ni	O
99.2 ~ 99.5	2000	0.008	0.30	0.10	0.05	0.008	0.15	0.12	0.20	0.20

2)阴极板及其电解前的加工处理标准　①材质:板面为 316L 不锈钢,导电棒为 304L 不锈钢 + 2.5 mm 厚镀铜层;②导电棒尺寸:1330 mm × 43 mm × 30 mm;③阴极板尺寸:长 1095 mm × 宽 1056 mm × 厚 3.25 mm(实际尺寸);长 1010 mm × 宽 1020 mm(电积尺寸);长 1075 mm × 宽 1074 mm(带绝缘边);④阴极板底边 V 形槽:深 1 ~ 1.5 mm,V 形槽角度 90°;⑤板面抛光度:2B(粗糙度:0.25 ~ 0.6 μm Ra);⑥阴极板垂直度≤6 mm;⑦平面度≤2 mm;⑧绝缘边材料为 ABS 塑料;⑨阴极洗涤温度为 55 ~ 75℃。

3)电解液要求及电气技术参数　这些参数包括电解液化学成分、温度、循环方式及数量、同极距和电流密度等。①电解液化学成分见表 2 - 80;②电解液温度为 60 ~ 66℃;③电解液循环量为 28 ~ 40 L/(min·槽);④循环方式为下进上出;⑤阴极电流密度一般为 280 ~ 310 A/m²;⑥同极距为 100 mm。

表 2 - 80　电解液化学成分/(g·L⁻¹)

Cu	As	Sb	Bi	Ni	Fe	游离酸
40 ~ 55	≤11	≤0.8	≤1.0	≤15	≤5	145 ~ 185

2. 操作步骤及规程

1)艾萨法电解出装槽　操作步骤及规程如下:

(1)复核确认当天作业槽组的槽组号。

(2)停电按短路器操作步骤及要求进行作业槽组的停电操作。

(3)出装槽作业　出装槽作业包括出单极及出两极两种类型的作业。

出单极作业是仅更换阴极的作业,其具体步骤如下:①出铜前准备工作:掀槽盖布,检查槽内阴极、残极情况。如发现预脱离的阴极铜或已断裂的残极,需另行吊出,并检查槽子有没有损坏。②出阴极铜:由行车将阴极铜吊出,脱落的阴极铜要及时捞出,并放在指定地点。③整槽:将槽间导电排擦亮,铜粒子及其他杂物要清除干净。吊出阴极铜时若阳极移动,必须将阳极恢复原位。④装阴极板:配合行车将阴极板装入电解槽内,出装槽过程中损坏的阴极板要及时更换,检查是否有阴极导电棒偏离中心位置,偏离严重的要及时校正。⑤检查完毕后槽面全面冲水一遍，并及时盖上槽盖布。进行周围区域的"3S"活动，不得随意上槽行走，防止移动阴阳极。

出两极作业是同时更换阴极和阳极的作业，其具体步骤如下：①停液：按出槽的顺序以 5 槽为一组，关闭槽头阀，避免停液时间过长，影响装槽后电解液温度回升。②放上清液：拔小堵，放出上清液。③出槽：由行车将已放液电解槽的阴阳极同时吊出，脱落的阴极铜及断耳残极要及时捞出并放在指定地点。④放阳极泥：塞好放液堵（小堵），拔放泥堵（大堵）。⑤清槽：将槽底、槽壁阳极泥洗刷干净。将铜粒铲出放入回收箱内，进液管支架若残缺则应补齐，管子堵塞、弯曲严重或断裂则应更换，联接胶管脱落必须恢复。将槽间导电排擦亮，杂物清理干净，塞好大堵。⑥装阴阳极：配合行车将阴阳极装入清洗好的槽内，阳极不得任意移动，对不垂直、极间距不均匀的阳极，只能加垫整理好。阳极检查完毕则调整底管，保证出液孔在阳极间隙中间位置。对出装槽过程中损坏的阴极板要及时更换，检查是否有阴极导电棒偏离中心位置，偏离严重的要及时校正。⑦装液：电解槽装好极板、塞好大小堵后打开槽头阀进液，将加酸管放入槽内放液。装槽结束，全面冲水一遍，盖上槽盖布，进行周围区域的"3S"活动，并不得随意上槽行走，防止移动阴极。

（4）送电　全部作业完成，各项控制指标符合送电条件时，按短路器操作要求进行送电。

2）艾萨法电解液管理操作步骤及规程

（1）开循环作业　具体操作步骤如下：①检查液下泵的出口阀门是否关好，去往净液管和槽面加酸管的阀门是否关好，电机电源是否正常，泵润滑是否到位，盘车是否正常。②检查液下泵到加热器之间的管道是否完好，加热器进出口阀门是否打开，疏水阀及管道是否打开及完好。③检查加热器到高位槽间的管道是否连接好。④检查高位槽出口阀、分配包各管道的出口阀、各上酸主管的放空阀是否关闭及各排气阀是否打开。⑤检查加热器蒸汽管道是否完好，蒸汽自动调节阀是否正常。⑥循环槽液位不低于 2400 mm，上清液槽的液位在 1500 mm 以上。⑦检查优化过滤泵是否加油，是否有电源，转向是否正确，通断阀是否能正常动作，循环槽优化出口阀是否关死，上清液槽过滤出口阀是否打开。⑧启动 LAROX 把上清液槽电解液过滤到循环槽（按 LAROX 的操作规程操作）。⑨点动液下泵确认转向，将出口阀门微开，启动电机，缓慢打开出口阀，全部打开后，检查管路是否有漏点。⑩设定好蒸汽总管内压力值并将总管上调节阀设定为自动调节。⑪打开加热器蒸汽调节阀前的手动阀门，打开疏水阀前后的阀门，到仪表室内将加热器出口温度设定在要求值内，将调节阀调至自动，注意加热器的加热效果。⑫注意循环槽和高位槽的液位情况，防止循环槽内液位偏低而引起液下泵抽空（最低不能低于 1700 mm），同时注意高位槽的液位不能高于 2850 mm，防止溢出。⑬当单循环运行正常后，打开高位槽出口阀门，让电解液充满分配包。⑭分配包和高位槽排气阀正常出液时，可打开两根分配包出口管阀门，同时再启动另一台泵，逐步开启整个循环。

(2)停循环作业　具体操作步骤如下：①关闭总蒸汽阀门。②关闭高位槽出口阀门。③停止液下泵，关闭液下泵出口阀门。④检查槽面液位和各处水阀是否关死。

(3)添加剂作业　具体操作步骤如下：①按要求保证添加剂质量和进行添加剂的加入作业。②添加剂应分类堆放整齐，不得暴露在室外，以免变质。③平台上装添加剂的贮槽每天作业完后应盖好，各种添加剂不得互混。④添加剂作业平台应保持整洁、干净。⑤计量秤应妥善维护，定期核对，保证计量的准确性。

(4)阳极泥作业　具体操作步骤如下：①作业前必须对阳极泥系统所有的设备仔细点检。②对泵和搅拌机进行单机试车。③将系统所有设备控制箱上的切换开关置于联锁状态。④确认中央地坑的液位，通知出装槽作业人员拨大堵，并控制节奏。⑤在 DCS 画面上打开泵的密封水，启动搅拌机，启动电机，打开泵的出口阀。⑥注意中央地坑液位变化，以免泵故障造成满坑。⑦经常点检自动运行的设备。⑧作业结束后对作业区和设备进行清扫和维护。

3)停送电操作步骤及规程

(1)停电操作　具体操作步骤如下：①确认需要停电的电解槽编号，在上位机短路器监视画面找到相应的短路器，点击出现对话框，确认这台短路器是在远控操作模式。点击登陆对话框，输入操作员口令，通过后可在上位机操作。②记录停电前整流器输出电压，发生时间。③选择停电按钮并确认，停电到位指示灯亮。④电解槽电压减少值在正常范围，记录停电后整流器输出电压，发生时间。⑤如果上位机短路器监视画面显示这组短路器为本地操作模式，则到短路器现场进行检查，确认转换开关在远程控制模式(即上位机操作模式)。⑥如果现场转换开关在远程控制模式，而仪表室上位机显示不在远程控制模式，则采用本地操作模式。将转换开关置于本地操作模式，再按下停电按钮，待短路器置于停电位后，相应的指示灯亮。如果此时还是无法动作，需通知电气点检员。⑦使用本地操作模式停电，操作完短路器以后，操作人员需要重新回到仪表室，记录停电以后的电压和时间。

(2)送电操作　可参照停电操作，步骤相同。

(3)手动操作　手动操作只限于下列情况才可进行：①需要调整短路器开关时；②电气系统发生故障时；③气缸系统出现故障时；④发生停电、停气等意外故障时。

手动操作的顺序为：①操作负责人通知整流器室人员将电流降至 18 kA；②操作负责人重新书面通知整流器室备案；③关闭空压系统的进气阀门；④打开

紧急阀门，放掉空气；⑤取下气缸连接器；⑥插入手动操作手柄进行手动操作；⑦手动操作完毕后，确认空压系统的进气阀是否处于关闭状态，然后挂上"禁止开阀"标志牌。待故障系统处理完毕接到通知后，再根据槽面生产情况决定是否打开进气阀门。

3. 常见事故及处理

1) 突发停电故障　处理步骤是：①立即关闭总蒸汽阀门，保护加热器；②立即关闭高位槽出口阀门；③关闭各循环泵出口阀门；④立即通知班组长、工段长和电气点检员；⑤检查槽面液位下降情况；⑥检查各储液槽、循环槽是否满出；⑦检查槽面电解液温度下降情况；⑧来电后确认电源稳定方可开循环；⑨槽面温度、循环正常后通知相关电气人员运行整流器，给槽面供电。

2) 突发停水事故　处理方法是：①立即向车间、工段汇报情况；②立即点检整流器油温和水温，确认冷却水压是否正常；③将需要用冷却水的泵停止运行，防止损坏机封；④询问总调水压低的原因；⑤密切关注来水的时间，来水后要及时点检各处的阀门，防止长流水造成电解液体积偏大。

3) 突发停风事故　处理方法是：①立即向车间、工段汇报情况；②立即确认高位槽出口自动阀门状态，防止关闭；③检查加热器蒸汽调节阀，注意加热器温度；若电解液温度低，就打开加热器的蒸汽旁通；④注意倒液流量，防止流量变大，必须手动操作循环泵出口倒液阀的开度，调节流量；⑤硫酸无法自动加入，可以手动操作硫酸计量罐出口阀门开度；⑥如果在停风时间段操作了短路器，压缩风正常后一定要到现场点检；⑦询问总调停风原因，如停风时间将较长，就开蒸汽旁通来加热电解液；⑧确保压缩风管和电解液管连接处阀门关死，防止电解液进入风管。

4) 突发停汽事故　处理方法是：①立即向车间、工段汇报情况；②询问总调蒸汽压力低的原因；③做好槽面保温工作；④密切关注送电时间不长的槽组；⑤加强对槽面温度的检测；⑥地沟、地坑的积液不能压滤。

5) 阳极钝化事故　阳极钝化事故表现为槽温异常升高，阳极表面光滑，阳极泥很少，残极厚。处理方法是：①控制阳极中 Pb、Ni、Sn 的含量；②浇铸阳极时尽量保持每块均匀一致；③严格控制电解液温度，保持正常电解液循环量；④发现钝化阳极可在其耳部敲打几次，重者进行冲洗或断电一定时间。

6) 阴极铜打黑事故　预防办法是：①通电前测电解液温度使其大于55℃；②经常检查电解槽内温度，及时调整，杜绝个别槽温度下降现象发生；③如有异常，可采取降电流或停电的办法防止阴极铜打黑；④经常检查电解槽的泄漏情况，发现液面下降，立即堵漏，若无法堵漏，应停电进行处理。

7) 阴极铜长粒子事故　处理方法有以下两点。

(1) 防止固体粒子对阴极的黏附　预防办法是：①加强电解液的过滤；②保

证出槽时的刷槽质量；③进液管孔对准阴极。

（2）合理调整添加剂　　具体做法是：①调整添加剂品种、配比及加入量；②保证每天 24 h 均匀加入循环系统，保持均匀的电流密度；③调整阳极重量，使出槽前残极面积变化不大；④保持均匀极距；⑤消除不导电因素，如导电棒、接触点均应保持洁净，无绝缘物附着。

8）阴极铜剥离困难事故　　处理方法是：①重铣 V 形槽；②将接触点刷干净，使电流分布更均匀；③打磨阴极板表面不均匀的氧化层；④调整添加剂和工艺参数；⑤极距调整均匀；⑥及时更换破损的绝缘边。

2.6.4　计量、检测与自动控制

1. 计量

1）极板计量　　极板计量包括装载阳极、电解残极和阴极铜的重量计量和数量计量。

（1）数量计量　　装载阳极、电解残极、阴极铜的数量计量都在各自加工机组上完成。选用阳极整形机组 2# 转运区域极板检测信号（光电开关）进行装载阳极数量计量。电解残极及阴极铜的数量计量则分别选用残极机组堆垛聚集装置前进限位检测开关（接近开关）和电铜洗涤机组 1# 移栽处极板检测开关（光电开关）进行。通过 PLC 程序设计完成加工极板的检测、计数及数量的累加工作。通过各自机组 PLC 控制系统生成极板数量计量报表。

（2）重量计量　　装载阳极、电解残极的重量计量在各自加工机组上设置的电子秤称重站完成，称重传感器将极板重量转化为可测电量输入称重控制终端，由称重控制终端完成重量的显示并将称重数据转换成可通过机组网络传输的信号输入机组 PLC 控制系统，生成极板重量计量报表。阴极铜在电铜洗涤机组堆垛区域对堆垛电铜预称重，运用模拟量压力传感器通过对液压阀座的压力变化测量堆垛电铜的重量。这种测量方式精度小，存在压力波动、阀座泄漏等不可避免的误差。最后在质管部门用电子秤称重，完成阴极铜重量计量和标签打印工作。

2）电能消耗计量　　电能消耗计量包括电解直流电能消耗（整流器）计量，生产辅助电能消耗（电力变压器）计量。均采用微机综合继电保护装置完成有功功率的测量、电度计量，通过 RS485 通信接口和上位机实现动态数据交换，运用上位机实现电力系统的实时监控，生成和打印电度报表（包括电度月报表、日报表等）。

3）添加剂计量　　固态添加剂均采用电子秤由操作人员按车间指令直接称量，液态添加剂用计量桶测量体积后采用体积换算质量（kg）方式计量。

4）浓硫酸计量　　采用测量体积换算质量（kg）方式计量，用超声波液位计测量浓硫酸液位，DCS 显示和控制浓硫酸下放高度差，通过下放浓硫酸体积计算质量。

5）注意事项　计量过程中须注意以下事项：①极板的数量计量选择检测信号源要求信号稳定可靠，程序设计要求不多计、不漏计。②机组称重站电子秤在日常使用中需定期校验称重的零点、量程和线性度，设置负载在量程的 2/3 左右，以减小误差。③电子秤区域需要使用电焊时接地线需牢固接地且就近接，电焊机的大电流极易烧毁称重传感器。④电能计量仪表均按电能计量相关章程、规范进行校验，一般表计校验和继电保护实验同时进行，两年 1 次。

2. 检测

电解生产系统主要对电解液的温度、流量、液位、体积及流过电极的电流值进行控制。须检测以下工艺参数：温度、流量、液位、压力及直流电流。

1）温度测量　主要有单个电解槽、高位槽、添加剂溶解槽的温度及加热器温度测量。

（1）单个电解槽温度测量　由操作人员用测温仪定时对生产中的电解槽进行测温。测量位置为电解槽两端（电解液出口附近位置）。受电解槽出装槽作业频率高及环境的制约，目前还未实现对单个电解槽温度的实时监控及自动化控制。

（2）高位槽、添加剂溶解槽、加热器的温度测量　均采用不锈钢套管热电阻（Pt100）插入测量介质中测量方式，由 DCS 控制系统实时集中显示、监控和控制。

2）流量测量　流量测量包括分配包等电解液流量和蒸汽流量的测量。电解液流量测量采用电磁流量计进行，电解液流体中有较强的电磁干扰信号，电磁流量计测量范围大、精度高、线性度好，适合酸、碱环境。蒸汽流量采用孔板式截流装置和差压变送器测量。两者均由 DCS 控制系统完成流量值的显示和累积。

3）物位测量　高位槽液位、地坑液位、生产槽和循环槽等储槽的液位均采用超声波液位计测量，通过 DCS 控制系统实现液位实时集中监控和控制。

4）压力测量　压力测量主要是蒸汽压力和过滤机罐体内压力的测量，均采用压力变送器进行，DCS 实时显示和监控。蒸汽压力的测量装置配有就地测量压力表。

5）电解用直流电流测量　电解生产要求采用大电流直流电，电流平稳，电耗大。现已引进高精度（0.1%）、抗干扰能力强的光纤互感器测量。

3. 自动控制

电解自动控制系统有逻辑控制系统（PLC）、集散控制系统（DCS）。按生产用途分为电解极板加工机组、装运吊车自动控制系统及生产直流回路监控、控制系统（采用 PLC），电解液监控、管理控制系统（采用 DCS）。

1）电解极板加工机组、装运吊车自动控制系统　电解极板加工机组、装运吊车自动控制系统采用 Rockwell Rslogix5000 PLC 控制系统。电解极板加工机组有阳极整形机组、电铜洗涤剥离机组、残极洗涤机组。机组生产线自动控制是典型的顺序逻辑控制，具有现场手动操作、操作台集中手动操作、机组自动运行、自动清空等功能，机组正常作业均选择自动运行。吊车的主卷、大车、小车均采用变频控制，用编码器检测和反馈相对位移量，实现三维坐标的准确定位，在半自动运行方式时吊车自动完成准确定位，定位于电解槽和机组上方、主卷下降、挂钩、脱钩、起吊。机组和吊车控制系统运用的通信网络有设备网、以太网，吊车 PLC 控制系统和机组 PLC 控制系统通过无线以太网通信和数据交换。机组和吊车均有安全门、紧急停车开关连锁控制，在设备出现异常或发生安全事故时，可通过打开安全门或按压紧急停止开关，使机组局部或整机停止运行。吊车在机组的作业工位上作业时设有连锁控制（吊车在作业时禁止机组转运小车前往该工位），避免吊车发生和机组转运小车碰撞的安全事故。

2) 生产直流回路监控、自动控制系统　采用罗克韦尔 RSView32 上位机画面监控软件，基于 RSLinx 通信服务器（OPC 通信服务器）、S7 - 200 OPC 服务器和 Rslogix5000 PLC 控制系统，通过以太网和 Rockwell 控制网实现对短路开关、整流器、直流刀闸的监控和控制。可在上位机上对短路开关和直流刀闸实现远程操作，考虑现场环境和安全的不确定因素，现均采用在现场操作设备、上位机监控和确认的操作方案。上位机监控画面有：电解槽短路开关、直流刀闸监控画面、整流器监控画面（包括电流、电压、水温、油温等）、整流器运行电流值、电压值历史趋势等。该系统有强大的音响和文本报警系统，现场异常时立即同时发出声音报警和文本报警通知值班人员。

3) 电解液监控、管理自动控制系统　电解用的 DCS 采用的是比利时公司的 MACS 控制系统。这是一种先进的现场总线技术，对控制系统实现计算机监控，具有可靠性高、实用性强等优点。通过操作站对工艺参数的设定完成对电解工艺流程、工艺指标的实时监控和自动控制，主要有电解液的液位控制、添加剂控制、温度控制、体积控制。液位控制在电解地坑、高位槽、循环槽、添加剂溶解槽、浓酸罐、阳极泥罐均有采用，通过设定高、低液位控制确保槽体不溢出不跑空。添加剂槽、浓酸罐通过 DCS 控制系统操作站设定每次放液高度、放液时间，实现添加剂的自动添加。温度控制采用 PID 控制原理调节执行设备（如蒸汽阀体的开度），使实际温度趋向于设定温度，达到对电解液的温度控制。DCS 控制系统通过流量计测量操作站计算流量的累积实现电解液的体积控制。DCS 设有电解工序监测、控制、流量累计、参数设定等工序。通过 DCS 控制系统实现电解工艺指标的实时监控、调节和现场设备的集中自动启停控制。

2.6.5　经济技术指标控制与生产管理

1. 概述

主要经济技术指标包括电流密度、电流效率、槽电压、残极率、金属回收率、电单耗、蒸汽单耗及硫酸单耗等，以贵溪冶炼厂近几年电解精炼生产为例分别介绍如下：

1）电流密度 传统法电解的电流密度一般为 250～300 A/m²，而艾萨法电解电流密度一般为 300～340 A/m²。

2）电流效率 影响电流效率的主要因素有极间短路、对地漏电、阴极铜的化学溶解，此外阳极化学成分波动、电流密度过高等也可降低电流效率。贵溪冶炼厂电流效率一般为 98%～99%。

3）槽电压 槽电压是影响单耗的重要因素，槽电压由电解液电位降、金属导体（包括导电板、阳极、阴极、导电棒等）电位降、接触点电位降、克服阳极泥电阻的电位降、浓差极化引起的电极电位降等组成。槽电压随着电流密度的提高而上升。槽电压一般为 0.2～0.4 V。

4）残极率 残极率影响火法冶炼成本，该值高则回炉量大，重复冶炼成本高，所以应在保证电解正常生产和产品质量的前提下，尽量降低残极率，贵溪冶炼厂目前的残极率为 14%～15%。

5）金属回收率 金属回收率包括直收率和总回收率，与回收品的含铜量有关。回收品是指残极、铜屑、铜粒子、含铜的阳极泥等各类可回收的中间物料。铜电解直收率一般为 84%～85%，总回收率为 99.6%～99.9%。

6）电单耗 铜电解电单耗包含直流电单耗和交流电单耗。直流电单耗与电流密度、同极距、电解液温度、添加剂加入量、电解液成分有关，贵溪冶炼厂艾萨法电解的直流电单耗为 320～340 kW·h/t 铜。交流电单耗因各厂家设备、作业方式、指标控制等不同而差别较大。

7）蒸汽单耗 蒸汽单耗与电解槽及各类贮槽的表面覆盖和操作保温措施有关，一般在有保温措施的情况下，蒸汽单耗为 0.2～0.6 t/t 铜。

8）硫酸单耗 硫酸单耗一般为 4～10 kg/t 铜。

2. 原辅材料控制与管理

1）原料 采用含铜 99% 以上的火法精炼铜作为阳极原料。除了控制阳极铜的化学成分及杂质在其中的最高含量外，还要求阳极板具有一定的物理规格。阳极耳部应当饱满，以防止电解过程中耳部折断，要求阳极板厚薄均匀、适当，无飞边毛刺，无夹渣，尽量减少表面鼓泡和背部隆起的现象，质量均匀，垂直度高。

阳极入槽前应当经加工处理机组对浇铸好的阳极板进行压平、矫正、平整飞边毛刺、铣耳等作业，以满足生产高质量高纯阴极铜的需要，同时有利于提高电流效率和劳动生产率。

2）辅助材料 辅助材料主要包括硫酸和添加剂。电解液中加入硫酸，是为了维持电解液中硫酸浓度的平衡，以较少量加入添加剂，是为了调节沉积物物理性质，如光泽度、平滑度、硬度或韧性等。目前，国内铜电解厂普遍采用的添加剂有胶、硫脲、干酪素、盐酸等。胶、硫脲的加入会增加电解液的黏度和电阻，盐酸加入过多阴极会产生针状结晶。必须根据阳极铜的成分、电流密度、电解液杂质含量等条件加入适量的添加剂。添加剂加入量见表 2-81。

表 2-81　常用添加剂种类和吨铜用量/(g·t⁻¹)

骨胶	硫脲	干酪素	盐酸
50~70	50~80	—	90~190

3) 物料平衡　原辅材料消耗控制与管理的关键在于物料和金属平衡的计算，电解精炼物料及金属平衡实例见表 2-82。

表 2-82　电解精炼物料及金属平衡实例/(t·d⁻¹)

物料名称	物料量	Cu 含量/%	Cu 质量	As 含量/%	As 质量	Ni 含量/%	Ni 质量
加入							
阳极	3394.45	99.44	3375.44	0.16	5.33	0.06	1.96
合计	3394.45		3375.44		5.33		1.96
产出							
电解铜	2830.40	99.99	2830.12				
残极铜	481.43	99.44	478.73	0.16	0.76	0.07	0.35
阳极泥	31.20	14.70	4.59	5.15	1.61	0.34	0.11
电解液			35.40		2.96		1.33
切边边屑、垃圾铜	1.04	99.44	1.04				
损失及计算误差	50.38		25.57		0.01		0.18
合计	3394.45		3375.44		5.33		1.96

3. 能量消耗控制与管理

电解精炼消耗的主要是电、蒸汽、水。

电能的单位消耗取决于电解槽的槽电压和电流效率，并随槽电压升高或电流效率降低而增多。电流效率一般为 95%~98%。槽电压则由于受电流密度、电解液成分以及温度、阳极组成等因素的影响而波动范围很大，一般为 0.2~0.4 V，因而对阴极铜的电能单位消耗具有更大的影响。提高电流密度、降低槽电压是降低电能消耗的主要途径。

蒸汽主要用于电解液加热、硫酸铜工序蒸发电解液、机组洗涤水加温等。蒸汽消耗的控制主要是做好电解槽、循环系统保温工作，同时尽量回用热量较高的热循环水、蒸汽冷凝水。

水主要是用于设备冷却、硫酸铜工序结晶降温等，提高工业水复水利用率可减少水量消耗。

4. 金属回收率的控制与管理

为了加强多金属的综合利用，提高其回收率，对电解精炼产出的中间物料，如过滤渣、清槽渣、管道渣、阳极泥、硫酸铜、黑铜泥、硫酸镍等，应进行化验，根据化学成分分类处理，特别是对含有贵金属金、银的物料，要分类回收。另外，通过对工艺条件的控制，尽可能地降低阴极铜含银率，如适当降低电解液温度，将电解液中的氯离子控制为 50 ~ 60 mg/L，以加强阴极铜的洗涤效果，提高其回收率。

5. 产品质量控制与管理

阴极铜产品的化学质量和表面质量都必须符合国家标准。冶炼厂处理阳极铜种类越来越多，需要从源头进行控制，掌握阳极铜的成分，采用最适合的工艺参数，精细控制各项工艺技术指标。根据生产实践经验，在一般情况下，电解生产技术条件未发生显著变化，阴极铜的化学成分均不会超过规定的标准。可能导致电解铜化学成分不合格的管理和操作的失误如下：

（1）个别电解槽的循环速度长时间过小，引起槽内电解液分层，或由于管道堵塞，个别电解槽停止循环较长时间（3 ~ 4 h 以上），未予处理，而槽内继续通电，引起阴极附近电解液中铜离子的过度贫化。

（2）其他含铜溶液，如电解液净化时产出的粗硫酸含铜结晶母液、阳极泥洗水、处理阳极泥时的脱铜液、车间地面的废液等杂质或悬浮物含量高的溶液，未经充分处理或过滤，大量直接兑入电解液。

（3）阳极杂质如铅、银、氧化亚镍等含量高，易于在阳极表面生成阳极泥膜，甚至硬壳，产生阳极钝化。严重时，槽电压为 1 ~ 2 V，阳极析出氧气，引起阳极泥翻沸，此时电解铜表面发黑，杂质大量析出。情况不很严重时，可用小锤锤击阳极耳部，使阳极泥受振掉落。情况严重时，应将该槽阳极吊出，刷除表面阳极泥，更换槽内溶液，再行通电电解。

（4）在电解技术条件变动不大的情况下，添加剂配合不当，特别是加胶量不足时，电解铜结晶变粗，质地松软，表面发红，氯离子过量时也会出现这种现象。此外，当电流密度大，而其他技术条件未能及时配合，特别是添加剂用量没有相应增加时，也会造成结晶变粗。

（5）结晶粗糙的阴极铜表面极易停留并黏附阳极泥粒子，会进一步生长阳极泥的开花粒子，使阴极铜表面进一步恶化。此外，结晶粗糙、质地松软的阴极铜极易被空气氧化，特别是钻取分析试样时，钻头的高速旋转使被钻取的试样铜屑发热而加剧氧化，造成化验时含铜主成分不合格。因此，在生产过程中，应力求获得结构致密、表面光滑的阴极铜。

（6）对阴极铜杂质元素物相分析的研究表明，阴极铜中的杂质元素除部分银以金属形态存在以外，其余都是以化合物的颗粒形式存在于阴极铜的裂隙中。这说明铅、锑、铋、硫和部分银，是以机械夹杂的形式进入阴极铜的。因而，降低电解液中的悬浮物含量，将对提高阴极铜质量起着极为重要的作用，同时可使阴极铜结晶致密，也有利于防止各种机械夹杂对阴极铜的污染。

铜电解精炼过程中，往往由于很多原因，造成阴极铜表面和边缘产生粒子和凸瘤。为了预防阴极上生长粒子和凸瘤，应采取以下措施：

（1）阳极的化学成分，应与采用的技术条件相适应：如高砷、锑阳极，应采取高砷、锑阳极电解的技术条件；高镍（或银）阳极，应采取高镍（或银）阳极的技术条件；特殊阳极电解的技术条件，应通过试验和生产实践具体探索才能确定。

（2）控制良好的阳极和始极片的物理规格，阳极和始极片在入槽前应经过压平处理，避免弯曲、卷角。阳极应无鼓泡、气孔、飞边毛刺等；始极片应具有良好的刚性和悬垂度。根据电流密度的大小，始极片的面积应适当大于阳极面积。

（3）新阳极装槽前，应经热的稀硫酸溶液充分浸洗，溶去表面和孔洞内的氧化亚铜。酸洗后，阳极表面黏附的铜粉，应仔细用新水冲洗除去。

（4）提高电极装槽质量，力求使阴、阳极对正，极间距均匀，接触点光洁。

（5）根据具体条件，选择和稳定最适宜的电解技术条件，如电流密度、电解液成分、电解液温度和循环速度。

（6）加强对阴极铜结构的观察，摸索最适宜的添加剂配比和加入方式。

（7）加强电解液的净化和过滤，将电解液中可溶杂质和固体悬浮物的浓度控制在一定范围，保持电解液清亮，减小电解液的密度，给阳极泥的沉降创造良好的条件。一些工厂的经验表明，当电解液密度大于 $1.25~g/cm^3$ 时，电解液容易浑浊。电解液的过滤量按各厂具体情况确定。

6. 生产成本控制与管理

铜电解精炼的生产成本主要是电费，占总成本的 80% 以上，贵溪冶炼厂艾萨法电解的直流电单耗为 $320\sim340~kW\cdot h/t$ 铜。交流电单耗因各厂家设备、操作、作业方式、指标控制等不同而差别较大。控制电耗是成本控制的关键，降低成本的主要措施是提高电流效率和降低槽电压。加强装槽质量和槽面管理，减少短路，减少漏电，防止阴极化学溶解可提高电流效率。

为了降低槽电压，应当采用如下措施：①改善阳极质量，力求将粗铜中的杂质在火法精炼中脱除，以降低阳极电位，防止阳极泥壳的生成。②不必要求过低的残极率。过低的残极率会引起阳极电解末期槽电压急剧升高。③阴极、阳极、导电棒、导电板之间的接触点应经常清洗擦拭，以保持接触良好。④维持合理的电解液成分，硫酸含量宜保持为 $160\sim210~g/L$，含铜浓度维持为 $40\sim50~g/L$，并尽可能地降低其他杂质的含量和胶的加入量。电解液的温度应维持为 60 ~ 66℃。⑤尽可能地维持较短的极间距离。

参考文献

[1]朱祖泽，贺家齐.现代铜冶金学[M].北京：科学出版社，2003

[2]唐谟堂，何静.火法冶金设备[M].长沙：中南大学出版社，2003

[3]彭容秋.铜冶金[M].长沙：中南大学出版社，2004

[4]彭容秋.重金属冶金学[M].第2版.长沙：中南大学出版社，2009

[5]李春堂.铜冶炼技术的历史变迁[J].资源再生，2009(6)：34 - 36

[6]吕理霞.我国铜工业发展现状[J].中国有色金属，2012(13)：64 - 65

[7]陈淑萍，伍赠玲，蓝碧波，等.火法炼铜技术综述[J].铜业工程，2010(4)：44 - 49

[8]姜桂平，廖春发.闪速熔炼精矿喷嘴的发展历程及其生产实践[J].铜业工程，2008(2)：31 - 35

[9]余齐汉.贵冶2#闪速炉工艺过程及试生产实践[J].有色金属(冶炼部分)，2009(2)：21 - 24

[10]葛晓鸣，王举良.铜富氧侧吹熔池熔炼的生产实践[J].有色金属：冶炼部分，2011(8)：13

[11]孙林权，王举良.富氧侧吹熔池熔炼炉炼铜的生产实践[J].中国有色金属，2011(4)：15 - 18

[12]姜元顺，王举良.富氧侧吹熔池熔炼炉炼铜烟气中单体硫的产生及处理[J].中国有色金属，2011(2)：17 - 19

[13]邓李.Control Logix 系统使用手册[M].北京：机械工业出版社，2008

[14]《重有色金属冶炼设计手册》编委会.重有色金属冶炼设计手册铜镍卷[M].北京：冶金工业出版社，1996

[15]任鸿九，王立川.有色金属提取冶金手册铜镍卷[M].北京：冶金工业出版社，2000

第3章　湿法炼铜

3.1　概述

现代湿法炼铜是伴随着 20 世纪 60 年代萃取电积技术的发明而大规模应用的。70 年代末至 80 年代初，湿法炼铜的产量维持在较低水平，80 年代中期开始迅速增长。2009 年，采用湿法冶金技术生产的铜达到 330 万 t，占世界矿产铜的 20% 以上。目前，利用湿法冶金技术生产铜的国家主要有美国、智利、澳大利亚、赞比亚、西班牙、葡萄牙、芬兰、津巴布韦、秘鲁、墨西哥、扎伊尔、伊朗、中国等。其中，智利超过 30% 的铜为湿法冶金技术生产，其中一半以上为生物浸出技术生产。由于铜湿法冶金具有可处理低品位矿石、投资省、生产成本低、环境友好等优点，越来越受到各国的重视。

我国开展湿法炼铜研究较早，但工程化进展缓慢。目前虽已建成几十座浸出—萃取—电积工厂，但规模都较小，湿法年产铜不到 5 万 t。比较典型的有：紫金矿业紫金山低品位硫化铜矿生物堆浸—萃取—电积厂，年产铜 3 万 t；德兴铜矿废石生物堆浸—萃取—电积厂，年产铜 1500 t；中条山集团地下溶浸—萃取—电积厂，年产铜 1500 t。

3.2　堆浸

3.2.1　浸出系统运行及维护

1. 矿堆构筑与搬离

1）矿堆构筑　矿堆构筑又称筑堆，是指在预先铺设好的底垫上，将破碎好的矿石经过团矿后筑成矿石堆。筑堆方式可分成三大类：后退式筑堆、前进式筑堆和多层叠加筑堆。后退式筑堆适合于大型堆场；前进式筑堆适合于中小型堆场；多层叠加筑堆为永久性堆浸使用。筑堆可采用汽车、皮带运输机、弧形筑堆机等设备。国外一般采用皮带运输机筑堆，国内一般采用汽车筑堆。

筑堆时须考虑的主要因素是堆高和矿堆体积、渗透性和稳定性等。

（1）矿堆的几何尺寸　堆高取决于矿石的渗透性、溶浸剂和氧在矿堆中的消耗速度和总量，以及所选用的筑堆设备的卸矿高度等。矿堆的体积主要取决于矿堆所处的地形、浸出速率、后续处理工序的规模以及其他一些人为安排(如资金周转、计划进度等)。

(2)矿堆的渗透性 渗透性是矿堆质量的主要指标，它包括两个方面：一是渗透速率的大小；二是矿堆各部分渗透的均匀性。一般情况下，矿堆的渗透速率要求大于 50 L/(h·m²)。

(3)矿堆的稳定性 稳定性包括两个方面：一是堆高的限度与地基的关系(尤其对永久堆场而言，在第一层浸出完成后，逐层往上筑新堆)，决不允许矿堆中矿石的重量所引起的垂直压力导致地基塌陷；二是要求矿堆的边坡始终不滑坡。这取决于矿堆安息角的大小，还应考虑到喷淋强度，特别是暴雨带来的冲刷。矿堆的安息角越大，它的稳定性越小；矿堆越高，稳定性越差；矿石的粒度越粗，矿堆的稳定性越小；矿堆的渗透性越好，浸透的边坡稳定性越大。

2)矿堆搬离 有些矿山矿堆浸完后需要卸矿搬离。在中小规模的矿山，最简单的方法是用前装机和卡车运走浸渣，然后拖运到永久性废石场。在大型的堆浸矿山，多采用斗轮拆卸机搬离浸渣。

2.浸出剂的供应及循环系统

氧化铜矿浸出剂常采用稀硫酸。浸出过程中将稀硫酸溶液喷淋至矿堆，待矿堆正常生产后，即可用浸出富液经过萃取后的萃余液循环喷淋浸出，从而实现浸出剂的循环。用耐酸水泵将浸出剂(萃余液)从萃余液储存池中泵至堆场喷淋，或者为在溶液池里浮动的驳船上安装船泵。扩大堆场时，如要加大滴淋量，则要使用卧式离心泵作为加压泵站，通常将其安装在堆浸溶液管路上。

萃余液用大功率的泵泵至堆场上，管道大多选择耐压(103 kPa)高密度聚乙烯(HDPE)管。在堆场中典型的堆浸单元是按照工厂布置排列的，堆场通常划分成规定的、合理的小区域，按照那些小区域的宽度布置分支管道。堆场上不同的小区域溶液的喷淋是以旋转活动的洒水装置(摇晃型)或滴灌器为基础的，溶液喷淋系统的选择取决于滴灌速度和水的可用性以及气候条件。使用最广的是 Senniger Irrigation 公司的旋转活动洒水装置(旋转喷头)。

硫化铜矿浸出剂采用含浸矿菌的稀硫酸溶液。首先用稀硫酸溶液洗涤矿堆中的耗酸脉石，直到酸耗达到平衡。然后将培养好的细菌溶液喷淋接种入矿堆。

细菌培养按逐级放大培养的原则进行，即菌液接种浓度为 15% ~ 20%，按照9K 培养基(或其他基础盐培养基)的组成加入营养物质硫酸亚铁、硫酸铵等。初始的细菌培养液的 pH 调为 1.5 ~ 2.0。在培养过程中，每天需测量菌液的 pH 和电位的变化，并记录和调控。当细菌培养成熟(甘汞电极氧化还原电位 550 mV 左右、细菌浓度≥10⁷个/mL)后，即可将细菌溶液按 20% ~ 30% 的浓度以喷淋的方式接入达到酸平衡的矿堆。

硫化铜矿生物堆浸浸出剂的循环系统同常规酸浸。

3. 浸铜液的收集与回收系统

堆场浸出的富铜液采用富液池收集。富液池的位置通常紧靠堆场，介于堆场和回收系统之间，进液口的标高应低于堆场出口 0.1～0.5 m。富液池的容积大小取决于喷淋强度、堆场面积和回收设备的能力。一般认为富液池的容积必须能满足堆浸场 4 h 流出的富液量，并能维持回收设备 2 h 的处理量。富铜液经过萃取后的萃余液用贫液池收集，贫液池常用作配液池和喷淋池用，贫液池的容积要考虑在接收回收设备所排尾液的同时，接纳堆浸排除的贫浸出液。因此，贫液池的容积通常要比富液池大，其位置也应该尽量靠近堆场，位于堆场和回收设备之间。通常，铜矿堆浸场还需要设置一个调节池，它的功能主要是储存暴雨阶段堆场流出的大量含低浓度金属的酸性溶液，在旱季时作为生产用水的溶液池。

富液池、贫液池和调节池需做防腐处理，目前多采用进口的 PE 膜。在矿石堆、富液池、贫液池和调节池组成的堆浸场四周都必须挖排洪沟，矿堆四周可筑 0.5～1.0 m 高的围堰。

浸铜液的回收系统采用现代的萃取—电积法，后面详细描述。

3.2.2　生产实践与操作

1. 工艺技术条件与指标

铜矿堆浸过程工艺技术条件和指标包括喷淋面积、喷淋强度、布液方式、喷淋休闲制度。

1）喷淋面积　喷淋面积指堆场喷淋覆盖率，一般根据具体的生产情况确定矿堆喷淋面积。

2）喷淋强度　喷淋强度指单位时间内喷洒于矿堆单位面积上的溶浸液量，通常为 15～40 L/(h·m²)。

3）布液方式　现在国内外大多采用旋转喷淋布液。这种方式布液距离长、布液面积大，能够保证布液均匀。

4）喷淋休闲制度　喷淋休闲制度指矿堆喷淋和休闲的时间。新矿堆一般可以先多喷淋，尽量溶解铜，然后再休闲；老矿堆必须实行休闲—喷淋—休闲的轮流作业制度。

2. 操作步骤及规程

（1）首先进行堆场表面喷淋管及喷头安装，之后检查堆场平面及边坡喷头布置的疏密程度是否符合工艺要求、覆盖面是否达到要求。发现不符合要求，应及时进行整改。

（2）开机喷淋前，仔细检查喷淋管及喷头连接是否牢固，喷头是否垂直，喷淋主管、富液管道是否牢固和畅通，检查堆场敞口是否完好。对存在的问题，本岗位应及时进行处理；对于本岗位难以处理的问题，应及时向班长及车间领导汇报，采取措施，妥善处理。

（3）开机喷淋 15 min 后，必须到堆场敲打喷头，经常性检查喷头，喷淋管脱落堵塞或喷头不旋转应及时疏通，及时调整边坡喷头及边坡鸟式喷头，保证喷头旋转率为 97% 以上，覆盖率达 100%。

（4）检查喷头时，必须正确穿戴好防酸腐蚀的雨衣雨鞋、防毒口罩和安全帽，才可进入喷淋作业场地作业。作业完毕，应及时清洗雨衣、口罩等，并妥善保管，以备下次使用。

（5）严格按喷淋计划进行作业，并经常与水泵操作人员保持联系，确保喷淋强度在合适的范围内，保证喷淋工作正常进行。

（6）经常检查各喷淋主管管路是否畅通，阀门是否完好，各电磁流量计及水表运转是否正常，计算机显示数据是否正确。发现问题，应及时处理，不能解决的问题，应向班长、车间机电工作人员反映，采取措施进行处理。

（7）经常检查各池液位，根据浸出液的浓度合理调节，做好各池液位的平衡工作；及时打捞溶液池内杂物。

（8）经常检查堆场四周的边沟和防洪设施，确保其畅通，保证浸出液、喷淋液不外流，确保外来汇水不进入堆场，巡查情况必须在专门的日常记录本上详细记录。

（9）随时注意天气情况，下雨时，根据车间指令适当调整喷淋计划；雨季防洪期间，如液量过多，需应急循环外排时，必须经车间领导同意，并与萃取岗位协调一致，应保证外排萃余液铜离子浓度 ≤ 50 mg/L，并做好外排水量的计量工作。

（10）经常检查、调节两个取样点（喷淋液、浸出液）是否连续取样及取样量，浸出液的取样为各班 8 h 时滴管连续取样，取样速度为 1~2 滴/s，经常检查各取样点滴管的完好状态，并及时准点对样桶进行清理；喷淋液在喷淋池喷淋泵吸入口附近取样，每次取样 200 mL，确保所取水样代表本班时段的产品，做好样品的标识、填写和送样工作，确保各样品准确无误送达化验室。

（11）经常与下道工序保持联系，根据生产需要做好料液流量的调节控制工作，确保满足生产需求和料液槽液位正常。

（12）经常检查喷淋水泵、富液泵和变频器的运转情况，发现问题应查明原因，及时排除。经常检查水泵电机及轴承的温升情况，做好轴承的定期加油润滑及设备的保养工作，及时检查水泵轴封情况，做好盘根的调整和更换工作。确保设备安全正常运转。

（13）当班人员应经常对堆场的进矿情况进行跟踪，确保工程队按生产计划进矿，检查进矿挡墙的制作是否符合规范，确保进矿安全。

3. 常见事故及处理

(1)管道破裂时,立即关闭该管道阀门,保持现场,立即向班长或车间报告。

(2)设备损坏时,立即停止作业,切断电源,保持现场,立即向班长或车间报告。

(3)各溶液池液位过警戒线时,立即向班长或车间报告,根据班长或车间指令进行外排或循环作业。

(4)停电时,立即向班长或车间报告,通知电工进行维修或启动发电机发电,并与萃取岗位取得联系。

3.2.3 计量、检测与自动控制

1. 计量

堆浸过程的计量主要包括入堆矿石计量和溶液体积的计量。

1)入堆矿石计量 一般逐日统计,测定进入矿堆的矿石湿重和矿石的含水量,扣除水分后,获得每天进入矿堆的矿石量。矿石的计量包括两种方法:一种为仪器仪表计量法,即通过地磅,对运矿汽车、矿车等逐车计量,或者采用电子皮带秤对运输皮带上破碎后的矿石进行计量。另一种为矿堆体积与矿石容重(堆密度)相结合的计量法,即在筑堆过程中,若干次随机抽取入堆矿石样品,检测单位体积的矿石质量(堆密度),最后通过测量矿堆的总体积,计算出入堆矿石总量。

2)溶液体积计量 第一种为流量计仪表计量法,在泵送设备出口的管道上,或溶液设备的进口处安装流量计,通过仪表的累积流量获取溶液体积。另一种为堆浸场溶液池的体积计量法,在设计和建造构筑物时,按照构筑物的容积,由计量部门检测流量仪表标定,沿构筑物纵向方向,由下而上,准确刻度不同高度所代表的溶液体积,通过溶液池不同的标高确定系统溶液体积。

2. 检测

铜矿堆浸过程中的检测包括入堆矿石金属品位、堆浸矿石的尾渣金属含量和堆浸过程中溶液成分。

1)入堆矿石主要金属品位 入堆矿石样品的取样一般在矿石破碎最终成品的皮带运输过程中定时(1 h)通过自动取样器取出一定量的矿石,经一段时间(如8 h)后将矿样混匀,制样破碎、缩分出所需数量的样品,送化验室检测。

2)堆浸矿石尾渣金属含量 浸渣的样品取样法有两种,第一种为在堆场上用钻机在矿堆上按一定的间距钻孔,或按一定网度钻孔;第二种为在矿堆卸堆过程中随机取样,最后尾渣样品经过洗涤、破碎、缩分后送化验室检测。

3)堆浸过程中溶液成分 一般采用连续滴定集合式采样方法,即让溶液均匀滴定,不断流入收集器中,经过一定时间(如8 h班样)后将取样混匀,送化验室检验。

3. 自动控制

铜矿堆浸场的自动控制主要针对各种喷淋泵、阀门开关。设立自动化控制中控室，根据现场生产情况、各溶液池液位、喷淋作业制度自动控制各喷淋泵的运行情况。

3.2.4 技术经济指标控制与生产管理

1. 概述

堆浸炼铜企业的主要技术经济指标包括矿石处理能力(t/d，t/a)、矿石品位(%)、矿石粒度(mm)、尾渣含铜量(%)、浸出周期(d)、喷淋强度[$L/(h \cdot m^2)$]、喷淋时间(d)、铜浸出率(%)、铜回收率(%)、硫酸消耗(kg/t)、电耗($kW \cdot h/t$ 矿)、水耗(t/a)、加工成本(元$/t$ 矿)。

2. 原辅助材料控制与管理

堆浸过程的原辅材料主要包括喷淋用旋转喷头、喷淋 PVC 管、喷淋用 PE 管、喷淋泵以及各种劳保用品。为控制原辅材料使用情况应制订合理有效的材料领用、材料使用管理制度以及科学化的生产管理制度。

3. 能量消耗控制与管理

堆浸过程主要能量消耗为电耗，如紫金山金铜矿生物堆浸运行破碎电耗平均为 345 元$/t$ 铜，喷淋电耗平均为 398 元$/t$ 铜。为控制能量消耗建立合理有效的设备运行管理制度，定期的维修保养制度以及严格的管理制度。

4. 金属回收率控制与管理

紫金山金铜矿生物堆浸过程在采用合理的工艺技术参数(pH、Fe 浓度和温度等)条件下，浸出周期为 180~200 d，通过取堆场尾渣矿样获取的铜浸出率为 80%~85%。为确保堆浸过程中有较高的铜浸出率，须对堆浸喷淋作业制度、喷淋强度和工艺技术参数等因素进行调节。

5. 产品质量控制与管理

堆浸湿法炼铜中堆浸工段主要是为萃取电积工段提供优质的萃取料液，浸出液中 Cu^{2+} 浓度根据生产需要通过调整喷淋作业制度和喷淋周期进行控制，浸出液中悬浮物利用容积大的溶液池进行沉降处理，浸出液总体积利用堆浸场构筑物中的调节池、防洪池、喷淋池等进行调节控制。堆浸生产现场通过建立严格的喷淋作业管理制度、岗位操作规程以及生产管理制度对产品质量进行控制和管理。

6. 生产成本控制与管理

铜矿堆浸过程的生产成本包括原辅材料消耗、燃料动力费(电费)、工资和附加工资(福利、奖金和津贴)、废品损失、车间管理费。紫金山金铜矿生物堆浸工艺矿石采矿成本平均为 7423 元$/t$ 铜，矿石破碎成本为 1490.6 元$/t$ 铜，堆浸喷淋成本为 1139.2 元/t 铜。堆浸生产过程的可控成本为物料消耗、人员工资、废品损失和车间管理费。通过建立严格的生产管理制度、岗位操作规程制度和技术参数优化实现生产成本的控制和管理。

3.3 萃取

3.3.1 萃取系统运行及维护

1. 混合澄清器及其配套系统

混合澄清器主要包括萃取槽、反萃槽、萃余液澄清槽、洗涤槽；配套系统主要包括莱宁搅拌器、变频调速器等。

目前广泛应用的箱式混合澄清槽由混合槽和澄清槽两部分组成，以隔板分隔开，流体的流动靠级间密度差推动。混合槽中通常安装有搅拌装置。相分离过程在澄清槽内进行，可以是重力沉降设备，也可以是离心分离设备；也有通过在槽内加多层水平或倾斜隔板以缩短沉降距离，减小液流波动，从而达到缩短沉降时间的目的。

2. 萃取剂循环系统

萃取剂循环系统主要设备包括：有机相循环槽、有机相循环泵、有机相高位给料槽、絮凝物槽及其抽取絮凝物泵、有机相高位槽、三相离心机及离心泵等。

萃取剂循环系统中特别要注意的是各种泵的使用，要定期对各种泵及其控制系统进行全面维护保养，保证泵的可靠运行，延长其使用寿命。

3. 浸铜液与萃余液的储存输送系统

浸铜液与萃余液的储存输送系统主要包括萃取原液槽及其输送泵、萃余液槽及其输送泵和萃取原液高位槽等。该系统对输送泵的要求与萃取剂循环系统对泵的要求一样。

4. 废电解液与富铜液的储存输送系统

废电解液与富铜液的储存输送系统主要包括废电解液和富铜液储槽及其输送泵，超声波气浮除油装置及其配套设施等。该系统输送泵同萃取剂循环系统对泵的要求一样。

超声波气浮除油装置通过高频振荡，使混在水相里的油振荡分离，再经过融合罐吹压缩空气，使液体气泡化而继续分离油。此过程中水走下面，油走上面，达到油水分离的目的。该设备需要定期清洗纤维球过滤器，确保除油效率。

3.3.2 生产实践与操作

1.工艺技术条件与指标

设计萃取厂时首先要选定萃取剂，然后确定流程，最后确定萃取设备。萃取剂种类很多，一般都用醛肟类萃取剂，如氰特公司的 Acorga M5640 以及科宁公司的 LIX984 等。萃取级数由萃取等温线、操作线及料液浓度和 pH 确定。常见的萃取—反萃工艺流程见图 3 - 1 所示。

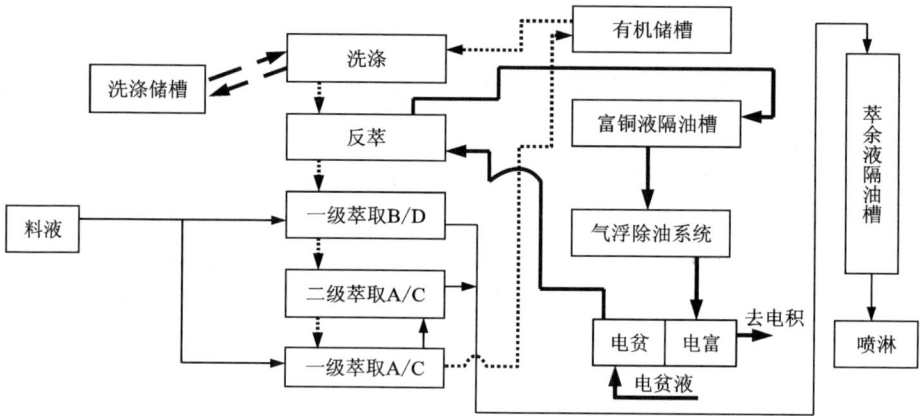

图 3 - 1　常见萃取—反萃工艺流程

1)技术条件　铜萃取和反萃的工艺技术条件如表 3 - 1 所示。

表 3 - 1　铜萃取和反萃技术条件

项目	技术条件
酸浸液 pH	1.0 ~ 2.0
酸浸液铜品位/$(g \cdot L^{-1})$	>1.5
萃取相比(O/A)	(1.0 ~ 1.6):1
反萃相比(O/A)	(1.5 ~ 3.0):1
洗涤相比(O/A)	(0.9 ~ 1.2):1
萃取及反萃第三相	较少
反萃剂硫酸浓度/$(g \cdot L^{-1})$	150 ~ 220
反萃剂铜离子浓度/$(g \cdot L^{-1})$	35
有机相浓度/%	>10
相连续情况	一级萃取 A/C 和洗涤的相连续混合室保持水相连续；二级萃取 A/C、反萃、一级萃取 B/D 的相连续为有机相连续

2）技术指标　萃取车间的主要技术经济指标为：铜萃取率 > 95%，铜反萃率 > 95%，萃余液含铜 < 0.1 g/L，萃取剂单耗 < 4 kg/t。

2. 操作步骤及规程

1）启动准备　操作步骤如下：①检查各水泵、搅拌机是否正常，点动能否正常运转；②关闭各回流管阀门；③检查各混合室液位在一半以上；④检查各池槽液位，联系喷淋岗位进料液流量（约 240 m³/h）。

2）开机　操作步骤如下：①逐级开启各级搅拌器；②开启料液 A/C 系列，流量约 240 m³/h；③待 A 系列有机相返回有机槽，开启洗涤水泵，调节洗涤水流量至 250 m³/h；④开有机相循环泵，流量控制为约 200 m³/h；⑤观察反萃混合室相连续情况，待反萃有机相连续正常后，开启反萃供液泵，调整流量到 140 m³/h；⑥检查超声波气浮装置液位，按操作规程启动超声波气浮装置，根据流量控制超声波气浮装置液位稳定；⑦检查萃取 B/D 混合室相连续情况，待有机相连续正常后，启动萃取 B 系列料液泵，流量调至 160～180 m³/h；⑧检查萃取 2A/2C 混合室相连续，停止萃取 A/C 系列料液，开启 2A/2C 有机相回流管道阀门，开启萃 1A/1C 水相管道阀门；⑨待萃 2A/2C 有机相连续正常后，关闭 2A/2C 有机相回流阀门和 1A/2C 水相回流阀门，开启萃取 A/C 系列料液泵，流量 160～180 m³/h；⑩联系喷淋岗位调整料液流量至指令值；按顺序调整有机相、反萃供液、萃 B/D 系列、萃 A/C 系列流量到指令值；同时调整洗涤水回流至指令值。

3）停机　依次停止喷淋供液、有机相泵、洗涤水回流、料液供液、反萃供液、洗涤水泵、超声波气浮除油装置、混合室搅拌桶。

3. 常见事故及处理

常见事故、原因及处理方法如表 3 - 2 所示。

表 3 - 2　常见事故、原因及处理方法

常见事故	发生原因	处理方法
料液处理量太小	①泵故障 ②管道结晶严重 ③混合室结晶严重 ④搅拌叶轮结晶严重 ⑤自吸罐及吸入管过小或阻塞 ⑥阀门故障	①维修泵 ②清理结晶 ③清理结晶 ④清理结晶 ⑤清理或排除异物 ⑥修理或更换阀门
槽面气泡太多	①料液或反萃剂无回流 ②开车顺序不对 ③萃取级之间有机相夹带气泡 ④泵及管道进气	①调整回流量 ②找合适机会调整开车程序 ③提高有机相缓冲槽液位 ④修泵

续表 3-2

常见事故	发生原因	处理方法
萃取槽安全报警装置失灵	安全装置接线失灵或装置故障	修理
液泛	①处理能力太大 ②酸浸液及有机相黏度增大、界面张力下降、界面絮凝物增多引起分散带过厚，局部形成稳定的乳化层、夹带着分散相排出	①降低总处理量 ②升高萃取器内液体的温度，加强料液过滤，减少乳化层厚度，必要时将界面絮凝物抽出
相界面波动太大（料液溢流进反萃段或反萃剂灌入萃取段）	①供液量控制系统发生故障或级间泵送抽力波动 ②流通口不畅或搅拌轮抽力过低，流通口的液封或异物堵塞	①调整供液量为正常值或控制电压稳定或紧固传动皮带轮，使叶轮转速达到规定的搅拌速度 ②排除水相口堵塞异物或采用抽吸法排除水相流通口的液封
冒槽	操作流速过大，流通口不畅，搅拌轮抽力过低	调整
非正常乳化层的增厚	①输入功率突然增大 ②料液过滤的影响 ③萃取系统杂质积累 SiO_2、$Fe(OH)_3$、Ca^{2+}、Al^{3+} 以及表面活性剂、萃取剂降解产物积累到一定浓度，会加速稳定乳化层形成	①搅拌马达加保护装置，将转速控制在适宜的范围 ②控制料液含固量在 100 $\mu g/g$ 以下 ③排除
萃余液跑高	①料液酸度高 ②反萃液酸度低 ③萃取剂浓度低 ④相比控制不正确 ⑤料液跑浑，第三相多 ⑥料液含铜偏高 ⑦萃取剂含降解水多	①降低料液酸度 ②补加硫酸 ③按要求补加萃取剂 ④及时调整相比 ⑤加强净化操作，及时捞第三相 ⑥调整料液品位 ⑦净化萃取剂或更换
萃取剂消耗量大	①相比不正确 ②气化挥发 ③第三相夹带 ④事故流失 ⑤萃取剂浓度过高	①调整相比 ②检查泵及阀门管道密封情况 ③及时回收 ④及时回收 ⑤补加煤油

续表 3 - 2

常见事故	发生原因	处理方法
澄清效果不好	①相连续不符合要求 ②栅板堵塞 ③第三相多	①及时调整连续相 ②及时疏通栅板 ③及时打捞第三相
萃取、反萃槽结晶	①含铜量高 ②反萃液温度低	①降低反萃液含铜品位 ②加热

3.3.3　计量、检测与自动控制

1. 计量

萃取过程中常使用流量计、物位计及压力计等进行计量和检测。萃取过程中需要计量的流体有有机相、料液、反萃液、洗涤液的流量与回流量,生产原材料用量等,各溶液池(罐)需要通过物位显示控制液体存量。

2. 检测

萃取过程的组分检测主要是监测各相流体中的离子浓度变化情况,为生产控制和金属量计算提供依据。检测项目主要有:萃取原液铜、铁离子浓度,自由酸浓度,反萃后液铜、铁离子浓度、自由酸浓度,负载有机相铜浓度,洗涤液铜、铁离子浓度,自由酸浓度等。

3. 自动控制

萃取过程有机相与水相的相比一般要控制为 1∶1。由于萃取过程是连续进行的,因此当萃取槽的入口液(萃取前液)流量变化时,有机相加入萃取槽的量也要发生变化。打开有机相循环泵、调整流量至两相相比达到 1∶1 并保持 40 min 以上。另外,有机相变化会直接影响二级萃取和反萃过程,表现为典型强耦合特征,因此如何实现有效控制难度甚大。萃取的自动控制主要包括三种:①顺序控制。通过合理安排料液、萃取剂、搅拌电机等的开关顺序,实现整条生产线的自动启停。②开关量控制。在操作站计算机上实现所有逻辑开关的连锁控制和手动控制。③回路控制。对整条生产线采用计量泵、流量计形成闭环控制,保证加入生产线的流量达到其各自的设定值。

3.3.4　技术经济指标控制与生产管理

1. 概述

湿法炼铜溶剂萃取过程还没有国家标准或行业标准。本质上其属于化工体系,过程是化学传质过程,介质是强腐蚀酸及易燃、易挥发物。因此,设计、施工及使用等方面基本参照化工行业及工业相关标准规范进行。

2. 原辅助材料控制与管理

湿法炼铜溶剂萃取原辅材料主要有萃取剂（如 M5774、M5640、LIX984N 等）、煤油、硫酸、活性黏土等。溶剂萃取用的稀释剂（溶剂油）一般有 260# 溶剂煤油（磺化煤油）。溶剂萃取中煤油损失主要是水相夹带和挥发，萃取剂损失主要是水相夹带和氧化降解。

溶剂萃取原辅材料较为特殊，三种均为液体。其中，煤油属于易燃、易挥发液体，硫酸属于强腐蚀性易致毒管控物品，萃取剂属于价格昂贵物品，因此，在储存管理方面要求较高，必须专人管理。使用过程中严格按照入库、出库等规定执行。紫金山金铜矿吨铜消耗：萃取剂 2.99 kg、硫酸 245.03 kg、煤油 43.77 kg、新水 12.38 m³。

3. 能量消耗控制与管理

萃取运行中最大的能量消耗是电能。设备选型时尽量选用低能耗的电机，加强设备点检、及时添加润滑油等，保持设备运转部件的完好和正常；根据无功功率就地补偿原则，在各低压配电室设置无功功率补偿设备，减少因无功功率引起的线路损耗，补偿后功率因数达 0.92；泵采用变频调速器调速，以适应生产中的不均衡性，节约能源；生产环节采取过程检测与控制，以保持工艺操作的稳定性和优化，提高生产效率，降低能耗；合理布置各溶液池及设备间的位置，尽可能使物料顺流，且距离短。紫金山金铜矿萃取段吨铜能耗为 129.53 kW·h/t。

4. 金属回收率控制与管理

萃取过程中，金属回收率可高达 99% 以上。影响金属回收率的因素较为单一。只要不发生跑冒滴漏的情况，就能获得极高的金属回收率。

5. 产品质量控制与管理

根据季节和气候的变化以及料液中铜和硫酸浓度的波动，随时调整工艺技术参数，使之始终处于优化状态，根据生产实际对反萃液质量进行有效的管理控制，使之符合下一步电积铜的要求。

6. 生产成本控制与管理

在萃取生产中，影响成本的主要因素有：电耗、稀释剂消耗、萃取剂消耗及设备维护费用。料液物理性质是单位物耗指标变化的唯一因素。生产中，不同季节、时段的生产料液物理性质会有差异，必须根据物理性质变化及时调整控制，才能获得相近的物耗指标。

3.4 电积

3.4.1 概述

铜电积过程中，电积进液铜浓度一般控制为 45～58 g/L，电积出液的铜浓度一般控制为 30~40 g/L，电积贫液返回萃取车间作反萃剂使用，依据其中铁的积累情况，每日抽出少量电积贫液，返回到萃取原液，或作浸出剂，或开路处理，以维持铁等杂质的平衡。电解液中一般加入少量的古尔胶、硫脲等添加剂，可使阴极铜表面平整致密；加入少量硫酸钴，降低铅阳极的腐蚀速率，降低阴极铜中的铅含量。

3.4.2　电解设备运行及维护

1. 电解槽

1) 电解槽材质　最常用的电解槽槽体材质为钢筋混凝土。电解槽的衬里材料有铅板、软聚氯乙烯、玻璃钢等。前两种施工简单，价格不高，应用较普遍。玻璃钢衬里的施工稍复杂，价格较贵，但防腐性能好，使用寿命长，应用最为普遍。

2) 电解槽构造　通常电解槽由长方形槽体和附设的供液管、排液斗、出液斗的液面调节堰板等组成。槽体底部常为一端向另一端倾斜或两端向中央倾斜，倾斜度 3%，最低处开设排泥孔，较高处有清槽用放液孔。放液排泥孔配有耐酸陶瓷或嵌有橡胶圈的硬铅制作的塞子，防止漏液。此外，在槽体底部还开设检漏孔，以观察内衬是否破损。钢筋混凝土电解槽壁厚一般为 80~120 mm。

3) 阳极　铜电积的阳极一般采用铅钙锡合金阳极，也有的工厂使用其他铅合金阳极。为了减小阳极电流密度，往往把阳极板面制成小方格形，以增加阳极面积。为了避免酸雾侵蚀阳极导电棒，影响导电性能，通常在制作阳极时，将阳极导电棒两端用铅封死。一般压延阳极可使用 2~3 年，铸造阳极只能使用 1 年左右。

4) 阴极　阴极常用 316L 永久不锈钢板制作，厚度 3.25 mm，其表面粗糙度为 2B。将 304 不锈钢异型钢管焊接在钢板上，然后镀上 2.5 mm 厚的铜，替代传统电解法的阴极导电棒，起到吊挂阴极并导电的作用。不锈钢表面有一层永久性的很薄的氧化层，可以使沉积的阴极铜既不会从阴极上掉落，又能很容易地从阴极上剥离。不锈钢板的两个侧边用聚氯乙烯的挤压件包边，并用高熔点的蜡密封其间的缝隙。不锈钢板的底边则用高熔点的蜡蘸边。

5) 硅整流器　选择硅整流器的总电压和电流强度时，应考虑槽压波动及输电母线的电压损失等因素，在总电压中增加 10% 的备用量。

2. 电铜吊运和剥板设备

1) 电铜吊运设备　电铜吊运一般选用桥式起重机，最大荷重应取吊架、一槽阳极和一槽阴极的重量之和。起重机应尽量设置接酸盘，以防止阴极铜出槽时夹带电解液污染车间和槽面导电接触点。

2) 剥板设备　日本三井公司和芬兰奥图泰公司均开发有专门的阴极铜剥板

设备。其功能包括受板、洗涤(含除蜡)、剥片、电铜堆垛、称重、打字、捆包、阴极侧边喷蜡、阴极底边蘸蜡、阴极排板等。

3. 电解液循环系统

电解液循环如图3-2所示。电积后液一部分进入电积中间槽,调节硫酸浓度后返回到萃取车间,作为反萃剂使用,反萃后液用泵送到电积前液槽;一部分经过酸渗析开路处理,得到的硫酸返回到电积系统,用于调节电积前液硫酸浓度,得到的铁离子较高的溶液用作浸出的喷淋液;余下的部分进入电积后液槽,经压滤机过滤悬浮颗粒物后返回到电积前液槽;电积前液补加各种添加剂后,经过电解液加热器加热,用泵送入到高位槽,自流进入各电积槽。

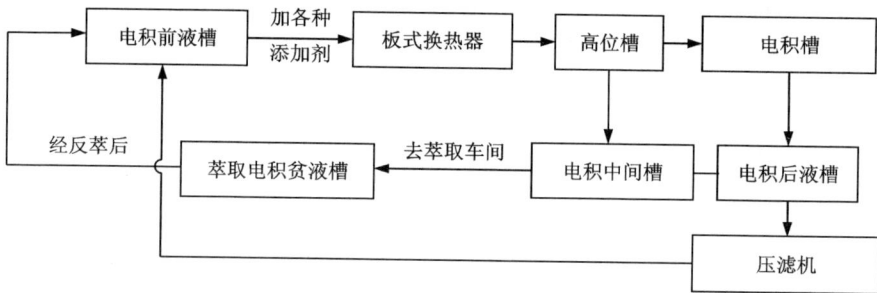

图3-2 电解液循环

电解液加热器多采用钛列管换热器或钛板换热器。钛板换热器阻力大,应设于电解液循环泵与高位槽之间,石墨管受振动易损坏,不宜直接与电解液循环泵相连,而应位于高位槽之后,使电解液利用位差流入石墨热交换器内。钛管(板)换热器要定期清理结垢,石墨加热器的石墨管容易堵塞,影响加热面积,因此选择加热器台数时应考虑备用量。

电解液循环泵多使用悬臂卧式耐腐蚀离心泵。新建的工厂多采用耐腐蚀液下泵,可以避免因泵漏液腐蚀基础及地面,并可防止泵密封不严使空气进入电解槽。泵的流量根据车间电解液每小时循环量而定,扬程则根据电解液输送的垂直高度和沿程阻力损失确定。电解液循环泵奔涌系数一般为1.3~1.5。

3.4.3 生产实践与操作

1. 工艺技术条件与指标

1)技术指标 主要技术指标如下:电积进液中铜离子浓度为45~58 g/L, H_2SO_4浓度150~210 g/L,总铁离子浓度≤5 g/L,电流密度为100~200 A/m^2,槽电压1.9~2.2 V,温度40~65℃,同极距100 mm。

2)添加剂控制 添加剂种类及其浓度控制要求如下:Co^{2+}浓度为80~160 mg/L,古尔胶加入量为60~250 g/t铜,硫脲40~100 g/t铜。

3)电积指标　铜电积回收率约为 99.50%，电流效率 >90%。

4)产品质量　高纯阴极铜产品质量见表 3 - 3。

表 3 - 3　高纯阴极铜标准(GB/T 467—1997)/%

Cu	Zn	As	Sb	Bi	Fe
>99.95	<0.002	<0.0015	<0.0015	<0.0006	<0.0025
Pb	Sn	Ni	S	P	—
<0.002	<0.001	<0.002	<0.0025	<0.001	—

2. 操作步骤及规程

(1)检查地槽、高位槽是否在安全液位、各流量是否在参数范围之内。

(2)检查设备运行是否正常，设备温度是否正常，润滑是否到位，不正常情况需联系车间进行维护、保养；检查压滤机出液是否正常，如堵塞需进行滤布清理。

(3)了解车间指令，按添加剂作业标准配置添加剂溶液，对电积液连续添加。

(4)协助出铜岗位进行出装槽作业，出槽后、入槽前要刷洗电积槽导电板接触点及导电棒接触点；入槽后要对始极片、钛母板进行调整对齐。

(5)每班要对责任槽内电积铜进行检查，对短路、黏布袋、弯板、断耳、脱耳等铜质量问题进行处理，保证铜质量；每班浇水在 3 次以上，保证阴极良好的导电性，提高电流效率。

(6)对槽内电铜进行提降液位操作，即始极片入槽后即将电积槽液位提到最高，两天后把液面降回到正常液位，出槽前一天又将液位提高，防止电铜断耳，砸断进液管，并且保证铜外观质量。

(7)定期对电积槽底下的阳极泥进行清洗，控制电积液中的铅含量；清理出的铅泥要回收到专门的铅泥储槽中存放，防止铅污染。

(8)重新开机时，为防止阴极铜中铅成分超标，电解液务必先循环 2 h 以上再通电，通电时电流应慢慢提升，切勿一次调到高电流运行。

(9)跟踪铜离子浓度，每班测 2 次铜离子浓度并及时向车间反馈，了解工艺情况，维持生产稳定。

(10)对行车特种设备需持证上岗，并严格按照操作规程操作。

(11)每周要清洗更换压滤机滤布，保证过滤效果，损坏的阳极布袋要及时更换。

(12)各池槽、管道是否有漏液、结晶，如有需进行调整处理。作好岗位区域及设备的清洁，定时外排地坑水。

(13)每小时按要求取样一次，每班 8 个样，混合成综合样送样，按检测计划要求填好化验单。

(14) 每小时测定一次电积槽温度,将温度控制为 45 ± 5℃, 发生波动时及时调整蒸汽流量并与锅炉岗位联系,调整到工艺要求范围。

(15) 经常检测槽电压,对槽压过高的极板进行处理,降低槽压。

(16) 根据实际情况对各个管道过滤器进行清理,防止管道堵塞。

3. 常见事故及处理

(1) 管道破裂时,立即关闭该管道阀门,保持现场,立即向班长或车间报告。

(2) 设备损坏时,立即停止作业,切断电源,保持现场,立即向班长或车间报告。

(3) 停电时,立即向班长或车间报告,通知电工维修,并与萃取岗位取得联系。

(4) 发生人身伤害时,向班长或车间报告,同时对伤者进行必要的抢救。

3.4.4 计量、检测与自动控制

1. 计量

电积过程常用流量计计量,计量范围包括:电积原液流量、电积原液量、电积贫液外排量等。此外,需要测量温度、槽电压、电流强度、电流密度、出铜量等。

2. 检测

电积过程的主要检测项目有:电积原液铜离子浓度、总铁浓度,电积液钴、铅、锰离子浓度,电积贫液铜离子浓度。检测主要是为生产质量控制和金属量计算提供依据。

3. 自动控制

电积过程的自动控制采用两级结构的专家控制系统,上一级专家系统以专家优化方式寻找最优的酸铜含量比和电积液温度,下一级实时控制系统完成新液流量、废液流量、冷却风机的实时控制,保证生产过程在最佳的生产条件下进行。

3.4.5 技术经济指标控制与生产管理

铜电积过程暂无国家标准,可参照化工行业及工业相关标准规范指导生产控制。

1. 原辅助材料控制与管理

铜电积过程所用的原辅材料主要有铅阳极板、不锈钢阴极板、硫酸、硫酸钴、古尔胶、硫脲等。在电积过程中,铅阳极会发生腐蚀,一般压延的铅阳极可使用 2 ~ 3 年。不锈钢阴极板经过矫正、整平后可重复使用。

硫酸属于强腐蚀性、易致毒的管控物品,因此在储存管理方面要求较高,必须专人管理,使用过程中严格按照入库、出库等规定执行。

2. 能量消耗控制与管理

铜电积过程主要能量消耗是电能,电能消耗主要包括铜电积耗电和工艺外的电能损失。而电能消耗与槽电压成正比,与电流效率成反比。降低电耗意味着降低槽压,提高电流效率。电流效率与槽电压的主要影响因素有:①电积液中的酸铜含量比:Cu^{2+} 含量过低,则酸浓度相对增大,造成阴极上析出的铜又反溶,电流效率降低;Cu^{2+} 含量过高,槽电压升高,电耗增加。②电积液的温度:温度升高使得氢的超电压降低,在阴极上析出的可能性增大,电流效率降低;若温度过低,则电积液电阻增大,槽电压升高,又导致电耗增加。③电流密度:随着电流密度的增加,氢的超电压增大,对提高电流效率有利,但电流密度过高,使得槽电压升高,同样导致电耗增大。铜电积工艺电耗还与其他工艺技术条件紧密相关。因此,在生产中要控制适合的工艺技术条件,包括极距、添加剂浓度、电解液温度和循环速率、铜离子浓度和酸度、电流密度、电解液杂质浓度等;还需提高电解槽的绝缘性能,防止电解液跑冒滴漏,消除短路现象。紫金山金铜矿电积铜能耗为 2380 kW·h/t 铜。

3. 金属回收率控制与管理

铜电积过程中,金属回收率 >99.50%,铜的损失主要发生在整个系统的跑冒滴漏过程中。生产过程要加强管理,杜绝一切可能的跑冒滴漏现象。精细操作,巡视和观察设备管道,消除隐患,对已发生的跑冒滴漏现象及时处理。

4. 产品质量控制与管理

阴极铜的质量主要分为化学成分和物理形貌两方面。从化学成分上提高阴极铜质量的主要途径有控制铅阳极腐蚀、控制适当的电解液流速、控制电解液的杂质(如砷等)浓度等。控制阴极铜的物理形貌就要控制适当的电流密度和电解液流速、控制适宜的添加剂浓度等。

5. 生产成本控制与管理

铜电积的生产成本主要包括电耗、铅阳极、不锈钢板等。因此,在生产中,应尽量优化工艺参数,降低槽压,提高电流密度,防止电能损失;尽量采用压延阳极,延长阳极使用寿命。紫金山金铜矿堆浸工艺电积成本为 1353～1508 元/t 铜。

参考文献

[1]朱屯. 现代铜湿法冶金[M]. 北京:冶金工业出版社,2001

[2]Schlesinger M E, King M J, Sole K C, et al. Extractive Metallurgy of Copper[M]. 5 th Ed. Oxford:Elsevier, 2011

[3]浸矿技术编委会.浸矿技术[M].北京：原子能出版社，1994

[4]马荣骏.萃取冶金[M].北京：冶金工业出版社，2009

[5]方兆衍.浸出[M].北京：冶金工业出版社，2007

[6]任鸿九，王立川.有色金属提取冶金手册铜镍卷[M].北京：冶金工业出版社，2000

[7]温建康，姚国成，武名麟，等.含砷低品位硫化铜矿生物堆浸工业试验[J].北京科技大学学报，2010，32(4)：420－424

[8]Ruan R M，Wen J K，Chen J H. Bacterial heap－leaching：Practice in Zijinshan copper mine[J]. Hydrometallurgy，2006，83(1－4)：77－82

第 4 章 再生铜冶炼

4.1 概述

中国是铜资源短缺的国家，又是世界上铜消费量最大的国家，矿产铜主要依赖进口铜精矿，因而充分利用国内外废杂铜资源，可以减少铜矿资源的进口，缓解国内铜矿资源不足与需求增长之间的矛盾。发展再生铜产业也是有色金属行业节能减排的重要举措。随着我国工业化和城镇化的加快，大量机电产品面临淘汰或报废。这些废旧物资具有污染性，若不处理，将造成土壤、水体污染，危害人体健康，而且这种危害具有潜在性、长期性和难恢复性。其中又含有铜等大量有色金属资源，若不进行回收利用，也是对资源的浪费。经核算，每吨再生铜相对于原生铜节能 1054 kgce，节水 395 m³，减少固体废物排放 380 t，少排放二氧化硫 0.137 t。"十一五"时期，发展再生铜产业共节能 1052 万 t kgce，节水 39.4 亿 m³，减少固体废物排放 37.9 亿 t，少排放二氧化硫 136.7 万 t。再生铜为整个铜冶炼行业和有色金属行业的节能减排做出了重大贡献，已成为我国有色金属行业节能减排的重要抓手。

也正是由于再生铜产业具有这些发展优势，再生铜被列为"城市矿产"中的重要矿产，近十年来，世界再生铜产量占原生铜产量的 40% ~ 55%，其中美国约为 60%，日本约为 45%，德国为 80%。2010 年，中国再生铜产量占原生铜产量比例为 30%，与世界发达国家还有很大差距。国家工信部、科技部、财政部在《再生有色金属产业发展推进计划》中明确提出，到 2015 年，再生铜等主要再生有色金属的产量要达到 1200 万 t，产业规模和产量比重要明显增大，其中再生铜要占当年铜总产量的 40% 左右。

目前，我国废杂铜的回收已具规模，形成了从回收、拆解、拣选分类到加工利用的完整产业链，在"城市矿产"中，再生铜作为来源最广和数量最大的有色金属资源而名列第一。随着国民经济各领域用铜量的不断增加，再生铜产业的比重将会逐步上升。

4.1.1 废杂铜冶炼的特点

由于废杂铜来源广、成分复杂、形状各异，所以其冶炼过程与矿铜相比存在很大的不同,有如下特点。

1. 成分复杂

废杂铜中有很多属铜基合金,含有铁、铅、锌、砷、锑、铋、镍等金属元素,在废电路板中还含有汞、铬、镉以及用于阻燃剂的卤族元素,如氟、氯、溴和有机物等,所以冶炼过程脱除的杂质不同,操作条件不一样,造渣剂和炉渣渣型因杂质而异,产出的粗铜和阳极铜含杂质与铜精矿生产的产品差异较大。

2. 固态冷料熔化慢

废杂铜均为固体冷料,很多是打包块,加料方式和设备不同;块料传热不好,熔化慢。

3. 熔化耗热多

废杂铜原料中没有硫等可燃物,反应过程不能自热进行,所以要求外供热,消耗的燃料多。

4. 挥发物多,烟气处理系统要求高

废杂铜精炼过程中有大量的可挥发物进入烟气,如 Pb、Zn 和未燃尽的有机物等,有时烟气含尘高达 $100\ g/m^3$,生产中控制不当会严重黏结炉子出口、烟道和余热回收系统。

5. 渣量大,排渣次数多

废杂铜的精炼过程造渣率一般为 5% ~ 10%,入炉物料品位低时造渣率更高。炉渣含铜为 20% ~ 35%,渣量大、黏度大,所以废杂铜精炼炉在结构上要考虑方便出渣作业。

6. 烟气中有二噁英等有毒有害气体

在处理含有机物高的原料时,特别是电子线路板等,烟气处理系统控制不当,会有二噁英等有毒有害气体产生,需要特殊烟气处理工艺。

7. 综合回收要求高

虽然废杂铜的杂质多,但多为有价金属,如果能有效回收,可获取更高的经济效益。

4.1.2 处理废杂铜的工艺流程

再生铜资源主要来自两个方面:一方面来自报废的含铜料,如电线电缆、废电子器件、废设备部件、废军用品等,另一方面来自铜及铜合金、铜材加工中产生的弃渣、垃圾、浮渣、铜屑,在铜件铸造中产生的浇口、浮渣等,在电线电缆生产中产生的线头、乱线团等。

一般再生铜在冶炼前要进行预处理,主要包括:①废件的解体、分类、切割、打包、破碎等;②废屑的筛选、干燥、破碎、磁选和压块;③含易爆物废件的火检验和无害处理等。预处理方法的选择视含铜废料的品种而定,像大型的设备、部件，要进行拆卸、切割解体，对废电线电缆要用各种方法（机械法、化学法、高温法等）先去除包裹的绝缘物等。

由于废杂铜来源各异，化学成分与物理规格各不相同，因而处理的工艺也不同。国内废杂铜再生利用主要集中在冶炼和加工行业，目前国内外回收利用废杂铜的方法很多，主要分两类：第一类是直接利用，即将高质量的杂铜直接熔炼成精铜或铜合金；第二类是间接利用，即通过冶炼除去废杂铜中的杂质，并将其铸成阳极板，电解精炼成电解铜。据有关统计，2010 年约有 330 万 t 废杂铜（占 65%）进入铜加工行业直接做成铜制品，约有 178 万 t 废杂铜（占 35%）进入废杂铜冶炼行业精炼成阴极铜，其中 8% 进入熔炼铜精矿工厂的转炉或阳极炉处理，27% 左右的废杂铜在专门冶炼废杂铜的工厂或生产系统处理。

用废杂铜生产阳极铜一般都采用火法。火法处理废杂铜的工艺有三种，即一段法、二段法和三段法。

一段法是将经过选分的黄杂铜与紫杂铜直接加入火法精炼炉，一步产出阳极铜。此法的优点是流程短、建厂快、投资少，但该法仅能处理成分不太复杂的废杂铜（含铜要求超过 90%）。国内 90% 以上废杂铜采用一段法冶炼，如反射炉、倾动炉等。也有工厂在阳极炉中加入废杂铜，但一般要求品位很高。

二段法或三段法工艺主要针对低品位废杂铜料，如含铜在 90% 以下的废杂铜、电子废料和含铜较高的炉渣等。先将低品位废杂铜通过熔炼炉（鼓风炉或顶吹炉，包括艾萨炉、TBRC 炉、卡尔多炉等）处理，产出黑铜和含铜在 1% 以下可直接弃去的炉渣。产出的黑铜如含铜在 80% 以下，需通过吹炼和精炼两个工序产出阳极铜，该工艺为三段法。如产出的黑铜含铜在 80% 以上，大部分工厂直接进入精炼工序产出阳极铜，即采用的是两段法。鼓风炉熔炼得到的粗铜颜色呈黑色，亦称黑铜，杂铜经转炉吹炼得到的粗铜也呈黑色，为了与由铜精矿生产的粗铜区别，我们常常称其为次粗铜。国内以前有工厂采用三段法，但都相继关闭，原因是黑铜含硫低，小转炉吹炼难以控制热平衡，操作比较困难，成本高。目前国内几乎没有专门采用三段法工艺处理废杂铜的。国外还有采用三段法工艺的，可以处理很低品位的杂料，配以完善的有价元素综合回收系统，经济效益非常好，但是只适用于规模大的工厂。

4.1.3　我国废杂铜处理的现状

目前我国专门冶炼废杂铜的工厂中，90% 以上物料采用一段法直接产出阳极铜，仅有少量的低品位物料和含铜炉渣采用鼓风炉或其他炉子处理。对高品位废杂铜的处理主要采用固定式反射炉熔炼。据调查，90% 以上的企业采用这种技术装备，其规模为 50 ~ 350 t/台，可直接产出阳极铜和含铜 15% 左右的炉渣。这种技术装备的主要特点是工艺成熟，投资省，但热利用效率较低，一般只有

25% ~30%，炉口大量冒黑烟，环境污染严重，且采用人工操作，安全隐患较大。

对低品位铜物料的处理主要采用传统的鼓风炉—转炉—阳极炉工艺流程，即废杂铜先在鼓风炉内还原熔炼成黑铜，或在转炉内吹炼成次粗铜，然后在阳极炉中或其他精炼炉中精炼成阳极铜。如果产出的黑铜品位高，炉渣含铜大于1%，则应该继续处理回收铜，有条件的可送炉渣选矿处理。目前国内在生产的最大杂铜鼓风炉面积为 2 m²，年产黑铜约为 3 万 t。鼓风炉处理低品位铜料的缺点是生产效率低、能耗高，而且需要大量的焦炭，产出的黑铜需铸锭，送火法精炼重新熔化还需消耗大量的燃料，能耗和生产成本都很高(4000 ~5000 元/t 黑铜)。

部分低品位废杂铜(品位一般为 25% ~30%)价格仅相当于相同品位铜精矿价格的 83% 左右，再加上可以分拣出其他有价金属、废塑料等，故具有明显的获利优势。但是目前我国对低品位废杂铜的处理能力较弱，主要原因是处理低品位废杂铜的技术与装备不适用。纵观国外发达国家，大多数再生铜冶炼企业已采用新型现代化工艺及装备，如氧气顶吹炉(包括艾萨、澳斯麦特、TBRC 等)工艺、倾动炉工艺等，皆能做到原料适应能力强，不仅能处理品位较低、成分复杂的原料，而且能够对其中多种单一有价金属进行有效回收，实现资源回收利用的最大化，同时能做到清洁生产，满足严格的环保和安全生产标准。这种明显的差距，也正说明了我国再生铜产业升级的紧迫性和必要性。当前无论是从节能减排还是环境保护着眼，我国再生铜产业要想获得可持续发展，就必须加快再生铜产业技术装备的升级。

4.1.4 我国废杂铜冶炼技术和设备的进步

按照国家工信部、科技部、财政部联合印发的《再生有色金属产业推进计划》要求：2015 年，再生铜熔炼(杂铜—阴极铜)能耗要求低于 290 kgce/t，再生铜熔炼金属回收率为 96% 以上。同时面对目前铜精矿原料紧张的现状，国内大型铜业公司和铜冶炼项目的投资者对废杂铜原料越来越重视，促进了先进的冶炼技术研发、引进和投入，中国废杂铜冶炼技术正进入全新的升级改造阶段。

贵溪冶炼厂 2003 年投产了 1 台倾动炉处理高品位废杂铜，2009 年又投产了 1 台卡尔多炉处理低品位杂铜，标志着中国废杂铜冶炼工艺技术升级的开始。近几年，国内也加大了对再生铜熔炼技术装备的研发，相继研发制造出具有我国自主知识产权的顶吹炉、NGL 炉、精炼摇炉、竖平炉、双式顶吹炉等，有些技术装备甚至已超过国外水平，并在一些大型再生铜项目中得到推广应用。

1. 倾动炉

贵溪冶炼厂 2001 年引进德国 Maerz 公司的倾动炉，炉型为 350 t，用以处理含铜品位在 92% 以上的废杂铜。倾动炉由液压驱动，可在 30° 内来回转动到相应的炉位进行作业，自动化程度高，炉体密闭，环保好。实际应用情况为处理平均含铜 94% 以上(与电解残极搭配)的铜料,用重油作燃料,富氧空气助燃,压缩空气氧化,LPG 还原,每炉年产阳极铜 10 万 t 左右,炉渣含铜约 35%。

倾动炉的优点是:①加料方便,布料均匀,熔化速度快;②氧化强度高;③扒渣方便,由于倾动炉在侧面有炉门和出渣口,加熔剂时炉体可向出渣口倾斜,人工扒渣比反射炉和回转炉都要方便;④可使用气体还原剂,还原剂利用率高;⑤可避免"跑铜"事故,安全性好;⑥炉子密封性能好,炉压调节方便;⑦炉子寿命长,维修方便。缺点是:结构庞大复杂,投资高。

2. 卡尔多炉

贵溪冶炼厂卡尔多炉于 2009 年投料试生产,规格为 13 m³,设计年产 5 万 t 粗铜,采用纯氧冶炼。入炉物料平均含铜 70% ~ 80%,每炉产粗铜约 40 t,粗铜品位 98.5% 左右。

卡尔多炉处理废杂铜的优点是:一是机械化、自动化程度高。炉子冶炼作业时可以作横向 360° 旋转;倒渣、出铜和加料时可以纵向倾转 270°,加料采用轨道式料斗小车,加料方便快捷;出铜、排渣用包子,通过倾转炉子直接倒出;操作过程全部采用 DCS 自动控制,操作简便、安全和可靠。二是环保效果好。卡尔多炉结构紧凑,设备完全在一个相对密闭的空间内作业,因而有效防止了烟气的外溢,杜绝了低空污染。同时,工艺烟气和环集烟气分开处理,有效降低了操作烟气负压控制的相互影响,工艺烟气和环集烟气都采用布袋收尘器,收尘效率高,烟气完全达标排放。三是原料适应性强。既可处理高品位废杂铜,又可处理品位低的废杂铜及炉渣。四是炉子在冶炼过程处于旋转状态,传质、传热条件较好,同时借助油枪、氧枪容易控制温度和炉气的氧势。

卡尔多炉存在的问题是单台炉产量小,处理含铜 70% 以上的废杂铜时才能年产 5 万 t 铜;炉渣含铜为 2% ~ 5%,炉渣中的铜主要以氧化物形态存在,送渣选处理会影响铜的回收率;卡尔多炉作业时炉体不断旋转,产生了机械磨损,造成驱动轮、托轮、托圈和弹性元件检修成本的提高。

3. NGL 炉

NGL 炉工艺及设备是由中国瑞林工程技术有限公司开发的,结合了倾动炉和回转式阳极炉的优点,侧面有大的加料门兼做渣门,另一侧有氧化还原口,底部有透气砖,炉体可在一定的角度内转动,既可使用气体燃料,也可使用粉煤等固体燃料,可采用普通空气助燃,也可采用富氧或纯氧助燃。

NGL 炉自动化程度高,不用人工持管,炉体密闭,环保效果好。目前应用于处理平均含铜 90% 以上的铜料,炉渣含铜可控制为 15% 左右。

采用稀氧燃烧后,燃烧系统的热效率可提高 40%,减少碳排放 45%,减少氮化物排放 87%,不但节能减排,每吨阳极铜还可节约近百元成本。设计的 NGL 炉能力有 100 ~ 270 t,其中 270 t 炉型已在国内 5 个工厂应用。国内用反射炉处理

94%含铜物料时工厂最好的能耗指标约 130 kgce/t 阳极铜。如处理品位降到 90%，估计能耗将增加到 160 kgce/t 阳极铜，而采用 NGL 炉工艺能耗仅为 110 kgce/t 阳极铜，可见采用新技术和装备可大幅度降低能耗。

4. 精炼摇炉

精炼摇炉也是由中国瑞林工程技术有限公司开发的，是对倾动炉的改进和完善，并完全国产化，能力为 350 t/台，适合规模较大的工厂，处理物料含铜在 92%以上。与德国 Maerz 倾动炉相比，精炼摇炉操作炉位和氧化还原原理相同，其最大的改进在于引入炉体透气砖氮气搅拌技术提高生产效率，对炉尾的排烟方式进行了改进，便于清理烟尘。燃烧系统采用稀氧燃烧后，提高了热效率，达到最大限度的节能减排。该炉型已在国内 2 个 20 万 t 规模工厂应用。

5. 顶吹炉

国内开发的顶吹炉设备与卡尔多炉类似，炉体可以 360°旋转，但是工艺条件、渣型控制以及炉体结构与卡尔多炉相比有较大的改变。入炉物料含铜平均 50%以下，可以产出 80%左右的黑铜，同时产出含铜小于 1%的弃渣。

顶吹炉与 NGL 炉配套使用时产出的黑铜以热态加入 NGL 炉精炼，同时在 NGL 炉中可加入 90%以上品位的冷态废杂铜一起冶炼，形成一种可同时处理高、低品位废杂铜的组合工艺。这项技术和设备完全国产化，已在广西 30 万 t 废杂铜项目中应用。

4.2 卡尔多炉冶炼再生铜

4.2.1 概述

贵溪冶炼厂卡尔多炉由奥图泰主体设计，中国瑞林工程技术有限公司辅助设计完成。设计处理 Cu 品位 70%的杂铜，新炉衬有效容积 13 m^3，单炉装入量 80 t。

贵溪冶炼厂卡尔多炉设计处理的原料有倾动炉渣、反射炉渣、废电机、电缆塑料、电路板等各种品位的杂铜，对原料适用性强，具有良好的传热和传质条件。

卡尔多炉通过 1 台加料小车装入物料，经 PLC 系统控制分批次往炉内加入物料，炉体在 4 台旋转电机驱动下绕炉体中心轴 360°旋转，通过插入炉内的氧枪、油枪与吹炼枪分别向炉内鼓入氧气、燃油、压缩风，以完成物料的软化、熔炼造渣、吹炼造铜工艺过程。在倾转电机驱动下又可以绕炉体水平轴使整个炉体进行 0°~270°倾转，可完成加料、倒渣、倒铜作业。

贵溪冶炼厂卡尔多炉油枪采用柴油 + 纯氧燃烧方式供热，完成杂铜的熔化和造渣过程，吹炼枪使用富氧吹炼进行除杂作业，产出含铜为 98.50%以上的粗铜。

工艺烟气经水冷烟道、喷雾塔、空气冷却器、工艺布袋收尘处理后，达到欧洲排放标准。在加料、放铜、放渣作业时产生的烟气由完全密闭的环集烟罩收集，送布袋收尘处理后，完全达标排放。

4.2.2　炼铜设备的运行与维护

1. 卡尔多炉

卡尔多炉本体机构由炉体支撑架、旋转驱动装置、倾动驱动装置、轴承和驱动框架组成(图 4 - 1)。

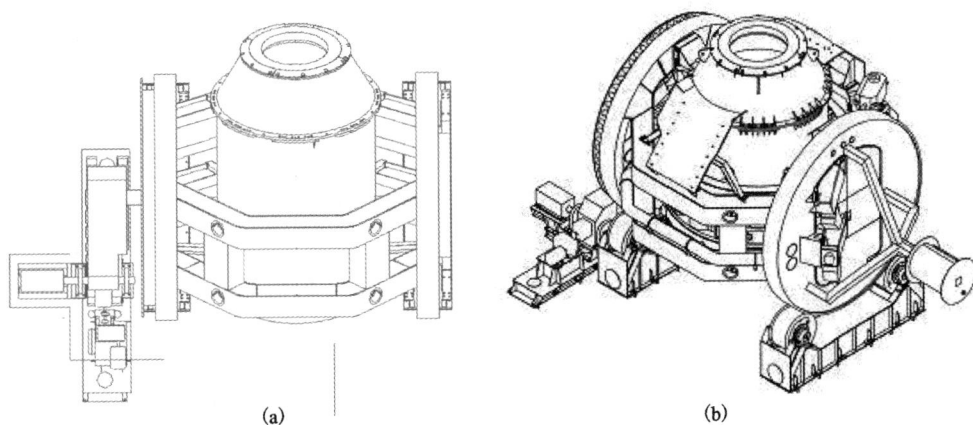

(a)　　　　　　　　　　　　　　　　(b)

图 4 - 1　炉体结构示意图

1)炉体支撑架　炉体通过炉体支撑架来支撑(固定在炉体上，环形定体圈与辊圈在一起，张紧元件与固定件在一起)。炉体支撑架包括两个倾动轮，这两个倾动轮与两个底部和两个顶部的横梁连接。倾动轮的支撑面是经过特殊加工的。倾动轮和横向梁是焊接结构。

2)旋转驱动装置　炉体通过 4 个单独的驱动轮和辊圈，围绕着它的纵向轴旋转，驱动轮通过斜正齿轮和一个万向轴与电机连接，电机驱动四个驱动轮。每个驱动轮都是单独驱动，下方两个电机各有一个抱闸，其功能是在炉子倾转操作时防止炉体旋转。斜正齿轮由扭矩支撑控制，万向轴从斜正齿轮延伸穿过倾动轮到电机。电机安装在倾动轮外面的支架上，因此，它们不会直接受到炉体的热辐射。

3)倾动驱动装置　炉体支撑架通过倾动轮转动，每个倾动轮由 2 个倾动辊支撑，而倾动辊又由防摩轴承支撑。支撑架由四个辊子导向到轴向方向，四个辊子连接到驱动端倾动轮的侧面。倾动驱动包括以下主要部件:①单级齿轮减速机

（齿圈轮驱动）；②多级一次传动，带抱闸和主驱动电机；③事故齿轮驱动装置，带斜齿轮和驱动电机。

齿轮减速机设计为带小齿轮的齿圈轮。齿圈轮焊接到驱动侧倾动轮。小齿轮滑到一级齿轮的驱动轴上并锁住。一级齿轮装在一个基础支座上，支座上有抱闸、带离合器的事故齿轮装置和驱动电机的支架。

驱动电机的扭矩通过挠性联轴节（齿轮侧有抱闸鼓）传送到一级传动装置的输入小齿轮。一级传动装置上装有两个双块闸。在主驱动电机出现故障时，手动操作离合器，切换到事故驱动装置。

2. 加料系统

1）加料车的运行原理　卡尔多炉物料通过装载车加入 3.5 m³ 容积的加料车内。通过电子秤电子显示屏观察加料车内物料重量，它通过钢丝绳连接，可以准确称重加入料斗中的铜物料的重量。

整个加料车的操作顺序由 PLC 系统程序进行控制。在卷扬机上安装有一个位移编码器，确定加料车所处的确切位置。当操作工在 DCS 启动加料时，随着装载槽的提升，启动自动加料程序，装载槽在装料位置加料车的顶部，处于全开位置的信号时，加料卷扬机开始运行，加料车行走到烟罩内等待位置自动停下，等待下步加料操作。

当加料车进入炉腰门前特定位置，炉腰门通过小卷扬机自动提升，当加料车到达等待位置之后，炉腰门随之关闭。将炉子倾转到加料位置时，启动倒空程序，加料车开始上行至倒空位置。加料车停留在倒空位置大约 10 s 后，自重小车下行至等待位置。在加料车未到达等待位置前，炉子处于连锁状态将不能倾转。当加料车到达等待位置时，启动装载程序，炉腰炉门自动打开，加料车开始下行至装料位置，当加料车离开炉罩之后，炉腰门随之关闭；加料车回到装料位置时，装载槽放下，接着装料作业再次开始。

2）加料系统的维护

（1）加料监督　加料车最为常见的干扰是装载过多，加料时要求工艺人员必须现场监督、检查，避免过载。物料太满或物料吊挂在加料车边缘都会对系统造成干扰，要及时发现处理。

（2）系统限位开关的维护　有时，系统限位开关会断裂或不工作，这主要是由于限位开关周围的灰尘或其他废铜干扰所致。应保持限位开关周围干净，使限位开关的功能不受影响。

（3）位移编码器的维护　位移编码器被固定于卷扬电机轴心处，由于同心度存在偏差，容易损坏，且在外部环境影响下，电子元件易受干扰，专业人员的定期维护是必不可少的。

3. 供热系统

1）油枪 卡尔多炉熔化炉内物料的热能是通过烧嘴油枪喷油燃烧产生的。油枪结构主要由不锈钢水套、雾化风管、油管、氧油烧嘴、进出水管、进氧管等组成。

油枪固定在一个活动的驱动轮上，驱动轮通过液压马达使油枪自动进出炉内。为了防止事故停电，安装有一个氮气压力罐，在停电时可以向液压动力系统提供动力，使枪体撤出炉腔。枪本体通有冷却水进行冷却，可以承受炉子内部的高温辐射。一旦冷却水泄漏，油枪循环水压力降低，DCS 显示报警，油枪联锁撤出。

油枪被套在一个可移动的枪架上，一般情况下枪架是不动的，主要是为了保护油枪，当油枪在行走时出现反作用力时，枪架才后移。

2）油枪控制 烧嘴油枪装有高效率的喷嘴，它可以使油与氧气在接近理想的状态下燃烧。最大的油流量为 1500 L/h。根据炉内加料批次及炉内加物料量调整油枪位移，尽可能地提高燃油热效率。油枪燃烧控制图见图 4 – 2。

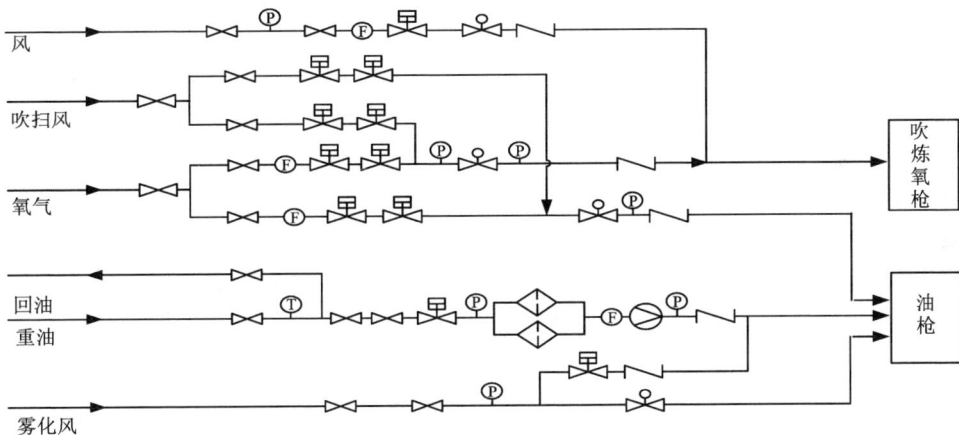

图 4 – 2　油枪燃烧控制作用

科学合理地调整油枪燃烧时的柴油与纯氧比，保证柴油充分燃烧，同时保证纯氧在高温条件下对耐火砖氧化浸蚀少；调整油枪烧嘴外套与烧嘴油孔之间的间隙，使高压油枪喷射雾状柴油与纯氧燃烧形成的火焰更合理，同时要减少高温火焰对耐火砖的浸蚀，及使火焰产生热量可充分熔化物料。如加入有机物可燃物料，可自燃发热熔化，减少柴油消耗。

油枪的工艺参数：油泵出口压力 10 MPa，重油温度 120℃，油枪流量：400 ~ 1500 L/h，氧气压力：0.4 MPa，氧气流量：0 ~ 4000 m³/h，压缩空气压力 0.5 MPa。

3）油枪维护与更换　一年中油枪消耗一般为 2~3 根。油枪水套在高温炉内长期受腐蚀及高温烟气冲刷，前端水套易腐蚀变薄漏水，修复或更换。贵溪冶炼厂卡尔多炉油枪原来都是从瑞典进口的，后通过科技创新，油枪整个结构全部进行了国产化改造，使用效果与进口产品没有差别。

油喷嘴必须根据燃料和环境进行有规律的检查，以保证其不被堵塞和损坏，烧嘴外套要紧固，确保测量锥套与喷嘴之间有一定的间隙。定期清理喷嘴油管中的脏物，然后用压缩空气吹干净。

4. 顶吹喷嘴

炉内出完渣后的高温熔体通过吹炼枪鼓入富氧空气氧化除杂后才能得到粗铜。吹炼枪由不锈钢水套、Y 形喇叭口、进出水管、进风管等构成。吹炼枪传动系统与油枪都是一套传动系统。

吹炼枪的工艺参数：氧气压力 0.4 MPa，氧气流量 0~2000 m³/h，工艺风量 0~12000 m³/h，工艺风压 0.3 MPa，富氧浓度 21%~28%。

4.2.3　生产实践与操作

1. 工艺技术条件与指标

1）硫的控制　贵溪冶炼厂卡尔多炉设计要求原料含 S<0.3%。如果烟气中 S 超标，产出的含 SO_3 的烟气和水蒸气混合后会形成稀硫酸，腐蚀排烟管道、布袋收尘器等排烟设备。

2）严格控制含水（易爆）、有害杂质、放射性物料的加入　杂铜原料来源复杂，为保证安全生产，物料中不得含水、火药等易引起爆炸的物质。物料含有大量的 PCB 和易燃的有机物，容易发生危险，造成排烟系统排烟不畅、空气冷却器堵塞、布袋板结。PCB、易燃的有机物燃烧后产生稀硫酸对设备有腐蚀作用。

3）原辅材料的规格　由于卡尔多炉加料车及炉口的尺寸限制，因而对加入的杂铜的物理规格有严格的要求：①紫杂铜及铜锭尺寸为 200 mm×300 mm，单重 ≤300 kg；②打包杂铜原料尺寸为 300 mm×300 mm，单重不大于 300 kg；③倾动炉（反射炉）渣尺寸为 120 mm×120 mm；④还原生铁中不能有含钢物料，因其熔点温度高达 1400℃，不易熔化，打包规格为 300 mm×300 mm；⑤二氧化硅与石灰石的主体成分含量 ≥85%，颗粒尺寸 10~30 mm。

2. 操作步骤与规程

1）操作步骤　卡尔多炉杂铜冶炼是周期性作业，每个周期又分为三个阶段，即加料软化、熔炼造渣和吹炼造铜。

（1）加料软化　通过加料小车分批次将物料加入炉子中，每周期可加 10 斗物料，每斗物料约 8 t，总装入量为 80 t。在开始加入铜物料之前，炉子里面不允许有液态的铜存在，因铜物料中部分水与液态的铜熔体接触会立即爆炸。首先加入一斗松散的废铜物料,保护炉底砖,接着加入渣原料、生铁、石英和石灰石。

油枪进入炉内点火,视实际情况调节油量。适当控制燃烧时间,并保证炉内有足够的空间。

(2)熔炼造渣　当所有的铜物料软化后熔化阶段即开始,炉体的转速也可适当地提高至 4.5 r/min,以加快炉内传质、传热和物理化学反应。作为还原剂的生铁主要还原反射炉渣中的氧化铜,但其他杂质如铅、镍、锡的氧化物也会被还原。通过调整油枪的位置、油量、氧量迅速升高炉内温度。炉体高速旋转,使高温熔体翻腾,气—固—液三相充分接触,炉内发生剧烈的氧化还原反应,上周期残留在底渣中的 Fe_3O_4 被生铁还原成 FeO。

当温度为 1200～1280℃时,需要将炉渣排出。倒渣作业时,炉前工必须到炉前取样,避免损失太多的铜。

(3)吹炼造铜　通过吹炼枪鼓入含富氧的压缩空气,加剧氧化反应,由于反应产生大量热量,需要加入高品位干燥废铜作为冷料降温并增大产量。铁的低价氧化物继续被氧化成磁铁矿。磁铁矿使炉渣的流动性越来越差,直到变成固体干渣为止。根据需要适当增加富氧压缩空气,提高吹炼温度。

而其他杂质元素氧化物亦与石英中的 SiO_2 进行造渣反应。吹炼过程中炉子旋转的速度增加到 6～8 r/min,直到不再产生可见烟雾,能清楚看清氧枪为止,粗铜含量将大于 98.5%。

2)安全操作及规程　安全操作非常重要,具体规程如下:

(1)穿戴好劳保用品上岗,严格按标准化操作;

(2)使用大锤时,要先检查锤把是否牢固,打锤和扶钎者不能站在同一侧,打锤者不能戴手套;

(3)拆卸油管、液压油管及压缩空气金属软管时一定要关闭相对应管路上的手动阀或调节阀,并确认管道中的介质已卸压;

(4)油枪拆卸清理前要先用柴油进行供油清洗,然后停油并关闭油路及雾化蒸汽等手动阀后方可进行拆卸,油枪拆卸要有两人在场配合进行;

(5)潮湿工器具不得接触高温熔体,禁止使用带水或潮湿的工具进行取样;

(6)接触钢钎、样勺等先要确认是否高温,拾取时要戴无破损的手套;

(7)烟道冷却水出现泄漏时要立即采取措施,阻止水进与耐火材料接触,更要阻止水入炉内,联系维修人员紧急处理;

(8)第一次使用的渣包要求挂渣。放渣前要对渣包进行检查,确认包内无异物,才能进行放渣作业;

(9)渣包不准放得过满,熔体面离包子口最低处应在 200 mm 以上;

(10)炉体倾转,同时又进行测温、出渣(铜)操作时不得靠近观察孔;观察炉内情况时要戴防护面罩;

（11）烘炉管线均为易燃、易爆物品，严禁敲击管道，严禁明火；

（12）严格标准化作业，要求炉前工在测温、取样、清理炉口时，必须对炉前安全门及观察孔、操作孔状态进行检查，在进行测温、取样操作时下面操作孔必须关闭，清理炉口时上面观察孔必须关闭，并在炉前增设安全防护挡板，放置于距炉前安全门 2 m 外，要求炉前操作工在进行测温、取样、清理炉口时必须站在防护挡板外侧。

3. 常见故障及处理

卡尔多炉常见故障、发生原因及处理方法见表 4 - 1。

表 4 - 1　卡尔多炉常见故障、发生原因及处理方法

常见事故	发生原因	处理方法
加料车装载过多、过载限位故障（限位开关断裂或不工作）	限位开关周围的灰尘或其他废铜干扰	过载时必须下载部分物料 保持限位开关周围环境的干净
加料车脱轨	加入料不规则，加料车轨道上有杂物	倒空料桶时要小心翼翼 脱轨的加料车必须及时复位
加料小车位移错误	卷扬机轴编码器错误	马上停止小车行走，同时将小车加料系统设置为手动控制模式，将小车运行至底部零点位置，在 DCS 上检查小车在此处的位置是否与平时生产工作时相同
	"0"点限位被激活	联系维修人员
枪头黏结	炉温低，造成炉渣黏度大；渣型不好，熔体喷溅严重；枪位置控制不当；长时间不清理，控制炉温困难	确定和调整技术参数，保证正常的炉温和渣型；定期清理氧枪和油枪上的黏结物
枪头渗漏水	枪位控制太低，熔体冲刷氧枪和油枪；氧枪和油枪喷嘴安装偏离中心，导致重油燃烧偏心引起高温腐蚀；水压、水流量太小导致水冷强度不够	按技术要求安装氧枪和油枪；保持冷却水的水压和流量；定期检查氧枪和油枪。发现渗漏水，立即停油、停氧，停止进料，将冷却水关闭，将枪提出炉口，更换备用枪

续表 4-1

常见事故	发生原因	处理方法
炉壳局部发红或锥部漏铜	若炉内耐火砖局部掉落,则此部位受热量过大,会引起炉壳发红。熔体泄漏一般出现在炉子上筒体与锥部连接处,因为此处靠螺栓连接,密封性不高,处于渣线区,很容易腐蚀耐火砖,所以使用了一段时间后,此处耐火砖的消耗比别的部位更快,会导致锥部漏铜	外接冷却风对发红部位进行冷却;出铜出渣时,尽量避免掉砖或漏铜处淹没在铜液里,应该使其处于铜液上方。尽可能将该周期操作完成,出铜后,将底渣熔化排出,等待检修
加料爆炸	物料内含有可燃物质比较多时,一旦加料旋转炉子,就会迅速燃烧,由于环境中氧的缺乏,导致不完全燃烧,CO 在烟道某处集聚,此时下枪点火,有爆的可能	

4.2.4　计量、检测与自动控制

1. 计量

卡尔多炉组织正常生产的第一步是对加入的杂铜及反射炉渣量进行计量,通过计量数据计算需加入熔剂生铁、石英、石灰的量,再计算出其精确量,保证生产正常进行。这些数据通过加料系统安装的电子计量装置获得,它由称重压头元件、称重传感器、户外显示屏组成。称重压头元件安装在加料系统顶部,直接与加料小车的钢丝绳连接,通过称重传感器测出小车内物料的质量,装载车司机通过观看户外显示屏进行加料作业,装入量累积值在 DCS 上有显示。产出的渣与粗铜通过行车称重计量。

卡尔多炉熔炼、吹炼所有风、油、氧通过安装在管路上质量流量计计量,DCS 可显示计量值,可取得每炉所需的风、油、氧量的数据。

2. 检测

检测是一个相当重要的环节。由于工厂采用的是批量生产的工艺,所有进厂杂铜原料的成分通过检测、分析数据得出,然后才能计算出所加熔剂石英、石灰、生铁的量,从而保证造好渣把杂质除掉,生产出合格的粗铜。

卡尔多炉产生的炉渣、粗铜及工艺烟灰样要经过化验室成分分析，对主要成分铜、铁、铅、锌、镍、二氧化硅和氧化钙要有检测报告。检测报告反馈工段班组，为下炉次加入熔剂提供参考，为生产操作提供依据。

3. 自动控制

卡尔多炉生产工艺采用西门子 PCS7 软件系统，卡尔多炉 DCS 是一个集 PID 控制器、逻辑、联锁、顺控和位置控制于一体的控制系统，具有很好的控制与监测作用。

西门子 PCS7 操作系统使卡尔多炉生产工艺在仪表室内就能完成大部分工作，仪表室设有两个操作台，一个在炉子外罩的安全玻璃窗旁，为卡尔多炉体和油枪吹炼枪提供良好的操作平台，对炉体进行倾转和旋转操作，并可以对旋转进行调速。对油枪吹炼枪自动行走位移进行控制，调整油枪炉内位置。此控制台连接到 DCS。另一个是计算机 DCS 操作台，完成加料小车自动向炉内加料并返回到装载位等待装料操作，油枪向炉内喷射柴油 + 纯氧、自动燃烧熔炼供热操作，及吹炼枪富氧吹炼操作，并能设定系统参数、更改操作。对加料系统、氧油系统、排烟系统、冷却水系统进行实时监控，为操作人员提供所有必要的和实时的工艺信息，如温度、流量、压力、报警、测量值和趋势曲线。操作人员也通过操作 DCS 控制 PID 控制器对各参数进行设定，对电机、自动阀进行自动控制等。

4.2.5　技术经济指标控制与生产管理

下面以贵溪冶炼厂卡尔多炉为例对原辅助材料控制与管理、能量消耗控制与管理、金属回收率控制与管理、产品质量控制与管理、成本控制与管理进行阐述。

1. 原辅助材料控制与管理

卡尔多炉入炉的主要物料包括杂铜、倾动炉（反射炉）渣、熔剂（生铁、石英、生石灰及废旧电机）等。

卡尔多炉设计要求原料 $w(S) < 0.5\%$，这是现有工艺条件决定的，卡尔多炉烟气经水冷烟道冷却后，降至 800℃ 以下，进入喷雾冷却塔经水冷却后降至 350℃ 以下，再经过空气冷却器降至 150℃ 下进入工艺布袋收尘器，烟尘被收集，尾气经排烟风机引至烟囱，排放到大气中。如果烟气中 S 超标，含有 SO_2、SO_3 的烟气和水蒸气混合后的硫酸蒸气烟气会在 9 ~ 150℃ 区域结露，造成露点腐蚀，而卡尔多炉排烟管道、布袋收尘器壳体均为 Q235A 型碳素结构钢，内部未作任何防腐处理，长此以往，必将被稀酸腐蚀损坏。

严格控制含水（易爆）、有害杂质、放射性物料的加入。卡尔多炉对处理的物料有规格要求。由于卡尔多炉加料车、炉口的尺寸限制，对加入的杂铜的物理规格亦有严格的要求。

2. 能量消耗控制与管理

卡尔多炉的熔炼与吹炼是由烧嘴油枪和吹炼氧枪来完成的。烧嘴为柴油 + 纯氧模式，升温快，特别是在集中熔化期，连续加热时间长。科学合理调整油枪燃烧时柴油与纯氧之比，使柴油充分燃烧，提高发热量，同时要考虑纯氧在高温条件下对耐火砖的氧化浸蚀消耗，2011 年把氧油比由 2∶1 调整为 2.2∶1 后，柴油单耗由 48.09 kg/t 铜降到 39.48 kg/t 铜，柴油成本大幅下降。

由于卡尔多炉只有一个开口，高温烟气直进直出，为了降低热量损失，生产过程应保持微负压(-10 Pa)。根据炉内加料批次及炉内加料量，调整油枪位移，尽最大可能提高燃油热效率。

在平时的生产操作中，氧气流量和油流量的比值也就是生产中俗称的氧油比以及油枪的位置是根据物料在炉腔内燃烧的情况、物料量进行调节的。根据加料批次及加料量对油枪的位置进行移动，这样不但可以提高油的燃烧效率，也同时减小了炉砖的损耗。

3. 金属回收率控制与管理

金属回收率是综合反映熔炼生产技术管理水平的重要标志之一，是考核、管理各项技术经济指标的主要依据，同时也是技术检测工作质量的综合反映。金属回收率往往有三个衡量指标：即直接回收率、总回收率和回收率。

$$直接回收率 = \frac{一次产出的成品或半成品中金属量}{使用原料中金属量} \times 100\%$$

$$总回收率 = \frac{一次产出的成品或半成品中金属量 + 返回品、回收品中金属量}{使用原料中金属量} \times 100\%$$

$$回收率 = \frac{产出的成品或半成品中金属量 + 返回品、回收品、可产出的成品或半成品中金属量}{使用原料中金属量}$$
$$\times 100\%$$

卡尔多炉熔炼再生铜过程中铜的损失主要为进入炉渣中的铜。炉渣量一定时，渣含铜越高，则铜在炉渣中的损失就越大。渣型控制(主要考虑渣中的 Pb、CaO、Fe、SiO_2 和 Zn 含量)直接影响铜的回收率。配料时要求对各种物料充分均匀混合，在考虑产出最少渣量的情况下，辅料配比要考虑精矿中各种熔剂的含量，以便在生产过程中控制渣型配比，使渣中带走的铜总量最小。

铜在炉渣中的损失有化学损失、物理损失和机械损失 3 种，造成原因有很多，如计量系统的准确性、取样分析的样品代表性、检测方法的合理性、操作误差、物料运输过程中的损失，工艺过程中跑、冒、滴、漏损失，有的收尘装置效率低下流失有价金属，炉渣含铜高等。可以采取措施、加强管理等尽量减少损失。

4. 产品质量控制与管理

卡尔多炉冶炼的产品主要是粗铜，为了不影响下道工序阳极炉的正常生产，必须保证卡尔多炉粗铜质量，具体指标如下：温度 1200 ~ 1250℃；成分(%)：

$w(Cu)98.5$、$w(Fe) < 0.02$、$w(Pb) < 0.5$、$w(S) < 0.01$、$w(Sn) < 0.1$、$w(Zn) < 0.01$。

为了保证粗铜质量，要从物料管理、小车加料顺序、熔炼造渣除杂、吹炼炼铜除杂等方面加强管理。

1) 物料管理 在物料堆放、原料配比上规范管理，合理配加物料。铜品位高的物料在吹炼期要加冷铜降温，铜品位低的物料需要除杂质造渣，应该与铜粉堆放在一起。控制反射炉渣尺寸，使其与熔剂反应充分、彻底，石英颗粒直径控制为 10~15 mm，确保石英完全熔化，与氧化铁及有色金属杂质完全反应造渣除去。

2) 小车加料顺序 不同含铜物料加入批次不同。有铜锭时，铜锭和散铜粉同一批次加入，便于铜粉搅动打散，反射炉渣和生铁、石英及石灰一起分两批次在中间批次加入，便于熔化造渣，充分反应。

3) 熔炼造渣除杂 通过加入杂铜杂质成分估算及反射炉渣加入量及炉底渣量，科学合理计算加入熔剂生铁、石英、石灰量，确保卡尔多炉渣含铁量为 35%~45%，SiO_2 为 18%~22%，CaO 为 3%~5%。在炉体旋转平稳的条件下，尽可能提高卡尔多炉在熔炼后期的旋转速度，使炉内反应充分、有效，确保卡尔多炉渣流动性好，易排出杂质。

4) 吹炼炼铜除杂 熔炼后到出炉渣，还有一些铁及其他杂质存在。通过富氧吹炼，使剩余的铁与氧反应生成带磁性干渣浮在粗铜液面上，并除去其他易挥发性的铅锌。在炉体旋转平稳的条件下，提高卡尔多炉熔炼后期速度，有利于造渣除杂，吹炼时提高卡尔多炉旋转速度有利于杂质氧化挥发。

5. 成本控制与管理

处理再生铜的冶炼厂家逐渐增多，杂铜原料市场供应紧张，卡尔多炉需适应不同品质杂铜原料，才能保证正常生产。含杂质多的、品位低的含可燃有机物（如电路板塑料、电线塑料）铜粉及含乳化剂带油性氧化铜皮等二、三类铜原料，给卡尔多炉正常生产造成了一定的压力，同时也对卡尔多炉生产成本控制和管理提出挑战。必须在以下方面做好管理：渣含铜控制、柴油单耗控制、提高作业率、增加卡尔多炉炉龄等，才能创造可观的经济效益。

1) 渣含铜控制 原料成分复杂、反射炉渣成分不稳定等情况下，造好渣并控制渣含铜、提高铜的回收率是个重大科研课题。加入废旧电机不易造渣，还会使入炉物料品位迅速降低。针对不同情况要做好熔剂科学配给、物料配比恰当、温度合理控制、倒渣规范操作，结合化验结果，对熔剂配入量进行修正，保持流动性好的渣型，降低渣含铜，减少铜的损失，提高铜回收率，最终降低生产成本。

2) 柴油单耗控制 根据炉内加料批次及炉内物料量，调整油枪位移，尽最大可能提高燃油热效率，减少耐火材料的受热辐射时间。科学合理调整油枪燃烧时柴油与纯氧比，既要考虑柴油充分燃烧，又要考虑纯氧在高温条件下对耐火砖浸蚀消耗少。科学合理调整油枪嘴外套与烧嘴油孔间隙，使高压油枪喷射雾状柴油与纯氧燃烧形成火焰更合理，热量快速产生，使物料充分熔化。加入有机可燃物，可只下吹炼枪鼓风，自燃发热熔化，减少柴油消耗。废电机（Cu 20%、Fe 75%）替代铁屑作还原剂，因小电机含钢（1553℃）较多，难熔化，吹炼时未熔化电机轴承与氧充分反应，生成四氧化三铁，炉底磁性干渣量大，进行下一炉次作业时必须多烧油。要求班组倒出底渣，放至铁容器中冷却，给转炉当冷料。这样既克服了卡尔多炉造渣困难的弊端，又降低了柴油及耐火砖消耗，提高柴油燃烧热效率，降低生产成本。

3）提高作业率　从基础工作入手，加强标准化点检、标准化操作管理，要求员工在生产中发现问题积极主动想办法解决，如处理不了及时向工段及相关人员汇报，减少对生产的影响。通过开展预防性设备点检，减少设备故障率，确保生产正常运行，提高卡尔多炉作业率。

4）增加炉龄　把提高卡尔多炉炉龄作为管理攻关课题，可从以下几个方面做工作：严格控制反射炉渣尺寸，大块渣需进行破碎；控制出渣出铜温度；不同作业周期合理调整炉体旋转速度；加强筑炉时的监督工作确保筑炉质量；开展油枪位移科学控制及氧油系数比调整等。

4.3　竖炉冶炼再生铜

4.3.1　概述

杂铜再生熔化竖炉是借鉴无氧铜杆生产工艺中的竖炉而开发出来的，其功能是将杂铜熔化，熔体流入精炼炉再进行氧化或还原操作，然后浇铸成阳极板。熔化竖炉以液化石油气或天然气为燃料，所以又称为燃气竖炉，其作业的基本过程是：杂铜原料利用提升装置提升到加料口，倒入炉内，形成料柱，燃料从安装在竖炉底部的烧嘴喷入而燃烧，产生的高温烟气从料柱中穿过，与铜料之间进行充分热交换而使铜料熔化，熔化的铜水从出铜口流出，经溜槽进入精炼炉（平炉或倾动炉）。

竖炉用于杂铜的熔化具有效率高、能耗低、加料简单、随停随开等优点：

①竖炉排出的烟气温度低（100℃左右），炉壳外侧的温度也低（平均低于200℃），因此，烟气带走热与炉体的散热两项损失的总和不到30%，燃烧热量的利用率大于70%。

②竖炉按照其炉膛的大小和料柱的高低，在底部安装有上下两排甚至三排烧嘴，竖炉燃烧的总气量（天然气）为 $600 \ m^3/h$ 以上，熔铜速度为 $20 \sim 30 \ t/h$ 甚至更高。

③竖炉的加料方式有多种，一般是利用电动扒斗将铜料从地面提升到加料口

直接倒入炉内。扒斗的提升重量可以达到 3 t,在 2~3 min 就可以完成一次加料。

④竖炉的开炉与停炉非常方便,几乎可以做到随时停止加料、随时开始加料。

4.3.2 炼铜设备的运行及维护

竖炉由炉体、燃烧系统、加料机构组成。

1. 炉体

竖炉炉体为竖直安装的圆形筒体,外壳用钢板制作,内衬耐火砖。炉体高度 15~20 m,分为熔化区、预热区和加料排烟区三段,竖炉结构示意图见图 4-3。

2. 燃烧系统

竖炉的燃烧系统有各种配置方式,其中比较常用的是预混燃烧,即天然气与空气预先按照一定的比例混合,混合的气体从烧嘴喷出后发生爆炸式的燃烧,具有燃烧速度快、燃烧完全的特点。按照这种方式配置的燃烧系统包括鼓风机、混气装置、烧嘴以及仪表控制柜。由于杂铜熔化竖炉都控制为氧化气氛,对空气与天然气的混气比例没有熔化阴极铜的竖炉那样严格,因此取消了一氧化碳在线自动分析系统,而在混气的管道上分别安装了流量计。

竖炉鼓风机为多级离心式鼓风机,额定压力达到 30 kPa,风量达到10000 m³/h,采用变频调速。这种鼓风机结构比较简单,运行可

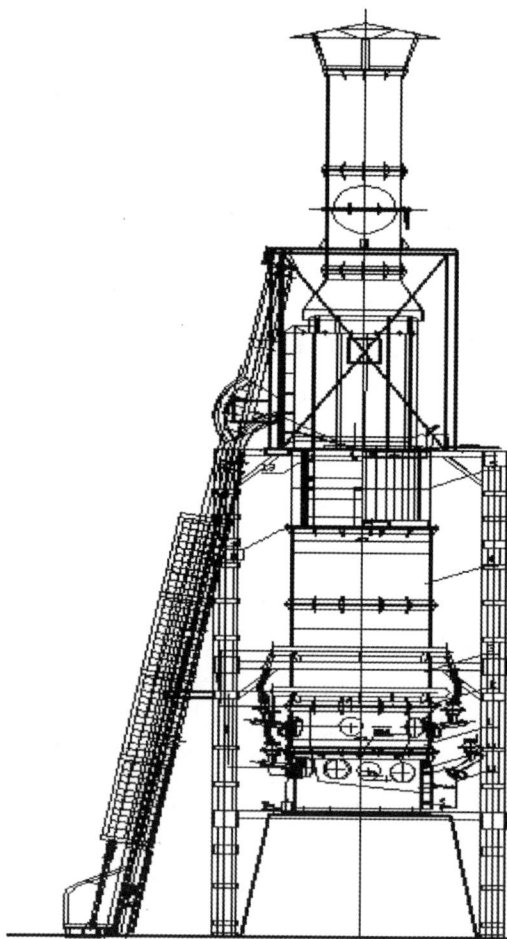

图 4-3 竖炉结构示意图

靠,故障率很低。混气装置由一系列的阀门组成,主要是天然气的减压阀、调节风量与气量的电动阀、为保证安全的防爆阀和快速切断阀等。混气装置必须经常检查与调整,以保证混气比例达到燃烧要求,流量满足熔化需要。

3. 加料机构

竖炉加料通常是采用扒斗方式，由加料斗、轨道和提升卷扬机组成。由于竖炉的熔化速度非常快，而加料斗每次的装料量又受到限制，因此，加料斗的上下操作非常频繁，要求提升卷扬机的运行速度快，而且能够连续运行。在作业期间，电动卷扬机的运行率超过 80%，因此必须调整好制动抱闸，避免严重发热。各个滑轮保持良好的润滑。钢丝绳进行日常检查，发现问题及时更换。

4.3.3　生产实践与操作

1. 操作步骤及规程

1) 熔铜竖炉的熔化过程　熔铜竖炉里的主要化学反应是燃料（天然气或液化石油气）的燃烧，主要物理过程是高温烟气与铜料之间的热交换。竖炉内的热交换在料柱上完成，料柱保持倒金字塔形状是熔铜竖炉正常作业的基本条件。

片状或块状铜料，从竖炉上端的加料口落入炉膛，形成空隙度比较大的、高度约 5 m 的料柱。底部的料柱类似于金字塔，塔尖倒立在炉底上，以支撑料柱的重量，而塔尖的四周为燃烧留出足够的空间。空气与气体燃料按照一定比例混合后，从分布在炉底四周的烧嘴中喷出，迅速而充分地燃烧。燃烧产生的高温烟气从料柱的空隙中往上运动，与铜料之间进行充分的热交换，烟气温度逐渐降低，到达竖炉出口位置时，一般降低到 100～120℃，然后收尘排空。料柱上的铜料从上往下运动，温度逐渐升高，到达料柱底部时接近铜的熔点，又在燃烧火焰的直接辐射下迅速熔化，熔体像雨滴一样从料柱上降落到倾斜的炉底上，汇集起来流出炉外。随着底部料柱的不断熔化，上层料柱缓慢下降，需要补充铜料。铜料从加料口落下时具有一定的速度，对上层料柱产生足够的冲击，借以克服铜料与竖炉炉壁之间的摩擦阻力，消除料柱中的架空。

2) 熔铜竖炉的操作　熔铜竖炉的操作包括燃烧、加料及出铜等的操作。

(1) 燃烧操作　竖炉最主要的操作是燃烧的调节，包括混气比的调节和各个烧嘴的燃烧量调节，具体步骤和方法如下：① 混气比的调节：用于杂铜再生的熔铜竖炉，空气与天然气的混合比例大约是 10∶1，燃烧空气的过剩系数约为 1.05，保持微氧化气氛。在混气装置的空气与天然气管道上分别装有流量计，操作工可随时检查空气与天然气的流量并调整。② 各个烧嘴燃烧量的调节：正常情况下，每个烧嘴都应按正常燃烧量燃烧，但在烧嘴前端出现燃烧障碍时，就要及时减小燃烧量，乃至停止燃烧，待燃烧障碍消除后再恢复。一般地，炉体四周的燃烧量要基本平衡，这是确保料柱倒金字塔形状的重要条件。

(2) 加料操作　加料操作包括炉料的制备和炉料的加入两方面，具体步骤和方法如下：① 炉料的制备：加入竖炉的炉料，预先堆垛（片状铜料）或打包成块状（电缆电线等）。每垛的重量以加料扒斗的承载为限，打包的块度以竖炉的炉膛内径为限。②炉料的加入：在竖炉的加料口安装有监测料柱的摄像头，观察料柱下降后及时加料。但有的时候，料柱上部的铜料会由于炉壁的滞留而腾空，显示屏上看到的是一种假象，因此，加料操作工还应根据竖炉的正常熔化速度，结合炉顶的烟气温度变化，来判断是否需要加料。

（3）竖炉出铜流槽的管理　流槽是竖炉最主要的附属设备之一，流槽畅通与否，是竖炉正常作业的关键。竖炉的流槽上安装有多个烧嘴，并加盖了密封盖板。在竖炉点火之前，流槽就必须预热，待温度上升到1100℃后竖炉才可以点火加料。在竖炉的整个作业过程中，流槽必须一直保持高温。

2. 常见事故及处理

1）烧嘴前端出现燃烧障碍　一种情形是有少量熔体黏结在烧嘴的喷口上，或喷溅到烧嘴管里，使烧嘴出气不畅通，这时一般需要停止燃烧，拆开烧嘴后端的观察孔盖，用钢钎或烧氧的办法将这些黏结物处理掉。另一种情形是料柱上突然落下较多的未熔铜料，占据了烧嘴出口部位的燃烧空间，燃烧受阻，甚至于引起回火到烧嘴和管道里，此时必须立即减小或关闭该烧嘴，依靠邻近烧嘴的燃烧使其熔化后再恢复。

2）炉底黏结　这是熔化杂铜的竖炉不可避免的故障，主要是铜料中伴有较多的难熔物，这些难熔物随着熔体降落到炉底上，很容易滞留而黏结在炉底。在竖炉作业过程中，应尽可能延缓这种黏结，有效的办法是加大出铜口部位的燃烧量，提高该部位的温度，使熔体过热，并在炉底形成一个小熔池，避免熔化渣与炉底直接接触，使漂浮在铜水面上的熔化渣不受任何阻挡而流出。严重时需要停炉处理(将炉内铜料化空)。

4.3.4　计量、检测与自动控制

1. 计量

1）物料计量　竖炉的物料利用叉车加入扒斗，叉车通过地磅进行计量。

2）燃料计量　在竖炉燃烧的混气装置以及溜槽加热烧嘴分别安装天然气和燃烧风流量计，控制合理的风气比例，改善燃烧效果。

2. 检测

1）温度检测　在炉底安装热电偶测量炉底温度，在排烟口安装热电偶测量烟气温度。

2）压力检测　在天然气、风和冷却水管道上安装有现场和部分远传压力表测量相应压力。

3）料面检测　竖炉的熔化在料柱上进行，当料柱降低到一定位置就需要及时补充加料。料面检测一般是在加料口上方安装光学摄像头。但杂铜熔化时烟气含有较多烟尘，光学摄像的清晰度差，可考虑其他检测方法。

4）安全隐患预测 天然气为易燃易爆物，在可能泄漏的区域安装有可燃气体探测仪，一旦超标即可发出警报。

3. 自动控制

目前，熔化竖炉的燃烧还没有采取自动控制，主要是料柱的熔化没有很固定的模式，只能通过人工观察来调节各个烧嘴的燃烧量。将来可在混气比例的调节、加料操作等方面尝试采用自动控制。

4.3.5 技术经济指标控制与生产管理

1. 概述

单独一个竖炉作为熔化炉，并不能完成杂铜的精炼，必须与精炼炉配套。大冶有色集团金生铜业公司用固定式精炼炉即平炉与竖炉配套，称为竖平炉组合工艺。在组合工艺中，平炉有三个功能：①储存铜水，竖炉熔化的铜水流入平炉储存起来，达到足够量后再开始精炼作业。②氧化还原，竖炉熔化的铜水含有一定量的各类杂质，需要在平炉里进行必要的氧化与还原，以除去杂质和多余的氧，达到阳极铜的标准。③铜水提温，竖炉熔化的铜水温度略高于铜的熔点，需要在平炉里将铜水温度提高到阳极浇铸工艺要求的 1200℃以上。

竖平炉组合工艺按照处理的原料不同，分为连续性与间断性两种作业方式。"三边操作法"系将电解残极、废电解铜、光亮杆、优质紫杂铜以及比较纯的其他杂铜熔化，然后不进行氧化除杂，按照"边加料熔化、边还原提温、边浇铸出铜"的"三边"方式连续作业。这里所讲的"连续"是对竖炉与平炉而言的，即竖炉不间断加料与熔化，平炉不间断还原与升温，当平炉的铜水存满后即可开始浇铸。由于竖炉的熔化速度小于浇铸速度，开始浇铸后，平炉里的铜水逐渐减少，最后不得不中止浇铸。所以在"三边"操作中，浇铸实际上还是周期性的。

间断性作业系将杂质含量比较高的杂铜，包括各类粗铜，进行氧化与造渣等精炼操作，以精炼除去杂质。对于这类原料，在平炉铜水量达到足够量后，竖炉就要停下来，等待平炉的精炼作业，待铜水浇铸完毕后，竖炉再点火加料。

2. 技术经济指标

1）"三边"连续操作指标 与双圆盘浇铸机组配套作业的"三边"连续操作的技术经济指标如下：

（1）原料 为电解残极、废阳极板、废阴极片以及一级以上紫杂铜；

（2）日产量 为540 t阳极板；

（3）阳极板的单耗 燃料、水、电单耗及综合能耗如下：①天然气为 48 m^3/t；②电25 kW·h/t；③水 0.5 t/t；④综合能耗 80 kgce/t；

（4）阳极板质量：①铜品位 98.8%～99.2%；②阳极板含氧 ≤0.2%。

2）间断性作业 其技术经济指标如下：

（1）平均日产量　450 t 阳极板；

（2）阳极板的能耗　①平均天然气单耗为 55 m³/t；②平均综合能耗为 98 kgce/t；

（3）金属回收率　铜 ≥99.5%，金 ≥98.5%，银 ≥97.5%；

（4）浇铸合格率　≥98.5%。

3. 组合工艺的原辅助材料控制与管理

1）铜原料控制与管理　适合组合工艺的原料以品质比较好的杂铜为主，铜品位达到92%以上。原料管理的主要措施是：①对铜原料进行分类堆放，不同原料按不同的工艺处理。②在作业过程中，对入炉原料和产出物进行计量。

2）辅助材料控制与管理　辅助材料包括石英石、煤基粉、硫酸钡、耐火材料等。辅助材料管理的主要措施是：①严格各类辅助材料的采购程序，建立采购档案，确保材料的质量、规格、品质符合工艺要求。②对各类辅助材料的进、出库量进行登记，以便掌握准确的消耗数据。③根据工艺条件制订各类辅助材料的消耗定额。

4. 组合工艺的能源消耗控制与管理

组合工艺的主要能源消耗是天然气，其成本接近总成本的一半。天然气管理的主要措施是：①在各个工艺环节的管道上，安装天然气流量计，将天然气消耗分解到各道工序。②根据不同的原料，采用不同的处理工艺，降低天然气单耗。③制订科学的作业标准，加强工艺制度的检查，优化操作。④努力采用新工艺新技术，降低单耗。

5. 金属回收率控制与管理

企业内定的组合工艺金属回收率为：铜99.5%，金98.5%，银97.5%，实际回收率都高于上述指标。提高回收率的主要措施是：①加强对铜原料的取样、化验，确保原料的检测品位与实际品位基本一致。②竖炉与平炉的烟气都设置收尘装置，回收烟尘中的有价金属。③设计合理的渣型，加强平炉扒渣操作，减少渣中铜损失。④加强现场管理，减少不必要的损失。

6. 产品质量控制与管理

组合工艺的产品是阳极板，阳极板的质量既与浇铸装置的性能和操作有关，也与平炉精炼作业有关。从组合工艺的角度看，质量管理的主要措施是：①所有入炉的原料都要提供化验单，让操作工了解原料含有哪些杂质、各类杂质含量是多少，以便确定氧化的程度，选用造渣熔剂种类。②氧化与还原反应结束，都要取样进行快速化验以确认是否达到终点；③根据铜水温度调节燃烧量和炉膛压力，在满足浇铸温度的前提下，控制低温操作。

7. 生产成本控制与管理

组合工艺的直接成本，除了人工费用外，最主要的是天然气、耐火材料与阳

极模耗 3 项,其中天然气成本大约要占一半。在成本控制上,采取的主要措施是:
①将成本分解到各个环节,分解到各个班组,从细节上加强管理;②采用新技术、
新工艺、新装备,降低各类单耗;③加强采购管理,控制各类材料的采购成本。

4.4　NGL 炉熔炼再生铜

4.4.1　概述

NGL 炉熔炼废杂铜新工艺和装备专利技术由中国瑞林工程技术有限公司
2008 年研发,NGL 炉名称中 N 取用中国瑞林公司缩写"NERIN"的首个英文字母,
G 和 L,分别取汉语拼音"固体物料"和"炉子"的首个字母,其含义表示 NGL 炉为
NERIN 研发的固态物料废杂铜冶炼技术,适用于品位 90% 以上的再生铜的处理,
当然该技术也可以处理熔融态物料。实践证明:处理 30% 的热态物料和 70% 的
固态物料生产效率更高。与现有同类技术比较,该技术在节能减排、产量和安全
等多方面具有显著优势。

1. NGL 炉冶炼再生铜简介

NGL 炉结合了倾动炉和回转式阳极炉的优点,采用高效环保的稀氧燃烧方式
供热,同时,还采用氮气搅拌装置,以强化传热传质。炉体为圆形筒体,水平横
卧布置,形如回转式阳极炉,加料门(兼排渣)与氧化还原口、出铜口分设两侧,
炉底有透气砖。炉体可转动,以完成氧化还原精炼、排渣和浇铸等各项操作。

NGL 炉冶炼再生铜的流程如图 4 - 4 所示。冶炼过程按一炉一个周期依次进
行,每个炉次可以划分为几个作业阶段:①加料熔化期;②预氧化期;③氧化及
排渣期;④还原期;⑤浇铸期。

2. NGL 炉冶炼再生铜原理

从热力学上分析,铜及杂质元素氧化反应的强弱顺序为:铝,锰,铁,锌,
镍,锡,铅,硫,铜,铋,砷,锑,银,金。氧化精炼的基本原理是基于排在铜左侧
的如铝、铁、锌、硫等大多杂质元素对氧的亲和力都大于铜对氧的亲和力,并且
这类氧化物几乎不溶于铜液,最终使杂质组分与铜分离。氧化作业是将压缩空气
(或富氧空气)通入熔融的铜水中,使熔体中发生氧化反应:

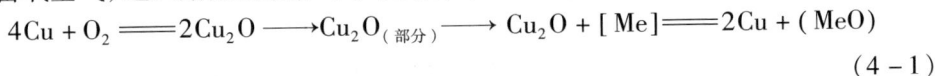

$$4Cu + O_2 \Longrightarrow 2Cu_2O \longrightarrow Cu_2O_{(部分)} \longrightarrow Cu_2O + [Me] \Longrightarrow 2Cu + (MeO)$$

$$(4 - 1)$$

部分金属铜首先被氧化成氧化亚铜(Cu_2O),并随气体的搅动向四周扩散,当
氧化亚铜遇到氧亲和力更大的杂质金属 [Me] 时,氧化亚铜所携带的氧被这个杂
质金属夺走,氧亲和力较大的杂质元素被氧化。当铜水中含氧量为饱和浓度
0.8% ~ 1.0% 时,可脱除这些杂质元素。

天然气(燃料)　电解残极　废杂铜(约90%Cu)　废阳极板　压缩空气　天然气(还原)

打包

NGL炉

精炼渣
(待处理)

阳极铜

烟气

浇铸

喷雾冷却

废阳极板
(返回熔化)

合格阳极板
(送电解)

空气冷却

布袋除尘

烟气
(烟囱排空)

烟尘
(外售)

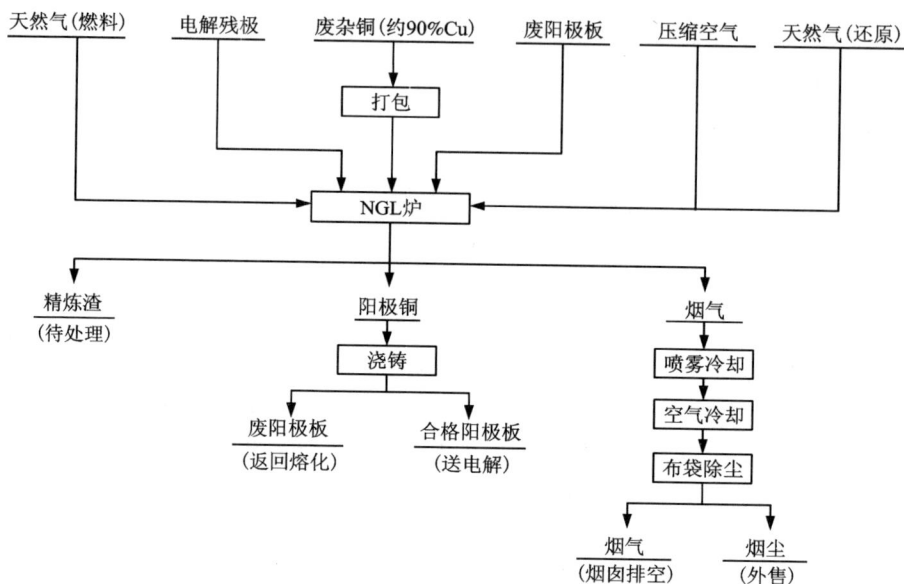

图4-4　NGL炉废杂铜冶炼原则流程

但是,在浇铸前铜水的氧含量应控制小于0.1%,为此,在氧化期排渣后,需进行还原降低铜水含氧量。

杂质金属氧化物(MeO)一般在铜水中的溶解度和密度均较低,在气流搅动作用下,容易浮出铜水液面,与熔剂反应进入渣相:

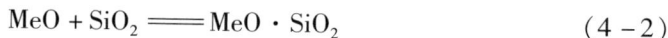

$$MeO + SiO_2 \Longrightarrow MeO \cdot SiO_2 \qquad (4-2)$$

其随炉渣排放后,大部分杂质元素被分离,铜水得到提纯。但此时,铜液被 Cu_2O 饱和溶解,其浓度约8%,折合含氧量约1.0%,因此,还需用天然气还原脱氧:

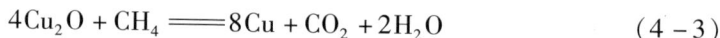

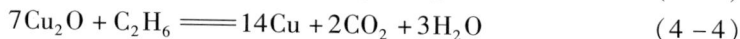

$$4Cu_2O + CH_4 \Longrightarrow 8Cu + CO_2 + 2H_2O \qquad (4-3)$$
$$7Cu_2O + C_2H_6 \Longrightarrow 14Cu + 2CO_2 + 3H_2O \qquad (4-4)$$
$$10Cu_2O + C_3H_8 \Longrightarrow 20Cu + 3CO_2 + 4H_2O \qquad (4-5)$$

3. NGL炉冶炼再生铜技术特点

NGL炉冶炼废杂铜工艺及装置经过工业生产实践证明,具有如下主要特点:

(1)热效率高　NGL炉炉体密闭性好,辐射热损和漏入冷风少;采用稀氧燃烧,能耗降低50%。

(2)精炼效率高　氮气搅拌,氧化、还原效率和升温速度得以大幅度提高。

(3)操作方便、安全　冷料热料均可处理,加料和扒渣方便;氧化还原无须人工持管,自动化程度高,无安全隐患。

(4)环境保护好　操作环境洁净,NO_x排放量降低了80%以上,CO_2排放量减少40%,烟气系统投资和运行费用低。

4.4.2 NGL 炉的运行及维护

1. 概述

NGL 炉外观结构见图 4-5，成套设备由以下几部分组成：炉体、炉体支撑装置、驱动装置、炉体倾转控制系统、炉内衬砖、燃烧系统、集排烟系统和冷却系统等。炉体附件包括炉口装置、氧化还原口装置、出铜口装置和氮气搅拌装置及透气砖等。

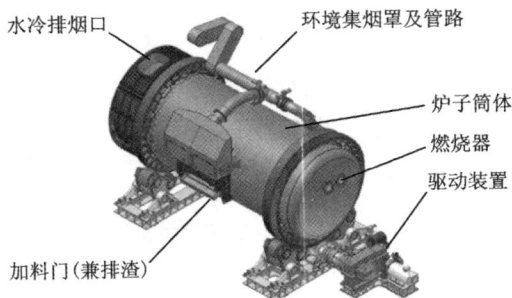

图 4-5 NGL 炉炉体外观结构示意图

2. NGL 炉本体

1) NGL 炉本体结构　其示意如图 4-6 所示。圆筒形钢制炉体，规格为 $\phi 4.5\text{ m} \times 12.5\text{ m}$。开设一个 $B1.8\text{ m} \times H1.0\text{ m}$ 加料口。炉口设顶部和两侧三边水冷铜质护套，下部为衬砖结构排渣流道。炉口配气动启闭的炉门。门框为水冷结构，门板为耐火砖。炉体两端为焊接封头。2 个燃烧器和 1 个观察孔位于驱动端封头。在另一端靠近封头的炉体上侧，设一个 $0.98\text{ m} \times 0.48\text{ m}$ 的排烟口，烟口周边设水冷裙圈和筒体护板。炉体两端各有一个外径 $\phi 5.8\text{ m}$ 的滚圈，每个滚圈由托轮支撑装置支撑。在炉口上设置有环境集烟罩，使外逸烟气有序排放。炉体浇铸侧设有一个直径 $\phi 80\text{ mm}$ 的出铜口及堵口装置。在出铜口侧设 5 个氧化还原口，用管道连接。对于支撑装置的托轮轴承及小齿轮轴承采用 2 套干油集中润滑系统，自由度和驱动端支撑装置各 1 套。

2) 氧化还原风管　氧化还原喷嘴在炉体上的安装形式如图 4-7 所示，喷嘴插入耐火砖 1 和氧化还原口盖板 5 上预留的孔中，必须将氧化还原风管伸出耐火砖 20~30 mm。氧化还原口盖板通过楔块压住，盖住喷嘴周边的耐火砖。使用该结构可以快速更换该区域的耐火砖。

如果一个喷嘴或几个喷嘴堵塞，可以通过每个喷嘴的压力计看到空气/天然气的总量下降，此时必须中止精炼。将炉子转到零度位置，使氧化还原风管露出铜液面。关闭风管阀门组上的氧化空气、还原天然气及冷却风的手动阀。用扳手将风管上的堵头拧下，用 $\phi 12\text{ mm}$ 钢钎打通，打通后将堵头装上拧紧。重新配置后，可继续精炼。检查风管各连接处有无泄漏。

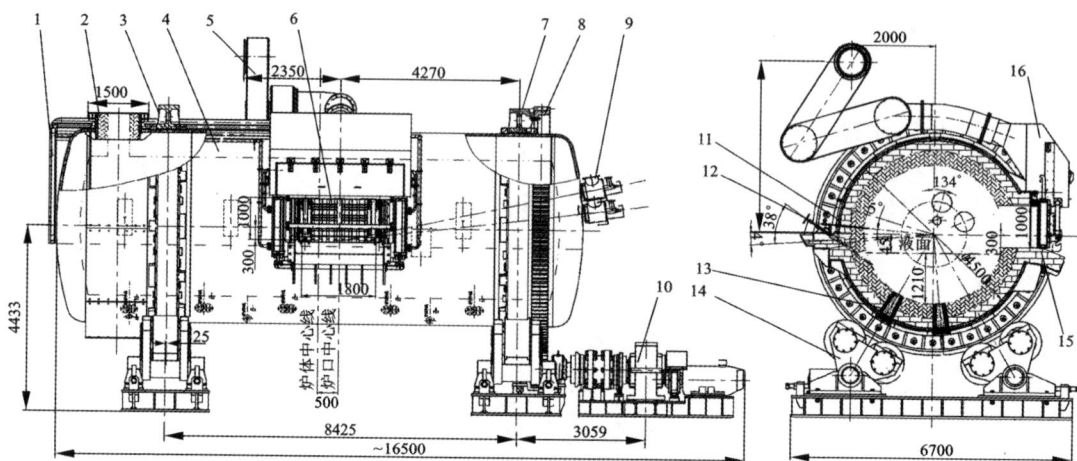

图 4 – 6　NGL 炉结构示意图

1—冷却水配管；2—烟道口；3—自由端滚圈；4—炉子筒体；5—环集烟管；6—炉门装置；7—驱动端滚圈；8—大齿圈；9—燃烧器；10—驱动装置；11—氧化、还原风管；12—出铜口及封堵装置；13—透气砖；14—支撑装置；15—排渣流道；16—集烟罩

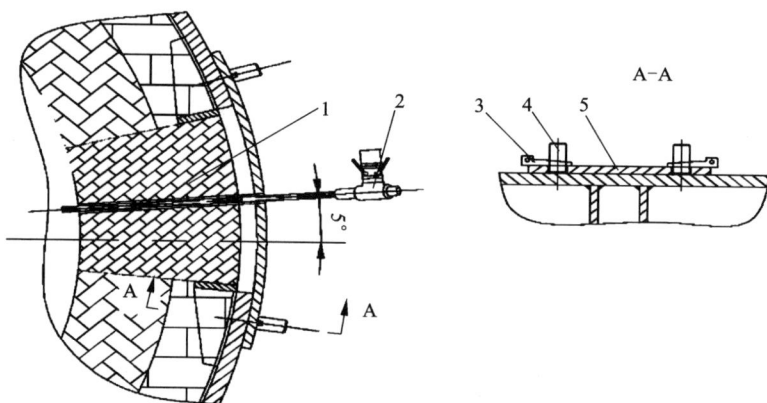

图 4 – 7　氧化还原喷嘴安装示意图

1—耐火砖；2—氧化还原口喷嘴；3—楔块；4—销轴；5—氧化还原口盖板

3. 驱动装置

NGL 炉的驱动过程分为快速倾转和慢速倾转两种模式。炉体正常工作使用快速倾转模式，阳极浇铸和事故处理操作使用慢速倾转模式。驱动装置配置如图 4 – 8 所示。

快速倾转驱动时，动力传输路线是"主电机→主减速器→小齿轮→大齿圈(炉体)"。慢速倾转驱动时，路线为"辅助电机→辅助减速器→主减速器→小齿轮→大齿圈"。

当炉体没有处在"安全位置"的角度范围内，如果发生主电机或主电源故障，或氧化还原作业时出现供气压力低于标准值、浇铸时事故停电等情况，驱动装置系统将自动转入"事故倾转"状态，启动慢速倾转模式，使炉体自动倾转至安全位，以免发生风眼堵铜故障。

（1）倾转驱动模式参数　该参数包括：①扭矩 260 kN·m；②齿轮传动比 $i = 162/23 = 7.0435$（齿圈和齿轮）；③电机功率为 110 kW；④减速器减速比 $i = 159.273$；⑤驱动时炉体转速 $n = 0.5188$ r/min。

（2）倾转驱动模式参数　该参数包括：①NGL炉浇铸及事故驱动（直流）电机功率为 13.8 kW（220 V）；②浇铸及事故驱动输出速度 $n = 3.654$ r/min；③辅助减速器减速比 $i = 13.3$；④浇铸及事故驱动时炉体转速 $n = 0.052$ r/min。

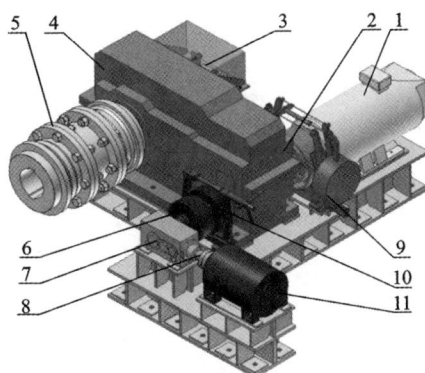

图 4-8　炉体倾转驱动装置结构示意

1—主电机；2—联轴器；3—主令控制器及编码器；4—主减速器；5—齿式联轴器；6—电磁离合器；7—辅助减速器；8—联轴器；9—辅助电动机；10—手动制器；11—电磁制动器

4. 耐火材料

设计选用 350 mm 厚的镁铬砖作为工作内层，再衬 230 mm 黏土砖和 10 mm 耐火纤维板；两球形端墙选用 450 mm 镁铬砖、50 mm 黏土砖及 10 mm 耐火纤维板。NGL炉（和二次燃烧室）几种主要的耐火材料成分及理化指标见镁铬砖产品标准。为了不影响耐火材料的物化性能，必须严格遵照升温曲线对炉子进行升、降温。

5. 稀氧燃烧系统

"稀氧燃烧"是一种用工业氧气（氧浓度＞90%）助燃的方法，不需要配备助燃风机。稀氧燃烧器结构示意见图 4-10。与传统富氧燃烧混气方式不同，稀氧燃烧器（JL型）运行时，将工业氧气和燃料（如天然气）分别通过各自的入口高速喷射进入炉膛，依靠射流卷吸效应将射流边界层空间区域的高温烟气一同"卷吸"进流股之中，这样氧气和燃料气体均被"稀释"并混合，同时，氧气和燃料在与卷吸高温烟气相互混合的过程中，三者之间进行强烈的传质传热，直至高速燃烧。

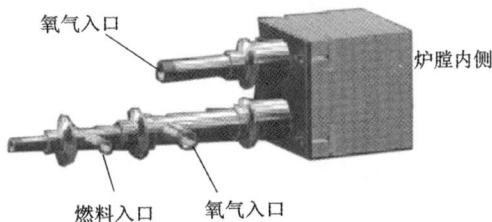

图 4-9　稀氧燃烧器（DOC）结构示意

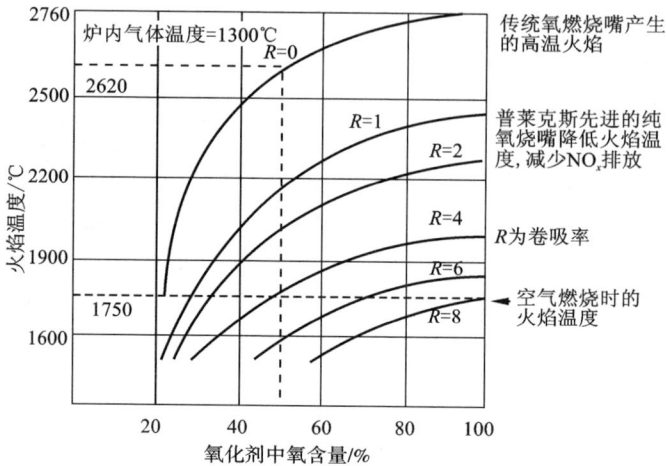

图 4 - 10　稀氧燃烧卷吸率与燃烧温度的关系

1）设备组成　以普莱克斯氧气—天然气稀氧燃烧系统作为案例加以说明，系统由三部分组成：①配气系统：阀门，管件，仪器仪表；②操作站：按钮操作面板、PLC 控制柜、人机控制界面；③烧嘴部分：天然气 DOC - J/L 烧嘴、火焰探测器、枪前软管、止回阀、手动球阀、点火系统。

2）系统性能特点　其性能特点按氧气配送系统和天然气配送系统分别叙述。

（1）氧气配送系统　DOC 的氧气配送系统设计遵循 CGA（美国压缩气体协会）标准 G - 4.4。氧气流量的计算和管道尺寸的确定基于以下要求：①氧气压力（阀架进口）：2.5 ~ 4.0 kPa；②氧气温度（阀架进口）：20℃，③氧气最大设计流量：1000 m³/h L 枪端，300 m³/h J 枪端；④CGA 标准规定，在不锈钢管道系统中，压力≤10.34 kPa 时，氧气的最大流速不能超过 45.7 m/s（150 ft/s）。

（2）天然气配送系统　天然气流量的计算和管道尺寸的确定基于以下要求：①天然气供应压力：4.5 ~ 5.5 kPa；②天然气温度：20℃；③天然气最大流量：500 m³/支路。

3）维护　维护包括对整个系统的日常管理、检查与维护以及关键部件的检修。

（1）烧嘴及烧嘴砖枪孔清理　由于烧嘴头部靠近熔池，不可避免会有铜水喷溅，需要对枪头和烧嘴砖枪孔每周进行定期清理。清理时，需将烧嘴小心取出，避免损坏烧嘴砖和烧嘴。

（2）日常维护检查　自动控制系统并不能完全保证设备的正常安全运行，每天一次的巡检可以帮助减少意外发生。巡检时记录下任何异常情况，并及时向主管部门报告。表 4 - 1 列出了建议巡检项目。

表 4 - 1　建议检查项目

巡检目标	观察内容
每天巡检	
气源	气体供应是否充足
管路	A. 是否有泄漏、碎片或腐蚀；B. 仪表气过滤器滤芯是否干净；C. 压力表读数正确与否；D. 手动阀是否打开；E. 仪表气是否供给正常
外部连接管路	A. 是否泄漏；B. 管路状况是否完好；有无损伤痕迹
每月检查	
阀架	A. 压力传感器读数和压力表读数是否一致；B. 设备或零部件是否有损坏
每年巡检	
设备校验	A. 压力开关；B. 控制阀全开度对应 4～20 Ma；C. 关断阀位置开关；D. 安全切断阀可关紧

要确认以下各项：①系统完整，无零部件缺失；②管夹等紧固件未松动；③警告牌符合规范，并贴于合适位置；④零部件有适当防护，无生锈和腐蚀；⑤氧气零部件无油脂；⑥推荐备件有适量库存；⑦仪表气供应系统工作正常；⑧检查仪表气供应压力，合适范围为 4～6 kPa；⑨检查所有连接处是否有泄漏现象，可以适当紧固。

6. 氮气搅拌系统

氮气搅拌系统是由透气砖组件、管路、PLC 控制系统和气柜组成。两台 NGL 炉氮气搅拌装置共用一套 PLC 控制系统和气柜单元，每台 NGL 炉设 8 套透气砖组件。

1）氮气搅拌装置　氮气搅拌装置就是使化学性质相对稳定的氮气经带有细小微孔结构的"透气砖"鼓入铜水之中，氮气膨胀和上浮对熔体进行扰动，使炉膛内原本静止的熔体成为有环流的"活水"，以加速氧和热量的传递和杂质氧化物的上浮。生产实践证明氮气搅拌对提高生产效率和产品质量有显著效果。按透气砖透气通道的结构划分为三种，即狭缝型、弥散型、直通微孔型。NGL 炉选用国产狭缝型外装式透气砖。氮气搅拌过程示意参见图 4 - 11。透气砖装配结构示意图见图 4 - 12。

PLC 控制和气柜单元可实现对每台 NGL 炉的 8 组透气砖及支路气源压力、流量的控制或显示，具有管路堵塞和漏气检测功能，以及透气砖寿命检测功能。

气柜单元接口条件：①气源：含量≥99% 的氮气和压缩空气各一路，均为干燥、清洁的气体；②气源压力：气柜单元入口处，氮气和压缩空气均大于 0.6 MPa；③气源流量：氮气及压缩空气≥6 m³/min（两台 NGL 炉用量的合计值）；④供电电源：交流 220 V 3 kV·A 30 min 的不间断电源。

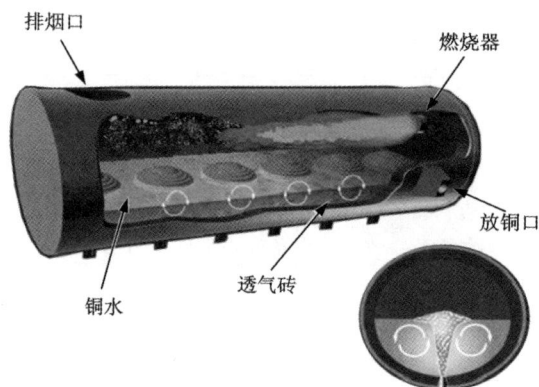

图 4 - 11 氮气搅拌过程示意

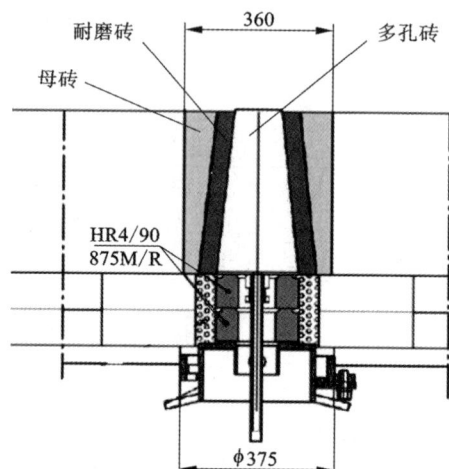

图 4 - 12 透气砖装配结构示意图

根据透气砖所在位置和作业状态的不同，每一组透气砖的氮气流量可以不同。在各种作业状态下，透气砖透气量预先设定的调节范围为：①熔化阶段：10 ~ 90 L/min；②预氧化、氧化及排渣阶段：90 ~ 200 L/min；③还原阶段：90 ~ 150 L/min；④保温阶段：10 ~ 90 L/min；⑤出铜阶段：10 ~ 90 L/min。

作业阶段可以由操作者确定，控制系统将根据预先设定的流量数据自动调节每块透气砖的氮气流量。每条支路的流量也可以通过手动方式进行调节。操作调整之后，应做相应的操作变更记录，记录的信息包括日期、炉次编号、作业期、原流量和变更后流量。在氮气气源失压后，根据系统预先设定的保安流量，系统将自动打开压缩风，同时维持每条支路一定的流量，使得透气砖不至于堵塞。

7. NGL 炉冷却系统

冷却水系统如图 4 - 13 所示，包括炉口、炉门框和排烟口裙圈的冷却元件和冷却水管路及积水斗。要求冷却水连续供水，进水最高温度为 35℃，排水最高温度为 45℃，通过截止阀调节水量，以使出水水温比进水水温高 10℃左右为宜。每一出口处都装有断流检测计对冷却水的流股进行监测。NGL 炉炉口、炉门框以及水冷裙圈均有独立回路的出口管道。要求对炉口水套、炉门框以及水冷裙圈进行日常点检，测量水温和检查是否有漏水点及是否断流。

8. 排烟罩和环境集烟系统

NGL 炉排烟罩将烟道口活动区间完全罩住，与裙圈之间有迷宫密封结构，可收集 NGL 炉烟道口排出的烟气，并将烟气送往二次燃烧室。排烟罩结构如图 4 - 14 所示，由水冷板、壳体、操作平台、钢梯和支架等组成，内衬耐火砖，并开设有检修和清理孔。在靠近二次燃烧室一侧的侧面板上通有冷却水。在 NGL 炉的正常生产过程中，水冷板的水量 ≥ 50 m³/h，进口水温 ≤ 32℃，出口水温 ≤ 42℃。

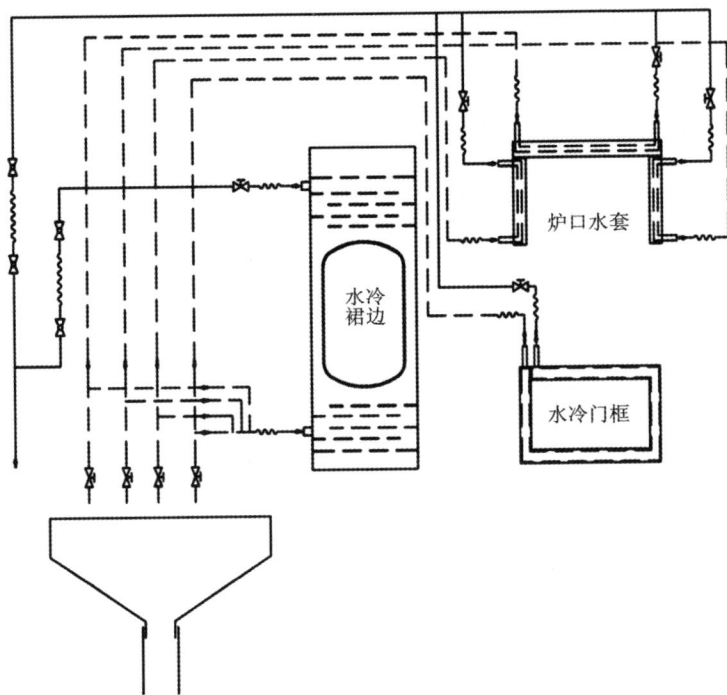

图 4-13　冷却水系统示意图

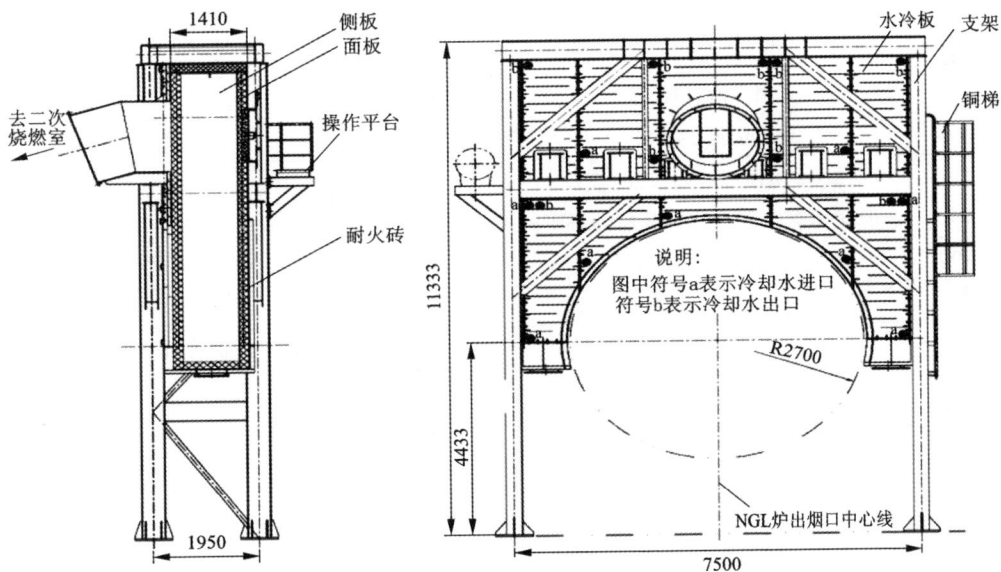

图 4-14　NGL 炉排烟罩结构示意图

4.4.3 生产实践与操作

1. 工艺技术条件与指标

NGL 炉设备设计参数见表 4-2，各阶段的操作参数见表 4-3。

表 4-2　NGL 炉设备设计参数

No	项目	设计值	备注
1	处理能力/t	250	冷料 270
2	炉壳筒体内直径/mm	4500	
3	炉壳筒体内长度/mm	12500	
4	炉壳主筒体厚度/mm	55	
5	内衬内径/mm	3320	
6	内衬长/mm	11540	
7	炉体快速倾转速度/($r \cdot min^{-1}$)	0.5	
8	炉体慢速倾转速度/($r \cdot min^{-1}$)	0.05	
9	设备总重/t	305	
10	筒体端部结构形式	球形接头	
11	加料门数量/套	1	
12	加料门高/mm	1000	
13	加料门宽/mm	1800	
14	出铜口数量/套	1	
15	出铜口内直径/mm	50(80)	
16	氧化还原口数量/套	5	
17	氧化还原管内径/mm	18	
18	氧化压缩空气系统供气压力/MPa	0.6	
19	氧化压缩空气流量/($m^3 \cdot h^{-1}$)	2200	单炉 NGL，最大
20	还原天然气系统供气压力/MPa	0.45	
21	还原天然气流量/($m^3 \cdot h^{-1}$)	1500	单炉 NGL，最大
22	稀氧燃烧器数量/套	2	
23	每套燃烧器燃烧天然气能力/($m^3 \cdot h^{-1}$)	800	最大
24	系统供燃烧天然气压力/MPa	0.45	
25	透气砖套数/套	8	
26	透气砖单砖最大氮气流量/($m^3 \cdot h^{-1}$)	12	

表 4 - 3　NGL 炉精炼操作参数

项目	作 业 阶 段				备注
	加料、熔化	预氧化、氧化及排渣	还原	浇铸	
炉位角度/(°)	0	49 /49 /5	49	11 ~ 55	
加料量/t	270	—	—	—	排渣后可酌情补充适量原料
作业时间/h	11 ~ 15	4 /2.5 /1	1 ~ 2	3.5 ~ 4	
燃烧天然气流量 /(m^3·h^{-1})	600 ~ 700 (500 ~ 850)	500 /190 /50(160 ~ 220)	0 ~ 35 (30 ~ 50)	160 (150 ~ 200)	括号外为典型值，括号内为流量范围
天然气燃烧量必须以 NGL 炉膛温度控制在不超过 1350℃ 为根本原则，所以，各个作业期的操作过程中，需要根据实际情况调整表中的天然气实际用量					
还原天然气流量 /(m^3·h^{-1})	—	—	950 (800 ~ 1000)	—	
氧化剂流量 /(m^3·h^{-1})	—	最大：2000	—	—	压缩空气
助燃氧气流量 /(m^3·h^{-1})	1500	400	(950)	330	该流量将由稀氧燃烧装置控制
烟罩出口烟气量 /(m^3·h^{-1})	5000 ~ 10000	4500 ~ 7000	4500 ~ 8000	3500 ~ 4500	
单砖氮气搅拌气量 /(L·min^{-1})	10 ~ 200	90 ~ 200	90 ~ 150	10 ~ 90	配 8 套透气砖
炉内熔体温度 /(°)	熔化结束 ≥1200	氧化终点 1200 ~ 1250	还原开始 1150 ~ 1170	还原终点 1180 ~ 1210	
烟气温度（NGL 炉排烟罩处测点温度）/℃	900	900	1100	1100	
氧化结束铜液含氧/%		≥0.7			
还原结束铜液含氧/%			≤0.1		
氧化还原口冷却风 /(m^3·h^{-1})	500			500	
炉口冷却水量 /(m^3·h^{-1})	50	50	50	50	
炉门冷却水量 /(m^3·h^{-1})	30	30	30	30	
出烟口冷却水量 /(m^3·h^{-1})	40	40	40	40	
冷却水出水温度/℃	45	45	45	45	

2.操作步骤及规程

NGL炉运行操作包括炉体倾转、稀氧燃烧等单项操作、无负荷试运行调试、开炉升温操作及正常生产操作等。

1)单项操作 炉门开启和关闭、出铜、放渣、炉体倾转、稀氧燃烧等单项操作非常重要,下面分别介绍。

(1)炉门的开启和关闭操作 气缸行程为1100 mm的活塞,炉门的开度可按需要进行选择。电源故障时电磁阀可维持气缸位置并由控制阀控制。气动源采用干燥的压缩空气,流量为4800 L/min,最大压力为7 kPa,最小压力为6 kPa,炉门的启闭时间约为15 s。

(2)出铜操作 出铜操作包括出铜口清理、制作及烧开出铜口等。

①出铜口清理 方法及步骤如下:A.出铜终止后,必须立即用钢钎疏通出铜口,尽量将出铜口搅大,使出铜口直径保持80 mm;B.每出完一炉后必须用钢钎清理出铜口及出铜流槽四周冷铜和松散耐火泥。

②出铜口制作 方法及步骤如下:A.在熔化期,当炉内加料量达200 t时,要求开始堵出铜口。堵出铜口时,先要塞入一团黄泥压紧,然后插入一根长度适中的钢圆棒,再用黄泥塞实,最后用专用堵头堵好;B.用适量镁粉、耐火土、水玻璃拌成既不松散又不很湿的耐火料,拌好的浇铸料要湿度适中(以放在手中稍捏即成团,指间不淌水为佳);C.制作前先将出铜口及出铜流槽四周的松散物和冷铜彻底清理干净,周围再浇少量的水,制作时一定要把耐火泥压紧,出铜流槽口往外稍凸;D.制作好的出铜口必须等耐火泥干后方可出铜。

③烧开出铜口 方法及步骤如下:A.穿戴好劳保用品,准备好氧气胶管、木炭、氧气管和钢钎等;B.拔出出铜口堵头,清理出铜口的黄泥,露出圆钢头;C.接好氧气管后,先开少量氧气,让氧气管慢慢点着,然后将点着的氧气管对准出铜口,保持与出铜口的水平夹角为35°左右,沿其圆周缓速搅拌,将其烧通;D.出铜口烧好后,清理干净溢流在铜口及流槽内的铁渣等杂物,并将氧气胶管、废氧气管等收拾整理好,保持现场整洁。

(3)渣、流槽操作 方法及步骤如下:A.流槽要彻底清理干净;B.渣槽和炉体的接合处,制作时要注意用稀的浇铸料填充缝隙,以免跑渣;C.保证渣、流槽的坡度和开口度;D.渣口应保持水平光滑;E.渣口流道最低处低于加料门底边100~150 mm,放渣前应确认其是否干燥,以防放炮。

(4)炉体倾转操作 NGL炉体的倾转(摇炉)操作地点有两个——NGL炉控制室和圆盘浇铸控制室。在NGL炉控制室能控制NGL炉进行氧化/还原、倒渣操作,在圆盘浇铸控制室仅能控制NGL炉的浇铸操作。正常情况下,炉体倾转动作和炉位状态始终由一套PLC系统来实施监控。仅当发生事故倾转时由直流驱动柜脱离 PLC 自行完成动作。

①正常摇炉操作　在 NGL 炉操作台（AT1）摇炉操作的具体步骤为：A. 选择工作方式（检修，切，工作）；B. 选择事故倾转方式（手动，切，自动）C. 选择作业阶段（氧化还原，浇铸）；D. 选择炉体转动的操作地点（控制室、圆盘控制室）；E. 按下运转准备投入，"运转准备"信号灯亮，交流操作快转手柄控制交流电机转动炉体（或直流操作慢转手柄控制直流电机摇炉）；F. 转动结束，按可"运转准备切除"按钮，"运转准备"信号灯灭。在 NGL 炉浇铸操作台（AT2）操作的具体步骤为：A. "操作允许"信号灯亮：满足操作条件；B. "运转准备"信号灯亮；C. 直流操作慢转手柄控制直流电机摇炉；D. 摇炉完毕；E. 通知控制室；F. "运转准备切除"按下，"运转准备"信号灯灭。检修操作的具体步骤为：A. 将选择工作方式（检修，切，工作）换至"检修"；B. 选择事故倾转方式（手动，切，自动）；C. 按下"运转准备投入"按钮，"运转准备"信号灯亮；D. 可通过手柄任意倾转炉体，注意炉体周边设备人员安全、障碍物以及液面位置。修炉时可 360°转动炉体，但要拆除相关的管子。

②事故摇炉操作　在 NGL 炉操作台（AT1）操作的具体步骤为：A. 按下"试灯"按钮，检查操作台上信号灯是否正常，选择工作方式（检修，切，工作）；B. 选择事故倾转方式（手动，切，自动）；C. 手动事故倾转试验（切，事故试验）；D. 炉体事故倾转试验；E. 按下"故障复位"按钮，操作台上故障信号灯灭（如故障仍然存在，信号灯不灭）；F. 按下"音响报警停止"按钮，在事故倾转电笛响时可停止音响；G. 在炉体失控的情况下按下"急停"按钮，炉体停止转动，将急停按钮拔起可以重新操作；H. 按钮发生事故倾转后，如果发生主令控制器角度故障，炉体在正常安全位置（RLS1，60°~80°）不能自动停车，应立即将事故倾转方式（手动，切，自动）转换到"切"位置，炉体将停止转动；I. 检修时应先将工作方式（检修，切，工作）置为"检修"，再将事故倾转方式（手动，切，自动）置为"切"。

③应急直流屏充放电操作　当交流电源消失时，需为直流电机提供应急倾转用电源，保证 NGL 炉倾转至安全位置，防止事故的发生。1 年需做 1 次充放电试验，其操作步骤如下：A. 充电，将 2 路充电电源（从低压柜引出）合上，电池主开关合上，放电试验开关断开，蓄电池处于充电状态，从电池低电压至充满状态约需 24 h；B. 放电，将 1 个 40 A 的直流负载接入放电试验开关下桩头，将 2 路充电电源（低压柜引出）断开，电池主开关断开，放电试验开关合上，蓄电池处于放电状态，电池从满电压至低电压状态约需 10 h；C. 电池放电时应每隔 1 h 检测 1 次电池出口总电压并记录，放电电压最终不得低于 210 V。

④操作注意事项　A. 严禁同时使用交流操作快转手柄和直流操作慢转手柄控制炉体转动；B. 不得无限制使用手动事故倾转试验开关或人为制造事故条件，

消耗电池容量。随时监测直流屏电压，使之保持 210 V 以上。

(5)稀氧燃烧操作　稀氧燃烧是一项新技术，操作过程复杂，要求严格。

①运行准备确认　其步骤为：A.按钮操作面板安装有运行准备确认按钮，只有当确认烧嘴安装完毕、启动系统满足条件后确认并按下此按钮，系统方可启动；B.PLC 控制柜，操作箱和人机界面(HMI)对阀架上的(氧气和天然气)自动安全阀、切断阀、控制阀进行控制，对一个逻辑、安全联锁的燃烧控制系统、不同工艺流量的 PID 控制模型、自动的顺序控制程序、报警状态以及工艺数据进行设置。

②检查　稀氧燃烧操作的检查对象和步骤为：A.检查安全切断阀的动作，系统在启动或运行时就可判断安全切断阀工作是否正常。阀门执行器顶部的位置开关显示了阀门的工作状态。B.检查安全切断阀工况：a.检查 PLC 输入模块上 LED 灯的显示情况，同时监视工作站 P&ID 画面当前阀位；b.关闭气源供应手动切断阀，按第一步操作，检查阀门是否处于关闭位置；c.安全切断阀通电，检查阀门位置是否处于打开位置，如有需要可适当调整阀位开关，使之符合阀门实际工作状态。C.检查出口切断阀的工况，在系统启动或运行时检查切断阀工作是否正常。阀门执行器顶部的位置开关显示了阀门的工作状态。D.检查出口阀门工况：a.检查 PLC 输入模块上 LED 灯的显示情况，同时监视工作站 P&ID 画面当前阀位；b.关闭阀架上的手动切断阀；c.检查阀位开关状态是否和工作站画面显示一致；d.出口切断阀通电；e.检查阀门位置是否处于打开位置，如有需要可适当调整阀门开关，使之符合阀门实际工作状态。

在 C 与 D 项检查中，如果先导电磁阀通电而阀门没有动作，再次确认仪表气是否为 4~6 kPa，电路保险丝是否完好，电源状况是否良好。如果阀门不能正常动作，参照生产商适用手册调整位置开关位置，更换电磁阀或更换执行驱动器。测试后请确认短接线已被拆除，并且所有阀门开关正常。

③安全要求　A.在开始使用燃烧系统之前，须排除炉内的可燃气体。勿让易燃气体或液体进入窑炉，因熔炉中易燃气体的集聚会有爆炸的可能；B.在燃烧装置供货方规定的流量范围内开启燃料，并按时检查燃料管路系统，维护好相应的设置；C.在冷炉点火之前，需以 5 倍于炉膛体积的空气或惰性气体对炉膛进行吹扫；D.若连续点火失败 3 次，需以 5 倍于炉膛体积的空气或惰性气体对炉膛进行吹扫后，方可再次点火。

④点火　点火升温应具备的条件：A.各控制系统和机械设备冷态试运行正常；B.冷却水系统具备通水条件；C.压缩风、仪表风具备正常供给条件；D.燃烧和还原用天然气具备正常供给条件；E.助燃用氧气具备供给条件；F.燃烧阀组和氧化还原阀组能够正常工作；G.排烟风机具备排烟条件。点火前准备工作：A.启

动排烟风机、燃烧风机；B.检查炉口水套水流状况；C.检查所有仪表是否正常；D.接好氧化、还原用的金属软管和风管；E.接好天然气输送管，打通燃烧系统的各管路；F.接好热电偶；G.按照耐火材料供应商提供的资料绘制炉体升温曲线图。炉膛温度低于750℃时必须由点火枪点燃烧嘴，其步骤如下：A.在烧嘴砖点火孔安装点火枪，保持适当长度并固定，尽量让点火枪置于烧嘴砖内，防止高温损坏；B.接通电打火变压器电源；C.打开点火枪氧气球阀；D.打开点火枪天然气针阀，调节流量来调节火焰长度以及点火枪位置，直至火焰探测器显示灯常亮；E.操作员再次检查枪的安装、手动阀门状态、烟道风机运行等，一切就绪后按下就绪启动按钮；F.操作员选择当前炉膛温度范围（大于750℃或者小于750℃），系统检测点火枪火焰稳定5 s后，自动打开阀门通入燃料和氧气，同时操作面板运行指示灯亮；G.烧嘴在点火流量稳定运行一定时间后，系统自动进入低流量模式，在低流量模式运行一定时间后自动进入加热模式。此时，操作员可根据工艺要求进行燃料流量调节；H.烧嘴 A 和烧嘴 B 启动方式一致，并且相互独立运行。炉膛温度高于750℃时可省略点火枪点火，步骤为：a.操作员再次检查枪的安装、手动阀门状态、烟道风机运行等，一切就绪后按下就绪启动按钮；b.系统要求操作员选择炉膛温度范围，之后自动打开阀门通入燃料和氧气，同时操作面板运行指示灯亮。在点火流量稳定运行一定时间后，系统自动进入低流量模式，在低流量模式运行一定时间后自动进入加热模式。此时，操作员可根据工艺要求调节燃料流量。

注意：点火结束后，应立即关闭点火枪并取出，防止其长期处于高温环境中。

警告：请正确输入或选择实际炉膛温度，温度低于750℃时，直接通入燃料十分危险。

⑤运行　系统点火成功后，自动进入加热模式运行状态。操作员可根据工作模式（工艺要求）对燃料流量进行调节：A.在加热模式下，操作员只需对燃料流量进行调节，氧气流量将根据设定比例自动跟踪调节，操作员只可以在燃料流量设定的范围内调节（有最低流量和最高流量限定）；B.在还原模式下，操作员可在设定流量范围内对燃料流量和 L 氧气流量单独进行调节，J 氧气流量将按设定比例自动跟踪燃料流量。

⑥停止　正常停止燃烧步骤为：A.操作员将燃料流量调节到加热最低流量；B.按下 HMI 上的烧嘴停止按钮，系统会自动关断燃料阀门，延时一段时间后自动关断氧气阀门；C.按下 HMI 上的关闭 DOC 系统按钮，系统自动关闭所有安全切断阀。异常情况下系统因报警或急停异常停止后，燃料阀门和氧气阀门将同时关断。

注意：烧嘴关断后，应尽快取出，防止其长期处于高温环境，影响枪头寿命。

2）无负荷试运行时的调试　在 NGL 炉试运行前，需完成与炉体倾转有关的调试和设定工作。调试内容与步骤如下：

（1）主令控制器倾转角度设定值：①加料、熔化、安全倾转角 0°：加料、熔化位置，炉体位于 0°。②氧化还原极限位，倾转角 49°：朝浇铸侧倾转角度 49°。③排渣极限位，倾转角 -5°：炉体从 0° 开始往加料侧倾转 -5°。④浇铸起始位，倾转角 11.5°：炉体从 0° 开始向浇铸侧倾转 11.5°。⑤浇铸终点位置，向浇铸侧倾转 55°。

（2）生产作业情况下安全联锁控制角度　浇铸时，交流电机浇铸方向只能倾转到浇铸起始位 11.5°，然后才能使用直流电机朝浇铸方向倾转到浇铸终点位 55°。氧化还原时，交直流电机朝浇铸方向只能倾转到氧化还原极限位 49°。倒渣时，直流电机只能朝排渣口侧倾转到排渣极限位 -5°。

（3）事故倾转功能检验　在正常生产过程中且炉体未处于 0° 安全位置时，如果发生以下情况：①交流电源故障或停电，②PLC 故障，③主交流驱动电机故障，④氧化或还原管线压力低限报警，则可检验事故倾动功能。

3）修炉操作　修炉操作包括维修过程中的保温、升温及降温停炉操作。

（1）保温与升温　①将炉内温度降低至 850 ~ 900℃，稳定炉内负压，以保障维修人员的安全；②在 800 ~ 900℃ 恒温 4 h；③以 40℃ 的速度加热至运行温度 1250℃。

（2）NGL 炉冷修的降温停炉操作　方法与步骤为：①高温洗炉，将炉内的铜液尽量排干净；②控制烧嘴燃气量，将炉子从作业温度降至 1100℃；③控制烧嘴燃气量、炉内负压，炉温以 40℃/h 的速度均匀降温至 700℃；④炉温降至 700℃后，按操作规程停止燃烧天然气，手动关闭氧气和压缩空气管路上的总阀，手动关闭氧化还原管道上氧化风、冷却风和还原天然气的总阀；⑤打开加料门、二次燃烧室的检修门，进行自然冷却；⑥排烟风机以较小流量继续运转，以达到慢速均匀降温的目的，直到炉子温度降至 300℃ 时，关停排烟风机；⑦炉子水套如果不进行检修或不影响检修，原则上不关闭其冷却水（防止余水在水套内部结污垢而影响水套的使用寿命），可调低进水量，保持水循环，如需进行水套的处理，必须是当温度降到小于 100℃ 时才能关闭炉子水套的冷却水，但仍要求尽快恢复通水循环；⑧当温度降到小于 100℃ 后，可停掉排烟系统设备；⑨炉子完全冷却后，对于炉子内部不需更换的内衬裂缝，须用松的绝缘的如羊毛填充物覆盖好，防止脏物进入。当炉子升温时，这些裂缝会自动愈合。

4）NGL 炉生产操作　NGL 炉生产操作包括加料、熔化、预氧化、氧化、排渣、还原和浇铸等过程。

（1）加料、熔化操作　加料和熔化时炉体位置为 0° 位置，即安全位置。入炉原料如杂铜包块、浇铸废板、残极、黑铜板等，在杂铜原料厂房内进行配料和装箱。NGL 炉入炉物料含铜品位宜不低于 90%。料箱是加料机的专用料箱，最大装料量（3 t）与加料机能力匹配。装好料的箱子，通过叉车运到主厂房内地面，经吊车吊至加料平台上。加料机将料包分批加入 NGL 炉内，天然气和氧气以稀氧燃烧方式供热，冶炼过程全程氮气搅拌，以加强熔体传热传质效果，提高冶炼效率。在第一炉熔化过程中，要密切注意巡查炉底及炉子周围，发现异常情况要及时处理。一般要求在炉底处放置两根冷却风管，以便出现漏铜时进行冷却。在约 50 t 的铜丝和残极熔化后，炉子在适当角度范围内往复转动 2 ~ 3 次，以保证熔池内表面的耐火砖缝渗入铜液。适当角度范围意指炉口既不跑铜，氧化还原风口也不堵铜。待前一批次固料熔化了 50% ~ 60% 时，可以开始下一批次的加料作业。经过数批次的加料、熔化，当加入约 180 t 时可以进行预氧化作业，直至炉内熔体液面到达 NGL 炉的容量要求为止。每炉次加入料量设计值为 270 t。加料时设定 2# 燃烧器的燃气量为 100 m³/h，熔化时燃气量为 250 m³/h，氧燃比按燃烧装置供货方设定值为准。在加料和熔化之间交替调整烧嘴的燃气量，避免炉顶的温度超过 1350℃。

炉子装料完毕后即进行熔化提温的操作：在 DCS 画面上，设定两支烧嘴的总燃气量为 500 ~ 600 m³/h，氧气用量应按设定值自动调定。密切注意炉温上升情况，严禁炉顶温度超过 1350℃。调整好炉内压力，一般呈微正压。根据冒烟情况，调整加料门的环集吸风口阀门开度。

（2）预氧化/氧化操作　在熔化加料达到 180 t 时，可进行预氧化作业。此时，送入氧化风，并将炉体转至氧化作业位置。直至炉料加入量达到要求的数量（可以根据液面位置或进料统计量确定是否结束加料作业）。

①预氧化和氧化操作的准备工作　准备工作包括：A. 确认氧化阀门组上的阀门是否正常开闭；B. 确认各个氧化还原口处的手动阀（如果有）是否全部在开的位置；C. 确认冷却风压力是否正常；D. 确认炉体是否处于安全 0° 位置；E. 确认氧化风压力是否符合要求（0.6 MPa）；F. 确认风管畅通，并将风管往炉内打进，约露出 20 mm；G. 确认出铜口已封堵好；H. 根据工段指令计算好石英等熔剂的加入量，并加入熔剂。

②预氧化和氧化操作　方法与步骤如下：A. 在 DCS "炉子作业周期" 画面上，输入 "氧化期" 信号（此时 DCS 将信号传递给炉体转动控制系统的 PLC，允许炉子向浇铸侧转动 0° ~ 50°）；B. 在 DCS 上按下 "预/氧化 ON"，确认氧化风流量调节阀打开至开度 50%，冷却风阀关闭；C. 调整氧化风量到 700 ~ 900 m³/h。确认氧化风流量达设定值，流量检测正常；D. 当氧化压缩空气输送压力达一定值后系统发出 "炉子倾转" 信息，氧化操作正常。如果 3 ~ 5 min 内系统未发出 "炉子倾

转"信息,则说明氧化操作未能正常运行,请检查压缩空气安全阀和冷却风截止阀动作是否正常,氧化风压力是否正常(调节阀前后压力开关不报警为正常)。检查完毕后,按下"氧化还原异常中断"按钮,再重新启动氧化操作;E. 在仪表室炉子操作台将炉子从0°位置起,用慢转方式转动接近15°,再将氧化用压缩空气量调整至2500 m³/h,改用快转方式将炉子转到45°氧化位置进行氧化作业;F. 调节炉内为微负压(-15 Pa);G. 记录氧化开始时间。记录燃气、氧气、压缩空气用气流量;H. 如果正常,氧化过程中氧化风压力过低,则系统将由氧化方式自动切换到冷却方式,冷却风截止阀打开,压缩空气阀关闭。根据烟气温度、炉内负压以及操作经验等综合因素,通过调整燃气量,控制好炉内温度。

③氧化终点的判断 取样分析判断氧化是否到达终点,此时,铜液中含氧约7000×10^{-6},其他杂质含量不高于要求值。氧化终点温度应为1200~1250℃。(可以通过加料门或烧嘴侧点检孔取样。)

④氧化结束操作 方法及步骤为:A. 在仪表室操纵台将炉子转回0°安全位;B. 在DCS上按下"氧化OFF",确认氧化风阀关闭,冷却风阀打开;C. 调节好炉内负压;D. 测量熔体温度,并根据所测温度调整烧嘴燃油量;E. 在DCS作业周期的画面上,输入"排渣期"信号,进行下一步排渣作业;F. 记录好氧化结束时间及氧化风量等参数。

(3)排渣操作 排渣操作包括作业前的准备及排渣两项操作。

①作业前的准备 方法及步骤为:A. 确认渣包备好且就位;B. 确认渣流槽清理好,渣口宽而干净;C. 确认赶渣用的透气砖通气流量调整完毕;D. 确认扒渣工具备好待用。

②排渣 方法及步骤为:A. 确认DCS作业周期画面设置在"排渣期";B. 将炉门打开;C. 将炉子缓慢倾转至出渣位置,确认渣面宽而薄;D. 用渣扒或其他工具测量渣层厚度;E. 根据渣层厚度情况,排渣可先快后慢;F. 按赶渣的需要调整氮气搅拌装置中各个透气砖的通气量;G. 密切注意渣口情况,当出现大块物时用渣耙扒出,并保持渣流槽的畅通;H. 密切注意渣包液面,当达约三分之二液面时,用渣耙在包子内取一渣样,当渣包快满时,排渣速度需减慢,渣包液面离上沿不得超过200 mm,当渣包放满后,炉子摇回,更换渣包;I. 排渣过程中要不断检测渣层厚度,渣层减薄后,除放渣速度减缓外,还需要调整透气砖氮气流量或者用赶渣风管赶渣,甚至打开氧化风赶渣,以确保渣排净;J. 当渣层厚度为2~3 mm,排渣结束,将炉子倾转至0°,关闭渣门;K. 记录好排渣时间及排渣量。

(4)还原操作 还原操作包括还原前准备、还原、还原终点判断及结束还原等作业事项。

①还原前准备 方法及步骤为:A. 确认还原阀门组上的阀门是否正常开闭;B. 确认风管畅通,并将风管往炉内打进,约露出20 mm;C. 确认烧嘴已停止用氧;

D. 根据熔体温度情况，确认是否需停止天然气燃烧；E. 通知天然气站还原将开始，确认还原天然气压力是否符合要求（减压阀后压力为 0.25 MPa）。

②还原操作　方法及步骤为：A. 在 DCS "炉子作业周期"的画面上，输入"还原期"信号（此时允许炉体转动范围为 0°～50°）。在"精炼测控（制）盘"上，带按钮的"精炼释放"指示灯呈闪烁状，按下按钮灯亮（从此炉子倾转只受控于该操作盘）。B. 在 DCS 上确认各手动阀是否全部在开的位置、冷却风截止阀在开的位置、还原天然气压力正常、冷却风压力正常、炉子处于 0° 位置。C. 确认完毕后，在 DCS 上按下"还原 ON"，确认还原天然气阀打开，天然气排放阀关闭，冷却风阀关闭；$1^{\#}$ 还原天然气安全阀开，天然气调节阀开度 30%，然后冷却风截止阀关闭，$2^{\#}$ 还原天然气安全阀开，当还原天然气倾转压力达到一定值后系统发出"炉子倾转"信息，还原操作正常。如果 3～5 min 系统未发出"炉子倾转"信息，则说明还原操作未能正常运行，请检查还原 LPG 安全阀和冷却风截止阀动作是否正常，还原天然气压力是否正常（调节阀前后压力开关不报警为正常）。检查完毕后，按下"氧化还原异常中断"按钮，再重新启动还原操作。D. 设定还原天然气量为设计值。E. 调节好炉内负压。F. 确认天然气流量达设定值，流量检测正常（流量检测黄色为报警，白色为正常）。G. 通过炉子倾动操纵杆将炉子倾转至约 15°，再将天然气流量调整到 950 m^3/h，转动炉子到 45°～49°，确认天然气流量达到设定值后，进行还原作业。H. 如果正常还原过程中还原天然气压力过低，则系统将由还原方式自动切换到冷却方式，冷却风截止阀打开，天然气安全阀关闭，天然气排气阀打开。I. 记录还原开始时间和相关天然气流量和压力参数。J. 根据烟气温度以及操作经验等综合因素，通过调整烧嘴燃气量，控制好熔体温度。

③还原终点的判断　通过取样判断还原是否到达终点。（铜含氧量应小于 200×10^{-6}）还原期间氮气搅拌同时开启，还原终点温度要求为 1210±20℃。

④结束还原操作　方法及步骤为：A. 将炉子倾转回 0°；B. 在 DCS 上按下"还原 OFF"，确认还原天然气阀关闭，冷却风阀打开，天然气排放阀打开；C. 调节好炉内负压；D. 测量熔体温度，并根据所测温度情况调整烧嘴燃油量；E. 在 DCS 作业周期的画面上，输入"浇铸期"信号，准备下一步的浇铸作业；F. 记录好还原结束时间及天然气用量等数据。

（5）浇铸操作　当炉内铜水检验为精炼合格后，可以开始阳极板浇铸作业。此前，应完成浇铸溜槽的砌筑、烘烤以及出铜口准备等。炉体从 0° 开始向浇铸侧倾转，浇铸起始位置为 11.5°。炉体采用慢速倾转挡缓慢转动。浇铸终点位置倾转角为 55°。精炼好的铜液通过流槽流入双圆盘浇铸机，浇铸成阳极板。合格阳极板用叉车运至临时堆场，待检和倒运到阳极板堆场。浇铸过程必须保温，还原结束测定的铜液温度如果高于 1220℃，可先点燃一支烧嘴或暂缓燃烧天然气，如铜液温度低于 1200℃，点燃烧嘴，总的燃气量控制为 150～300 m^3/h。炉内压调整为微负压。

5)安全操作规程　NGL炉生产操作必须遵守以下规程：

(1)穿戴好劳保用品上岗，严格按标准化操作。

(2)扳动开关按钮时要先确认控制盘的信号、方向，方可操作。

(3)倾转炉子之前要先检查炉体四周是否有不安全因素存在，若有须排除后方可进行。

(4)炉子周围禁止放置氧气瓶、乙炔瓶等易燃、易爆物品。

(5)氧化或还原时要确认对应的调节阀是否开启，压力及流量是否达到工艺要求，以防堵塞风管。

(6)拆卸燃气管、氧化还原金属软管时一定要关闭相对应管路上的手动阀或调节阀，并确认管道中的介质已卸压。

(7)仪表或计算机报警后，要认真检查并及时确认、处理。

(8)烧氧气时一定要戴好保护面罩和变色眼镜，开氧气时要适量。

(9)烧氧时不能戴有油污的手套，吹氧管不可太短，以免氧气回火。

(10)发现设备故障(包括事故停电、停水)时，必须立即采取应急措施，防止故障进一步扩大，及时通知相关人员进行处理，做好记录。

(11)使用大锤时，要先检查锤把是否牢固，打锤和扶钎者不能站在同一侧，打锤者不能戴手套。

(12)还原前要检查天然气还原管，如果漏气，一定要处理好再进行还原操作。

(13)疏通出铜口要用实心钢筋或钢钎，不得使用空心钢管，以防铜水从管内喷出伤人。

(14)交叉作业时防止落物伤人。

(15)潮湿工器具不得接触高温熔体；禁止使用带水或潮湿的工具进行取样。

(16)钢钎、样勺等要确认是否高温，拾取时要戴无破损的手套。

(17)加强对入炉物料的点检，严格执行物料管理制度。含水或结晶水物料禁止入炉。

(18)炉子冷却水量不足时要立即减少供热燃气量，查找原因并及时处理。

(19)炉子冷却水出现泄漏时要立即采取措施，阻止水与耐火材料接触，更要阻止水进入炉内，情况危急时可关闭泄漏的支管阀门，降低炉膛温度，联系维修人员紧急处理。

(20)炉子操作时要检查风管、赶渣口是否跑铜或铜水溢出。

(21)炉子倾转到精炼、浇铸侧操作时，现场监视器画面必须切换至炉子精炼侧，防止风管着火或出铜口跑铜。

(22)第一次使用的渣包要求烘烤。放渣前要对渣包进行检查，确认包内无异物,才能进行放渣作业。

(23)渣包不准放得过满,熔体面离包子最低处应在 200 mm 以上。

(24)放渣时炉子角度不得倾转太多,防止铜水从炉门渗出。

(25)浇铸前渣包要吊离渣平台,以免炉体倾转时与渣包相碰而损坏设备。

3.常见事故及处理

NGL 炉常见故障产生原因及处理方法见表 4-4。

表 4-4 NGL 炉常见故障产生原因及处理方法

故障类型	产生原因	处理方法
炉体振动	炉体受热不匀,弯曲变形过大,导致托轮脱空	正确调整托轮
	大小齿轮啮合间隙过大或过小	调整大小齿轮的啮合间隙
	大齿圈与驱动端滚圈联接螺栓松动或断裂	紧固或更换螺栓
	传动小齿轮磨损严重,产生台阶	更换小齿轮
	基础地脚螺栓松动	紧固地脚螺栓
炉体开裂	炉体振动引起	见前述,对症处理
	表面温度太高或红炉烧损炉体,强度和刚度削弱	炉体焊补,加固烧焊
	某一支撑托轮顶部受力过大	正确调整托轮,减轻负荷
	炉体钢板材质有缺陷或接口焊缝质量差	用金属探伤器检查内部缺陷
炉体弯曲偏斜	突然停炉后,长时间没转炉	将炉弯处做一记号,等炉转到上面时停炉数分钟,使其复原
	炉墩基础下沉,托轮位置发生移动	根据测量数据,正确调整好托轮位置
托轮轴承过热、有噪声及产生振动	炉中心线不直,轴承受力过大	校正中心线,调整托轮受力情况
	托轮不正或歪斜,轴承推力过大	调整托轮位置
	轴承内用油不当或润滑油变质,以及油内混有其他杂物	及时换油,清洗轴承
	托轮承受的径向力过大,致使轴与轴承摩擦力增加	调整托轮受力情况

续表 4 – 4

故障类型	产生原因	处理方法
托轮与滚圈接触面起毛、脱壳或压溃剥伤	托轮径向力过大	调整托轮，减轻负荷
	滚圈与托轮间滑动摩擦增大	调整托轮，保证托轮位置正确
小齿轮装置轴承摆动、振动	炉体弯曲，大小齿轮传动时发生冲击	调直炉体
	大小齿轮的轮齿制造误差	修齿或更换
	大小齿轮啮合间隙不当	调整啮合间隙
	小齿轮轴与联轴器中心线不同心	校正中心线
	轴承紧固螺栓或地脚螺栓松动	及时紧固
	基础底板刚度不够	加固底板
	轴承损坏	更换轴承
主减速器齿轮表面产生点蚀、裂纹、剥落等损伤	炉体振动，有冲击，超负荷	见前述，对症处理
	油不洁净，齿间落入杂物或黏度不够	清洗、清除杂物，换新油
	齿轮表面材料疲劳，强度不够	必要时更换减速器齿轮
	齿轮啮合不良，受力不均匀	及时调整，保证良好啮合，受力均匀
主减速器壳体表面温度高	油少、不洁净	补加油或清洗换新油，采用临时降温措施
	受炉体上辐射影响	采取隔热措施
电动机振动	地脚螺栓松动	紧固地脚螺栓
	电动机与联轴器中心线不同心	校正中心线
	轴承损坏，转子与定子摩擦	更换轴承，检查、调整间隙
电动机外壳发热	接线松脱或断掉	重新接线，并确保牢靠
	受炉体热辐射影响	采取隔热措施
	转子或定子线圈损坏	拆装检修
电动机电流增加	炉内结渣	处理结渣
	托轮推力方向不一致	调整托轮，保持正确推力方向
	托轮轴承润滑不良	改善润滑，加强管理
	炉体弯曲	见前述，对症处理
	电动机本身出现故障	详细检查，更换有缺陷零件
鼓形齿联轴器异常声响	"咕咯咕咯"的响声：齿形磨损，键磨损	分析了解、更换零件、拧紧螺栓
	大的异常响声：齿断裂，严重损坏	分析了解、更换零件、拧紧螺栓

续表 4 − 4

故障类型	产生原因	处理方法
鼓形齿联轴器振动	偏心严重、齿面磨损、压溃，螺栓松动	分析了解、更换零件、拧紧螺栓
鼓形齿联轴器漏油	密封件老化、破坏、变形	更换零件
电磁离合器不完全脱开	离合器与半联轴器中心线不同心	校正中心线
	气隙过小	按说明书调整其气隙
电磁离合器不吸合或吸合力不够	气隙过大	按说明书调整其气隙
	电刷松脱	固定好电刷
	接线松脱或断掉	重新接线，并确保牢靠
	电刷磨损严重	更换电刷
	摩擦片磨损严重	更换摩擦片
制动器不完全脱开	制动器与制动轮中心线不同心	校正中心线
	接线松脱或断掉	重新接线，并确保牢靠
制动器制动时间长、制动力不够	制动瓦磨损严重	更换制动瓦
	各连接处销轴磨损严重、联接螺栓松动	更换销轴、拧紧螺栓
炉门不能再开动	压缩空气故障	使用备用压缩机操作 NGL 炉炉门，并尽快恢复压缩空气的正常供应
冷却水故障	冷却水滴漏或完全故障	定位故障点，排查故障
	冷却水从受损的冷却结构中漏出或漏到 NGL 炉内	如果冷却结构损坏，需调整进口阀，将冷却水量减少到可以接受的量，若有进一步损坏的风险需立即进行维修
	冷却水回路的漏斗进口处出现蒸汽排泄	如果冷却水系统在热状态下恢复运行，应慢慢打开进口阀，以避免系统超负荷产生蒸汽。在无蒸汽泄漏的情况下，要把水量调节到所需出口温度要求的冷却水量
直流调速装置（控制直流电机）故障	各种原因引起	根据面板显示地址查找说明书，相应排除故障，在装置面板按"P"键可复位
交流电机故障	热继电器过流（KH1）	检查过流原因，排查故障
直流电机故障	电枢回路、励磁回路过流，电流继电器动作（ZKC1、ZKC2）	检查过流原因，排查故障

续表 4－4

故障类型	产生原因	处理方法
炉体失控	各种原因引起	按下急停按钮可以立即停止炉体倾动，排除故障原因，拔起急停按钮，可以继续操作炉体。其他情况下不得随意使用急停按钮
角度显示	炉体转动操作与角度连锁情况不符	及时报告检修员处理

表 4－5 描述了稀氧燃烧系统在启动和运行时可能遇到的故障及其处理办法。

表 4－5　稀氧燃烧系统设备故障及其处理方法

问题	可能的原因	解决办法
阀架内无气体	阀架上游的阀关闭	打开上游阀门，根据工厂的锁定/标识规程画警戒线
	无氧气供应	询问气体供应部门
供气压力低	上游阀门未完全打开	打开阀门
	气体正在被其他设备使用	停止其他设备的气体使用或增加供应量和管道配合使用量
	管道泄漏	关闭气源，修复管道
供气压力高	系统调压阀压力设置高	要求气体供应部门调低压力
进口安全切断阀或出口切断阀不能打开	系统启动安全连锁条件不满足	检查系统安全联锁： 1. 打开控制系统电源 2. 确认没有错误报警
	降低气压	把仪表气压提高到 0.5 MPa 清洗仪表气过滤器
	电磁阀不工作	检查电磁阀进口是否堵塞，若有杂质，应清洗 更换线圈
	没有电信号供给电磁阀	检查线是否松动 检查保险丝
	阀门位置开关未到位	适当调整位置开关位置
	PLC 程序中做了强制输出（注意：只可能发生在测试和维护检查时有人修改了 PLC 程序做了强制输入，完成工作后没有取消的情况下）	取消强制信号
	阀门的机械或电气故障	查看供应商手册

续表 4 - 5

问题	可能的原因	解决办法
高流量运行时不稳定	管路中的过滤器脏	检查过滤器的压损,如果在最大流量下压损大于 1 bar,则说明过滤器脏了,需要清洗。请按照气体安全流程清洗过滤器
	有别的地方在大量用气	确认供气系统是否存在问题,确认总的用气量是否超出、限制其他地方的用气 要求气体供应部门增加压力 确认管路是否压损太大,不能满足流量需要
	阀架气源压力波动	向气体供应部门请求帮助 确认控制阀流量已调节 用气量审查
没有流量显示	线松动	维修或替换电线
	保险丝断掉或回路断开	替换熔断的保险丝或检查回路
没有流量	阀架系统关闭	检查系统安全联锁或错误
	手动阀门被关闭	找到被关闭的阀门,在阀门打开之前先了解阀门关闭原因
	保险丝断掉	替换保险丝
	电线断开	检查整根电线(可能在绝缘层中有断线)
	变送器损坏	根据需要替换

　　喷嘴插入段故障及其周围的炉壳温度升高故障是常见故障,下面详细介绍。当喷嘴插入段的流动阻力不足时,喷嘴压力计显示的压力就无法达到规定的最小值,此时要打开喷嘴管进行检查,更换一个新的插入段。如确认风管已无法再用,需要更换,如风管无法打进需要烧通。关闭需更换风管阀门组上的氧化空气、还原天然气及冷却风的手动阀。卸下风管上与金属软管连接的活节、三通。将旧风管打入风眼后用新风管对准旧风管借助大锤将其打进炉内。打不进的风管可用氧气烧通,并清理风眼中的黏结物。在新风管上抹上一层黏土泥,然后插入风眼,尽量使黏土裹住风管,达到合适深度后再将风管周围封堵好。装上金属软管、三通及堵头并紧固。打开风管阀门组上的氧化空气、还原天然气及冷却风等手动阀,确认至开限位(DCS 上阀门显示绿色)。检查风管各连接处确认无泄漏。

　　喷嘴管周围的炉壳温度升高系喷嘴段和喷嘴管的耗损所致。此时可测量喷嘴管的长度和喷嘴段的厚度。这种情况下的耗损和喷嘴处壳体温度要在使用期间重复进行测量,并对测量值进行统计分析。如果温度超过 300℃ ,必须从外面插入一根新的喷嘴段。此时还需对喷嘴周边耐火砖的损耗情况进行分析，并判断是否需要更换。

4.4.4 计量、检测与自动控制

1. 计量与检测

原辅材料及产品的计量、取样和化学成分分析，以及温度、压力等工艺参数的检测都是十分重要的，大部分工作可与自动控制相结合，但某些工作必须人工完成，下面简单介绍。

1) 取样 取样包括铜氧化判断样、铜还原判断样、铜产品样和炉渣样的取样。

(1) 铜氧化判断样 方法与步骤如下：①样勺、样模预热；②将炉体转至安全位，开 1/4 的炉门，从加料门将样勺开口朝下插入铜水中；③快速刷洗样瓢，将氧化渣赶开；④旋转方向从渣层空隙中舀出铜水；⑤尽快地将铜水倒入样模中；⑥保证氧化样较满，但不可含渣；⑦当样模中铜水凝结后，放入水中冷却。

(2) 铜还原判断样 方法与步骤如下：①样勺、样模预热；②取样勺残留的冷铜要清理干净；③将炉体转至安全位，开 1/4 的炉门，将样勺开口朝下插入铜水中，旋转方向快速舀出铜水，样勺在铜水中停留时间不宜超过 3 s；④取出铜水时样勺内尽量少带浮渣；⑤控制好倒样速度，既不能太快导致铜水在样模中飞溅，也不能太慢让铜水边流边凝固，更不能断流分层；⑥表面样控制厚度在 15 mm 左右，断面样以平模面而不溢出为宜；⑦当样凝结时，迅速浸入水中并来回搅动，使其快速冷却。

(3) 铜产品样 方法与步骤如下：①浇铸前、中、后用取样勺在出铜口各取一样；②取样前须对样勺、样模进行预热；③必须保证样勺、样模干净无杂物；④样勺朝上置于出铜口铜水中，勺满后即抽出并将样倒入样模中；⑤取样时应尽量少夹渣，样表面不满模，无飞边；⑥分析样只能自然缓冷，不得入水冷却；⑦待三个分析样完全冷却后，装袋并注明样名、编号、炉次、日期、送样单位等内容，送化验室分析。

(4) 炉渣样的取样 方法与步骤如下：①取一干净且干燥的渣扒或钢钎；②在排第二包渣时，当渣量达约三分之二液面时，用渣扒或钢钎在包子内取一渣样；③待取出的渣样冷却片刻后，即让渣样剥离在干净的钢平台上；④待渣样完全冷却后，装袋并注明样名、编号、炉次、日期、送样单位等内容，送化验室分析。

2) 铜水温度检测 方法与步骤如下：①在测温枪上套上一支新热电偶，读屏绿色灯亮并显示出常温；②快速将测温枪插入铜液，深度为热电偶纸管长度的 3/4 左右，并保持较大的水平夹角；③听到铃响后，迅速取出测温枪。读取温度数据并进行记录；④测温时不得折弯测温枪，测温后要盘好电线并吊挂好；⑤当测

量温度与估计相差大时，宜过 2 min 后重新测温操作。

3）稀氧燃烧系统检测

（1）关断阀架系统　步骤如下：①关断稀氧燃烧系统；②关断并锁死阀架上游手动阀门；③查看进口压力；④放空阀架内压力；⑤系统可以准备测试。

（2）检查控制阀工作状况　步骤如下：①确认阀架的仪表气压力为 4~6 kPa；②打开定位器盖子，折下端子（>）上的线；③分别把 4~20 mA 信号发生器的正负极接于定位器的正负极；④用信号发生器检测阀门开度，具体情况见表 4-6，可参照厂商的用户手册做适当调整。

（3）孔板流量计的调整　孔板流量计一旦正确安装后，不需要太多的维护工作。如果有信号干扰，可能会引入错误读数，可以做低流量切除。长时间使用后，可能会出现零点漂移，可以通过 HART 协议重新设定零点。

表 4-6　信号电流与阀门开度的关系

信号电流/mA	阀门开度/%
4	0（全关）
8	25
12	50
16	75
20	100（全开）

2. 自动控制

通过控制柜和操作台等硬件和控制软件实现 NGL 炉熔炼过程的自动控制。

1）控制柜　包括交流驱动柜、直流驱动柜、交流启动电阻柜、直流启动电阻柜、应急倾转直流电源屏及 PLC 控制柜等。

（1）交流驱动柜（AP）　负责主交流电机倾转控制，内含电源主开关，交流电机的正、反转的控制回路，交流电机启动电阻的投切，以及制动器的控制。

（2）直流驱动柜（DP）　负责直流电机倾转控制，具备浇铸慢转功能和事故倾转功能。内含电源主开关，晶闸管变流器直流传动系统，事故倾转控制回路，直流电机启动电阻的投切，以及制动器、离合器的控制。

（3）交流启动电阻柜（AR）　内含 5 级交流电机启动电阻，确保主交流电机的平稳启动。

（4）直流启动电阻柜（DR）　内含 2 级直流电机启动电阻，确保直流电机的平滑启动。

（5）应急倾转直流电源屏（ADE）　当交流电源消失时，为直流电机提供应急倾转用电源，保证 NGL 炉倾转至安全位置，防止事故的发生。

（6）PLC 控制柜　系 SIEMENS S7-300 PLC，承担驱动系统的控制任务。可通过硬接线或 PROFIBUS – DP 通信与 DCS 完成数据交换。

2）操作台　操作台含倾转操作台和浇铸操作台，下面分别进行介绍。

（1）倾转操作台（AT1）　安装在 NGL 炉控制室，可快速和慢速转动 NGL 炉体。操作台上装有交流、直流电机的操作手柄、操作地点选择开关、手动/自动操作的选择开关、检修/工作方式的选择开关、各类电流/电压显示表计、各类控制开关和按钮及各类工作状态指示信号灯。AT1 操作台分 A 面和 B 面，布置和显示如图 4 – 15 所示。

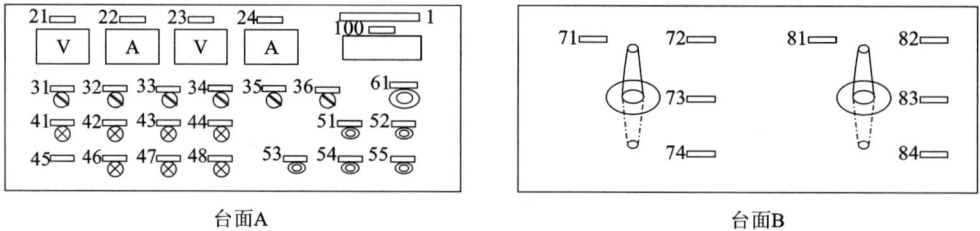

台面A　　　　　　　　　　　台面B

图 4 – 15　AT1 操作台布置和显示

（2）浇铸操作台（AT2）　安装在圆盘浇铸控制室，在浇铸期可在圆盘浇铸控制室对 NGL 炉进行慢速倾转操作。操作台上装有直流电机的操作手柄、相关控制开关和按钮、相关工作状态指示信号灯。

3）控制系统　控制系统由总控制系统和稀氧燃烧控制系统构成。

（1）总控制系统　可在控制室工作站的人机界面通过操作鼠标完成主阀门开闭、流量调节、状态监控等操作。按钮操作面板放置于控制室，可实现火焰状态监控、系统启停、报警复位等功能。阀架与西门子 S7 – 300 PLC 间的全部通信是由 24 VDC（离散 I/O）和 4 ~ 20 mA（模拟 I/O）完成的。所有信号均由阀架直接入 PLC 控制柜。

（2）稀氧燃烧控制系统（DOC）　当操作员启动该系统，选择燃料类型后，按下［启动烧嘴］，DOC – JL 烧嘴就会按照已编程的操作流程自动操作。DOC – JL 烧嘴启动后，操作员可按需要设定燃料流量值，助燃氧气流量则根据设定比例自动调整，以跟踪配合设定的燃料量。AT2 操作台布置和显示如图 4 – 16 所示。

稀氧燃烧控制系统有如下功能：

①安全切断阀的设置　DOC 系统设计遵循了 CGA 关于工业氧气配送的标准。

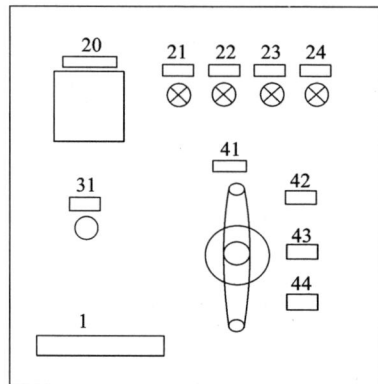

图 4 – 16　AT2 操作台布置和显示

每条管路上配置一个安全切断阀,基本以常闭阀为主,带位置开关。而放空回路、吹扫、冷却回路却恰恰相反,配置常开切断阀,在断电情况下能保证排空、吹扫冷却,保护管道和烧嘴。氧气安全切断阀 PV – 101A、PV – 102A、PV – 101B、PV – 102B,天然气安全切断阀 PV – 201A、PV – 202A、PV – 201B、PV – 202B,在正常运行情况下为开启状态。

②紧急停止 DOC 系统在阀架控制柜及控制室按钮操作面板上配有急停开关,能够直接切断输出回路,关闭氧气、天然气并放空吹扫。

③流量控制 系统在正常情况下采取自动模式运行。在自动模式下,流量控制采用了比例—积分—微分(PID)控制。流量控制的参数可通过人机界面调节。从工艺执行的角度分为加热模式和还原模式。在加热模式下,操作员可对燃料流量进行调节,氧气流量将按照预先设定的比例自动进行跟踪调节;在还原模式下,操作员可分别对燃料流量和 L 氧气流量进行调节,J 氧气流量将按照预先设定的比例自动进行跟踪调节。系统也可以进入手动控制模式,直接控制阀门开度来控制流量(须具有管理员权限)。每路控制中有一个过程变量(PV),为孔板流量计测得的流量值,且经过温度压力补偿。

④安全联锁 无论在哪个控制模式或运行步骤下,系统的控制逻辑永远是确保安全和满足操作的需要。无论是机械故障还是操作错误,都必须使人身和设备的安全得到安全连锁装置的保护。为了避免瞬时干扰引起的误报警,现场报警后延时触发安全连锁警报。须安全连锁的项目如下:

A. 安全切断阀故障或失效 当安全切断阀(氧气、天然气)在接收到信号后未安全关断或未完全打开,HMI 会显示系统报警,并停止系统运行。

B. 氧气、天然气、压缩空气或仪表气压力低 在气源压力低的情况下,系统不能启动。系统启动前就开始自检气源压力,压力低则系统报警。系统运行时若因压力低而报警,则系统自动切换至低流量运行状态。

C. 启动或运行时无火焰 DOC 系统配有火焰探测器实时监测火焰状态,系统启动时无火焰,则无法启动并报警,运行时无火焰,系统停止并报警。

D. 氧燃比失调 无论系统处于哪种运行状态,氧气/天然气流量都按照一定比例传输,若超出比例范围则自动转入低流量运行状态并报警,若在低流量运行状态下仍旧报警,则系统停止。

4.4.5 技术经济指标控制与生产管理

1. 概述

技术经济指标的控制与生产管理紧密相关,炉况点检和管理是生产管理的重要环节,其方法与步骤为:①结束后,当班要进行炉内点检;②接班要进行炉况检查;③车间、工段每周要进行一次炉内点检,根据炉内点检情况调整作业参数,并记录。

按以下原则进行操作参数的控制：①严格按标准控制好烟气、熔体温度，禁止超高温作业(熔体温度不得超过1280℃，烟气温度不得超过1350℃)；②按指令计算和加入熔剂；③严格按标准调节各周期的燃料量、燃料氧量比。

各作业终点的温度要求为：①熔化结束温度≥1150℃；②造渣结束温度为1200~1250℃；③开始温度为1150~1170℃；④浇铸温度1180~1210℃。

2. 原辅助材料控制与管理

NGL炉冶炼再生铜用原料化学成分控制要求见表4-7。

表4-7 原料成分控制要求(设计值)/%

元素	Cu	Zn	O	Pb	Sn	Bi	As	Fe	Ni	其他
原料	≥ 90	2	—	1	1	—	0.10	2	0.22	1.68

加料管理措施为：①加强物料的点检，严禁加入含水的炉料；②严禁装斗的物料超高、超宽、超重；③操作加料机仔细、小心，避免碰撞加料门边框水套和炉门内四周耐火材料；④渣槽和炉体的接合处，制作时要注意用稀的浇铸料填充缝隙，以免跑渣；⑤加强加料口、渣口四周耐火材料的点检，作好记录；⑥当水套漏水时，应立即进行处理，如一时无法处理则应尽可能将漏水引出，防止水进入炉内耐火材料中。

3. 能量消耗控制与管理

采用先进的稀氧燃烧供热，能耗降低50%。稀氧燃烧是一种通过调节卷吸率来控制火焰温度，且温度场分布均匀的富氧燃烧方式。如图4-9所示，当卷吸率$R=8$时，稀氧燃烧火焰最高温度为1750℃，而50%富氧燃烧火焰温度高达2600℃，需要为燃烧器配置水冷元件。稀氧燃烧避免了常规富氧燃烧局部特高温度区的产生，烧嘴本体无须水冷却，火焰覆盖空间区域宽大而能量分布均匀，NO_x发生率低。火焰区域范围可调易控，宽的和窄的工业炉膛均可适用。稀氧燃烧炉膛内热负荷分布均匀；燃烧产物3原子分子多，故火焰辐射强度大，NO_x产出量低；无须燃烧风机，出炉烟气量少，节约了烟气处理成本。总之，稀氧燃烧热效率高，节能效果显著，生产系统运营成本低。

在稀氧燃烧过程中要经常点检重油燃烧情况，确保助燃氧气、天然气畅通。燃烧器要保持清洁。

4. 产品质量控制与管理

为确保产品质量，对精炼过程须加强管理，其方法及步骤为：①氧化-还原介质的压力要严格按标准控制；②氧化、还原作业前，要点检风管的露头情况，未露出20~30 cm的要敲打入炉；③氧化、还原作业时，若风管周围有发红现象则必需停止作业，更换风管，清理风口冷铜并填实耐火材料。产品质量要求见表4-8。

表4-8　阳极铜化学成分(设计值)要求/%

元素	Cu	Zn	O	Pb	Sn	Bi	As	Fe	Ni	其他
成分	≥99.3	<0.15	<0.2	≤0.04	<0.10	<0.03	<0.19	≤0.02	≤0.50	—

5. 生产成本控制与管理

加工成本是能量消耗，NGL炉炉体密闭性好，辐射热损和漏入冷风少，热效率高，特别是采用稀氧燃烧，能耗降低50%。实践证明：处理30%的热态物料和70%的固态物料可获得更高生产效率。与现有同类技术比较，该技术在生产成本上具有优势。生产过程与成本密切相关的技术经济指标见表4-9。

表4-9　技术经济指标

序号	参数	生产数据	设计数据	备注
1	废杂铜炉料含铜/%	约90	90	
2	生产能力/(t·炉$^{-1}$)	245~270	250	投料量：270~300 t/炉
3	加料机能力/(t·次$^{-1}$)	1.5~2	1.5	
4	炉周期/(h·炉$^{-1}$)	22.5~26	24	
5	精炼渣产出率/%	12~17	10	占物料比例
6	精炼渣含铜/%	17~20	20	
7	天然气消耗/(m^3·t^{-1})	35~55	65	90%氧气助燃
8	氧气消耗/(m^3·t^{-1})	100~120	125	90%氧气助燃
9	还原剂单耗/(m^3·t^{-1})	2~4	4.7	天然气
10	炉内耐火材料寿命/d	>330		主要为渣线砖损耗
11	工序系统年工作日/d	>335	330	

参考文献

[1] 朱祖泽，贺家齐. 现代铜冶金学[M]. 北京：科学出版社，2003
[2] 刘建军. 再生铜火法精炼的设计与实践[J]. 资源再生，2009(4)：45-47
[3] 姚素平. 我国废杂铜冶炼技术进步与展望[J]. 有色金属工程，2011，1(1)：14-17
[4] 周明文. 我国废杂铜工业的现状与发展趋势[J]. 有色冶金设计与研究，2010，31(6)：29-32
[5] 张海峰. 卡尔多炉处理废杂铜技术评析[J]. 世界有色金属，2011(4)：46-47

第5章　铜生产安全及劳动卫生

5.1　概述

铜生产离不开熔化铜精矿的冶金炉窑，铜生产各阶段的熔体温度在1300℃左右，可能爆炸对人产生灼烫等；铜冶炼过程需要许多特种设备和旋转设备，如锅炉、压力容器、压力管道、起重设备、皮带运输机和厂内运输车辆，可能产生锅炉爆炸、容器爆炸、机械伤害、车辆伤害、噪声、触电和起重等伤害；铜冶炼的工艺需要使用或产生危险化学品，如硫酸、柴油、液氨，可能产生灼烫和火灾；铜生产的过程也就是铜精矿中其他元素与铜分离的过程，铜精矿中许多有毒有害物质会无组织地逸散在作业岗位，可能造成中毒和窒息；许多危险作业和立体交叉作业可能造成物体打击和高处坠落。总之，铜冶炼企业的危险源乃至重大危险源都非常多，控制不好即可能造成一般事故乃至特别重大事故。

随着经济发展和社会进步，全社会对安全生产的期望不断提高，广大从业人员"体面劳动"的观念不断增强，对改善作业环境、保障职业安全健康权益等方面的要求越来越高。近些年来，国家高度重视安全生产，始终把安全生产摆在经济社会发展重中之重的位置，坚持科学发展和安全发展，把安全生产真正作为发展的前提和基础。铜生产企业必须坚持安全发展理念和"安全第一、预防为主、综合治理"的方针，严格执行国家的法律法规，同时采取一系列重大举措加强安全生产工作和劳动卫生工作，才能实现科学发展、安全发展的目标。

5.2　生产安全

5.2.1　建设项目"三同时"的要求

防雷装置、消防设施、安全设施和职业病危害的防护设施必须与主体工程同时设计、同时施工、同时投入生产和使用。这是新、改、扩建设项目合法性的保障，同时也是提高安全本质化水平最重要的保障。

1.防雷装置"三同时"

厂区内的建构筑物，应按《建筑物防雷设计规范》（GB 50057）的规定设置防雷设施，供电整流设备、动力配电设备、计算机设备、油罐等均应按相关设计规范设置防雷设施；并定期检查，确保防雷设施完好。

属于下列建(构)筑物或者设施的防雷装置必须经过政府气象局的设计审核和竣工验收：

(1)《建筑物防雷设计规范》规定的一、二、三类防雷建(构)筑物；

(2)油库、气库、加油加气站、液化天然气、油(气)管道站场、阀室等爆炸危险环境设施。

2. 消防设施"三同时"

(1)新建生产、储存、装卸易燃易爆危险物品的工厂、仓库，易燃易爆气体和液体的充装站、供应站、调压站，要向公安消防机构申请消防设计审核和验收；

(2)其他建设工程应当在取得施工许可、工程竣工验收合格之日起七日内，通过公安消防机构的网站进行消防设计、竣工验收备案，公安消防机构随机抽查。

取得公安机关消防机构出具的消防验收合格意见是消防设施"三同时"完成的标志。

3. 安全设施"三同时"

新、改、扩建项目应委托有资质的单位编制可行性研究报告并取得投资备案证，生产、储存危险化学品等规定的建设项目，在进行项目可行性研究时，要对安全条件进行论证并经审查。建设项目应委托安全评价中介机构进行安全预评价，设计单位应严格依据可行性研究报告和安全预评价报告的要求，在进行初步设计时编制安全专篇，进行安全设施设计，落实安全生产措施，安全专篇应报安全生产监督管理部门进行审查。项目安全设施应严格按照初步设计和安全专篇的要求与主体工程同时施工。项目投入试生产后应委托安全评价中介机构进行安全验收评价并经安全生产监督管理部门验收合格后，才能投入生产和使用。

5.2.2　建(构)筑物、工艺和设备的安全条件

采用的工艺和设备不是国家明令淘汰、禁止使用的危及生产安全的工艺、设备；生产场所、设备和工艺符合有关法规、国家标准或者行业标准的要求。

(1)加入各冶炼炉的原料、燃辅料应有专用厂房或仓库，无厂房或仓库的应有其他防雨、防潮措施。

(2)皮带运输机应设置事故紧急停止拉绳装置。

(3)熔炼炉应配备重要工艺参数的测量装置，测量数据传输至工业自动化控制系统，应有出现炉体发红情况的应急处置设施；出现紧急情况应有风冷或其他应急处置设施。

(4)火法精炼炉应配置重要工艺参数监测装置，不同火法精炼技术配置要求

如下：

①使用氮气底吹透气砖系统技术的应有备用气源、流量和压力检测及报警装置；②使用还原剂自动喷吹技术的应设置相应的还原剂重量、载体流量及压力检测报警装置；③采用氧气燃烧技术应设置燃料流量、氧浓度及流量、压力检测、火焰探测、自动切断装置，并进行自动联锁控制。

（5）采用煤气燃烧的冶炼炉应达到以下要求：

①工作场所应配备固定式和便携式 CO 监测设备；②煤气管道必须有低压报警装置和低压快速切断装置，并纳入工业自动化控制系统；③煤气使用场所必须有煤气应急防护用品。

（6）熔炼炉及倾动式炉窑应配备应急电源或发电装置；具备紧急停车装置；工艺用风的流量、压力与炉子倾动角度应有联锁控制装置；所有预警预测检测数据应传输至冶炼炉自动控制系统。

（7）铜冶炼炉窑冷却水系统须配备应急备用泵。

（8）直接喷入冶炼炉熔体中的压缩空气必须设置汽水分离设备。

（9）余热锅炉与铜熔炼炉间应有安全联锁装置；余热锅炉不正常信号（水流量低、汽包液位低）反馈给铜熔炼炉自动化控制系统，保证铜熔炼炉实现自动停产。

（10）余热锅炉或汽化冷却装置安全附件、监测控制设施完备；给水系统必须有备用装置，并实现安全联锁控制；余热锅炉系统有强制循环泵的必须配备备用泵，泵实现双回路供电，并根据重要工艺参数（流量、温度、压力等）实施可靠的安全自启联锁。

（11）带有水冷件、余热回收的冶炼炉，应设置流量、温度报警装置；其参数应上传至自动控制系统；应有防止水进入炉内的安全设施（如：切断阀、水冷闸板、泄流口等）。

（12）冶炼炉应安装收尘及 SO_2 烟气收集处理系统，操作平台必须设立安全防护设施。电除尘器高压供电系统应具备安全联锁装置；进入电除尘器内部作业前应确保接地可靠。

（13）铜熔炼炉与硫酸系统风机应有安全联锁装置。

（14）易受高温辐射、炉渣喷溅或物体撞击的梁柱结构和墙壁、设备、操作室等应有隔热、防撞击设施。

（15）应设置熔体泄漏后能够存放熔体的安全设施，如安全坑、挡火墙、隔离带等；并储备一定数量的应急处置物资，如灭火器、沙袋、防火服等。

（16）有毒气体和易燃易爆区域应安装泄漏检测报警装置。

（17）燃料燃烧器和输送管道之间应设有逆止阀、自动切断阀或防回火装置。

（18）煤粉仓罐应设充惰性气体设施，检查煤粉喷吹设备时，应配备铜质检测工具。

（19）燃气站、油站及粉煤储存区应设有烟雾火灾自动报警器、监视装置及灭火装置；应采取防火墙、防火门间隔等建筑设施。

（20）电解车间土建设施及构建筑物应做防腐处理，厂房应符合生产安全所要求的通风条件；电解槽面需配置防止酸雾超标设施，导电母排应设绝缘设施。

（21）电解车间应配置安全存放电解液的设施；存放设施应能满足紧急停电时电解液的存放，并设置应急泵类设施。

（22）电解车间槽面和浓酸储存处应设置应急冲洗装置。

（23）电解车间机组操作台、面板及机组上应设置紧急停止装置。机组配有冷却装置的需安装监测报警装置。

（24）自动机组出、入口处应设置保护联锁开关；必须配置安全装置如安全栏、安全门、安全绳等。

（25）洗涤机组和电解液循环系统应设置酸雾排放装置。

（26）电积脱砷厂房应设抽风系统，槽面抽风系统与硅整流应设联锁装置。

（27）风机、空压机需配备相应的压力表、温度计、油位计、流量计等测量装置。

（28）空压机需配备相应的安全阀、排污阀。

（29）配电系统应配备安全防护装置、信号装置、警报装置、安全连锁装置等。

（30）供电、整流机组一次回路应设置避雷器、二次回路设置防止操作过电压及浪涌的装置。

（31）供电、整流机组必须设置报警和自动喷淋装置。

（32）整流机组及动力变配电设备应设有继电保护装置和非电量保护装置。

（33）特种设备的安全风险大，所以要具备下列资质：①特种设备设计和生产单位应具备设计和生产该特种设备的资质，出厂时，应当附有产品质量合格证明，当地检验机构出具的监督检验证明。②特种设备安装单位必须具有安装资质。安装特种设备前，使用单位必须持施工方案等相关资料到设备安全监察机构备案。③安装后，须经监督检验机构检验合格，取得特种设备安全检验合格标志才能投入使用。④特种设备在投入使用前或者投入使用后 30 d 内，要到特种设备安全监督管理部门办理注册登记。登记完毕后，将安全检验合格标志固定在特种设备显著位置上，才能投入正式使用。

5.2.3　作业人员的相关要求

铜冶炼企业的全部员工都必须进行专业的培训，掌握必要的设备、工艺等知识，考试合格才能任职或上岗。

（1）铜冶炼企业主要负责人和安全管理人员要具备相应的安全知识。铜冶炼企业主要负责人和安全管理人员须有不少于32学时的安全生产培训，每年还要进行不少于12学时的安全生产再培训。危险化学品生产企业的主要负责人和安全管理人员经不少于48学时的安全生产培训考核合格后方可任职，每年还要进行不少于16学时的安全生产再培训。培训重点是：法律法规、安全管理基础知识、重大危险源管理、应急救援预案、国内外先进安全管理经验、典型的事故和应急案例分析。

（2）新进厂的员工须经厂、车间、班组三级培训，考试合格后才能上岗。调整工作岗位、离岗一年以上重新上岗的员工要进行车间、班组级的安全教育；采用新工艺、新技术、新设备、新材料的操作人员应进行有针对性的安全生产培训。

（3）特种作业人员100%持证上岗；离岗6个月以上重新进行实际操作考核。

（4）危险化学品岗位培训时间不少于72学时，每年再培训的时间不得少于20学时；其他岗位的培训时间不少于24学时，外来务工人员每年须再培训不少于8学时。培训重点是：本岗位的工艺知识和设备知识，危险源分布情况、安全操作规程和应急救援预案。

5.2.4 作业环境的要求

厂址选择、厂区布置和主要车间的工艺布置，应设有安全通道，合理安排车流、人流、物流，保证安全顺行；设备设施布置应留有足够的人员安全通道和检修空间。

厂区内的坑、沟、池、井应设置安全盖板或安全防护栏；直梯、斜梯、防护栏杆和工作平台应符合《固定式钢梯和平台安全要求》（GB 4053.1—3）的规定。

危险化学品的生产场所应当设有符合紧急疏散要求、标志明显、保持畅通的出口。禁止封闭、堵塞生产经营场所的出口。在有较大危险因素的生产经营场所和有关设施、设备上，设置明显的安全警示标志。作业现场无杂物，行道通畅，物品、工具摆放要有固定的地点和区域，并有明显标识。

主要通道及主要出入口、通道楼梯、操作室、计算机室、汽化冷却及锅炉设施、主电室、配电室、液压站、油库、泵房、乙炔站、煤气站等应设置应急照明。

操作室物品摆放整齐，室内无杂物，操作台面整洁无灰尘，劳保用品规范整齐摆放；休息室和更衣室整洁无杂物，衣物及洗澡用具摆放整齐。

5.2.5 安全管理的要求

1. 安全管理机构

根据有关规定和企业实际，设立安全生产委员会或安全生产领导机构。安全委员会或安全生产领导机构每季度应至少召开一次安全专题会，协调解决安全生产问题。

企业主要负责人应全面负责安全生产工作,并履行下列主要职责:①组织建立、健全本单位的安全生产责任制,并保证有效执行;②组织制订安全生产规章制度和操作规程,并保证其有效实施;③根据规定按时、足量提取安全生产费用,保证本单位安全生产投入的有效实施;④督促、检查本单位的安全生产工作,及时消除生产安全事故隐患;⑤组织制订并实施本单位的生产安全事故应急救援预案;⑥及时、如实报告生产安全事故。

危险物品的生产、经营、储存单位,应当设置安全生产管理机构或者配备专职安全生产管理人员。其他生产经营单位,从业人员超过 300 人的,应当设置安全生产管理机构或者配备专职安全生产管理人员。

2. 危险源管理和建立健全安全管理规章制度

危险源是指可能导致伤害或疾病、财产损失、作业环境破坏等情况的根源或状态。例如艾萨炉熔池熔炼过程中高温熔体可能灼烫人体,高温熔体就是一个危险源,要消除高温熔体这个危险源,除非改成湿法冶炼,这显然是很难做到的,最可行的方案就是制订安全管理制度或者安全操作规程来控制风险。

我国的法律法规、标准对人的行为和设施设备的技术标准做了许多规定。特别是矿山和建筑行业等比较容易发生事故的行业,国家制订了许多法规和标准。如吊车钢丝绳的报废标准、护栏的高度、压力容器的检测时间、特种作业证的换取、重大危险源的管理等,都对控制危险源提供了技术标准和行为标准。企业把这些规定转化成企业的安全管理规定或安全操作规程,全体员工遵照执行。

铜生产企业应按照相关规定建立健全安全生产规章制度,至少应包含下列制度:安全目标管理制度、安全生产责任制、法律法规标准规范管理制度、安全投入管理制度、文件和档案管理制度、风险评估和控制管理制度、安全教育培训管理制度、特种作业人员管理制度、设备设施安全管理制度、建设项目安全设施"三同时"管理制度、生产设备设施验收管理制度、生产设备设施报废管理制度、施工和检(维)修安全管理制度、危险物品及重大危险源管理制度、作业安全管理制度、作业标准管理制度、相关方及外用工(单位)管理制度、职业健康管理制度、劳动防护用品(具)和保健品管理制度、安全检查及隐患治理制度、应急管理制度、事故管理制度、安全绩效评定管理制度等。

3. 重大危险源管理

根据《危险化学品重大危险源辨识》(GB 18218—2009)和《关于开展重大危险源监督管理工作的指导意见》的规定,辨识出企业的重大危险源。铜生产企业的重大危险源一般是锅炉、压力容器和压力管道、危险化学品。

对重大危险源的管理应设置监控装置和报警装置,按法律规定建立档案,编制应急救援预案并进行演练,备足应急救援物资,完善检测、监控设施,加强检查。将重大危险源及有关安全措施、应急措施报政府安全生产监督管理部门备案。

4. 危险化学品管理

利用铜冶炼过程的尾气生产的硫酸属于危险化学品，需要开展以下管理工作：①办理《安全生产许可证》《易制毒化学品生产备案证》和《易制毒化学品经营备案证》；②做好危险化学品的生产、使用、运输和登记建档工作；③组织危险化学品从业人员培训，取证后才能上岗；④运输危险化学品的运输工具应取得许可，驾驶员和押运人员应培训取证，运输线路应符合规定，并保证所运输的危险化学品处于押运人员的监控之下；⑤定期进行安全评价。

5. 危险作业管理

铜生产企业主要存在以下危险作业：①危险区域动火作业；②进入受限空间作业；③高处作业；④大型吊装作业；⑤临时用电作业；⑥抽堵盲板作业；⑦破土（断路）作业；⑧交叉作业；⑨其他危险作业。

铜生产企业对危险作业要制订管理办法，明确企业内各种危险作业类型的审批单位、检查单位，并有危险源辨识、安全防范措施和应急措施。进行爆破、吊装等危险作业时，应当安排专门人员进行现场安全管理，确保操作规程的遵守和安全措施的落实。

6. 隐患排查

建立隐患排查治理的管理制度，检查方式有综合检查、专业检查、季节性检查、节假日检查、日常检查，明确检查的责任部门、责任人和检查范围。隐患排查的范围应包括生产经营场所、环境、人员、设备设施和活动。

根据隐患排查的结果，制订隐患治理方案，对隐患进行治理。重大事故隐患在治理前应采取临时控制措施并制订应急预案。隐患治理措施应包括工程技术措施、管理措施、教育措施、防护措施、应急措施等。

7. 事故管理

发生事故后，主要负责人或其代理人应立即到现场组织抢救，采取有效措施，防止事故扩大。及时向上级单位和有关政府部门报告，并保护好事故现场及有关证据。

严格按照"四不放过"组织事故调查组或配合有关政府行政部门对事故、事件进行调查。

8. 应急救援管理

在危险源的控制过程中，因为管理缺陷或者是认知不足，依然可能会出现人的不安全行为、物的不安全状态，从而引发事故，需要采取应急预案或应急措施。应急救援预案和应急措施的目的是通过有效的应急救援行动，尽可能降低事故产生的后果。

法律规定重大危险源、危险化学品、特种设备、高毒物品、职业病危害和重点防火单位应制订应急救援预案。同时，对安全风险较大的岗位，应按应急预案编制指导原则的规定编制应急救援预案。根据"应急预案"配备必要的合格的应急设施设备和物资，建立应急救援设备、物资台账，对其进行定期检查和维护保养，确保其始终处于良好状态。铜生产企业应定期对应急预案进行演练，评估应急设施设备和物资的充分性，评估预案的适宜性，并根据演练经过进行整改和修订。

5.3　劳动卫生

5.3.1　职业卫生防护设施"三同时"

职业病危害的防护设施必须与主体工程同时设计、同时施工、同时投入生产和使用。这是新、改、扩建设项目合法性的保障，同时也是提高安全本质化水平最重要的保障。

可能产生职业病危害的建设项目，指存在或产生《职业病危害因素分类目录》所列职业病危害因素的项目。国家对职业病危害建设项目实行分类管理。可能产生职业病危害的建设项目分为职业病危害轻微、职业病危害一般和职业病危害严重三类：

（1）职业病危害轻微的建设项目，其职业病危害预评价报告、控制效果评价报告应当向卫生行政部门备案；

（2）职业病危害一般的建设项目，其职业病危害预评价报告、控制效果评价报告应当进行审核、竣工验收；

（3）职业病危害严重的建设项目，除进行前项规定的卫生审核和竣工验收外，在初步设计阶段，应当委托具有资质的设计单位对该项目编制职业病防护设施设计专篇，并进行设计阶段的职业病防护设施设计的卫生审查。

职业病防护设施需经卫生行政部门验收合格后，方可投入生产和使用。

5.3.2　职业卫生防护设施设备的要求

1. 作业场所的要求

作业场所应符合如下要求：①职业病危害因素的强度或者浓度符合国家职业卫生标准；②有与职业病危害防护相适应的设施；③生产布局合理，符合有害与无害作业分开的原则；④有配套的更衣间、洗浴间、孕妇休息间等卫生设施；⑤设备、工具、用具等设施符合保护劳动者生理、心理健康的要求。

2. 防护设施维护

应当对聚烟罩、空气呼吸器等职业病防护设备、应急救援设施和个人使用的职业病防护用品进行经常性的维护、检修和检查，定期检测其性能和效果，确保其处于正常状态，不得擅自拆除或者停止使用。

3. 报警、急救与撤离

对可能发生急性职业损伤的有毒、有害工作场所，应当设置报警装置，配置现场急救用品、冲洗设备、应急撤离通道和必要的泄险区。

4. 放射性防护

对放射工作场所和放射性同位素的运输、贮存，必须配置防护设备和报警装置，保证接触放射线的员工佩戴个人剂量计。

5. 烟气及粉尘防护

①所有产生烟气及粉尘的系统，都应设净化或收尘系统；产生粉尘、烟气的设备和输送装置均应设置密闭罩壳。②所有产尘设备和尘源点应严格密闭，并设除尘系统。③除尘设施的开停应与工艺设备一致；收集的粉尘应采用密闭运输方式，避免二次扬尘产生。

6. 噪声防护

风机、空压机现场需设有隔声降噪设施。

7. 防火防爆

①处理含易燃、易爆介质的除尘器应安装易燃、易爆气体检测装置、联锁报警控制系统、防爆装置。②气力输送系统中的贮气包、吹灰机或罐车，均应设有安全阀、减压阀和压力表。

5.3.3 职业卫生管理

设置或者指定职业卫生管理机构或者组织，配备专职或者兼职的职业卫生管理人员，负责本单位的职业病防治工作，具体工作范围和要求如下：

（1）制订职业病防治计划和实施方案。

（2）制订职业卫生管理制度和操作规程。

（3）建立职业卫生档案和劳动者健康监护档案。

（4）制订工作场所职业病危害因素监测及评价制度。

（5）制订职业病危害事故应急救援预案。

（6）加强含砷含铅原料的采购管理，杜绝高砷高铅原料进厂；各岗位应加强通风除尘设备和设施的管理，特别是电火法熔炼系统，尽可能降低岗位危害物的浓度。加强厂区道路运输车辆的管理，尽可能减少精矿泼撒和道路扬尘。

（7）在醒目位置设置公告栏，公布有关职业病防治的规章制度、操作规程、职业病危害事故应急救援措施和工作场所职业病危害因素检测结果。

（8）对产生严重职业病危害的作业岗位，应当在其醒目位置设置警示标识和中文警示说明。警示说明应当写明产生职业病危害的种类、后果、预防以及应急救治措施等内容。

（9）安排专人负责职业病危害因素日常监测，并确保监测系统处于正常运行状态。

（10）根据岗位危害因素的特点，为员工提供符合国家标准或者行业标准的劳动防护用品，并监督、教育员工规范佩戴、使用。

（11）组织员工进行上岗前的职业卫生培训和在岗期间的定期职业卫生培训，普及职业卫生知识，指导员工正确使用职业病防护设备和职业病防护个人用品。

戴防毒口罩是最便捷最有效的防护措施，它能有效阻止危害物进入人体；饭前洗手和漱口能有效阻止危害物从食道进入人体；勤换衣服、勤洗澡能有效阻止危害物从皮肤进入人体。禁止员工在有毒有害的岗位吸烟和吃零食，以免毒物直接进入消化系统，引发中毒。员工下班后要用肥皂洗手并漱口、洗澡，勤洗工作服。

（12）严格按照《职业病防治法》的规定组织上岗前、在岗期间和离岗时的职业健康检查，按法规规定对异常人员进行及时处理。不得安排未经上岗前职业健康检查的员工从事接触职业病危害的作业；不得安排有职业禁忌的员工从事其所禁忌的作业；对在职业健康检查中发现有与所从事的职业相关的健康损害的员工，应当调离原工作岗位，并妥善安置；对未进行离岗前职业健康检查的员工不得解除或者终止与其订立的劳动合同。

（13）应当为员工建立职业健康监护档案，并按照规定的期限妥善保存。职业健康监护档案应当包括员工的职业史、职业病危害接触史、职业健康检查结果和职业病诊疗等有关个人健康资料。职业病患者按规定及时治疗、疗养。对患有职业禁忌症的，应及时调整到合适岗位。

（14）及时、如实地向政府主管部门申报生产过程中存在的职业危害因素。出现下列情况要重新申报：①新、改、扩建项目；②因技术、工艺或材料等发生变化导致原申报的职业危害因素及其相关内容发生重大变化的项目；③企业名称、法定代表人或主要负责人发生变化的项目。

参考文献

[1]任鸿九，王立川. 有色金属提取冶金手册铜镍卷[M]. 北京：冶金工业出版社，2000

[2]国家安全生产监督管理总局. 危险化学品重大危险源辩识（GB 18218—2009）[S]. 北京：中国标准出版社，2009

第6章 铜冶炼环境治理与保护

6.1 概述

铜冶炼过程中部分元素根据工艺过程进行进入烟气、水体，形成污染物的排放。铜冶炼过程中污染物的排放主要分为三大类——废水、废气、固体废物。

2000年以来，随着国家对环境保护工作的日益重视，我国有色工业通过不断推进清洁生产，工艺升级改造，从源头消除、消减污染物排放，已达到从根本上保护环境、安全文明生产的目的，也推动了铜冶炼发展的总体水平。

为控制铜、镍、钴生产工业污染物排放，防止污染物对环境造成污染和危害，促进生产技术装备和污染控制技术的进步，环境保护部于2010年出台了《铜、镍、钴工业污染物排放标准》，替代铜、镍、钴生产企业之前执行的《水污染物综合排放标准》、《大气污染物综合排放标准》和《工业窑炉大气污染物排放标准》，规定了铜、镍、钴工业企业生产过程中产生的废水、废气中污染物的排放限值、监测和监控要求。对铜冶炼企业执行表6-1、表6-2所示的污染物排放限值。

表6-1 水污染物综合排放标准/(mg·L^{-1})

序号	污染物项目	限制		污染物排放监控位置
		直接排放	间接排放	
1	pH	6~9	6~9	
2	悬浮物	30	140	
3	化学需氧量（COD$_{Cr}$）	100（湿法冶炼）	300（湿法冶炼）	
		60（其他）	200（其他）	
4	氟化物（以F计）	5	15	
5	总氮	15	40	
6	总磷	1.0	2.0	企业废水
7	氨氮	8	20	总排放口
8	总锌	1.5	4.0	
9	石油类	3.0	15	
10	总铜	0.5	1.0	
11	硫化物	1.0	1.0	

续表 6-1

序号	污染物项目	限制		污染物排放监控位置
		直接排放	间接排放	
12	总铅	0.5		生产车间或设施废水排放口
13	总镉	0.1		
14	总镍	0.5		
15	总砷	0.5		
16	总汞	0.05		
17	总钴	1.0		
18	单位铜产品基准排水量 /（m³·t⁻¹）	10		

表 6-2　大气污染物排放浓度限值/（mg·m⁻³）

序号	生产类别	污染物名称及排放限值							污染物排放监控位置
		二氧化硫	颗粒物	砷及其化合物	硫酸雾	铅及其化合物	氟化物	汞及其化合物	
1	铜冶炼	400	80	0.4	40	0.7	3.0	0.012	污染物净化设施排放口
2	烟气制酸	400	50	0.4	40	0.7	3.0	0.012	
3	单位铜产品基准排气量 /（m³·t⁻¹）	2100							

在国土开发密度较高、环境承载能力开始减弱或环境能力较小、生态环境脆弱、容易发生严重环境污染等问题而需要采取特别保护措施的地区，铜生产企业废水排放执行表 6-3 所示的污染物特别排放限值。

表 6-3　水污染物特别排放限值/（mg·L⁻¹）

序号	污染物项目	限制		污染物排放监控位置
		直接排放	间接排放	
1	pH	6~9	6~9	企业废水总排放口
2	悬浮物	10	30	
3	化学需氧量（COD$_{Cr}$）	50	60	
4	氟化物（以 F 计）	2	5	
5	总氮	10	15	
6	总磷	0.5	1.0	
7	氨氮	5	8	
8	总锌	1.0	1.5	
9	石油类	1.0	3.0	
10	总铜	0.2	0.5	
11	硫化物	0.5	1.0	

续表 6 – 3

序号	污染物项目	限制		污染物排放监控位置
		直接排放	间接排放	
12	总铅	0.2		生产车间或设施废水排放口
13	总镉	0.02		
14	总镍	0.5		
15	总砷	0.1		
16	总汞	0.01		
17	总钴	1.0		
18	单位铜产品基准排水量 /$(m^3 \cdot t^{-1})$	8		

铜冶炼环境污染治理应尽量从源头进行控制,采用以防为主、防治结合的原则,实施全过程清洁生产,从源头上减少污染物的产生,从而降低和减轻污染物末端治理的压力,提高环境污染防治和管理水平。从冶炼主体工艺到末端污染治理,实现全过程的对环境的高水平整体保护。

2014 年 4 月 14 日国家工业和信息化部发布了 2014 年第 29 号公告《铜冶炼行业规范条件》:对企业布局和生产规模、质量、工艺技术和装备、能源消耗、资源综合利用、环境保护、安全生产与职业病防治、规范管理提出要求。如:新建企业水循环利用率 97.5 % 以上,吨铜新水消耗 20 t 以下;占地面积低于 4 m^2/t 铜;硫的总捕集率为 99% 以上,硫的回收率为 97.5 % 以上。现有企业的水循环利用率 97% 以上,吨铜新水消耗 20 t 以下;硫的总捕集率为 98.5 % 以上,硫的回收率为 97 % 以上,并通过技术改造降低资源消耗,在准入条件发布两年内达到新建企业标准等。新建含铜二次资源冶炼企业的水循环利用率应达到 95%,现有含铜二次资源冶炼企业的水循环利用率应达到 90%。

2010 年 2 月 1 日国家环境保护部发布了《铜冶炼清洁生产标准(HJ 558—201)》和《铜电解清洁生产标准(HJ 559—2010)》,从生产工艺与装备、资源能源利用指标、产品指标、污染物产生指标(末端处理前)、废物回收利用指标、环境管理 6 个方面提出了相关要求。

2001 年 12 月 28 日国家环境保护总局、国家质量监督检验检疫总局批准《一般工业固体废物贮存、处置场污染控制标准》(GB 18599—2001),为防止二次污染,对一般工业固体废物贮存、处置场的选址、设计、运行管理、关闭与封场以及污染控制与监测等内容提出要求。同时发布了《危险废物贮存污染控制标准》,对列入国家危险废物名录的危险废物在包装、贮存设施的选址、设计、运行、安全防护、监测和关闭等提出技术要求。

6.2　铜冶炼污染源

铜冶炼过程中产生的废气主要分为工艺废气和环境废气两种，如备料过程产生的含尘废气、工业炉窑烟气、环保通风烟气、电解槽等散发的硫酸雾、氯化处理工段产生的含氯尾气、制酸尾气等。废水主要来源于二氧化硫烟气净化排出的废酸，湿法冶炼中的阳极泥工段、中心化验室排出的含酸废水，车间地面冲洗水，工业冷却循环水的排污水，余热锅炉排污水，锅炉化学水处理车间排出的酸碱废水和硫酸场地的初期雨水。其中烟气净化排出的废酸中含重金属离子等有毒有害物质，对环境的污染最严重。排放的固体废物主要有：冶炼水淬渣、渣选矿尾矿、浸出渣、铜电解净液过程中的黑铜泥、制酸系统铅渣、污酸污水处理渣、脱硫副产物等。

6.2.1　废气的产生

1. 废气中颗粒物的产生

颗粒物来源于干燥工序中干燥窑烟气、精矿上料、精矿出料以及配料工序中抓斗卸料、定量给料设备、皮带运输设备转运过程的矿粉流失；熔炼炉冶炼和转炉吹炼过程中的熔体喷溅以及加料口、放铜口、放渣口、喷枪孔、溜槽、包子房等处的泄漏；还有精炼和渣贫化过程中炉窑的烟气、加料口、锍放出口、渣放出口、电极孔、溜槽、包子房等处的泄漏；阳极炉处理工序回转窑排料过程中活性焦脱硫设施的活性焦微量泄漏等。

2. 废气中 SO_2 的产生

SO_2 的主要来源：①干燥工序中干燥窑烟气；②熔炼、吹炼工序中熔炼炉冶炼，转炉吹炼过程中加料口、放铜口、渣放出口、喷枪孔、溜槽、包子房等处的泄漏；③精炼及渣贫化过程中炉窑的烟气、加料口、锍放出口、渣放出口、电极孔、溜槽、包子房等处的泄漏；④烟气制酸的尾气排放；⑤阳极泥处理工序中硒吸收塔尾气的排放。

3. 废气中酸雾的产生

酸雾主要来源于电解工序中的电解槽和其他储槽或计量槽；电积工序中的电积槽及其他储槽或计量槽；净液工序中的真空蒸发器和脱铜电解槽；阳极泥处理工序中反应槽等。

4. 废气中其他污染物的产生

其他污染物主要来源于铜精矿在熔炼过程中产生的污染，如铅、砷、汞等污染。

6.2.2 废水的产生

1. 冷却水排污水

在使用各种熔炼炉时必须用工业冷水对某部位进行冷却降温，保证设备能够正常运行，由于需要的水量较大，一般采用的是循环冷却方法。如闪速炉、沸腾炉、鼓风炉及转炉等利用汽化水套或水冷套，使冷却水不断循环使用，但仍需要在一定时间内将升温的冷却水排放掉，再补充新的冷却水。冷却水排污水的主要污染为热污染。

2. 制酸洗涤废水

烟气净化洗涤过程中产生了不少的洗涤废水，若在日常设备维护中存在疏漏，还会出现泵类泄漏的情况，主要污染物为重金属离子、废酸和酸泥。

3. 金属铸锭或产品熔铸冷却水排水

对铜产品浇铸所用的冷却水排污水，如利用圆盘浇铸机、直线浇铸机等进行浇铸，主要污染物为热污染。

4. 废电解液

在湿法电解生产阴极铜过程中，在电解时出现了电解废液，其含有 $CuSO_4$—H_2SO_4 和一些其他金属杂质等，不能将废液直接排放。

5. 电积铜的废液

在"堆浸—萃取—电积"中，电积铜后产生的废液呈酸性（$pH \leqslant 2$），含有 H_2SO_4 和少量 Cu 等，大部分返回利用，不能返回的部分需要进行治理。

6. 湿法除尘器排污水

利用湿法工艺除去系统中产生的颗粒物和烟尘即产生湿法除尘器酸性水，如精矿干燥湿法除尘设备主要污染物为悬浮物和热污染。

7. 冲洗设备及地面废水

在铜生产中曾使用氨水、硫酸和萃取剂等，对设备及地面有一定的污染，必须用水进行清洗才可重新使用，因此会产生一部分弱碱性或弱酸性的废水。一般碱性废水的 $pH \geqslant 10$，酸性废水 $pH \leqslant 4$，不能直接排放，必须进行治理。

8. 冲渣水和直接冷却水

冲渣水和直接冷却水主要来源于水淬装置等设备，主要污染物有悬浮物和少量重金属污染物。

6.2.3 废渣的产生

在火法、湿法炼铜过程中，产生了大量的熔炼炉渣、转炉渣、酸浸出渣、污酸污水处理渣、脱硫副产物等十几种废渣。以上各种废渣含有不少有价金属，如 Cu、Fe、Au、Ag 及贵金属等，应进行综合利用。不同炼铜方法的炉渣成分如表

6-4所示。

1. 熔炼炉渣

熔炼炉渣是在冶炼铜锍产品过程中产生的炉渣,其中含有 Cu、Fe 和 Si 等。铜冶炼过程产生的炉渣主要有 3 种,即熔炼渣、吹炼渣和精炼渣。不同的熔炼设备生成的炉渣中含 Cu 量有所变化,如用密闭鼓风炉熔炼时所得炉渣含 Cu 0.25%,电炉、反射炉和闪速炉的炉渣含 Cu 分别为 0.4%、0.1% 和 0.8%。含 Cu 高的炉渣要进行回收。

2. 转炉渣

在铜锍转炉吹炼生产粗铜时,可获得转炉渣,其渣量较大,成分(%)为:SiO_2 16~28,S 1.5~7.0,FeO 48~65,Fe_2O_3 12~29,Cu 1.1~2.9,该渣可回收 Cu 和 Fe。

表 6-4 不同炼铜方法的炉渣组成/%

冶炼方法	SiO_2	FeO	Fe_2O_3	CaO	MgO	Al_2O_3	S	Cu
密闭鼓风炉	31~39	33~42	3~10	6~10	0.8~7.0	4~12	0.2~0.45	0.35~2.4
诺兰达法	22~25	42~52	19~29	0.5~2	1.0~1.5	0.5	5.2~7.9	3.4~5
瓦纽科夫法	22~25	48~52	8	1.1~2.4	1.2~1.6	1.2~4.5	0.55~0.65	2.1~3.2
三菱法	30~35	51~58	—	5~8	—	2~6	0.55~0.65	1.8~2.4
艾萨法	31~34	40~45	6~8	1.5~3	1~2	0~0.5	2.8	1~2
闪速熔炼法	28~38	38~54	12~15	5~15	1~3	2~12	0.46~0.79	0.2~0.5
因科闪速熔炼	32~35	48~54	10~12	1.5~2.5	1.4~2.2	4~5	1.1	0.9~1.7
转炉吹炼	16~28	48~65	12~29	1~2	0~2	5~10	1.5~7.0	1.1~2.9
特尼恩特转炉	26.5	48~55	20	9.3	7	0.8	0.8	0.46

3. 阳极泥

用火法精炼铜(Cu 99.6%)为阳极板,在 $CuSO_4$–H_2SO_4 体系进行湿法电解精炼,可得到含有 Cu、Au、Ag、Te、Se 和 Pt 等稀贵金属的阳极泥渣,这是一种高价值的贵金属富集物,必须进行回收。

4. 烟尘

用反射炉、鼓风炉、闪速炉、熔池炉等冶炼铜锍可产生含尘烟气,经烟气净化系统收集获得的烟尘富含目标金属,可返回熔炼炉循环利用。但转炉冶炼粗铜时产生的含尘烟气,经除尘器收集的烟尘(白烟尘)含有较高的 Pb 和 As,属于危险废物,一般应回收有价金属或出售给有资质的企业进行处理。炼铜中电除尘所得的烟尘含有不少有价金属(如 Cu、Pb、Zn、Co、Mo、Bi 和 Cd 等),必须对烟尘进行综合利用回收。

5. 酸泥

冶炼烟气制酸过程中, 烟气被稀酸清洗, 所带入的烟尘进入清洗酸中形成废酸, 这部分废酸过滤所产生的酸泥(砷滤饼、铅滤饼), 由于含有 As、Pb 等污染物, 属于危险废物, 应回收有价金属或出售给有资质的企业进行处理。酸泥的处置通常在防腐池或内衬 HDPE(高密度聚乙烯)的集水区进行。

6. 废水处理污泥

废水处理过程中一般污染物以固体的形式沉淀出来, 形成污泥, 污泥根据废水处理方式的不同而采用不同的处置方法, 富含多种有价金属, 可以作为二次原料返回熔炼炉, 也可以出售给有资质企业回收有价资源, 对于没有回收价值的一般作为危险废物堆存处置。

7. 废旧内衬与耐火材料

当熔炉包括熔炼炉、转炉、阳极精炼炉以及电解槽因磨损要求更换内衬时, 将会产生大量的废旧内衬。其中一些内衬中可能渗透了大量的铜, 这些内衬可以作为二次进料进入转炉, 否则应当进行处理。

6.2.4 噪声的产生

铜冶炼过程产生的噪声主要为由于机械的撞击、摩擦、转动等引起的机械噪声以及由于气流的起伏运动或气动力引起的空气动力性噪声, 主要噪声源有: 熔炼炉、吹炼炉、精炼炉、余热锅炉、鼓风机、空压机、氧压机、二氧化硫风机、各类除尘风机、各种泵类等。

6.3 环境污染的防治

环境污染的防治就是采取多种措施对工业生产排放的废气、废水、废渣进行处理和合理利用。环境污染的防治必须与生产工艺的选择、生产过程的控制、技术改造及后续的治理工作有机结合。从资源回收和经济运行方面考虑, 应尽量避免尾部治理, 首先是在工艺选用上应选能源利用率高、生产流程短、环境保护好的生产工艺, 从源头上控制或减少污染物的产生。其次是在生产工艺控制过程中尽量减少污染物的排放; 再次是围绕提高资源能源利用效率尽可能做到资源的循环利用。污染物大都是放错了地方的资源, 铜冶炼生产过程中排放的固体废物、烟尘、粉尘、二氧化硫、含重金属废水等会污染环境, 但由于冶炼工艺的特殊性, 决定了一些污染物具有双重特性, 因为这些排放物中大多含有可回收的有价金属和元素, 甚至有的本身就是重要的二次资源。最后是加强末端治理工作。

6.3.1　废气治理

1. 废气治理技术

1）烟气除尘方法　铜冶炼过程中由燃料及其他物质燃烧过程产生的烟尘，以及对固体物料进行破碎、筛分和输送等过程中产生的粉尘，必须通过处理后方可达标排放，具体的除尘方法见表6-5。

表6-5　烟气除尘方法

方法名称	方法原理	方法适用性
密闭尘源	将散发粉尘的地点密闭起来，防止粉尘扩散	用于物料储仓、物料卸料点、物料转运点、物料受料点、物料破碎筛分设备扬尘点和炉窑加料口、锍排出口、渣排出口、铜水包房、渣包房、溜槽等产烟部位
加湿防尘	当加湿物料不影响生产和改变物料性质时，可加湿防尘或喷雾抑尘	用于卸料、转运等物料有落差、易扬尘的部位
电收尘	含尘气体在通过高压电场电离、粉尘荷电，在电场力的作用下粉尘沉积于电极上，从而使粉尘与含尘气体分离	用于熔炼炉收尘、吹炼炉收尘、贫化电炉收尘
袋式收尘	利用纤维织物的过滤作用对含尘气体进行过滤	用于精矿干燥、阳极炉烟气收尘、通风除尘系统及环保排烟系统废气净化
旋风收尘	利用离心力的作用，使烟尘从烟气中分离而加以捕集	作粗收尘使用

2）烟气制酸　铜精矿熔炼过程中产生的含二氧化硫烟气以及部分二氧化硫浓度较高的烟气如熔炼炉烟气、转炉吹炼烟气等，可以通过烟气制酸技术将其中的二氧化硫转化为硫酸。主要烟气制酸技术见表6-6。

表6-6　烟气制酸方法

方法名称	方法原理	方法适用性
绝热蒸发稀酸冷却烟气净化技术	通过液体喷淋气体，利用绝热蒸发降温增湿及洗涤的作用使杂质从烟气中分离，进而达到除尘、除雾、吸收废气、调整烟气温度的目的。净化工序由洗涤设备、除雾设备和除热设备组成，各种设备在烟气净化流程中可以有多种不同的组合和排列方式。典型烟气净化流程如：一级洗涤→烟气冷却→二级洗涤→一级除雾→二级除雾	适用于所有的铜冶炼烟气的湿式净化

续表 6 – 6

方法名称	方法原理	方法适用性
低位高效二氧化硫干燥和三氧化硫吸收技术	因水蒸气对生产工艺有危害,因此 SO_2 进转化工序前必须进行干燥,浓硫酸具有强烈的吸水性能,常用作干燥气体的吸收剂;98.3% 的浓硫酸吸收 SO_3 速度快、吸收率高、酸雾少,因此作为 SO_3 的吸收剂	适用所有烟气干燥和 SO_3 的吸收
湿法硫酸技术	烟气经过湿式净化后,不经干燥直接进行催化氧化,SO_2 转化为 SO_3,进而水合生成硫酸(气态),然后在特制的冷凝器中被冷凝生成液态浓硫酸	适用于 SO_2 浓度 1.75% ~ 3.5% 的烟气制取硫酸
单接触技术	SO_2 烟气只经一次转化和一次吸收。单接触工艺转化率相对较低,不能达到尾气排放限值,需另外配置 FGD 装置。单接触工艺由转化器和外置换热器组成。通常采用四段转化、设置 4 台换热器完成烟气的换热	适用于 SO_2 浓度 3.5% ~ 6% 的烟气制取硫酸
双接触技术	SO_2 烟气先进行一次转化,转化生成的 SO_3 在吸收塔(中间吸收塔)被吸收生成硫酸,吸收后烟气中仍然含有未转化的 SO_2,返回转化器进行二次转化,二次转化后的 SO_3 在吸收塔(最终吸收塔)被吸收生成硫酸	适用于 SO_2 浓度 6% ~ 14% 的烟气制取硫酸
预转化技术	烟气在未进入正常转化之前,先经过一次转化(段数不定),把烟气中的 SO_2 浓度降低到主转化器、触媒能够接受的范围内,同时在预转化生成的 SO_3 进入主转化器后,起到抑制一层转化率的作用,避免因温度过高损坏触媒和设备	适用于 SO_2 浓度高于 14% 的烟气制取硫酸
LURECTM 再循环技术	将反应后的含 SO_3 烟气部分循环到一层入口,抑制一层 SO_2 的氧化反应,从而将触媒层温度控制在允许范围内	适用于 SO_2 浓度高于 14% 的烟气制取硫酸
废酸浓缩回收技术	对废硫酸进行加热,使其蒸发浓缩,生产浓硫酸	适用于任何烟气制酸装置

3)烟气脱硫 铜精矿干燥、铜精炼、冶炼过程产生的含 SO_2 的逸散烟气和制酸尾气,必须经过脱硫达标后方可排放。烟气脱硫方法见表 6 – 7。

表6-7 烟气脱硫方法

方法名称	方法原理	方法适用性
氨法脱硫技术	利用(废)氨水、氨液作为吸收剂吸收去除烟气中的SO_2。氨法工艺过程包括SO_2吸收、中间产品处理和产物处置	可将烟气中的SO_2作为资源回收利用,适用于液氨供应充足,且副产物有一定需求的冶炼企业
石灰/石灰石—石膏法脱硫技术	用石灰或石灰石悬浮液吸收烟气中的SO_2,净化后烟气可达标排放。烟气中的SO_2与浆液中的碳酸钙进行化学反应被脱除,最终产物为石膏	满足铜冶炼企业低浓度SO_2治理要求的同时,还可以部分去除烟气中的SO_3、重金属离子、F^-、Cl^-等
钠碱法脱硫技术	采用碳酸钠或氢氧化钠作为吸收剂,吸收烟气中的SO_2,得到Na_2SO_3作为产品出售	适用于氢氧化钠或碳酸钠来源较充足的地区
金属氧化物吸收脱硫技术	根据部分金属氧化物如MgO、ZnO、Fe_2O_3、MnO_2、CuO等对SO_2都具有较好吸收能力的原理,对含SO_2废气进行处理	应用于金属氧化物易得或金属氧化物为副产物的冶炼厂烟气脱硫
有机溶液循环吸收脱硫技术	以离子液体或有机胺类为吸收液,添加少量活化剂、抗氧化剂和缓蚀剂组成的水溶液;在低温下吸收SO_2,高温下使吸收剂中SO_2再生,从而达到脱除和回收烟气中SO_2的目的	适用于厂内低压蒸汽易得,烟气SO_2浓度较高或波动较大,副产物二氧化硫可回收利用的冶炼企业
活性焦吸附法脱硫技术	活性焦吸附SO_2后,在其表面形成硫酸并存于活性焦的微孔中,降低其吸附能力,可采用洗涤法和加热法再生。再生回收的高浓度SO_2混合气体送入硫回收系统,作为生产浓硫酸的原料	适用于厂内蒸汽供应充足,场地宽裕,副产物二氧化硫可回收利用的冶炼企业
等离子体烟气脱硫脱硝技术	采用烟气中高压脉冲电晕放电产生的高能活性离子,将烟气中SO_2氧化为高价的硫氧化物,最终与水蒸气和注入反应器的氨反应生成硫酸铵	新技术
生物脱硫技术	将烟气中的SO_2以具有经济价值的单质硫的形式分离回收	新技术

4)酸雾处理 湿法冶炼、铜电解、铜萃取过程中产生的含酸雾的烟气,必须经过处理达标后方可排放。酸雾的处理方法见表6-8。

表 6 - 8   酸雾处理方法

方法名称	方法原理	方法适用点
填料吸收塔废气吸收	利用酸液的溶解特性，使含酸气体充分与水接触，溶于水中，以达到净化的目的	适用于硫酸雾、盐酸雾以及其他水溶性气体的吸收处理
动力波湍冲废气吸收	利用吸收液与废气相互碰撞、扩散的特性，在固定区域内形成一段稳定的湍冲区，气液之间达到充分的传质、传热，酸性废气与碱性吸收液在湍冲区进行中和反应，达到处理酸性废气的目的	适用于氯气、氮氧化物等废气的吸收处理

2. 烟气治理

1）干燥烟气（含 SO_2、颗粒物）的治理　铜精矿干燥使用工业窑炉，以煤或重油为燃料，产生的烟气在干燥回转窑内与湿铜精矿进行热交换，窑不断转动，铜精矿从窑头向窑尾运行，从而起到脱水的作用。煤或重油燃烧过程中产生含 SO_2 和颗粒物的烟气，烟气经过除尘和脱硫处理后排空。

2）火法冶炼烟气（含 SO_2、颗粒物）的治理　铜冶炼使用的原料铜精矿以硫化物形态存在较多，硫化铜精矿火法熔炼时产生大量烟气，必须综合利用 SO_2 制取工业 H_2SO_4。来自熔炼炉的含 SO_2 烟气先用余热锅炉将余热回收后，再用电收尘器进行收尘，经动力波、电除雾除尘净化，再经干燥塔浓酸干燥，干净的烟气进入转化器转化、浓硫酸吸收后得到成品硫酸。

3）火法冶炼逸散烟气（含 SO_2、颗粒物）的治理　铜冶炼厂房内有关工序正常出铜锍、出渣作业时，在出铜锍口、出渣口及包子箱周围会逸出大量的烟气，形成面源污染。这类烟气的处理在正常作业时会逸出烟气的作业点设置集烟烟罩，通过环境集烟排风机将各作业点逸出的含 SO_2、颗粒物除尘、脱硫后经烟囱达标排放。

4）湿法冶炼、电解、萃取铜含酸雾废气的治理　湿法处理铜精矿、铜电解、搅拌萃取铜过程中，产生大量酸雾，其含硫酸雾均超过国家标准。可选用吸收法净化此废气。用风罩集气后，采用局部机械排风系统将废气收集，经喷淋塔下部进入废气，上部喷淋碱液吸收酸雾，使尾气达标排放。

6.3.2　废水治理

1. 废水处理技术

1）硫化法 + 石灰石中和法处理污酸　向废水中投加硫化剂，使废水中的重金属离子与硫离子反应生成难溶的金属硫化物沉淀并除去。硫化反应后向废水中投加石灰石（$CaCO_3$），中和硫酸，生成硫酸钙沉淀（$CaSO_4 \cdot 2H_2O$）并除去。出水与其他废水合并做进一步处理。主要去除镉、砷、锑、铜、锌、汞、银、镍等，可用于含砷、汞、铜离子浓度较高的废水。

2）石灰中和法处理废水　向重金属废水中投加石灰，使重金属离子与羟基反应，生成难溶的金属氢氧化物沉淀并分离。可用于去除铁、铜、锌、铅、镉、钴、砷等。

3）石灰—铁盐（铝盐）法处理废水　向废水中加石灰乳[$Ca(OH)_2$]，并投加铁盐，如废水中含有氟，需投加铝盐。将 pH 调整为 9~11，去除污水中的 As、F、Cu、Fe 等重金属离子。该法适用于去除钒、铬、锰、铁、钴、镍、铜、锌、镉、锡、汞、铅、铋等。

4）净化 + 反渗透废水深度处理技术　对不含有毒有害物质的一般生产废水进行深度处理，使处理后水质达到工业循环水的标准，回用于循环水系统的补充水。该法适用于对一般生产生活废水、循环水排污水的处理。

5）电凝聚法处理重金属废水（新技术）　以铝、铁等金属为阳极，在电流作用下，金属离子进入水中与水电解产生的氢氧根形成氢氧化物，氢氧化物将重金属吸附，絮凝生成絮状物，从而使水得到净化。

2. 废水治理工艺方法

铜冶炼废水除含有某些有害的重金属离子外，还含有砷、氟、氰、酚等污染物，是危害较大的废水之一，要尽量减少废水外排。对排出的废水要进行无害化处理。一般采用下列措施：①改进冶炼工艺，减少废水；②清污分流；③加强管理，防止跑、冒、滴、漏；④建立冶炼废水处理系统，净化后的废水回用于生产，逐步实现废水的闭路循环，实现工艺废水"零排放"。下面对工艺废水、场面水、初雨水和突发事故废水的处理问题分别进行介绍。

1）工艺废水的处理　几种工艺废水的处理方法如下：①铜冶炼过程中产生大量热污染废水，可以通过循环水设施冷却后循环使用。②烟气制酸洗涤产生的废液、铜电解产生的废液、电积铜的废液（含有高浓度重金属）、酸污染，可以通过硫化法 + 石灰石中和法预处理后与其他生产废水一同处理。一些厂家根据实际情况不对废液进行处理，而是内部循环使用。③冲洗设备废水、化验室废水等其他生产废水，含有较低浓度的重金属，可以通过石灰—铁盐（铝盐）法处理后外排。

2）场面水、初期雨水的处理　铜冶炼企业在生产、储存及运输过程中不同程度地存在跑、冒、滴、漏情况，尤其是精矿运输、储存、冶炼和烟气制酸等区域，铜精矿的撒落和夹带、烟尘的泄漏造成地面污染。为了避免污染物通过雨水管污染水源，必须对场面水和初期雨水进行收集处理。收集的场面水和初期雨水可以循环用于冲洗地面、运输车辆等，多余的初期雨水可以与其他废水一并处理后外排。

3）突发事故废水的处理　铜冶炼过程中如出现设备故障及大修而无备用设

备或备用设备无法启用等情况时，可能造成大量重金属污染废水外排，因此必须采取相关措施进行处理。可以修建事故池存放污水，防止外排。在事故池与外排渠道间设置闸板，故障时及时关闭闸板，污水临时存放在应急事故池内，并修建事故应急废水处理站对其进行处理，确保废水达标排放。

4）区域防渗和地下水的监控 湿法冶炼、铜电解、制酸、废渣堆放等区域存在大量酸性、碱性和高浓度重金属液体，进入地下会造成地下水污染。必须采取防渗措施避免渗漏，并在区域范围内设置监测井长期进行监控，如发现异常及时采取措施。

6.3.3 废渣治理

在处理废渣时，应确保有毒有害废物不对人类产生危害。通过综合处理对废物进行有效处置，减少最终废物排放量，减轻对地区的环境污染，防止二次污染，同时要做到总处理费用低，资源利用效率高，坚持全过程控制和管理的原则，实现对环境的高水平整体保护。

1. 废渣处置技术

1）一般工业固体废物的处置 可建立处置场永久性集中堆放。按照《固体废物浸出毒性浸出方法》（GB 5086）规定方法进行浸出试验的浸出液中，任何一种污染物的浓度均未超过《污水综合排放标准》（GB 8978）最高允许排放浓度，且 pH 值为 6~9 的，属于第 I 类工业固体废物，按 I 类场标准处置。按照《固体废物浸出毒性浸出方法》（GB 5086）规定方法进行浸出试验的浸出液中，有一种或一种以上的污染物的浓度超过《污水综合排放标准》（GB 8978）最高允许排放浓度，且 pH 值为 6~9 的，属于第 II 类工业固体废物，按 II 类场标准处置。

2）有金属回收价值的固体废物的处置 有金属回收价值的固体废物的处置应首先考虑综合回收利用。方法有浮选法、挥发法、熔炼法、湿法冶金法等。对含挥发性的金属和金属氧化物、硫化物可采用烟化炉或回转窑进行烟化挥发处理，对含 Cu 和贵金属的渣可采用造锍熔炼法生产低品位金属锍，回收 Cu、Ni、Co 和 Au、Ag。制酸系统铅渣可用作提取铅铋的原料。污酸处理产生的硫化渣属危险固体废物，可用于回收铜及处置砷。

3）无金属回收利用价值的危险废物的处置 无金属回收利用价值的危险废物的处置应建立危险固废填埋场。污水处理产生的中和渣含 As^{3+}、F^-、Cu^{2+} 等重金属离子，属于危险固体废物，按危险固体废物处理处置。湿法炼铜生产过程产生的浸出渣，通常含有少量重金属元素和酸根离子，如 Pb^{2+}、Zn^{2+}、Cu^{2+}、SO_3^{2-}、SO_4^{2-} 等，属于危险废物。对危害较大的固体废物（如砷渣），可先固化后填埋。固化法能大幅度减少废物中金属离子的溶出量，消减产生污染的风险。

2. 废渣处置方法

1) 熔炼渣的综合利用　在铜冶炼过程中，由于冶炼工艺的不同，渣含铜的品位为 0.5%～3%，精炼渣一般直接返回卡尔多炉或转炉循环利用。熔炼渣和吹炼渣一般采用渣选技术回收铜。如：闪速炉、电炉、转炉冶炼过程中产生的废渣，利用渣包缓冷技术，增加金属铜的结晶粒度；采用半自磨工艺，浮选回收铜等有价金属，生产含铜品位 26% 的精矿。处理后丢弃的选矿尾渣可以用作水泥原料。通过综合回收可以使冶炼厂总的回收率提高 1%～1.5%。

2) 阳极泥的综合利用　火法精炼铜阳极板进行水溶液电解精炼过程中，获得富含贵金属（如 Au、Ag、Te、Se 和 Pt 等）的阳极泥。阳极泥的处理方法较多，分为火法流程、湿法流程以及联合法流程，其中较好的治理方法是：铜阳极泥进行硫酸化焙烧后，排出烟气用水浸出提取精硒（Se），再用提纯法制得纯 Se。焙烧渣进行熔炼可制得氧化后期渣以回收铋（Bi），而金银合金进行电解精炼可制得电解金和电解银（金电解废液再回收 Au、Pt 和 Pd；而苏打渣可回收 Te）。通过上述工艺过程，综合回收了 Se、Bi、Au、Ag、Pt 和 Pd 等稀贵金属，环境治理成本低，经济效益高。

3) 烟尘的综合利用　在火法冶炼中获得的大量烟尘，分为干燥烟尘、熔炼烟尘和吹炼烟尘。其中干燥烟尘、熔炼烟尘含铜较高，一般采用回炉的方式直接输送至熔炼炉回收。吹炼烟尘一般含有 Cu、Pb、Zn、As、Bi、Sb、In 和 Fe 等。可以通过焙烧、浸出、萃取等方式回收有价金属和治理重金属污染。

4) 酸泥的综合利用　冶炼烟气制酸过程中产生的酸泥，分为含铅废物和含砷废物。对含铅废物一般可通过熔炼、电解获得铅，对电解铅过程中产生的阳极泥可通过精炼获得铋。对含砷废物通过氧化、还原获得三氧化二砷产品，或进行固化无害化处置。

5) 废旧内衬与耐火材料的综合利用　废旧内衬和耐火材料一部分通过球磨生产耐火材料粉料，对含铜较高的废料可通过球磨、浮选回收铜。

6) 其他固体废物的处理　废水处理产生的污泥、工业垃圾按照固体废物相关填埋要求安全填埋。

6.3.4　噪声治理技术

铜冶炼生产过程中的噪声污染主要从三个环节进行治理：①根治声源。在满足工艺设计的前提下，选用低噪声设备。②控制传播。在设计上，从消声、隔声、隔振、减振及吸声上考虑，合理布置厂内设施，采取绿化等措施，降低噪声。③个人防护。设置必要的隔声操作间、控制室等，使室内的噪声符合有关卫生标准。佩戴耳塞、耳罩进行个人防护。

参考文献

[1] 任鸿九，王立川. 有色金属提取冶金手册铜镍卷[M]. 北京：冶金工业出版社，2000

[2] 国家环境保护部. 铜、镍、钴工业污染物排放标准(GB 25467—2010)[S]. 北京：中国环境科学出版社，2010

[3] 国家环境保护部，国家质量监督检验检疫总局. 一般工业固体废物贮存处置场污染控制标准(GB 18599—2010)[S].